建筑与市政工程施工现场专业人员职业标准培训教材

质量员通用与基础知识
（设备方向）

建筑与市政工程施工现场专业人员职业标准培训教材编审委员会 组织编写
中国建设教育协会
钱大治 主 编
刘尧增 郑华孚 副主编

中国建筑工业出版社

图书在版编目（CIP）数据

质量员通用与基础知识. 设备方向/钱大治编著. —北京：中国建筑工业出版社，2014.10
建筑与市政工程施工现场专业人员岗位培训统编教材
ISBN 978-7-112-17266-5

Ⅰ.①质… Ⅱ.①钱… Ⅲ.①房屋建筑设备-质量管理-技术培训-教材 Ⅳ.①TU712

中国版本图书馆 CIP 数据核字（2014）第 215733 号

本书是建筑与市政工程施工现场专业人员设备安装质量员的岗位培训教材之一，内容有通用知识和基础知识两个部分。

通用知识部分：阐述施工活动应遵循的法律、法规的基本知识；解析施工项目管理的基础理论；介绍焊接管理的原则；对工程构图基本方法和原理及建筑施工图的阅读要领做出了说明；用较多篇幅对房屋建筑设备安装工程中的给排水工程、建筑电气工程、通风与空调工程、自动喷水灭火工程和建筑智能化工程等的施工活动进行了全方位的阐释。通过学习，可以提高房屋建筑设备安装施工活动中应用的技术和管理知识，为在施工中做好质量管理工作打好基础。

基础知识部分：力学基础知识主要介绍静力学、材料力学和流体力学的基本原理；电工学基础对交、直流电路的运行做简易分析，并介绍了变压器、电动机的工作原理和基本结构；施工测量基本知识仅对测量仪器做了简明扼要的介绍；抽样统计基本知识是质量管理的工具类应用知识，是模糊数学的分支，教材中以实例解说怎样应用而不做理论探论，以实用为目的的。通过学习，可以加深理解施工活动中应用的技术和管理的理论缘由，从而进一步提高技术和质量管理水平。

责任编辑：朱首明　李　明　张　健
责任设计：李志立
责任校对：张　颖　姜小莲

建筑与市政工程施工现场专业人员职业标准培训教材
质量员通用与基础知识
（设备方向）

建筑与市政工程施工现场专业人员职业标准培训教材编审委员会　　组织编写
中国建设教育协会
钱大治　主　编
刘尧增　郑华孚　副主编

*

中国建筑工业出版社出版、发行（北京西郊百万庄）
各地新华书店、建筑书店经销
北京科地亚盟排版公司制版
北京同文印刷有限责任公司印刷

*

开本：787×1092 毫米　1/16　印张：23¼　字数：565 千字
2014 年 10 月第一版　2016 年 11 月第五次印刷
定价：**56.00** 元
ISBN 978-7-112-17266-5
（26019）

版权所有　翻印必究
如有印装质量问题，可寄本社退换
（邮政编码　100037）

建筑与市政工程施工现场专业人员职业标准培训教材编审委员会

主　任：赵　琦　李竹成
副主任：沈元勤　张鲁风　何志方　胡兴福　危道军
　　　　尤　完　赵　研　邵　华
委　员：（按姓氏笔画为序）
　　　　王兰英　王国梁　孔庆璐　邓明胜　艾永祥
　　　　艾伟杰　吕国辉　朱吉顶　刘尧增　刘哲生
　　　　孙沛平　李　平　李　光　李　奇　李　健
　　　　李大伟　杨　苗　时　炜　余　萍　沈　汛
　　　　宋岩丽　张　晶　张　颖　张亚庆　张燕娜
　　　　张晓艳　张悠荣　陈　曦　陈再捷　金　虹
　　　　郑华孚　胡晓光　侯洪涛　贾宏俊　钱大治
　　　　徐家华　郭庆阳　韩炳甲　鲁　麟　魏鸿汉

出 版 说 明

建筑与市政工程施工现场专业人员队伍素质是影响工程质量和安全生产的关键因素。我国从 20 世纪 80 年代开始,在建设行业开展关键岗位培训考核和持证上岗工作,对于提高建设行业从业人员的素质起到了积极的作用。进入 21 世纪,在改革行政审批制度和转变政府职能的背景下,建设行业教育主管部门转变行业人才工作思路,积极规划和组织职业标准的研发。在住房和城乡建设部人事司的主持下,由中国建设教育协会、苏州二建建筑集团有限公司等单位主编了建设行业的第一部职业标准——《建筑与市政工程施工现场专业人员职业标准》,已由住房和城乡建设部发布,作为行业标准于 2012 年 1 月 1 日起实施。为推动该标准的贯彻落实,进一步编写了配套的 14 个考核评价大纲。

该职业标准及考核评价大纲有以下特点:(1) 系统分析各类建筑施工企业现场专业人员岗位设置情况,总结归纳了 8 个岗位专业人员核心工作职责,这些职业分类和岗位职责具有普遍性、通用性。(2) 突出职业能力本位原则,工作岗位职责与专业技能相互对应,通过技能训练能够提高专业人员的岗位履职能力。(3) 注重专业知识的完整性、系统性,基本覆盖各岗位专业人员的知识要求,通用知识具有各岗位的一致性,基础知识、岗位知识能够体现本岗位的知识结构要求。(4) 适应行业发展和行业管理的现实需要,岗位设置、专业技能和专业知识要求具有一定的前瞻性、引导性,能够满足专业人员提高综合素质和适应岗位变化的需要。

为落实职业标准,规范建设行业现场专业人员岗位培训工作,我们依据与职业标准相配套的考核评价大纲,组织编写了《建筑与市政工程施工现场专业人员职业标准培训教材》。

本套教材覆盖《建筑与市政工程施工现场专业人员职业标准》涉及的施工员、质量员、安全员、标准员、材料员、机械员、劳务员、资料员 8 个岗位 14 个考核评价大纲。每个岗位、专业,根据其职业工作的需要,注意精选教学内容、优化知识结构、突出能力要求,对知识、技能经过合理归纳,编写为《通用与基础知识》和《岗位知识与专业技能》两本,供培训配套使用。本套教材共 29 本,作者基本都参与了《建筑与市政工程施工现场专业人员职业标准》的编写,使本套教材的内容能充分体现《建筑与市政工程施工现场专业人员职业标准》,促进现场专业人员专业学习和能力提高的要求。

作为行业现场专业人员第一个职业标准贯彻实施的配套教材,我们的编写工作难免存在不足,因此,我们恳请使用本套教材的培训机构、教师和广大学员多提宝贵意见,以便进一步的修订,使其不断完善。

建筑与市政工程施工现场专业人员职业标准培训教材编审委员会

前　言

本教材依据《建筑与市政工程施工现场专业人员职业标准》JGJ/T 250—2011 及与其配套的《建筑与市政工程施工现场专业人员考核评价大纲》编写。

在编写时结合实际需要及现实情况对考核评价大纲的内容作适当的突破，因而教材的编写的范围做了少许的扩大，待试用中给以鉴别。

考核评价大纲的体例有所创新，将知识和能力分解成四大部分，而房屋建筑安装工程的三大专业即给排水专业、建筑电气专业、通风与空调专业的培训教材历来是各专业纵向自成体系；这次要拆解成横向联合嵌入四大部分中，给编写工作带来不适应的难度，表现为分解得是否合理，编排上是否零乱，衔接关系是否能呼应，这些我们也是在尝试中，再加上水平有限，难免有较多的瑕疵出现，请使用教材者多提意见，使其不断得到改进。

本教材由钱大治任主编，刘尧增、郑华孚任副主编。参编人员有邓爱华、叶庭奎、张友昌、吕国辉、石修仁、韩炳甲、鲁麟、赵宇、宣根、朱志航、费岩峰、方合庆、傅慈英、盛丽、周海东。

教材完稿后，由编审小组召集傅慈英、翁祝梅、余鸿雁、盛丽、石修仁等业内专家进行审查，审查认为符合"标准"和"大纲"的要求，将提出的意见进行修改后，可以付诸试用。

教材编写过程中，得到了浙江省建设厅人教处郭丽华、章凌云、王战等同志的大力支持、帮助和指导，谨此表示感谢。

目 录

上篇 通用知识

一、相关法律法规基本知识 ·· 1
  （一）概述 ·· 1
  （二）法律法规对施工企业准入的规定 ······················ 2
  （三）《安全生产法》基本知识 ······························· 5
  （四）《建设工程安全生产管理条例》基本知识 ············ 11
  （五）《建设工程质量管理条例》基本知识 ················· 19
  （六）《劳动法》基本知识 ····································· 31
  （七）《劳动合同法》基本知识 ······························· 34

二、施工项目管理基本知识 ·· 38
  （一）概述 ·· 38
  （二）目标控制 ··· 42
  （三）施工资源管理 ··· 49
  （四）施工现场管理 ··· 51

三、焊接及焊接管理 ·· 53
  （一）焊接方法及其缺陷分类 ································ 53
  （二）焊接管理 ··· 61

四、工程制图基本知识 ·· 64
  （一）概述 ·· 64
  （二）三面投影基本知识 ······································ 67

五、建筑施工图识图 ·· 73
  （一）常用符号及规定 ·· 73
  （二）建筑施工图分类及作用 ································ 74

六、建筑给水排水工程 ·· 78
  （一）概述 ·· 78
  （二）给水排水工程图绘制 ··································· 80
  （三）常用的材料 ·· 97
  （四）室内给水管道安装 ······································ 101
  （五）室内排水管道安装 ······································ 109
  （六）卫生器具安装 ··· 113
  （七）室外给水管道安装 ······································ 116

（八）室外排水管道安装 ··· 119
　　（九）给水排水设备及附件安装 ·· 125
七、建筑电气工程 ··· 130
　　（一）概述 ··· 130
　　（二）建筑电气工程图绘制 ··· 134
　　（三）常用的材料 ··· 142
　　（四）变压器、高低压开关柜安装 ·· 148
　　（五）导管和线缆敷设 ·· 155
　　（六）动力、照明配电箱安装 ··· 174
　　（七）照明器具安装 ·· 176
　　（八）低压电动机安装和试运行 ·· 181
　　（九）防雷接地系统施工 ··· 184
八、通风与空调工程 ··· 193
　　（一）概述 ··· 193
　　（二）通风与空调工程图绘制 ··· 201
　　（三）常用的材料 ··· 211
　　（四）风管制作 ··· 215
　　（五）通风空调系统安装 ··· 228
　　（六）空调设备安装 ·· 235
　　（七）空调冷热源及水系统安装 ·· 240
　　（八）通风空调系统的测定与调整 ·· 257
九、自动喷水灭火消防工程 ··· 261
　　（一）概述 ··· 261
　　（二）工程图的绘制 ·· 268
　　（三）常用的专用材料 ·· 270
　　（四）自动喷水灭火和防排烟设施安装 ··· 272
十、建筑智能化工程 ··· 279
　　（一）概述 ··· 279
　　（二）工程图的绘制 ·· 282
　　（三）智能工程施工要点 ··· 291

下篇　基础知识

十一、力学基本知识 ··· 302
　　（一）静力学和材料力学基本知识 ·· 302
　　（二）流体力学基础 ·· 316
十二、电工学基础 ··· 332
　　（一）直流电路 ··· 332
　　（二）单相交流电路 ·· 335

（三）三相交流电路 …………………………………………………… 342
　　（四）晶体管基本结构及应用 …………………………………………… 345
　　（五）变压器和三相交流异步电动机 …………………………………… 351
十三、施工测量基本知识 ……………………………………………………… 356
　　（一）常用测量仪器及应用 ……………………………………………… 356
　　（二）常用测量方法简介 ………………………………………………… 359
十四、抽样统计基本知识 ……………………………………………………… 360
　　（一）基本概念和术语 …………………………………………………… 360
　　（二）常用的统计方法 …………………………………………………… 360

参考文献 ……………………………………………………………………………… 363

上篇　通用知识

一、相关法律法规基本知识

本章主要介绍施工企业参与工程建设活动应遵循的法律法规的要点，通过学习可以提高法制意识，增强依法办事的能力。

（一）概　　述

本节介绍建设活动法规体系的概念及构成，通过学习对体系有一个概貌的认识。

1. 建筑工程法律法规的基本概念

建筑工程法律法规是指国家权力机关或其授权的行政机关制定的，由国家强制力保证实施的，旨在调整国家及其有关机构、企事业单位、社会团体、公民之间在建设活动中或建设行政管理活动中发生的各种社会关系的法律规范的统称。

（1）建设活动

建设活动是指各类房屋建筑及其附属设施的建造和与其配套的线路、管道、设备的安装活动。作为一个工程项目的建设过程，建设活动的内容包括立项、资金筹措、建设实施、竣工验收及评估等一系列活动。

（2）建设行政管理活动

建设行政管理活动是指国家建设行政主管部门依据法律、行政法规以及规定的职权代表国家对建设活动进行的监督和管理行为。

2. 建筑工程法律法规体系

（1）建筑工程法律法规体系的概念

建筑工程法律法规体系，是指把已经颁布和需要制定的建设法律、建设行政法规、部门规章、地方性法规等科学地衔接起来，形成一个相互联系、相互补充、协调配套的完整统一的框架体系。

建筑工程法律法规体系是国家法律体系的重要组成部分。它必须与我国的宪法和相关法律保持一致，但它又相对独立，自成体系。建筑工程法律法规体系覆盖了建设活动的各个行业、各个领域及工程建设的全过程，使建设活动的各个方面都有法可依。同时，建筑工程法律法规体系的纵向不同层次的法规之间相互衔接，横向相同层次的法规之间相互配套和协调，防止不同法规之间的立法重复、矛盾和抵触。

（2）建筑工程法律法规体系的构成

我国建筑工程法律法规体系，是以建设法律为龙头，建设行政法规为主干，建设部门规章和地方建筑工程法规、地方建设规章等为支干而构成的。建筑工程法律体系的基本框架，由纵向结构和横向结构所组成。从体系的纵向结构看，按照现行的立法权限可分为五个层次：

1) 建设法律

法律是由全国人民代表大会及其常务委员会制定，经国家主席签署主席令予以公布，由国家政权保证执行的行为规范。建设法律指全国人民代表大会及其常务委员会审议发布的属于国务院建设行政主管部门主管业务范围的各项法律。建设法律在建设法规体系框架中位于顶层，其法律地位和效力最高，是建设法规体系的核心和基础。如《中华人民共和国建筑法》、《中华人民共和国安全生产法》等。

2) 建设行政法规

指国务院依法制定并颁布的属于国务院建设行政主管部门主管业务范围的各项法规。建设行政法规的法律地位和效力低于建设法律，行政法规的作用是将法律的原则性规定具体化。如《建设工程质量管理条例》、《建设工程安全生产管理条例》、《安全生产许可证条例》等。

3) 建设部门规章

由国务院建设行政主管部门根据国务院规定的职责范围，依法制定并发布的规章，或由国务院建设行政主管部门与国务院有关部门联合制定并发布的规章，其地位和效力低于建设行政法规，在全国范围内适用。如《建筑业企业资质管理规定》、《房屋建筑工程质量保修办法》等。

4) 地方性建设法规

指在不与宪法、法律、行政法规相抵触的前提下，由省、自治区、直辖市人民代表大会及其常委会制定并发布的建设方面的法规，在所属地区内适用。如《浙江省建筑业管理条例》、《浙江省建设工程质量管理条例》、《浙江省安全生产条例》等。

5) 地方性建设规章

指省、自治区、直辖市以及省会城市和经国务院批准的较大城市的人民政府，根据法律和国务院的行政法规制定并颁布的建设方面的规章。

（二）法律法规对施工企业准入的规定

本节主要介绍《中华人民共和国建筑法》对从事建筑活动的相关单位的从业资格的规定，同时简明介绍由建设行政主管部门颁发的部门规章《建筑业企业资质管理规定》的有关内容。

1. 从业资格准入的规定

(1)《中华人民共和国建筑法》第十二条：从事建筑活动的建筑施工企业、勘察单位、设计单位和工程监理单位，应当具备下列条件：

1) 有符合国家规定的注册资本。
2) 有与其从事的建筑活动相适应的具有法定执业资格的专业技术人员。
3) 有从事相关建筑活动所应有的技术装备。
4) 法律、行政法规规定的其他条件。

(2)《中华人民共和国建筑法》第十三条：从事建筑活动的建筑施工企业、勘察单位、设计单位和工程监理单位，按照其拥有的注册资本、专业技术人员、技术装备和已完成的建筑工程业绩等资质条件，划分为不同的资质等级，经资质审查合格，取得相应等级的资质证书后，方可在其资质等级许可的范围内从事建筑活动。

2. 建筑业企业的资质

(1) 建筑业企业的定义

建筑业企业是指从事土木工程、建筑工程、线路管道设备安装工程、装修工程的新建、扩建、改建活动的企业。

(2) 建筑业企业的资质等级

1) 建筑业企业资质等级分为施工总承包、专业承包和劳务分包三个序列。

2) 施工总承包资质、专业承包资质、劳务分包资质序列按照工程性质和技术特点分别划分为若干资质类别，施工劳务序列不分类别、也不分资质等级，各资质类别按照规定的条件划分为若干等级，其标准由国务院建设主管部门会同国务院有关部门制定。

3) 房屋建筑工程施工总承包企业资质等级分为：特级资质、一级资质、二级资质和三级资质，其可承包的工程范围如下。

① 特级企业可承担各类房屋建筑工程的施工。

② 一级企业可承担单项合同额 3000 万元及以上的下列房屋建筑工程的施工：高度 200m 及以上的工业、民用建筑工程，高度 240m 及以下的构筑物工程。

③ 二级企业可承担高度 200m 及以下的工业、民用建筑工程的施工；高度 120m 及以下的构筑物工程的施工，建筑面积 4 万 m^2 及以下的单体工业、民用建筑工程和单跨跨度 39m 及以下的建筑工程施工。

④ 三级企业可承担高度 50m 以内的建筑工程施工，高度 70m 及以下的构筑物工程的施工，建筑面积 1.2 万 m^2 及以下的单体工业、民用建筑工程和单跨跨度 27m 及以下的建筑工程的施工。

(3) 资质的申请与审批

1) 资质申请：建筑业企业应当向企业注册所在地县级以上地方人民政府建设行政主管部门申请资质。

2) 资质审批：建筑业企业的资质实行分级审批。

(4) 企业资质的监督管理

1) 企业资质的管理

国务院建设行政主管部门负责全国建筑业企业资质的归口管理工作。国务院铁道、交通、水利、信息产业、民航等有关部门配合国务院建设行政主管部门实施相关资质类别建筑业企业资质的管理工作。省、自治区、直辖市人民政府建设行政主管部门负责本行政区域内建筑业企业资质的归口管理工作。省、自治区、直辖市人民政府交通、水利、信息等有关部门配合同级建设行政主管部门实施相关资质类别建筑业企业资质的管理工作。县级以上人民政府建设行政主管部门和其他有关部门应当加强对建筑业企业资质的监督管理。禁止任何部门采取法律、行政法规规定以外的其他资信、许可等建筑市场准入限制。

2) 企业资质年检制度

建设行政主管部门对建筑业企业资质实行年度检查制度。年检内容是检查企业资质条件是否符合资质等级标准，是否存在质量、安全、市场不良行为等方面的违法违规行为。年检结论分为合格、基本合格、不合格三种。

3) 企业资质异动管理

① 企业资质升级。建筑业企业连续三年年检合格，方可申请晋升上一个资质等级。

② 企业资质降级。建筑业企业资质年检不合格或者连续两年基本合格的，降低一个资质等级。降级的建筑业企业，经过一年以上时间的整改，经建设行政主管部门核查确认，达到规定的资质标准，且在此期间未发生违法违规行为的，可以按规定重新申请原资质等级。

企业资质的升级、降级，实行资质公告制度。公告由资质管理部门不定期在地方或行业报纸上发布。

(5) 机电工程施工总承包企业资质

1) 机电安装工程施工总承包企业资质分为总承包一级、总承包二级，总承包三级。

2) 工程承包范围

① 总承包一级企业：可承担各类机电工程的施工。

② 总承包二级企业：可承担单项合同额3000万元以下的机电工程的施工。

③ 总承包三级企业：可承担单项合同额1500万元以下的机电工程的施工。

④ 机电工程是指未列入港口与航道、水利水电、电力、矿山、冶金、石油化工、通信工程的机械、电子、轻工、纺织、航天航空、船舶、兵器等其他工业工程的机电安装工程。

(6) 建筑机电安装工程专业承包企业资质

1) 建筑机电安装工程专业承包资质分为专业承包一级、专业承包二级、专业承包三级。

2) 工程承包范围

① 专业承包一级企业：可承担各类建筑工程项目的设备、线路、管道的安装，35kV以下变配电站工程，非标准钢构件的制作、安装。

② 专业承包二级企业：可承担单项合同额2000万元以下的各类建筑工程项目的设备、线路、管道的安装，10kV以下变配电站工程，非标准钢构件的制作、安装。

③ 专业承包三级企业：可承担单项合同额 1000 万元以下的各类建筑工程项目的设备、线路、管道的安装，非标准钢构件的制作、安装。

(7) 消防设施工程专业承包企业资质

1) 消防设施工程专业承包企业资质分为专业承包一级、专业承包二级。

2) 工程承包范围

① 专业承包一级企业：可承担各类型消防设施工程的施工。

② 专业承包二级企业：可承担单体建筑面积 5 万平方米以下的下列消防设施工程的施工：

A. 一类高层民用建筑以外的民用建筑；

B. 火灾危险性的丙类以下的厂房、仓库、储罐、堆场。

(8) 电子与智能化工程专业承包企业资质

1) 建筑智能化工程专业承包企业资质分为专业承包一级、专业承包二级。

2) 工程承包范围

① 专业承包一级企业：可承担各类型电子工程、建筑智能化工程的施工。

② 专业承包二级企业：可承担单项合同额 2500 万元以下的电子工业制造设备安装工程和电子工业环境工程、单项合同额 1500 万元以下的电子系统工程和建筑智能化工程的施工。

（三）《安全生产法》基本知识

本节的主要内容是学习《安全生产法》立法的目的、原则、适用范围、执行要点以及从业人员的权利和义务。重点是掌握从业人员的权利和义务，以保障职工的劳动安全权利和提高从业人员安全素质。

1. 立法目的和基本原则

（1）立法目的

《安全生产法》的立法目的是：为了加强安全生产监督管理，防止和减少生产安全事故，保障人民群众生命和财产安全，促进经济发展。

（2）基本原则

《安全生产法》把安全生产工作的重点放到企业，以企业作为安全生产管理的重点，以促进企业安全责任落实和安全生产管理制度建设为核心，按照对人的管理和对物（场所、设备）的管理相结合，标本兼治的思想，从源头上消除事故隐患，建立安全生产长效机制。

1)"安全第一、预防为主"原则

"安全第一、预防为主"是国家的安全生产方针，同时也是安全生产的基本原则。生产经营单位在组织生产过程中，特别对矿山、建筑施工单位和危险品生产、经营和储存单位等高风险行业，必须把安全生产工作摆在首要位置进行策划和设计，把安全生产管理真正落实到"预防为主"的轨道上来。

2）以人为本，维护从业人员合法权益原则

对生产经营单位在提供安全防护设施、安全教育培训、为从业人员办理意外伤害保险、劳动防护用品配备等方面做了明确规定。

3）现实性和前瞻性相结合原则

注重保持法规、政策的连续性和稳定性，既维护从业人员的合法权益，又考虑我国经济社会发展的国情，遵循我国经济和社会发展的规律，同时也是加入WTO后经济全球化的现代安全管理的客观要求。

4）权责一致原则

明确了负有安全生产监督管理职责的国家有关部门依法对生产经营单位执行有关的法律法规和国家标准或行业标准的情况进行监督检查所行使的职权，并明确规定了相应的法律责任；对工作人员不依法履行监督管理职责给予的行政处分及追究刑事责任的范围。第七十七条："负有安全生产监督管理职责的部门的工作人员，有下列行为之一的，给予降级或者撤职的行政处分；构成犯罪的，依照刑法有关规定追究刑事责任：

① 对不符合法定安全生产条件的涉及安全生产的事项予以批准或者验收通过的；

② 发现未依法取得批准、验收的单位擅自从事有关活动或者接到举报后不予取缔或者不依法予以处理的；

③ 对已经取得批准的单位不履行监督管理职责，发现其不具备安全生产条件而不撤销原批准或者发现安全生产违法行为不予查处的。

（3）适用范围

法律的适用范围，即法律的效力范围，包括法律的时间效力、空间效力和对人的效力。

1）《安全生产法》的时间效力

自2002年11月1日起施行。

2）空间效力和对人的效力

在中华人民共和国领域内从事生产经营活动的单位（以下统称生产经营单位）的安全生产，适用本法；有关法律、行政法规对消防安全和道路交通安全、铁路交通安全、水上交通安全、民用航空安全另有规定的，适用其规定。

2. 生产经营单位的安全保障

（1）生产经营单位负责人的安全职责

1）生产经营单位从事生产经营活动应具备的安全生产条件

① 依照《安全生产法》规定，生产经营单位必须遵守本法和其他有关安全生产的法律、法规，加强安全生产管理，建立、健全安全生产责任制度，完善安全生产条件，确保安全生产。

② 生产经营单位应当具备安全生产法和有关法律、行政法规和国家标准或者行业标准规定的安全生产条件。

③ 不具备安全生产条件的，不得从事生产经营活动。

2）生产经营单位的主要负责人的安全职责

《安全生产法》规定，生产经营单位的主要负责人对本单位安全生产工作全面负责，包括：

① 建立、健全本单位安全生产责任制。
② 组织制定本单位安全生产规章制度和操作规程。
③ 保证本单位安全生产投入的有效实施。
④ 督促、检查本单位的安全生产工作，及时消除安全生产事故的隐患。
⑤ 组织制定并实施本单位的生产安全事故应急救援预案。
⑥ 及时、如实报告生产安全事故。生产经营单位在发生重大生产安全事故时，单位的主要负责人应当立即组织抢救，不得在事故调查期间擅离职守，并及时准确上报。

（2）专职安全生产管理人员的配备及对从业人员的培训

1）专职安全生产管理人员的配备

① 安全生产管理机构指的是生产经营单位内设的专门负责安全生产监督管理的机构，其工作人员都是专职安全生产管理人员。

② 对生产经营单位安全管理人员的能力要求，《安全生产法》第二十条规定，生产经营单位的主要负责人和安全生产管理人员必须具备与本单位所从事的生产经营活动相应的安全生产知识和管理能力。危险物品的生产、经营、储存单位以及矿山、建筑施工单位的主要负责人和安全生产管理人员，应当由有关主管部门对其安全生产知识和管理能力考核合格后方可任职。

③《安全生产法》第十九条首先对安全生产危险性较大的行业进行了规定："矿山、建筑施工单位和危险物品的生产、经营、储存单位，应当设置安全生产管理机构或者配备专职安全生产管理人员。"对于危险性较小的其他生产经营单位是否设立安全生产管理机构以及是否配备专职安全生产管理人员，则要根据其从业人员的规模来确定，因此《安全生产法》第十九条规定，除从事矿山开采、建筑施工和危险物品的生产、经营、储存活动的生产经营单位外，从业人员超过三百人的，应当设置安全生产管理机构或者配备专职安全和生产管理人员；从业人员在三百人以下的，应当配备专职或者兼职的安全生产管理人员，或者委托具有国家规定的相关专业技术资格的工程技术人员提供安全生产管理服务。

2）安全生产管理机构的作用

安全生产管理机构的作用是落实国家有关安全生产的法律法规，组织生产经营单位内部各种安全检查活动，负责日常安全检查，及时整改各种事故隐患，监督安全生产责任制的落实等，它是生产经营单位安全生产的重要组织保证。

3）对从业人员的培训

① 教育培训的必要性

据事故统计表明，60%以上的事故是由人的不安全行为造成的，提高员工的安全意识和操作技能是当务之急。

② 教育培训的目的

A. 使职工具备必要的安全生产知识和安全意识。

B. 熟悉安全生产规章制度和操作规程。

C. 掌握安全生产基本技能。

③ 教育培训内容

A. 安全生产知识和安全意识。

B. 生产经营单位及其行业安全生产规章制度和操作规程。
C. 作业或操作技能。
④ 教育培训的主要形式
A. 系统培训，包括岗前培训、换岗教育等，不得少于40学时。
B. 日常培训，如班前会、班后会、安全活动日等。
C. 典型案例教育。
D. 特种作业人员的专门培训，并应取得安全生产主管部门的上岗证后，才准上岗。

（3）生产经营单位的安全管理

1）生产经营单位的安全管理

① 生产经营单位应当建立、健全本单位各级安全生产责任制和岗位安全责任制。

② 制定、完善本单位安全生产规章制度和操作规程，组织职工培训和学习，并予以有效执行。

③ 保证足够的安全生产投入，包括安全生产设施和劳动防护用品的正常投入。

④ 组织督促、检查本单位的安全生产工作，及时消除生产安全事故隐患。

⑤ 组织制定、实施本单位的生产安全事故应急救援预案，并按规定的周期实施演习，且进行适时改进完善。

⑥ 及时、如实报告生产安全事故。发生重大生产安全事故时，应全力组织抢救，并按规定进行及时报告。

2）生产经营单位对承包单位的安全生产管理要求

生产经营单位不得将生产经营项目、场所、设备发包或者出租给不具备安全生产条件或者相应资质的单位或者个人。生产经营项目、场所有多个承包单位、承租单位的，生产经营单位应当与承包单位、承租单位签订专门的安全生产管理协议，或者承包合同、租赁合同中约定各自的安全生产管理职责；生产经营单位对承包单位、承租单位的安全生产工作统一协调、管理。

3. 从业人员的权利和义务

（1）从业人员的权利

《安全生产法》明确了从业人员的八项权利：

1）知情权

即有权了解其作业场所和工作岗位存在的危险因素、防范措施和事故应急措施。

2）建议权

即有权对本单位的安全生产工作提出建议。

3）批评权和检举、控告权

即有权对本单位安全生产管理工作中存在的问题提出批评、检举、控告。

4）拒绝权

即有权拒绝违章作业指挥和强令冒险作业。

5）紧急避险权

即发现直接危及人身安全的紧急情况时，有权停止作业或者在采取可能的应急措施后撤离作业场所。

6) 从业人员享有工伤保险和获得伤亡赔偿的权利

因生产安全事故受到损害的从业人员，除依法享有工伤社会保险外，依照有关民事法律尚有获得赔偿的权利，有权向本单位提出赔偿要求。

7) 获得符合国家标准或者行业标准劳动防护用品的权利。

8) 获得安全生产教育和培训的权利。

(2) 从业人员的义务

对于从业人员的义务，《安全生产法》中规定了从业人员的三项义务：

1) 遵章守规，服从管理的义务

即从业人员在作业过程中，应当严格遵守本单位的安全生产规章制度和操作规程，服从管理，正确佩戴和使用劳动防护用品。

2) 接受安全生产教育和培训义务

即从业人员应当接受安全生产教育和培训，掌握本职工作所需的安全生产知识，提高安全生产技能，增强事故预防和应急处理能力。

3) 发现事故隐患和不安全因素有报告的义务

即从业人员发现事故隐患或者其他不安全因素，应当立即向现场安全生产管理人员或者本单位负责人报告；接到报告的人员应当及时予以处理。

4. 生产安全事故的处理

(1) 应急救援体系的建立

1) 建立应急救援体系的目的

生产安全事故的应急救援体系是保证生产安全事故应急救援工作顺利实施的组织保障，主要包括应急救援指挥系统、应急救援日常值班系统、应急救援信息系统、应急救援技术支持系统、应急救援组织及经费保障。

2) 应急救援组织建立的主体

危险物品的生产、经营、储存单位以及矿山、建筑施工单位应当建立应急救援组织；生产经营规模较小，可以不建立应急救援组织的，应当指定兼职的应急救援人员，危险物品的生产、经营、储存单位以及矿山、建筑施工单位应当配备必要的应急救援器材、设备，并进行经常性维护、保养，保证正常运转。

3) 施工单位事故应急救援预案

① 施工单位应当根据建设工程施工的特点、范围，对施工现场易发生重大事故的部位、环节进行监控，制定施工现场生产安全事故应急救援预案。

② 实行施工总承包的，由总承包单位统一组织编制建设工程生产安全事故应急救援预案，工程总承包单位和分包单位按照应急救援预案，各自建立应急救援组织或者配备应急救援人员，配备救援器材、设备，并定期组织演练。

(2) 事故报告

1) 生产经营单位发生生产安全事故后，负伤者或者事故现场有关人员应当立即报告本单位负责人。

2）单位负责人接到重伤、死亡、重大死亡事故报告后，应当迅速采取有效措施，组织抢救，防止事故扩大，减少人员伤亡和财产损失，并按照国家有关规定立即如实报告当地负有安全生产监督管理职责的部门和企业主管部门，不得隐瞒不报、谎报或者拖延不报，不得故意破坏事故现场、毁灭有关证据。

3）生产经营单位发生重大生产安全事故时，单位主要负责人应当立即组织抢救，并不得在事故调查处理期间擅离职守。

4）实行施工总承包的建设工程，由总承包单位负责上报事故。

（3）事故调查

1）事故调查处理原则

应当实事求是、尊重科学，按照"四不放过"（坚持事故原因未查清不放过、责任人员未处理不放过、整改措施未落实不放过、有关人员未受到教育不放过）原则，及时、准确地查清事故原因，查明事故性质和责任，总结事故教训，提出整改措施，并对事故责任者提出处理意见。

2）事故调查组的组织

① 轻伤、重伤事故，由企业负责人或其指定人员组织生产、技术、安全等有关人员以及工会成员参加的事故调查组，进行调查。

② 死亡事故，由企业主管部门会同企业所在地设区的市（或者相当于设区的市一级）劳动部门、公安部门、工会组成事故调查组，进行调查。

③ 对于①、②条款的事故调查组应当邀请人民检察院派员参加，还可邀请其他部门的人员和有关专家参加。

④ 重大死亡事故，按照企业的隶属关系由省、自治区、直辖市企业主管部门或者国务院有关主管部门会同同级安全监督部门、公安、监察、工会组成事故调查组，进行调查。

⑤ 特别重大事故的调查按国务院令第 34 号《特别重大事故调查程序暂行规定》执行。

3）事故调查组成员的条件

① 具有事故调查所需要的某一方面的专长。

② 与所发生事故没有直接利害关系。

4）事故调查组职责和权利

① 查明事故发生原因、过程和人员伤亡、经济损失情况。

② 确定事故责任者。

③ 提出事故处理意见和防范措施的建议。

④ 写出事故调查报告。

⑤ 事故调查组有权向发生事故的企业和有关单位、有关人员了解有关情况和索取有关资料，任何单位和个人不得拒绝、阻碍、干涉事故调查组的正常工作。

5）单位和个人在生产安全事故调查处理中的义务

《安全生产法》第七十五条对单位和个人在生产安全事故调查处理中的义务做了规定："任何单位和个人不得阻挠和干涉事故的依法调查处理。"

(4) 事故处理

1) 事故处理基本要求

① 事故调查组对事故调查结果，根据有关事故处理法律法规和规定要求，提出事故处理意见和防范措施建议，由发生事故的企业、主管部门按事故等级分别负责处理。

② 因忽视安全生产、违章指挥、违章作业、玩忽职守或者发现事故隐患、危害情况而不采取有效措施以致造成伤亡事故的，由企业主管部门或者企业按照国家有关规定，对企业负责人和直接责任人员给予行政处分；构成犯罪的，由司法机关依法追究刑事责任。

③ 伤亡事故处理工作应当在 90 日内结案，特殊情况不得超过 180 日。伤亡事故处理结案后，应当公开宣布处理结果。

④ 对于发生特大安全事故的地方人民政府主要领导人和政府有关部门正职负责人按国务院令第 302 号《关于特大安全事故行政责任追究的规定》进行行政责任追究。

2) 事故隐瞒不报或玩忽职守、打击报复等的法律责任

① 在伤亡事故发生后隐瞒不报、谎报、故意迟延不报、故意破坏事故现场，或者无正当理由，拒绝接受调查以及拒绝提供有关情况和资料的，由有关部门按照国家有关规定，对有关单位负责人和直接责任人员给予行政处分；构成犯罪的，由司法机关依法追究刑事责任。

② 在调查、处理伤亡事故中玩忽职守、徇私舞弊或者打击报复的，由其所在单位按照国家有关规定给予行政处分；构成犯罪的，由司法机关依法追究刑事责任。

5. 对生产经营单位和单位负责人的处罚方式

由于违反安全生产法的法律规定，对生产经营单位和单位负责人的处罚方式有：

（1）对生产经营单位的处罚方式

责令限期改正、停产停业整顿、经济罚款、责令停止建设、关闭企业、吊销其有关证照、连带赔偿等处罚。

（2）对单位负责人的处罚方式

刑事责任、行政处分、个人经济罚款、限期不得担任生产经营单位的主要负责人、降职、撤职、处 15 日以下拘留等处罚。

6. 从业人员的法律责任

生产经营单位的从业人员不服从管理，违反安全生产规章制度或者操作规程的，由生产经营单位给予处分；造成重大事故，构成犯罪的，依照刑法有关规定追究其刑事责任。

（四）《建设工程安全生产管理条例》基本知识

本节的主要内容是学习《条例》制定的目的、原则、适用范围、执行要点及安全管理的要求。重点掌握施工企业执行要点，以明确安全责任，保障施工人员的安全健康。

1. 制定目的和基本原则

（1）制定目的

1998 年《建筑法》和 2002 年《安全生产法》的颁布实施，为维护建筑市场秩序，加

强建设工程安全生产监督管理提供了重要法律依据。《条例》根据《建筑法》、《安全生产法》，针对建筑市场安全生产存在的主要问题，结合建设行业特点，确立有关建设工程安全生产监督管理的基本制度，明确参与建设活动各方责任主体的安全责任，加强建设工程安全生产监督管理，确保参与各方责任主体安全生产利益及建筑工人安全与健康的合法权益，因此，制定《条例》的目的是为了加强建设工程安全生产监督管理，保障人民群众生命和财产安全。

（2）基本原则

《条例》主要遵循了五大基本原则：

1）"安全第一、预防为主"原则

肯定了安全生产在建筑活动中的首要位置和重要性，体现了控制和防范。第三条："建设工程安全生产管理，坚持安全第一、预防为主的方针。"第四条："建设单位、勘察单位、设计单位、施工单位、工程监理单位及其他与建设工程安全生产有关的单位，必须遵守安全生产法律、法规的规定，保证建设工程安全生产，依法承担建设工程安全生产责任。"

2）以人为本，维护作业人员合法权益原则

对施工单位在提供安全教育培训、安全防护设施、为施工人员办理意外伤害保险、作业与生活环境标准等方面做了明确规定，具体条款如下：

① 第二十五条："垂直运输机械作业人员、安装拆卸工、爆破作业人员、起重信号工、登高架设作业人员等特种作业人员，必须按照国家有关规定经过专门的安全作业培训，并取得特种作业操作资格证书后，方可上岗作业。"

② 第二十九条："施工单位应当将施工现场的办公、生活区与作业区分开设置，并保持安全距离；办公、生活区的选址应当符合安全性要求。职工的膳食、饮水、休息场所等应当符合卫生标准。施工单位不得在尚未竣工的建筑物内设置员工集体宿舍。施工现场临时搭建的建筑物应当符合安全使用要求。施工现场使用的装配式活动房屋应当具有产品合格证。"

③ 第三十八条："施工单位应当为施工现场从事危险作业的人员办理意外伤害保险。意外伤害保险费由施工单位支付。实行施工总承包的，由总承包单位支付意外伤害保险费。意外伤害保险期限自建设工程开工之日起至竣工验收合格止。"

3）实事求是原则

在坚持法律制度统一性的前提下，对重要安全施工方案专家审查制度、专职安全人员配备等做了原则性的规定，具体条款如下：

① 第二十三条："施工单位应当设立安全生产管理机构，配备专职安全生产管理人员。专职安全生产管理人员负责对安全生产进行现场监督检查。发现安全事故隐患，应当及时向项目负责人和安全生产管理机构报告；对违章指挥、违章操作的，应当立即制止。"

② 第二十六条："施工单位应当在施工组织设计中编制安全技术措施和施工现场临时用电方案，对下列达到一定规模的危险性较大的分部分项工程编制专项施工方案，并附具安全验算结果，经施工单位技术负责人、总监理工程师签字后实施，由专职安全生产管理人员进行现场监督：①基坑支护与降水工程；②土方开挖工程；③模板工程；④起重吊装

工程；⑤脚手架工程；⑥拆除、爆破工程；⑦国务院建设行政主管部门或者其他有关部门规定的其他危险性较大的工程。对前款所列工程中涉及深基坑、地下暗挖工程、高大模板工程的专项施工方案，施工单位还应当组织专家进行论证、审查。"

4) 现实性和前瞻性相结合原则

《条例》注重保持法规、政策的连续性和稳定性，充分考虑了建设工程安全管理的现状，有效结合现代安全管理思想和成果，符合建设工程安全管理的发展趋势。

5) 权责一致原则

明确了国家有关部门和建设行政主管部门对建设工程安全生产监督管理的主要职能、权限，规定了相应的法律责任；明确了对工作人员不依法履行监督管理职责给予的行政处分及追究刑事责任的范围。第五十三条："违反本条例的规定，县级以上人民政府建设行政主管部门或者其他有关行政管理部门的工作人员，有下列行为之一的，给予降级或者撤职的行政处分；构成犯罪的，依照刑法有关规定追究刑事责任：①对不具备安全生产条件的施工单位颁发资质证书的；②对没有安全施工措施的建设工程颁发施工许可证的；③发现违法行为不予查处的；④不依法履行监督管理职责的其他行为。"

(3) 适用范围

《条例》适用范围为："在中华人民共和国境内从事建设工程的新建、扩建、改建和拆除等有关活动及实施对建设工程安全生产的监督管理。"

(4) 施工活动中相关方的主要责任

1) 建设单位的主要安全责任包括：

① 建设单位应向施工单位提供施工现场及毗邻地区内地下管线及其他有关的真实、准确、完整资料。

② 不得压缩合同约定的工期。

③ 在编制工程概算时，应确定建设工程安全作业环境及安全施工措施所需费用。

④ 在申请领取施工许可证时，应提供建设工程有关的安全施工措施的资料。

⑤ 在规定期内，将保证安全施工的措施报送建设工程所在地的县级以上地方人民政府建设行政主管部门或者其他有关部门备案。

⑥ 应将拆除工程发包给具有相应资质等级的施工单位。

⑦ 应在拆除工程施工 15 日前，将有关资料报送有关主管部门或者其他有关部门备案。

2) 勘察、设计、工程监理等有关单位的主要安全责任包括：

① 勘察单位的主要安全责任是：应按规定进行勘察，提供真实准确的勘察文件；严格执行操作规程，采取措施保证各类管线、设施和周边建筑物、构筑物的安全。

② 设计的主要安全责任是：应按规定进行设计；应对涉及施工安全的重点部位和环节在设计文件中注明，并对防范生产安全事故提出指导意见；设计单位和注册建筑师等注册执业人员应对其设计负责。

③ 工程监理单位的主要安全责任是：应审查施工组织设计中的安全技术措施或者专项施工方案是否符合工程建设强制性标准；发现问题，应当要求施工单位整改或暂时停止施工，并及时报告建设单位；工程监理单位和监理工程师应按法律、法规和工程建设强制

性标准实施监理,并对建设工程安全生产承担监理责任。

2. 施工企业执行要点

(1) 建立完善的安全生产保证体系

施工单位作为建设工程由设计到实物转化过程的具体实施者,作业过程存在各种危险因素和作业风险,为规范施工单位的安全生产主体职责,要求施工单位建立健全安全生产保证体系。主要体现在以下方面:

1) 安全生产资质保证

① 施工单位资质

《条例》第二十条规定:施工单位从事建设工程的新建、扩建、改建和拆除等活动,应当具备国家规定的注册资本、专业技术人员、技术装备和安全生产条件,依法取得相应等级的资质证书,并在其资质等级许可的范围内承揽工程。

② 单位负责人、项目负责人资格

《条例》第三十六条规定:施工单位的主要负责人、项目负责人、专职安全生产管理人员应当经建设行政主管部门或者有关部门考核合格后方可任职。

③ 特殊工种上岗资格

《条例》第二十五条规定:垂直运输机械作业人员、安装拆卸工、爆破作业人员、起重信号工、登高架设作业人员等特种作业人员,必须按照国家有关规定经过专门的安全作业培训,并取得特种作业操作资格证书后,方可上岗操作。

2) 安全生产技术保证体系

① 施工组织设计和施工方案对安全技术措施要求

A. 《条例》第二十六条规定:施工单位应当在施工组织设计中编制安全技术措施和施工现场临时用电方案,对达到一定规模的危险性较大的分部分项工程编制专项施工方案,并附具安全验算结果,经施工单位技术负责人、总监理工程师签字后实施。

B. 对工程建筑中涉及深基坑、地下暗挖工程、高大模板工程的专项施工方案,施工单位还应当组织专家进行论证、审查。

② 安全施工交底签字制度

《条例》第二十七条规定:建设工程施工前,施工单位负责项目管理的技术人员应当对有关安全施工的技术要求向施工作业班组、作业人员做出详细说明,并由双方签字确认。

3) 安全教育保证体系

① 单位主要负责人、项目负责人和专职安全生产管理人员培训

《条例》第三十六条规定:施工单位的主要负责人、项目负责人、专职安全生产管理人员应当经建设行政主管部门或者其他有关部门考核合格后方可任职。

② 年度安全生产教育培训

施工单位应当对管理人员和作业人员每年至少进行一次安全生产教育培训,其教育培训情况记入个人工作档案。安全生产教育培训考核不合格的人员,不得上岗。

③ 上岗培训

《条例》第三十七条规定:作业人员进入新的岗位或者新的施工现场前,应当接受安

全生产教育培训。未经教育培训或者教育培训考核不合格的人员，不得上岗作业。

④ "四新"应用培训

施工单位在采用新技术、新工艺、新设备、新材料时，应当对作业人员进行相应的安全生产教育培训。

4）施工单位内部监管保证

① 安全生产管理机构配备

《条例》第二十三条规定：施工单位应当设立安全生产管理机构，配备专职安全生产管理人员。

② 专职安全生产管理人员职责

A. 负责对安全生产进行现场监督检查。

B. 发现安全事故隐患，应当及时向项目负责人和安全生产管理机构报告。

C. 对现场监督检查中发现问题、事故隐患的处理结果和情况应记录在案。

D. 对违章指挥、违章操作的，应当立即制止。

E. 专职安全生产管理人员的配备办法由国务院建设行政主管部门会同国务院其他有关部门制定。

5）意外伤害赔偿保证

① 《条例》第三十八条规定：施工单位应当为施工现场从事危险作业的人员办理意外伤害保险。

② 意外伤害保险费由施工单位支付。

③ 实行施工总承包的，由总承包单位支付意外伤害保险费。

④ 意外伤害保险期限自建设工程开工之日起至竣工验收合格止。

（2）安全生产管理

1）安全教育培训

① 安全资格管理

《条例》第三十六条规定：施工单位的主要负责人、项目负责人、专职安全生产管理人员应当经建设行政主管部门或者其他有关部门考核合格后方可任职。

特种作业人员应获得操作资格证书后方可上岗操作，因此各施工单位应保证各级各类人员符合规定要求上岗。

② 年度安全生产教育培训

施工单位对管理人员和作业人员每年至少进行一次安全生产教育培训，应由安全管理部门协同教育培训部门共同组织实施，其教育培训情况记入个人工作档案。安全生产教育培训考核不合格的人员，不得上岗。

③ 上岗培训

《条例》第三十七条规定：作业人员进入新的岗位或者新的施工现场前，应当接受安全生产教育培训；未经教育培训或者教育培训考核不合格的人员，不得上岗作业。施工企业新职工上岗培训安全教育为三级安全教育（即公司级、工地/队级、班组级），对安排未经三级安全教育或者不合格人员上岗者，工作负责人应承担违章指挥责任，造成后果者，工作负责人承担违章指挥法律责任。

④"四新"应用培训

施工单位在采用新技术、新工艺、新设备、新材料时,安全管理部门应对"四新"应用中存在的危险危害因素识别情况进行会审或审查,并督促技术部门对作业人员进行相应的安全生产教育培训。

2)安全技术交底

①《条例》第二十七条规定:建设工程施工前,施工单位负责项目管理的技术人员应当对有关安全施工的技术要求向施工作业班组、作业人员做出详细说明,并由双方签字确认。

②《条例》要求施工单位技术部门在组织施工前,应做好充分的技术准备,制定安全作业过程的安全技术措施;安全管理部门在此过程中可结合以往工程的施工情况,给予积极的信息支持,并督促、参与技术部门对作业班组、作业人员的安全技术交底。

3)现场安全管理

① 安全标志

《条例》第二十八条规定:施工单位应当在施工现场入口处、施工起重机械、临时用电设施、脚手架、出入通道口、楼梯口、电梯井口、孔洞口、桥梁口、隧道口、基坑边沿、爆破物及有害危险气体和液体存放处等危险部位,设置明显的安全警示标志。安全警示标志必须符合国家标准。

国家规定的安全标志相关标准主要有:

GB 2894　安全标志;

GB 13495　消防安全标志;

GB 15630　消防安全标志设置要求;

GB 7144　气瓶颜色标志常用危险化学品的分类及标志;

GB 190　危险货物包装标志。

② 生产生活临建安全要求

施工单位的生产生活临建应符合以下要求:

A. 施工现场的办公、生活区与作业区应分开设置,并保持安全距离。

B. 办公、生活区的选址应当符合安全性要求。

C. 施工现场临时搭建的建筑物应当符合安全使用要求。

D. 职工的膳食、饮水、休息场所等应当符合卫生标准。

E. 施工现场使用的装配式活动房屋应当具有产品合格证,满足防风基本要求,并符合所在地建设行政主管部门对活动房安装、验收和使用的规定。

F. 施工单位不得在尚未竣工的建筑物内设置员工集体宿舍。

③ 毗邻建筑及地下管线防护

施工单位对因建设工程施工可能造成损害的毗邻建筑物、构筑物和地下管线等,应当采取专项防护措施,必要时,应征得管辖部门或有关单位同意。

④ 安全设施费用

《条例》第二十二条规定:施工单位对列入建设工程概算的安全作业环境及安全施工措施所需费用,应当用于施工安全防护用具及设施的采购和更新、安全施工措施的落实、安全生产条件的改善,不得挪作他用。

由于安全效益的滞后性和间接性,在分包工程或清工形式承包的施工项目中,作业人员的安全用品和现场的安全设施,往往得不到有效保障,因此对这类工程应明确承发包双方的安全责任,落实经费来源,为作业人员提供符合要求的安全防护用品,现场布置完善有效的安全设施。

4)施工机械设备管理

① 进场查验:

施工单位采购、租赁的安全防护用具、机械设备、施工机具及配件,应当具有生产(制造)许可证、产品合格证,并在进入施工现场前进行查验。

② 专人管理:

施工现场的安全防护用具、机械设备、施工机具及配件必须由专人管理。

③ 建立定期检查、维修和保养制度。

④ 建立相应的资料档案。

⑤ 建立按国家有关规定报废的制度。

⑥ 建立起重机械、整体提升脚手架、模板等自升式设施验收制度:

A. 在架设上述设施前,应当组织有关单位进行验收,也可以委托具有相应资质的检验检测机构进行验收。

B. 使用承租的机械设备和施工机具及配件的,由施工总承包单位、分包单位、出租单位和安装单位共同进行验收。

C. 验收合格的方可使用。

⑦《特种设备安全监察条例》规定的施工起重机械,在验收前应当经有相应资质的检验检测机构监督检验合格(该机构由建设行政主管部门认定其资质)。

⑧ 施工单位应当自施工起重机械和整体提升脚手架、模板等自升式架设设施验收合格之日起30日内,向建设行政主管部门或者其他有关部门登记。登记标志应当置于或者附着于该设备的显著位置。

5)季节性施工安全措施

施工单位应当根据不同施工阶段和周围环境及季节、气候的变化,在施工现场采取相应的安全施工措施。施工现场暂时停止施工的,施工单位应当做好现场防护,所需费用由责任方承担,或者按照合同约定执行。

(3)文明施工管理

1)毗邻建筑物、构筑物和地下管线保护

施工单位对因建设工程施工可能造成损害的毗邻建筑物、构筑物和地下管线等,应当采取专项防护措施。

2)环境保护和职业危害防护

施工单位应当遵守有关环境保护法律、法规的规定,在施工现场采取措施,防止或者减少粉尘、废气、废水、固体废物、噪声、振动和施工照明对人和环境的危害和污染。

3)市区封闭施工要求

在城市市区内的建设工程,施工单位应当对施工现场实行封闭围挡。

(4) 消防管理

施工单位消防安全管理的主要内容包括：

1) 施工单位应当在施工现场建立消防安全责任制度。
2) 确定消防安全责任人，对重点消防部位和动火作业应明确区域或作业责任人。
3) 制定用火、用电、使用易燃易爆材料等各项消防安全管理制度和操作规程。
4) 设置消防通道、消防水源，配备消防设施和灭火器材。
5) 在施工现场入口处设置明显的消防通道标志。

(5) 生产安全事故的处理

1) 事故上报

① 施工单位发生生产安全事故，应当按照国家有关伤亡事故报告和调查处理的规定，及时、如实地向负责安全生产监督管理的部门、建设行政主管部门或者其他有关部门报告。

② 特种设备发生事故的，还应当同时向特种设备安全监督管理部门报告。

③ 实行施工总承包的建设工程，由总承包单位负责上报事故。

2) 现场保护

① 发生生产安全事故后，施工单位应当采取措施防止事故扩大，保护事故现场。

② 需要移动现场物品时，应当做出标记和书面记录，妥善保管有关证物。

3) 事故单位和责任人处理

建设工程生产安全事故对事故责任单位和责任人的处罚与处理，按照有关法律、法规和建设行政主管部门制定的处罚规定执行。

3. 基层施工人员的职责

(1) 发现己方有违反或抵触的处置程序

1) 报告

施工人员发现己方在安全管理方面存在轻微的疏忽或不足时，可向安全管理部门或现场负责人报告，并要求采取有效措施加以整改或改进，如：

① 进场人员三级安全教育时，未能清楚地获知现场安全基本要求或操作规程等信息；
② 施工员/班长等布置作业时的安全注意事项交代不够明确；
③ 安全防护用品失效时，未能及时更换；
④ 现场作业班组或与相关方之间的协商不够等。

2) 批评、检举和控告

作业人员有权对施工现场的作业条件、作业程序和作业方式中存在的安全问题提出批评、检举和控告，如：

① 施工单位所承包工程与其资质不符合，或未取得安全施工许可证；
② 将工程发包给不具备施工资质等级的施工单位；
③ 施工起重机械使用前未按规定进行验收，或在验收不合格情况下使用；
④ 在未编制安全技术措施和未向施工人员进行安全交底情况下，组织施工；
⑤ 在明显缺少安全设施（如临边、洞口无防护措施）的情况下，安排人员作业；

⑥ 提供的安全防护用品、安全设施不符合相应的国家标准或规范要求等。

3) 拒绝

施工人员对明知的违章指挥和强令冒险作业，可以拒绝施工，如六级以上大风天气，在缺少有效防护措施的前提下，安排高处吊装作业。

4) 申诉、仲裁

施工人员对涉及损害个人权益或合理要求未能实现的，可以提起申诉或仲裁等，如：

① 对从事危险作业的人员未办理意外伤害保险，施工人员提议后仍未采纳；

② 意外伤害保险费从施工人员收入中克扣；

③ 工伤人员未能按事故赔偿责任获得施工单位赔偿等。

（2）发现相关方有违反或抵触的处置程序

1) 提醒相关方有关人员，如：

① 在明显缺少安全设施（如临边、洞口无防护措施）的情况下，安排人员作业；

② 相关方施工人员使用的安全防护用品、现场安全设施不符合相应的国家标准或规范要求等；

③ 现场施工人员不正确配戴安全防护用品；

④ 吊装、焊接等危险作业缺少现场监督管理人员等。

2) 报告或检举

作业人员发现相关方在施工活动中存在较大的不安全因素或明显的管理疏漏的，可向工程监理方、该单位主管部门或地方安全监督管理部门报告或检举，如：

① 相关方发生事故未及时组织抢救或隐瞒；

② 相关方对分包单位施工活动"以包代管"，现场施工混乱；

③ 生产、生活设施严重不符合安全要求，职工休息场所严重不符合卫生标准；

④ 特种作业人员无证上岗等。

（五）《建设工程质量管理条例》基本知识

本节的主要内容是学习《条例》的制定目的、原则和适用范围，以及施工企业执行条例的要点，进一步明确建设活动中相关各方的质量责任。

1. 条例制定目的和基本原则

（1）制定目的

《建设工程质量管理条例》第一章《总则》部分共六条，主要内容包括制定《条例》的目的和依据；《条例》所调整的对象及适用范围；建设工程质量的责任主体；建设工程质量监督管理的主体；为保证建设工程质量，工程建设必须遵守的程序要求；国家鼓励采用先进科学技术和管理方法，以提高建设工程质量。

1)《条例》的第一条是为了加强对建设工程质量的管理，保护人民生命和财产安全。

《建设工程质量管理条例》是《中华人民共和国建筑法》颁布实施后制定的第一部配套的行政法规，是我国第一部建设配套的行为法规，也是我国第一部建设工程质量条例。

建设工程是人们日常生活和生产、经营、工作的主要场所，是人类生存和发展的物质基础。建设工程的质量，不但关系到生产经营活动的正常进行，也关系到人民生命财产安全。改革开放以来，工程建设规模逐年扩大，党中央、国务院对基础设施和各种建设工程的质量问题极为关心，多次强调质量责任重于泰山，要抓好工程质量，决不能搞"豆腐渣工程"。建设工程一旦出现质量问题，特别是发生重大垮塌事故，危及人民生命财产安全，损失巨大，影响恶劣，因此，百年大计，质量第一，必须确保建设工程的安全可靠。

从总体上看，我国基础设施和重大工程的质量是好的。一批国家重点工程和大中型基础设施建设项目的质量稳步提高，建成了一批高难度、高质量的工程项目，有的达到或接近国际先进水平；一般的民用工程的质量合格率也在逐年提高。但是，建设工程质量方面存在的问题也相当突出，一是工程垮塌事故时有发生；二是一些民用建筑工程特别是住宅工程，影响使用功能的质量通病比较普遍，已成为群众投诉的热点；三是更令人担忧的是前几年已建成并使用的一些工程也有质量问题，甚至有的还存在影响结构安全的重大隐患。因此，进一步提高工程质量水平，确保建设工程的安全可靠，保证人民的生命财产安全，加强工程质量监督管理已成为全社会的要求和呼声。

2）1998年3月，《中华人民共和国建筑法》正式施行。保证建设工程质量和安全，是《建筑法》对建筑施工许可、建筑工程发包与承包、建筑安全生产管理、建筑工程质量管理等主要方面做出了原则规定，对加强建筑工程质量管理等发挥了积极的作用。为了对《建筑法》确立的一些制度与活动的各主体的责任和义务予以明确，对处罚的额度予以明确，以便于实际执行，进一步增强执法的力度，有必要制定《建设工程质量管理条例》。

（2）适用范围

关于《条例》适用范围和调整对象的规定见第二条：凡在中华人民共和国境内从事建设工程的新建、扩建、改建等有关活动及实施对建设工程质量监督管理的，必须遵守本条例。本条例所称建设工程，是指土木工程、建筑工程、线路管道和设备安装工程及装修工程。

1）《条例》明确了调整对象为从事建设工程的新建、扩建、改建等有关活动和实施对建设工程质量监督管理这两个方面活动的主体。

① 建设工程活动包括新建、扩建、改建等活动。新建指原来没有的工程，但也包括原有基础很小，经扩大建设规模后，其新增固定资产价值超过原有固定资产价值三倍以上，并需要重新进行总体设计的建设项目。所谓扩建，是指在原有基础上加以扩充的建设项目；包括扩大产品原有生产能力、增加新的产品生产能力以及为取得新的效益和使用功能而新建主要生产场所或在原有基础上加高加层（需重新建造基础的工程属于新建项目）。所谓改建，是指不增加建筑物或建设项目体量，在原有的基础上，为提高效率，改进产品质量，或改变产品方向，或改善建筑物使用功能、改变使用目的，对原有工程进行改造的建设项目。重新装修的工程也属改建。企业为了平衡生产能力，增加一些附属、辅助车间或非生产性工程，属于改建项目。

② 调整对象还包括对建设活动实施监督管理的政府及主管部门，或其委托的有关部门或机构。以上部门或机构在实施对建设工程进行监督管理活动时，必须按照《条例》所规定的职责和权限进行，依法行政，不能滥用职权。

③《条例》的适用地域是中华人民共和国境内（不包括香港、澳门两个特别行政区和台湾地区）从事的建设工程活动和监督管理活动。对于建设工程活动来讲，无论投资主体是谁，也无论建设工程项目的种类，只要在中华人民共和国境内实施，都要遵守《条例》。

2）《条例》第二条第二款对于建设工程做出了解释：建设工程是指土木工程、建筑工程、线路管道、设备安装工程及装修工程。这里所指的土木工程包括矿山、铁路、公路、隧道、桥梁、堤坝、电站、码头、飞机场、运动场、营造林、海洋平台等工程；建筑工程是指房屋建筑工程，即有顶盖、梁柱、墙壁、基础以及能够形成内部空间，包括厂房、剧院、旅馆、商店、学校、医院和住宅等工程；线路、管道和设备安装工程包括电力、通信线路、石油、燃气、给水、排水、供热等管道系统和各类机械设备、装置的安装活动；装修工程包括对建筑物内、外进行以美化、舒适化、增加使用功能为目的的工程建设活动；《条例》第十五条对涉及建筑主体和承重结构变动的装修工程，作出了特别规定，对违反该规定的，在罚则部分还给予了相应处罚。

(3) 建设活动中相关各方的主要责任

在《条例》第三条明确建设单位、勘察单位、设计单位、施工单位、工程监理单位依法对建设工程质量负责。

1）建设单位，是建设工程的投资人，也称"业主"。建设单位是工程建设项目建设过程的总负责方，拥有确定建设项目的规模、功能、外观、选用材料设备、按照国家法律法规规定选择承包单位等权力。建设单位可以是法人或自然人，包括房地产开发商。

2）勘察单位，是指已通过建设行政主管部门的资质审查，从事工程测量、水文地质和岩土工程等工作的单位。勘察单位依据建设项目的目标，查明并分析、评价建设场地和有关范围内的地质地理环境特征和岩土工程条件，编制建设项目所需的勘察文件，提供相关服务和咨询。

3）设计单位，是指经过建设行政主管部门的资质审查，从事建设可行性研究、建设工程设计、工程咨询等工作的单位。设计是依据建设项目的目标，对其技术、经济、资源、环境等条件进行综合分析，制定方案论证比选，编制建设项目所需的设计文件并提供相关服务和咨询。

4）施工单位，是指经过建设行政主管部门的资质审查，从事土木工程、建筑工程、线路管道设备安装、装修工程施工承包的单位。

5）工程监理单位，是指经过建设行政主管部门的资质审查，受建设单位委托，依照国家法律规定和建设单位要求，在建设单位委托的范围内对建设工程进行监督管理工作的单位。

建设工程项目，具有投资大、规模大、建设周期长、生产环节多、参与方多、影响质量形成的因素多等特点，不论是哪个主体出问题，哪个环节出问题，都会导致质量缺陷，甚至发生重大质量事故。因此，建设工程质量管理最基本的原则和方法就是建立健全质量责任制，有关各方对本身工作成果负责。《条例》在第二、三、四、五章中分别规定了建设单位、勘察设计单位、施工单位、工程监理单位的质量责任和义务，建设工程的各参与单位在进行建设工程活动中必须按照《条例》的规定承担责任和义务。

6）建筑材料、建筑构配件、设备的质量，也与工程质量有直接关系。但建筑材料、建筑构配件、设备的质量属《产品质量法》调整范围;《条例》第十四条、第二十二条、第二十九条,已从不同角度对建筑材料、建筑构配件、设备提出了要求。因此,《条例》没有专门设置"建筑材料、建筑构配件、设备的生产和供应单位的质量责任和义务"一章。但在理解和实际运用中,应与《产品质量法》和建设部《建设工程质量管理办法》(建设部29号令)第六章结合起来。

(4) 监督管理

《条例》第四条:县级以上人民政府建设行政主管部门和其他有关部门应当加强对建设工程质量的监督管理。

本条是关于建设工程质量监督管理主体及其职责的规定。

本条有三层含义:

1) 规定了县级以上建设行政主管部门和其他有关部门是建设工程质量监督管理的主体。其他部门是指铁路、交通、水利等专业工程管理部门。

2) 规定了进行建设工程质量监督管理的最低行政层次:即县级以上人民政府(包括县级)的建设行政主管部门和其他有关部门。

3) 要求政府有关部门要强化对建设工程质量的监督管理。

(5) 建设程序

《条例》第五条:从事建设工程活动,必须严格执行基本建设程序,坚持先勘察、后设计、再施工的原则。

县级以上人民政府及其有关部门不得超越权限审批建设项目或者擅自简化基本建设程序。

本条是对于政府管理部门和各类建设主体必须遵守建设工程程序的规定。

1) 实践证明,按照基本建设程序进行工程建设,对保证建设工程质量具有重要意义。这里所指的基本建设程序,是指国务院有关部门在规范性文件和有关法律、法规中规定的进行工程建设各项工作的先后次序,反映了基本建设活动的客观规律。基本建设程序一般包括:

① 项目建议书,主要从宏观上衡量项目建设的必要性,评估其是否符合国家长远的方针和产业政策,同时初步分析建设的可行性;

② 可行性研究,它是运用多种科学成果和手段,对建设项目在技术、工程、经济、社会外部协作条件等必要性、可行性、合理性进行全面论证分析,作多方案比选,推荐最佳方案为决策提供科学依据;

③ 立项审批,投资主管部门根据可行性研究报告和国家经济政策,作立项审批,列入国家固定资产投资计划;

④ 规划审批,在城市规划区内的项目要向规划部门申请定点,核定其用地位置和界限,提供规划条件,核发建设用地规划许可证;

⑤ 勘察,获取拟建项目的水文地质资料;

⑥ 设计,根据立项审批的设计任务书和勘察结果编制设计文件;

⑦ 施工,是将投资转化为现实成果的实施阶段;

⑧ 验收和交付,全面检查设计和施工质量,及时发现问题和解决问题,保证按设计

要求的技术经济指标正常生产,并分析概预算执行情况,考核投资效果各项指标,移交固定资产等。

2) 本条的第二款对于县级以上人民政府及有关部门审批建设工程项目和简化基本建设程序的行为进行了限制。按照我国目前的基本建设管理体制,根据建设工程项目的投资来源、规模、所在地方、所处阶段等,规定分别由不同的部门和地方进行程序审批。县级以上人民政府包括县级人民政府、地市级人民政府、省级人民政府和国务院。在审批建设工程项目和确定基本建设程序时县级以上人民政府及有关部门必须依法办事,不能滥用权力,越权审批,随意建设,违背或简化程序。近年来,一些地方和部门不严格执行基建程序,一些项目不经可行性研究就盲目立项上马,建成后产品无销路,造成新的浪费;一些地方领导片面追求速度,搞"首长工程"、"献礼工程",简化审批程序,给工程质量带来许多后遗症。根据本条规定,这些越权审批和简化程序的行为都是必须禁止的。

(6) 鼓励技术进步

《条例》第六条:国家鼓励采用先进的科学技术和管理方法,提高建设工程质量。

本条是关于国家鼓励在提高建设工程质量问题上采用先进的科学技术和管理方法的规定。

确保建设工程质量,一方面要建立有利于促进建设工程质量水平提高的体制和机制,制定保证建设工程质量的法律、法规,加强监督管理;另一方面要依靠科学,促进技术进步,积极采用新技术、新工艺、新材料等。科学技术是第一生产力,采用先进的科学技术和管理方法,不但能提高劳动生产率,同时也能有效地提高建设工程质量水平。不论是从工程设计咨询业和建筑业行业发展的角度,还是从提高建设工程质量水平的角度考虑,都必须加大采用先进科学技术和管理方法的力度,积极推广先进适用技术,积极探索适合我国国情和行业特点的科学管理方法。

《条例》在总则一章中专门对采用先进的科学技术和管理方法作出规定,表明了国家对企业采用先进科学技术和管理方法的鼓励态度,也突出了科学技术和管理方法在确保工程质量中的重要性。

2. 施工企业执行要点

(1) 施工企业的市场行为

施工阶段是建设工程实体质量的形成阶段,勘察工作质量、设计工作质量均要在这一阶段得以实现。由于施工阶段涉及的责任主体多,生产环节多,时间长,影响质量稳定的因素多,协调管理难度较大,因此施工阶段的质量责任制度显得尤为重要。施工单位是建设市场的重要责任主体之一。它的能力和行为对建设工程的施工质量起关键性作用。施工单位是否有能力承担某一工程,用该施工单位的资质等级来衡量。但能不能保证所承包工程的施工质量,除了必须具有相应的资质等级,还要与该施工单位承包、分包等市场行为、企业质量保证体系的建立和有效运行,是否按图施工、按标准施工,是否按要求对材料进行检验,是否严格隐蔽工程检查等密切相关,《条例》对此均做出了具体的规定。

1)《条例》第二十五条:施工单位应当依法取得相应等级的资质证书,并在其资质等级许可的范围内承揽工程。

禁止施工单位超越本单位资质等级许可的业务范围或者以其他施工单位的名义承揽工程。禁止施工单位允许其他单位或者个人以本单位的名义承揽工程。施工单位不得转包或者违法分包工程。

《中华人民共和国建筑法》规定，从事建筑活动的施工单位，应当具备的条件是：有符合国家规定的注册资本；有与其从事的建筑活动相适应的、具有法定执业资格的专业技术人员；有从事相关建筑活动所应有的技术装备；法律、行政法规规定的其他条件。并按照上述条件和已完成的建筑工程业绩等，划分为不同的资质等级，经资质审查合格，取得相应等级的资质证书。资质等级反映了该施工单位从事某项施工工作的资格和能力，是国家对建筑市场准入管理的重要手段。

2）施工单位应当依法取得相应等级的资质证书，并在其资质等级许可的范围内承揽工程。

施工单位的资质等级，是施工单位建设业绩、人员素质、管理水平、资金数量、技术装备等综合能力的体现。对于施工单位，国家规定除应具备企业法人营业执照外，还应取得相应的资质证书，建设部发布的《建筑业企业资质管理规定》，对此做出了明确的规定。根据规定，建筑承包企业应严格在其资质等级许可的经营范围内从事承包工程活动。

施工单位禁止有以下行为：

① 禁止超越本单位资质等级许可的业务范围承揽工程。这是因为，企业的资质等级是由有关管理部门根据企业的业绩、人员素质、管理水平、资金数量、技术装备等企业基本条件来确定的。这些条件反映了施工单位承揽工程的综合能力。企业只能根据其自身的综合能力进行相应的工程承包活动，否则会由于其某方面的能力达不到，而造成工程质量事故，给工程留下隐患，严重的会造成工程事故。

② 禁止以其他施工单位名义承揽工程和允许其他单位或个人以本单位的名义承揽工程。实践中，为在发承包竞争活动中争取到工程项目，一些施工单位因自身资质条件不符合招标项目所要求的资质条件，会采取种种手段骗取发包人的信任，其中包括借用其他施工单位的资质证书，以其他施工单位的名义承揽工程等手段进行违法承包活动。这种行为一方面扰乱了建设市场秩序，另一方面也给工程留下了质量隐患。因为借用别人名义的单位往往是自身资质等级不高、人员素质差、管理落后的小企业或个体户，一旦拿到工程因为要向出借方交纳一大笔管理费，就只有靠偷工减料、以次充好等非法手段赚取利润，这样一来，必然会给工程带来隐患。因此，必须明令禁止这种行为，不论是"出借方"还是"借用方"都将受到法律的处罚。《条例》第六十一条对此作出了明确的处罚规定。

3）施工单位不得转包或者违法分包工程。

① 正常的总分包施工经营方式是建设活动自身的客观要求。由于建设工程活动涉及的专业较多，任何一个施工单位不可能均具备所有的专业队伍和施工经验，总承包单位一般要将专业性强、自身不具备这方面优势的项目分包出去。这一作法既有利于降低成本，规避风险，也有利于保证工程质量，是国际上进行工程项目管理的一般作法。但分包要受一定的条件约束和限制。

② 《建筑法》和《合同法》都有明令禁止承包单位将其承包的全部工程转包给他人，同时也禁止承包单位将其承包的工程肢解后，以分包的名义分别转包给他人。

③ 所谓转包，是指承包单位承包建设工程后，不履行合同约定的责任和义务，将其承包的全部建设工程转给他人或者将其承包的全部工程肢解以后以分包的名义分别转给他人承包的行为。转包行为中，原施工单位将其承包的工程全部倒手转给他人，自己并不实际履行合同约定的义务。也有的施工承包单位将其承包的工程肢解成若干部分，全部分包给他人，自己并不履行总承包单位的义务和职责，这也是转包。转包的最主要特点是转包人只从受转包方收取管理费，而不对工程进行施工和管理。建设单位对受转包人的管理缺乏法律依据，受转包人的行为不受承包合同的约束，为了非法赢利，不择手段。所谓违法分包，根据《条例》第七十八条的定义，主要是指施工总承包单位将工程分包给不具备相应资质条件的单位；违反合同约定，又未经建设单位认可，擅自分包工程；将主体工程的施工分包给他人；还有分包单位再分包的也属于违法分包。

④ 建设工程实行总包与分包的，要满足以下四个方面的要求：

A. 实行总包与分包的工程，总包单位应将工程发包给具有相应资质条件的分包单位。根据有关资质管理规定，承包工程的施工单位必须具有相应的资质。该规定同样适用于工程分包单位，不具备资质条件的单位不仅不可以进行总承包，同样也不得进行分承包。

B. 总承包单位进行分包，应经建设单位的认可。因为建设单位将工程发包给某一总承包单位，是建设单位通过对总承包单位的资质条件也就是施工单位的综合能力进行考察后，作出的选择。经过双方签订工程承包合同，建设单位的这一选择就受到了法律保护，此后，总承包单位要将所承包的工程再行分包给他人，应当告知建设单位，并取得建设单位的认可。

C. 实行施工总承包的，建筑工程的主体结构不得进行分包。为防止承包单位借分包的名义转包工程，《建筑法》规定建筑工程的主体结构施工必须由施工总承包单位自行完成。

D. 实行总分包的工程，分包单位不得再分包，即二次分包。分包层次过多，导致管理层次增加，总包单位对工程的控制力减弱。

(2) 施工企业质量责任

1)《条例》第二十六条规定了施工单位对建设工程的施工质量负责。

施工单位应当建立质量责任制，确定工程项目的项目经理、技术负责人和施工管理负责人。

建设工程实行总承包的，总承包单位应当对全部建设工程质量负责。

2) 施工质量是以合同规定的设计文件和相应的技术标准为依据来确定和衡量的。施工单位应对施工质量负责，是指施工单位应在其质量体系正常、有效运行的前提下，保证工程施工的全过程和工程的实物质量符合设计文件和相应技术标准的要求。

3) 建设工程勘察、设计、施工、设备采购的一项或者多项实行总承包的，总承包单位应当对其承包的建设工程或者采购的设备的质量负责。

实行工程总承包的，经建设单位认可或合同约定，总承包单位可以将其承包的部分工程分包出去，但要对其所有的承包工程的质量向建设单位负责。

4) 总承包单位和分包单位的责任关系

《条例》第二十七条：总承包单位依法将建设工程分包给其他单位的，分包单位应当按照分包合同的约定对其分包工程的质量向总承包单位负责，总承包单位与分包单位对分包工程的质量承担连带责任。

本条是关于总、分包单位的责任承担的规定。

① 由于《建设工程承包合同》的双方主体是建设单位和总承包单位，因此总承包单位应当按照承包合同约定的权利和义务对建设单位负责。经建设单位许可或合同约定，总承包单位将工程分包给其他分包单位时，应当同分包单位签订《建筑工程分包合同》，根据分包合同的约定，分包单位（包括建设单位指定的分包单位）对总承包单位承担责任。

② 对于实行工程施工总承包的，由总承包单位负全面质量及经济责任，不论是由总包单位造成的还是由分包单位造成的质量问题，在总承包单位承担责任后，可以依法和按工程分包合同的约定，向分包单位追偿。

③ 对于分包工程的责任承担，由总承包单位和分包单位承担连带责任。根据《民法通则》，连带责任是指由法律专门规定的应由共同侵权行为人或共同危险行为人向受害人承担的共同的和各自的责任。依据这种责任，受害人有权向共同侵权行为人或共同危险行为人的任何一人或数人请求承担全部侵权的民事责任，任何一个共同侵权行为人或共同危险行为人都有义务承担全部侵权的民事责任。因此，根据本条规定，对于分包工程发生的质量问题以及违约责任，建设单位或其他受害人既可以向分包单位请求赔偿全部损失，也可以向总承包单位请求赔偿全部损失。总包单位进行赔偿后，有权根据建筑工程分包合同约定，对于不属于自己责任的那部分赔偿向分包方追偿。

(3) 施工企业的质量义务

1) 施工单位必须按照工程设计图纸和施工技术标准施工。《条例》第二十八条：施工单位必须按照工程设计图纸和施工技术标准施工，不得擅自修改工程设计，不得偷工减料。

施工单位在施工过程中发现设计文件和图纸有差错的，应当及时提出意见和建议。

① 按工程设计图纸施工，是保证工程实现设计意图的前提，也是明确划分设计、施工单位质量责任的前提。施工过程中，如果施工单位不按图施工或不经原设计单位同意，就擅自修改工程设计，其直接的后果往往是违反了原设计的意图，影响工程质量，严重的将给工程结构安全留下隐患。间接后果是在原设计有缺陷或出现工程质量事故的情况下，由于施工单位擅自修改了设计，混淆了设计单位、施工单位各自应负的质量责任。所以按图施工、不擅自修改工程设计，是施工单位保证工程质量的最基本要求。

② 施工技术标准，也是施工单位在施工中所必须遵循的。根据建设部《工程建设国家标准管理办法》规定，国家标准分为强制性标准和推荐性标准。施工单位只有按施工技术标准、特别是强制性标准的要求组织施工，才能保证工程的施工质量。

③ 偷工减料是一种非法牟利行为。在工程的一般部位，如施工工序不严格按标准要求，减少工料的投入，简化操作工序，将产生一般性的质量通病，会影响工程外观质量或一般使用功能；而在关键部位，如结构中使用劣质钢材、水泥，无相应技能、无岗位资格的人员上特殊岗位，如充当电焊工等，将会造成严重的结构隐患。

④ 工程建设项目的设计涉及多个专业，各专业间协调配合比较复杂，设计文件可能会有差错。这些差错通常会在图纸会审或施工过程中被逐步发现。对设计文件的差错，施

工单位在发现后,有义务及时向设计单位提出,避免造成不必要的损失和质量问题。这是施工单位应具备的职业道德,也是履行合同应尽的最基本的义务。

2) 施工单位必须对材料等进行检验。《条例》第二十九条:施工单位必须按照工程设计要求、施工技术标准和合同约定,对建筑材料、建筑构配件、设备和商品混凝土进行检验,检验应当有书面记录和专人签字;未经检验或者检验不合格的,不得使用。

① 材料、构配件、设备及商品混凝土检验制度,是施工单位质量保证体系的重要组成部分,是保障建筑工程质量的重要内容。施工中要按工程设计要求、强制性标准的规定和合同的约定,对工程上使用的建筑材料、建筑构配件、设备和商品混凝土等(包括建设单位供应的材料)进行检验,检验工作要按规定范围和要求进行,按现行的标准、规定的数量、频率、取样方法进行检验。检验的结果要按规定的格式形成书面记录,并由相关的专业人员签字。未经检验或检验不合格的,不得使用,合同若有其他约定,检验工作还应满足合同相应条款的要求。

② 企业应结合本单位实际,建立健全材料检验管理制度,包括试验管理、岗位责任、仪器设备管理、标准养护管理、试验委托管理等。试验报告数据及结论要准确可靠,不得涂改,必须有试验员、审核员及试验室负责人的签字,因试验室工作差错而造成损失的,要追究有关人员和试验单位的责任。试验室必须单独建立不合格试验项目台账。

③ 对于未经检验或检验不合格,使用在工程上的,是一种违法行为,要追究批准使用人的责任。

④ 对于混凝土构件和商品混凝土,其提供产品的生产厂家还应按《混凝土构件和商品混凝土生产企业资质管理规定》的要求,申请取得相应的资质,才能生产和向施工单位提供混凝土构件和商品混凝土。无资质或无相应资质等级的混凝土企业,其提供的产品,应视为不合格产品。

3) 健全施工质量检验制度。《条例》第三十条:施工单位必须建立、健全施工质量的检验制度,严格工序管理,做好隐蔽工程的质量检查和记录。隐蔽工程在隐蔽前,施工单位应当通知建设单位和建设工程质量监督机构。

① 施工质量检验,通常是指工程施工过程中工序质量检验,或称为过程检验。有预检及隐蔽工程检验和自检、交接检、专职检、分部工程中间检验等。

所谓严格工序管理,不仅仅是对单一的工序加强管理,而是要对整个过程(工序)网络进行全面管理。用前一道或横向相关的工序保证后续工序的质量,从而使整个工程施工质量达到预期目标。

② 在施工过程中,某一道工序所完成的工程实物,被后一工序形成的工程实物所隐蔽,而且不可以逆向作业,前者就称为隐蔽工程。例如,钢筋混凝土工程施工中,钢筋为混凝土所覆盖,前者即是隐蔽工程。建设工程施工在大多数情况下具有不可逆性。隐蔽工程被后续工序隐蔽后,其施工质量就很难检验及认定。如果不认真做好隐蔽工程的质量检查工作,就容易给工程留下隐患。所以隐蔽工程在隐蔽前,施工单位除了要做好检查、检验并做好记录之外,还要及时通知建设单位(实施监理的工程为监理单位)和建设工程质量监督机构,以接受政府监督和向建设单位提供质量保证。

根据《建设工程施工合同文本》中对隐蔽工程验收部位,施工单位进行自检,并在隐蔽或中间验收前 48 小时以书面形式通知监理工程师验收。通知包括隐蔽和中间验收的内容、验收时间和地点。施工单位准备验收记录，验收不合格，施工单位在监理工程师限定的时间内修改，重新验收，如果工程质量符合标准、规范和设计图纸等的要求，验收 24 小时后，监理工程师不在验收记录上签字，视为已经批准，施工单位可进行隐蔽或继续施工。监理工程师不能按时参加验收，须在开始验收前 24 小时向施工单位提出书面延期要求，延期不能超过两天。监理工程师未能按以上时间提出延期要求，不参加验收，施工单位可自行组织验收，建设单位应承认验收记录。无论监理工程师是否参加验收，当其提出对已经隐蔽的工程重新检验的要求时，施工单位应按要求进行剥露，并在检验后重新覆盖或修复。检验合格，建设单位承担由此发生的全部追加合同价款，赔偿施工单位损失，并相应顺延工期。检验不合格，施工单位承担发生的全部费用，但工期也应顺延。

③ 质量监督机构对工程的监督检查以抽查为主，因此接到施工单位隐蔽验收的通知后，可以根据工程的特点和隐蔽部位的重要程度及工程质量监督管理规定的要求，确定是否监督该部位的隐蔽验收。对于整个工程所有的隐蔽工程验收活动，工程质量监督机构要保持一定的抽查频率。对于工程的关键部位的隐蔽工程验收通常应到场，对参加隐蔽工程验收各方人员资格、验收程序以及工程实物进行监督检查，发现问题及时责成责任方予以纠正。

4) 抽查取样检测。《条例》第三十一条：施工人员对涉及结构安全的试块、试件以及有关材料，应当在建设单位或者工程监理单位监督下现场取样，并送具有相应资质等级的质量检测单位进行检测。

① 在工程施工过程中，为了控制工程总体或相应部位的施工质量，一般要依据有关技术标准，用特定的方法，对用于工程的材料或构件抽取一定数量的样品，进行检测或试验，并根据结果来判断其所代表部位的质量。这是控制和判断工程质量水平所采取的重要技术措施。试块和试件的真实性和代表性，是保证这一措施有效的前提条件。建设工程施工检测应实行有见证取样和送检制度。即施工单位在建设单位或监理单位见证下取样，送至具有相应资质的质量检测单位进行检测。结构用钢筋及焊接试件、混凝土试块、砌筑砂浆试块、防水材料等项目，实行有见证取样及送检制度。有见证取样主要是为了保证技术上符合标准的要求，如取样方法、数量、频率、规格等，此外还要从程序上保证该试块和试件能真实代表工程或相应部位的质量特性，以示对工程及实物质量做出真实、准确的判断，防止假试块、假试件和假试验报告。

② 检测单位的资质，是保证试块试件检测、试验质量的前提条件。本条"具有相应资质等级的质量检测单位"是指必须经省级以上（含省级）建设行政主管部门进行资质审查和有关部门计量认证的工程质量检测单位。从事建筑材料和制品等试验工作的建筑施工、市政工程、混凝土预制构件、预拌（商品）混凝土生产企业、科研单位与大专院校的对外服务的工程试验室，以及工程质量检测机构，均应按有关规定，取得资质证书。

5) 不合格的工程应当负责返修。《条例》第三十二条：施工单位对施工中出现质量问题的建设工程或者竣工验收不合格的建设工程，应当负责返修。

①《合同法》第三百八十一条规定，因施工单位原因致使工程质量不符合约定的，建设单位有权要求施工单位在合理期限内无偿修理或者返工、改建。返修包括返工和修理。

所谓返工是工程质量不符合规定的质量标准,而又无法修理的情况下重新进行施工;修理是指工程质量不符合标准,而又有可能修复的情况下,对工程进行修补使其达到质量标准的要求。不论是施工过程中出现质量问题的工程,还是竣工验收时发现质量问题的工程,施工单位都要负责返修。

② 对于非施工单位造成质量问题或竣工验收不合格的工程,施工单位也应当负责返修,但是造成的损失及返修费用由责任方承担。

6) 施工单位应当建立培训教育制度。《条例》第三十三条:施工单位应当建立、健全教育培训制度,加强对职工的教育培训;未经教育培训或者考核不合格的人员,不得上岗作业。

① 国务院《质量振兴纲要1996—2010年》指出:把提高劳动者的素质作为提高质量的重要环节。切实加强对企业经营者和职工的质量意识和质量管理知识教育,积极开展职工劳动技能培训。实施不同层次的质量教育与培训。

② 施工单位建立、健全教育培训制度,加强对职工的教育培训,是企业重要的基础工作之一,只有全员素质提高,工程质量才能从根本上得到保证。由于施工单位从事施工活动的大多数人员都来自农村,而且增长速度快,施工单位的培训任务十分艰巨。教育培训通常包括各类质量教育和岗位技能培训等。

③ 这里所指的人员,主要是与质量工作有关的,如总工程师、项目经理、质量体系内审员、质量检查员、施工人员、材料试验及检测人员,关键技术工种如焊工、钢筋工、砼工等。规定培训而未经培训或培训考核不合格的、无相应的岗位资格的人员不得上岗工作或作业。

3. 建设单位、勘察设计单位、工程监理单位的质量责任和义务简介

(1) 建设单位的质量责任和义务

《条例》从第七条到第十七条总共有11条,全面地规定了建设单位的质量责任和义务。归纳起来总共有九个"不得",九个"应当"。

1) 九个不得:
① 不得截肢分包。
② 不得迫使低于成本竞标。
③ 不得任意压缩合理工期。
④ 不得明示或暗示违反强制性标准。
⑤ 不得使用未经审查批准的施工图。
⑥ 不得明示或暗示使用不合格的材料。
⑦ 建筑主体和承重结构的设计变动没有设计方案不得施工。
⑧ 不得擅自变动建筑主体和承重结构。
⑨ 未经验收合格,不得交付使用。

2) 九个应当:
① 应当发包给具有相应资质等级的单位。
② 应当依法招标。

③ 应当将施工设计文件报主管部门审批。
④ 应当向有关单位提供有关原始资料。
⑤ 应当委托具有相应监理资质的单位监理。
⑥ 应当办理工程质量监督手续。
⑦ 应当保证所采购的材料符合设计文件和合同要求。
⑧ 应当组织竣工验收。
⑨ 应当及时移交建设项目档案。

(2) 勘察设计单位的质量责任和义务

1)《条例》有7条规定了勘察、设计单位进入建设工程勘察设计市场的条件，对其市场行为以及勘察成果文件、设计文件本身的质量提出了要求，同时规定了勘察、设计单位在建设工程的整个建设过程和使用过程中所应承担的责任和义务。

2) 勘察、设计单位和执业注册人员是勘察设计质量的责任主体，也是整个工程质量的责任主体之一，是由他们来承担勘察设计质量的法律责任和经济责任，因此在《条例》第十八条到第二十四条中对勘察设计单位的责任和义务专门作出规定。

3) 例如第十八条规定了从事建设工程勘察、设计的单位，应当依法取得相应等级的资质证书，并在其资质等级许可的范围内承揽工程。禁止勘察、设计单位超越其资质等级许可的范围或者以其他勘察、设计单位的名义承揽工程。禁止勘察、设计单位允许其他单位或者个人以本单位的名义承揽工程。

4) 勘察、设计单位不得转包或者违法分包所承揽的工程。

(3) 工程监理单位的质量责任和义务

1)《条例》中从第三十四条到第三十八条共有5条规定了工程监理单位的质量责任和义务。第十二条规定实施监理的建设工程，建设单位应当委托具有相应资质等级的工程监理单位进行监理。并规定下列建设工程必须实行监理：

① 国家重点建设工程。
② 大中型公用事业工程。
③ 成片开发建设的住宅小区工程。
④ 利用外国政府或国际组织贷款、援助资金的工程。

2) 第三十八条规定了监理工程师应当按照工程监理规范的要求，采取旁站、巡视和平行检验等形式，对建设工程实施监理。对原材料、构配件及设备的质量进行控制，对分部、分项工程的质量进行控制。

3) 第三十六条规定了工程监理单位应当依照法律、法规及有关的技术标准、设计文件和建设工程承包合同，代表建设单位对施工质量进行监理，并对施工质量承担监理责任。

4. 工程的质量保修

(1) 保修制度

《条例》有4条，对建设工程实行质量保修制度、建设工程的最低保修期限、建设工程保修的责任履行、建设工程超过合理年限后继续使用的办法做出了规定。《建筑法》第六十二条作出了规定，保修范围应包括：地基基础工程、主体结构工程、屋面防水工程和其他土建工程，以及电气管线、上下水管线的安装工程，供热供冷系统等。

(2) 保修期限

《条例》第四十条：在正常使用条件下，建设工程的最低保修期限为：

1) 基础设施工程、房屋建筑的地基基础和主体结构工程，为设计文件规定的该工程的合理使用年限；

2) 屋面防水工程、有防水要求的卫生间、房间和外墙的防渗漏，为5年；

3) 供热供冷系统，为2个采暖期、供冷期；

4) 电气管线、给排水管道、设备安装和装修工程，为2年。

5. 对违法行为的处罚

为了保证工程建设各责任主体的责任和义务得以实现，《条例》罚则规定了对违法行为的处罚，违反《条例》的单位和个人必须承担法律后果。

(1) 建设法律法规的处罚形式有：

1) 行政处罚：指国家特定的行政机关对违法的单位或个人进行的处罚。如警告、罚款、责令停产停业整顿、降低资质等级、没收非法所得，没收非法财物等。

2) 行政处分：指国家机关、企事业单位按干部、人事管理权限对机关工作人员和职工进行的惩罚。有警告、记过、记大过、降级、撤职、开除六种。

3) 行政措施：指行政机关实施行政处罚时以命令的形式责令当事人停止违法行为，并改正或限期改正违法行为的一种行政教育措施。

(2) 加大处罚力度

《条例》从五十四条到七十七条共24条是罚则，说明加大了对违法行为的处罚力度，占整个条例82条的29.3%。《条例》对处罚的额度也加大了，例如：设计单位指定建筑材料、建筑构配件的生产厂、供应商的，责令改正并处以10万元以上30万以下的罚款；建设单位没有办理监督手续罚款20万到50万元；监理单位将不合格的建设工程、建筑材料、建筑构配件和设备按照合格签字的处50万元到100万元罚款；施工单位在施工过程中偷工减料，使用不合格的材料、建筑构配件和设备的，责令改正并处以工程合同价款的2%以上4%以下的罚款。再如：第五十四条规定违反本条例规定，建设单位将建设工程发包给不具有相应资质等级的勘察、设计单位或委托给不具有相应资质等级的工程监理单位的，责令改正，处50万元以上100万元以下的罚款。

(3) 加宽处罚面

《条例》处罚的面更宽了，几乎对建设过程的每一个环节都设置了处罚条款。如《建筑法》对20种违法行为给予处罚，《条例》扩大到41种，对业主就有14种处罚条款。不仅对单位，还要处罚单位的责任人和领导以及国家工作人员在建设过程中的违法行为。

例如第七十三条：依照本条例规定，给予单位处罚的，对单位直接负责的主管人员和其他直接责任人员处单位罚款数额的5%以上10%以下的罚款。

（六）《劳动法》基本知识

本节主要介绍立法目的、适用范围、劳动安全卫生规定，以及用人单位的法律责任，使学习者有一个简明的了解。

1. 立法目的和原则

（1）《劳动法》第一章总则第一条明确指出立法目的是：为了保护劳动者的合法权益，调整劳动关系，建立和维护适应市场经济的劳动制度，促进经济发展和社会进步，根据宪法，制定本法。

（2）立法目的中的"劳动制度"要作广义的理解，不仅指用人制度，还包括就业、工资分配、社会保险、职业培训、劳动安全卫生等制度。

（3）《劳动法》第一章总则第二条说明适用范围：在中华人民共和国境内的企业、个体经济组织（以下统称用人单位）和与之形成劳动关系的劳动者，适用本法。

国家机关、事业组织、社会团体与之建立劳动合同关系的劳动者，依照本法执行。

1）条文中的企业是指从事产品生产、流通或服务性活动等实行独立经济核算的经济单位，包括各种所有制类型的企业，如工厂、农场、公司等。

2）第二款对劳动者的适用范围，包括三个方面：

① 国家机关、事业组织、社会团体的工勤人员。

② 实行企业化管理的事业组织的非工勤人员。

③ 其他通过劳动合同（包括聘用合同）与国家机关、事业单位、社会团体建立劳动关系的劳动者。

3）本法的适用范围排除了公务员和比照实行公务员制度的事业组织和社会团体的工作人员，以及农业劳动者、现役军人和家庭保姆等。

（4）本法还规定了劳动者的权利有：

1）享有平等就业和选择职业的权利。

2）取得劳动报酬的权利。

3）休息休假的权利。

4）获得劳动卫生保护的权利。

5）接受职业技能培训的权利。

6）享受社会保险和福利的权利。

7）提请劳动争议处理的权利。

8）法律规定的其他劳动权利。主要是指：

① 劳动者依法享有参加和组织工会的权利。

② 参加职工民主管理的权利。

③ 参加社会义务劳动的权利。

④ 参加劳动竞赛的权利。

⑤ 提出合理化建议的权利。

⑥ 从事科学研究、技术革新、发明创造的权利。

⑦ 依法解除劳动合同的权利。

⑧ 对用人单位管理人员违章指挥、强令冒险作业有拒绝执行的权利。

⑨ 对危害生命安全和身体健康行为有权提出批评、检举和控告的权利。

⑩ 对违反《劳动法》的行为进行监督的权利。

（5）本法对劳动者提出了应尽的义务有：

1）应当完成劳动任务。

2）提高职业技能。

3）执行劳动安全卫生规程。

4）遵守劳动纪律和职业道德。

（6）用人单位应当依法建立和完善规章制度，保障劳动者享有劳动权利和履行劳动义务。

"依法"应作广义理解，是指法律、法规和规章。包括宪法、法律、行政法规、地方法规，民族自治地方还要依据该地方的自治条例或单行条例，以及关于劳动方面的行政规章。

2. 施工企业执行要点

（1）正确把握工作时间和休息休假

1）国家实行劳动者每日工作时间不超过 8 小时，平均每周工作时间不超过 44 小时的工时制度。这是一个上限的工时限制，有些作业，如在室外烈日下作业，除了调整作业时间，还可视具体情况适当缩短每日的工作时间，比如有的规定为每日 6 小时。

2）对实行计件工作（承包）的劳动者，用人单位应当合理确定劳动定额和计件报酬标准。不要引导劳动者拼体力，牺牲健康而无限增强劳动强度和延长劳动时间。

3）当发生自然灾害、事故或其他原因需紧急处理的，或者生产设备、公共设施发生故障影响生产和公众利益必须及时抢修的，或者法律、行政法规规定的其他情形应可延长每日的工作时间。

法律、行政法规规定的其他情形是指：

① 在法定节日和公休假日内工作不能间断，必须连续生产、运输或者营业的。

② 必须利用法定节日或公休假日的停产期间进行设备检修、保养的。

③ 为完成国防紧急任务的。

④ 为完成国家下达的其他紧急生产任务的。

4）在延长工时的情况下，应按规定标准支付工资报酬。

5）按规定劳动者连续工作一年以上的，享受带薪休年假。

6）依法安排劳动者节假日的休假。

（2）严格执行劳动安全卫生规定

1）企业必须建立、健全劳动安全卫生制度，严格执行国家劳动安全卫生规程和标准，以消除、限制或预防劳动过程中的危险和有害因素，保护职工安全与健康，保障生产设备正常运行。

2）对作业人员进行劳动安全卫生教育，以防止劳动过程中的事故发生，减少职业危害。

3）必须坚持新建、改建、扩建工程的劳动安全卫生设施与主体工程同时施工、同时交付使用。

4）企业必须向作业人员提供符合国家规定的劳动安全卫生条件和必要的合格的劳动防护用品，对从事有职业危害的作业人员应定期进行健康检查。

5）企业应建立职业培训制度，按国家规定提取和使用职业培训经费，根据本企业实际，有计划地对作业人员进行职业培训，从事技术工种的作业人员，上岗前必须经过培训。

6）对从事特种作业的人员必须经过专门培训，经理论考试和操作技能考核，合格后取得上岗资格证后才能上岗。

7）根据生理特点，企业应对女职工实行符合国家规定的特殊劳动保护。

（3）依法依规执行保险、福利规定

1）企业应对从业人员依法参加社会保险，缴纳社会保险费，不能以任何理由推诿不办。

2）施工企业应创造条件，改善集体福利，提高从业人员的福利待遇。

（4）妥善处理劳动争议

1）施工企业内可设立劳动争议调解委员会，由职工代表、企业代表和工会代表组成，主任由工会代表担任。

2）劳动争议经调解达成协议的，当事双方应当认真履行。

（七）《劳动合同法》基本知识

本节主要介绍立法目的、适用范围、劳动合同的订立、履行和变更以及解除和终止，同时对特别规定和施工企业执行要点作出介绍等。通过学习，使学习者对《劳动合同法》有一个简明的了解。

1. 立法目的和主要内容

（1）《劳动合同法》第一章总则第一条指明了立法的目的是：为了完善劳动合同制度，明确劳动合同双方当事人的权利和义务，保护劳动者的合法权益，构建和发展和谐稳定的劳动关系。

（2）《劳动合同法》第一章总则第二条有两款说明本法的适用范围。

1）中华人民共和国境内的企业、个体经济组织、民办非企业单位等组织与劳动者建立劳动关系，订立、履行、变更、解除或者终止劳动合同，适用本法。

2）国家机关、事业单位、社会团体和与其建立劳动关系的劳动者，订立、履行、变更、解除或者终止劳动合同，依照本法执行。

（3）订立劳动合同的原则

1）应当遵循合法、公平、平等自愿、协商一致、诚实信用的原则。

2）订立的劳动合同具有约束力，订立双方应当履行劳动合同约定的义务。

（4）劳动合同的类别

劳动合同分为固定期限劳动合同、无固定期限劳动合同和以完成一定工作任务为期限的劳动合同。

1) 固定期限劳动合同是指用人单位与劳动者约定合同终止时间的劳动合同。

2) 无固定期限劳动合同是指用人单位与劳动者约定无确定终止时间的劳动合同。

有下列情形之一，劳动者提出或者同意续订、订立劳动合同的，除劳动者提出订立固定期限劳动合同外，应当订立无固定期限劳动合同：

① 劳动者在该用人单位工作满十年的。

② 用人单位初次实行劳动合同制度或者国有企业改制重新订立劳动合同时，劳动者在该用人单位连续工作满十年且距法定退休年龄不足十年的。

③ 连续订立二次固定期限劳动合同，且劳动者无本法第三十九条（可以解除劳务合同的情形）和第四十条第一项第二项（不能胜任工作的情形）规定的情形，续订劳动合同。

④ 如用人单位自用工之日起满一年不与劳动者订立书面劳动合同的，视为用人单位与劳动者已订立无固定期限劳动合同。

3) 以完成一定工作任务为期限的劳动合同是指用人单位与劳动者约定以某项工作完成为合同期限的劳动合同。

（5）劳动合同的生效

劳动合同由用人单位与劳动者协商一致，并经双方在合同文本上签字或盖章即生效。

（6）劳动合同的条款

1) 必备条款

① 用人单位名称、住所和法定代表人或者主要负责人。

② 劳动者姓名、住址和居民身份证或者其他有效身份证件号码。

③ 劳动合同期限。

④ 工作内容和工作地点。

⑤ 工作时间和休息休假。

⑥ 劳动报酬。

⑦ 社会保险。

⑧ 劳动保护、劳动条件和职业危害防护。

⑨ 法律、法规规定应当纳入劳动合同的其他事项。

2) 其他条款

用人单位与劳动者在劳动合同中可约定试用期、培训、保守秘密、补充保险和福利待遇等其他事项。

3) 条款中对试用期的规定

① 劳动合同期限三个月以上不满一年的，试用期不得超过一个月。

② 劳动合同期限一年以上不满三年的试用期不得超过二个月。

③ 三年以上固定期限和无固定期限的劳动合同，试用期不得超过六个月。

④ 同一用人单位与同一劳动者只能约定一次试用期。

⑤ 以完成一定工作任务为期限的劳动合同或者劳动合同期限不满三个月的，不得约定试用期。

⑥ 试用期包含在劳动合同期限内。

（7）劳动合同的变更

用人单位与劳动者协商一致，可以变更劳动合同约定的内容，变更劳动合同要用书面形式。

（8）劳动合同的解除和终止

1）用人单位与劳动者协商一致可以解除劳动合同。

2）劳动者提前三十日以书面形式通知用人单位，可以解除劳动合同，劳动者在试用期内提前三日通知用人单位，可以解除劳动合同。

3）用人单位有下列情形之一的，劳动者可以解除劳动合同：

① 未按照合同约定提供劳动保护或劳动条件的。

② 未及时足额支付劳动报酬的。

③ 未依法为劳动者缴纳社会保险费的。

④ 用人单位的规章制度违反法律、法规规定的，损害劳动者权益的。

⑤ 以欺诈、胁迫的手段或乘人之危，使劳动者违背真实意思而订立无效合同的。

⑥ 法律、行政法规规定劳动者可以解除劳动合同的其他情形。

⑦ 用人单位以暴力、威胁或者非法限制人身自由的手段强迫劳动者劳动的，或者用人单位违章指挥、强令冒险作业危及劳动者人身安全的，劳动者可以立即解除劳动合同，不需事先告知用人单位。

4）劳动者有下列情形之一的，用人单位可以解除劳动合同：

① 在试用期证明不符合录用条件的。

② 严重违反用人单位规章制度的。

③ 严重失职，营私舞弊，给用人单位造成重大损害的。

④ 劳动者同时与其他用人单位建立劳动关系，对完成本单位的工作任务造成严重影响的，或者经用人单位提出后拒不改正的。

⑤ 劳动合同无效的。

⑥ 被依法追究刑事责任的。

5）劳动者患病，劳动者虽经培训仍不能胜任工作，或者企业因客观情况变化需裁员的均必须依本法优先保护劳动者的权益。

6）劳动合同的终止

有下列情形的劳动合同终止：

① 劳动合同期满的。

② 劳动者开始依法享受基本养老保险待遇的。

③ 劳动者死亡，或被人民法院宣告死亡或宣告失踪的。

④ 用人单位被依法宣告破产的。

⑤ 用人单位被吊销营业执照、责令关闭、撤销或者用人单位决定提前解散的。

⑥ 法律、行政法规规定的其他情形。

（9）关于集体合同

1）企业职工为一方、企业（用人单位）为另一方，两者订立的合同是集体合同。

2) 集体合同由工会代表企业职工一方，尚未建立工会的用人单位由上级工会指导劳动者推举的代表与用人单位订立集体合同。

3) 集体合同的内容主要有劳动报酬、工作时间、休息休假、劳动安全卫生、保险福利等。

4) 集体合同也可就劳动安全卫生、女职工权益保护、工资调整机制等订立专项集体合同。

5) 集体合同的草案应当提交职工代表大会或者全体职工讨论通过。

2. 施工企业执行要点

施工企业在《劳动合同法》中属用人单位，应按法律规定认真履行相关各项条款，主要有：

（1）依法建立和完善劳动规章制度，保障劳动者享有劳动权利，履行劳动义务。

（2）在制定、修改或者决定有关劳动报酬、工作时间、休息休假、劳动安全卫生、保险福利、职工培训、劳动纪律以及劳动定额管理等直接涉及劳动者切身利益的规章制度或重大事项时，要经职工代表大会或全体职工讨论，提出方案和意见，要与工会或职工代表平等协商，取得共识而确定。

（3）企业应有专门管理劳动合同的机构或部门，对已建立劳动关系的劳动者建立职工名册备查。

（4）招用劳动者时，应如实告诉工作内容、工作条件、职业危害、安全生产状况、劳动报酬等情况。

（5）招用劳动者时不得扣押居民身份证或其他证件，不得要求劳动者提供担保或收取财物。

（6）确立劳动关系后，应在用工之日起一个月内订立书面劳动合同。

（7）应对劳动者进行专业技术培训，凡持证上岗的专业工种，必须先培训合格再上岗。

（8）企业应按劳动合同的约定，全面履行企业应尽的义务。

（9）使用劳务派遣工的不得向被派遣者收取任何费用，也不得将被派遣者再派遣到其他用人单位。

（10）只有在临时性、辅助性或者替代性的工作岗位上使用派遣工。

二、施工项目管理基本知识

本章简要介绍施工项目组织管理的基本内容，以项目目标控制、项目资源管理和施工现场管理为重点，阐明管理的原则要求，通过学习对施工项目管理的内涵有一个明确的认识。

（一）概　　述

本节对施工项目管理的内容和项目经理及项目经理部的职责作出介绍，通过学习可以对施工项目管理在组织构架和管理要求等方面有一个概貌的了解。

1. 建设工程项目及其管理

《项目管理规范》对建设工程项目的解释是：为完成依法立项的新建、扩建、改建等各类工程而进行的，有起止日期的，达到规定要求的一组相互关联的受控活动组成的特定过程，包括策划、勘察、设计、采购、施工、试运行、竣工验收和考核评价等，简称为项目。所谓建设工程项目管理，是运用系统的理论和方法，对建设工程项目进行的计划、组织、指挥、协调和控制等专业活动，简称为项目管理。

2. 施工项目及其管理

（1）施工项目的定位

建设工程项目是一个系统，施工项目是建筑业企业通过市场竞争获取的建设工程项目实施中的一个环节，所以称其为其中的一个分系统。而施工项目又包含多个子系统，如组织管理系统、经济管理系统、技术管理系统等。系统就是由相互作用和相互依赖的若干组成部分结合而成的具有特殊功能，处于一定环境之中的有机整体。如施工项目的四大目标——进度、质量、成本和安全。它们既相互作用又相互依赖，如在解决进度滞后问题时，不能"单打一"，要同时顾及质量、成本和安全等目标，要用系统管理思想去处理项目实施中遇到的问题，也就是说施工项目管理应运用系统方法，进行分析、综合处理。可见建筑业企业只是建设工程项目管理参与方之一。

（2）施工方项目管理的任务

施工方的项目管理主要是在建设工程项目施工阶段进行，但也涉及设计阶段。其管理任务包括：

1）施工项目成本控制；
2）施工项目进度控制；
3）施工项目质量控制；

4）施工项目合同管理；

5）施工项目安全管理；

6）施工项目信息管理；

7）与施工有关的组织的沟通和协调。

以上简称"三管三控一协调"，为施工项目管理明确了目标和职责。

3. 施工项目经理工作性质、职责、权限

（1）工作性质

项目管理工作成功的关键是推行和实施项目经理责任制。

1）项目经理的责任和权力范围是依据法定代表人的委托和授权确定，但其管理工作应对项目全面负责，实施项目正常运行的全过程、全面管理。大中型项目经理必须取得工程建设类相应专业注册执业资格证书。

2）为了确保项目的目标实现，应严格经理的管理投入。原则上一个项目经理在同一时期只承担一个项目的管理工作，即在一个项目主体没有完成之前不得参与其他项目的建设管理，更不能同时兼任其他项目的项目经理。只有项目进入收尾阶段的后期，经组织法定代表人同意方可介入其他项目的管理工作。

3）为了确保项目实施的可持续性和项目经理责任、权力和利益的连续性和可追溯性，应尽量保持项目经理工作的稳定。

4）项目完成后，对项目经理和项目管理工作评价的主要内容是依据项目管理目标责任书，因为它是确定项目经理和其他成员职责、义务和项目管理目标的制度性文件。

5）项目管理目标责任书由法定代表人或其授权人与项目经理签订。具体明确项目经理及其管理成员在项目实施过程中的职责、权限、利益与奖罚，是规范和约束组织与项目经理部各自行为，考核项目管理目标完成情况的重要依据，属内部合同。

（2）职责

1）项目管理目标责任书规定的职责。

2）主持编制项目管理实施规划，并对项目目标进行系统管理。

3）对资源进行动态管理。

4）建立各种专业管理体系并组织实施。

5）进行授权范围内的利益分配。

6）收集工程资料，准备结算资料，参与工程竣工验收。

7）接受审计，处理项目经理部解体的善后工作。

8）协助组织进行项目的检查、鉴定和评奖申报工作。

（3）权限

1）参与项目招标、投标和合同签订。

2）参与组建项目经理部。

3）主持项目经理部工作。

4）决定授权范围内的项目资金的投入和使用。

5）制定内部计酬办法。

6) 参与选择并使用具有相应资质的分包人。

7) 参与选择物资供应单位。

8) 在授权范围内协调与项目有关的内、外部关系。

9) 法定代表人授予的其他权力。

4. 项目经理部的作用

(1) 项目经理部的建立

建设工程实施项目管理，都应在组织结构中设置项目经理部，尤其是大、中型项目。

1) 项目经理部是企业为完成项目管理目标而建立的基层管理组织。

2) 项目经理部由项目经理在组织职能部门支持下组建，直属项目经理领导，主要承担和负责现场项目管理的日常工作，在项目实施过程中其管理行为应接受企业职能部门的监督和管理。

3) 项目经理部的组织结构可繁可简，可大可小，其复杂程度和职能范围完全决定于组织管理体制，项目的规模、结构、复杂程度、专业特点，及人员素质和地域范围。

4) 项目经理部应在项目启动前建立，并在项目竣工验收、审计完成后或按合同约定解体。

(2) 项目经理部的作用

1) 负责施工项目从开工到竣工的全过程施工生产经营管理，对作业层有管理与服务的双重职能，项目经理部的工作质量直接影响到作业层的工作质量。

2) 项目经理部是组织设置的项目管理机构，由项目经理领导，并接受组织职能部门的指导、监督、检查、服务与考核，还要负责对项目资源进行合理使用和动态管理。

3) 为项目经理决策提供信息依据，当好助手，同时又要执行项目经理决策意图，对项目经理全面负责。建立畅通的信息沟通渠道和各方共享的信息工作平台，保证信息准确、及时和有效地传递。

4) 项目经理部作为项目的组织主体，其任务包括：项目管理任务；凝聚项目团队力量，调动其积极性；促进管理人员团结合作，建立起为建筑业献身的精神；做好部门和人员之间以及建设工程项目各相关方的沟通协调工作，为实现项目扫除障碍；加强组织成员的团队意识，树立团队精神，统一思想，和谐相处，运作高效。

5) 项目经理部是代表企业履行工程承包合同的主体，是对建筑产品和业主全面、全过程负责的管理实体，应使每个项目经理部成为企业能量和竞争实力的体现。

6) 项目经理部为一次性组织机构，按照组织管理制度和项目特点，随项目的开始而产生，随项目的完成而解体。

5. 项目的沟通管理

(1) 项目沟通管理涵盖沟通与协调两层含义，是指以一定组织形式、手续和方法，对项目管理中产生的关系进行疏通，对产生的干扰和障碍予以排除的过程。在项目实施过程中，信息沟通包括人际沟通和组织沟通与协调。项目组织应根据建立的项目沟通管理体系，建立健全各项管理制度，应当从整体利益出发，运用系统分析的思想和方法，全过程、全方位地进行有效管理。项目沟通与协调管理贯穿于建设工程项目实施的全过程。

(2) 项目沟通与协调的对象是与项目有关的内、外部组织和个人。

1) 项目内部组织是指项目内部各部门、项目经理部、企业和班组。项目内部个人是指项目组织成员、企业管理人员、职能部门成员和班组人员。

2) 项目外部组织和个人是指建设单位及有关人员、勘察设计单位及有关人员、监理单位及有关人员、咨询服务单位及有关人员、政府监督管理部门及有关人员等。

3) 项目组织应通过与各相关方的有效沟通与协调,取得各方的认同、配合和支持,达到解决问题、排除障碍、形成合力,确保建设工程项目管理目标实现的目的。

(3) 组织应根据项目具体情况,建立沟通管理系统,制定管理制度,并及时明确沟通与协调的内容、方式、渠道和所要达到的目标。

1) 项目组织沟通的内容包括组织内部、外部的人际沟通和组织沟通。人际沟通就是个体之间的信息传递,组织沟通是指组织之间的信息传递。

2) 沟通方式分为正式沟通和非正式沟通;上行沟通、下行沟通和平行沟通;单向沟通与双向沟通;书面沟通和口头沟通;言语沟通和体语沟通等方式。

3) 沟通渠道是指项目成员为解决某个问题和协调某一方面的矛盾而在明确规定的系统内部进行沟通协调工作时,所选择和组建的信息沟通网络。沟通渠道分为正式渠道和非正式渠道两种。每一种沟通渠道都包含多种沟通模式。

(4) 项目沟通依据与方式

1) 项目内部沟通与协调可采用委派、授权、会议、文件、培训、检查、项目进度报告、思想工作、考核与激励及电子媒体等方式进行。

① 项目经理部与组织管理层之间的沟通与协调,主要依据《项目管理目标责任书》,由组织管理层下达责任目标、指标,并实施考核、奖惩。

② 项目经理部与作业层之间的沟通与协调,主要依据《劳务承包合同》和项目管理实施规划。

③ 项目经理部各职能部门之间的沟通协调,重点解决业务环节之间的矛盾,应按照各自的职责和分工,顾全大局、统筹考虑、相互支持、协调工作。特别是对人力资源、技术、材料、设备、资金等重大问题,可通过工程例会的方式研究解决。

④ 项目经理部人员之间的沟通协调,通过做好思想政治工作,召开党小组会和职工大会,加强教育培训,提高整体素质来实现。

2) 外部沟通可采用电话、传真、交底会、协商会、协调会、例会、联合检查、项目进展报告等方式进行。

① 施工准备阶段:项目经理部应要求建设单位按规定时间履行合同约定的责任,并配合做好开工准备工作,为工程顺利开工创造条件;要求设计单位提供设计图纸、进行设计交底,并搞好图纸会审;引入竞争机制,采取招标方式,选择施工分包和材料供应商,签订合同。

② 施工阶段:项目经理部应按时向建设、设计、监理等单位报送施工计划、统计报表和工程事故报告等资料,接受其检查、监督和管理;对拨付工程款、设计变更、隐蔽工程签证等关键问题,应取得相关方的认同,并完善相应手续和资料。对施工单位应按月下

达施工计划，定期进行检查、评比。对材料供应单位严格按合同办事，根据施工进度协商调整材料供应数量。

③ 竣工验收阶段：按照建设工程竣工验收的有关规范和要求，积极配合相关单位做好工程验收工作，及时提交有关资料，确保工程顺利移交。

(5) 项目沟通障碍与冲突管理

1) 信息沟通过程中主要存在语义理解、知识经验水平的限制、知觉的选择性、心理因素的影响、组织结构的影响、沟通渠道的选择、信息量过大等障碍。造成项目组织内部之间、项目组织与外部组织、人与人之间沟通障碍的因素很多，在项目的沟通与协调管理中，应采取一切可能的方法消除这些障碍，使项目组织能够准确、迅速、及时地交流信息，同时保证其真实性。

2) 消除沟通障碍可采用下列方法：

① 应重视双向沟通与协调方法，尽量保持多种渠道的利用，正确运用文字语言等。

② 信息沟通必须同时设法取得反馈，以评估沟通方是否已经了解，是否愿意遵循并采取相应的行动。

③ 项目经理部应自觉以法律、法规和社会公德约束自身行为，在出现矛盾和问题时，首先应取得政府部门的支持、社会各界的理解，按程序沟通解决，必要时借助社会中介组织的力量，调节矛盾、解决问题。

④ 为了消除沟通障碍，应熟悉各种沟通方式特点，确定统一的沟通语言或文字，以便在进行沟通时能够采用恰当的交流方式。常用的沟通方式有口头沟通、书面沟通和媒体沟通等。

3) 对项目实施各阶段出现的冲突，项目经理部应根据沟通的进展情况和结果，按程序要求，通过多种方式及时将信息反馈给相关各方，实现共享，提高沟通与协调效果，以便及早解决冲突。

(二) 目标控制

本节就项目管理中对进度、质量、安全、成本四大目标的控制流程作出介绍，通过学习提高认识理解程度，以便于在实际中应用。项目管理规划或中标签订合同后编制的项目施工组织设计是指导施工项目管理的纲领性文件。在项目目标控制过程中要学会运用动态控制原理。施工项目管理中的进度控制、质量控制、职业健康安全控制、成本管理，则是重点所在。

1. 项目进度控制

进度控制的目的是通过控制以实现工程的进度目标。施工项目实施阶段的进度控制的"标准"是施工进度计划。

(1) 项目经理部应按下列程序进行进度管理：

1) 制定进度计划。

2) 进行计划交底，落实责任。

3) 实施进度计划，跟踪检查，对存在问题分析原因并纠正偏差，必要时对进度计划进行调整。

4) 编制进度报告,送相关部门。

编制项目进度计划主要依据有合同文件、项目管理规划文件、资源条件与内外部约束条件等。

(2) 组织提出的控制性进度计划有以下种类:

1) 整个项目的总进度计划。

2) 分阶段进度计划。

3) 子项目进度计划和单体进度计划。

4) 年(季)度计划。

(3) 项目经理部负责编制项目作业性进度计划,它包括以下内容:

1) 分部分项工程进度计划。

2) 月(旬)作业计划。

(4) 各类进度计划应包括的内容是:

1) 编制说明。

2) 进度计划表。

3) 资源需要量及供应平衡表。

(5) 编制进度计划的步骤应按下列程序:

1) 确定进度计划的目标、性质和任务。

2) 进行工作分解。

3) 收集编制依据。

4) 确定工作的起止时间及里程碑。

5) 处理各工作之间的逻辑关系。

6) 编制进度表。

7) 编制进度说明。

8) 编制资源量及供应平衡表。

9) 报有关部门批准。

(6) 作业性进度计划必须采用网络计划方法或横道图计划方法。

(7) 经批准的进度计划要向执行者进行交底以落实责任。内容有:

1) 执行责任。

2) 时间要求。

3) 配合要求。

4) 资源条件。

5) 环境条件。

6) 检查要求。

7) 考核要求。

(8) 实施进度计划过程中应做的工作有:

1) 跟踪检查,收集实际数据。

2) 将实际数据与进度计划对比。

3) 分析计划执行情况。

4) 对产生的进度变化，采取措施予以纠正或调整计划。

5) 检查措施落实情况。

6) 进度计划的变更必须与有关单位和部门及时沟通。

（9）实施进度计划的核心是进度计划的动态跟踪控制。进度计划检查应按统计周期的规定定期检查，并根据需要进行不定期检查。进度计划检查应包括下列内容：

1) 工程量的完成情况。

2) 工作时间的执行情况。

3) 资源使用及与进度的匹配情况。

4) 上次检查提出问题的整改情况。

（10）进度计划的调整是在原进度计划目标已经失去作用或难以实现时方才进行，其内容包括：

1) 工程量。

2) 起止时间。

3) 工作关系。

4) 资源供应。

5) 必要的目标调整。

2. 项目质量控制

项目质量控制是项目部为了达到项目质量要求所采取的作业技术和管理活动，是为了保证达到工程施工合同规定的质量标准而采取的一系列措施、手段和方法。

（1）项目质量控制要求

1) 组织应遵照《建设工程质量管理条例》和《质量管理体系 GB/T 19000 族》标准要求，建立持续改进质量管理体系，设立专职管理部门或专职人员。

2) 质量管理应坚持预防为主的原则，按照 PDCA 的循环原理，持续改进过程控制。

3) 质量控制应满足发包人及其他相关方要求以及建设工程技术标准和产品的质量要求。

4) 影响工程质量的因素主要有人员、材料、机具、设备、方法、环境等，因此事先要对这些因素给予严格控制，控制必须"以人为核心"。

（2）质量控制程序

1) 进行质量策划，确定项目目标。

2) 编制项目质量计划。

3) 实施质量计划。

4) 总结项目质量管理工作，提高持续改进要求。

（3）项目质量策划

1) 质量策划是指制定质量目标，并规定必要的过程和相关资源，以实现质量目标。

2) 质量计划编制应依据下列资料：

① 合同中有关产品的质量要求。

② 与产品有关的其他要求。
③ 质量管理体系文件。
④ 组织针对项目的其他要求。
3) 质量计划应确定下列内容:
① 质量目标的要求。
② 质量管理组织和职责。
③ 所需的过程、文件和资源。
④ 产品所要求的评审、验证、确认、监视、检验和试验活动以及接收准则。
⑤ 记录要求。
⑥ 所采取的措施。
4) 质量计划由项目部编制后,报组织管理层批准。质量计划需修改时,也应按批准程序报批。
5) 项目经理部应依据质量计划的要求,运用动态控制原理进行质量控制,在质量控制过程中,跟踪收集实际数据并进行整理,并将项目的实际数据与质量标准和目标进行比较,分析偏差,并采取措施予以纠正和处置。
6) 采购的质量控制应包括采购程序,确定采购要求,选择合格供应单位以及采购合同控制和进货检验。
7) 对施工过程的质量控制应包括:
① 施工目标实现策划。
② 施工过程管理。
③ 施工改进。
④ 产品的验证和防护。
8) 组织应建立有关纠正和预防措施的程序,对质量不合格的情况进行控制。
9) 项目质量改进。项目经理部应定期对质量状况进行检查、分析,向组织提出质量报告,提出目前的质量状况、发包人及其他相关方满意程度、产品要求的符合性以及项目部的质量改进措施。

3. 项目职业健康安全管理

(1) 职业健康安全(OHS)是国际上通用的词语。施工项目职业健康安全管理的目标是减少和消除生产过程中的事故,保护产品生产者的健康与安全,保障人民群众的生命和财产免受损失。目标具体包括:
1) 减少或消除人的不安全行为的目标。
2) 减少或消除设备、材料的不安全状态的目标。
3) 改善生产环境和保护自然环境的目标。

(2) 组织应建立职业健康安全体系,并遵循《建设工程安全生产管理条例》和《GB/T 28001 职业健康安全管理体系》等标准体系,坚持安全第一、预防为主和防治结合的方针。项目经理是现场职业健康安全管理负责人。项目负责人、专职安全生产管理人员应持证上岗。

(3) 组织的职业健康安全风险是职业健康安全管理的核心。应围绕风险预防的要求建立相应的管理体系和专门措施,确定职业健康和安全生产事故应急救援预案,完善应急准备措施。在处理时,应防止二次伤害。

(4) 在施工阶段进行施工平面图设计和安排施工计划时应充分考虑安全、防火、防爆和职业健康等因素。

(5) 组织应按有关规定必须为从事危险作业的人员在现场工作期间办理意外伤害保险。

(6) 项目职业健康安全管理应遵循下列程序:

1) 识别并评价危险源及风险。

2) 确定职业健康安全目标。

3) 编制并实施项目职业健康安全技术措施计划。

4) 职业健康安全技术措施计划实施结果验证。

5) 持续改进相关措施和绩效。

(7) 现场应将生产区与生活、办公区分离,配备紧急处理医疗设施,使现场生活设施符合卫生防疫要求,采取防暑、降温、保暖、消毒、防毒等措施。

(8) 项目职业健康安全技术措施计划:

1) 项目职业健康安全技术措施计划应在项目管理实施规划中编制。

2) 编制职业健康安全技术措施计划应遵循下列步骤:

① 工作分类。

② 识别危险源。

③ 确定风险。

④ 评价风险。

⑤ 制定风险对策。

⑥ 评审风险对策的充分性。

3) 项目职业健康安全技术措施计划应包括工程概况、控制目标、控制程序、组织机构、职责权限、规章制度、资源配置、安全措施、检查评价和奖惩制度以及对分包的安全管理等内容。策划过程应充分考虑有关措施与项目人员能力相适应的要求。具体策划时应关注以下要点:

① 对结构复杂、实施难度大、专业性强的项目,应制定项目总体、单位工程或分部、分项工程的安全措施。

② 对高空作业等非常规性的作业,应制定单项职业健康安全技术措施和预防措施,并对管理人员、操作人员的安全作业资格和身体状况进行合格审查。对危险性较大的工程作业,应编制专项施工方案,并进行安全验证。

③ 临街脚手架、临近高压电缆以及起重机臂杆的回转半径达到项目现场范围以外的,均应按要求设置安全隔离设施。

④ 项目职业健康安全技术措施计划应由项目经理主持编制,经有关部门批准后,由专职安全管理人员进行现场监督实施。

4) 项目职业健康安全技术措施计划的实施:

① 组织应建立分级职业健康安全生产教育制度,实施公司、项目经理部和作业队三级教育,未经教育的人员不得上岗作业。

② 项目经理部应建立职业健康安全生产责任制,并把责任目标分解落实到人。
③ 职业健康安全技术交底应符合下列规定:
A. 工程开工前,项目经理部的技术负责人应向有关人员进行安全技术交底。
B. 结构复杂的分部分项工程实施前,项目经理部的技术负责人应进行安全技术交底。
C. 项目经理部应保存安全技术交底记录。
④ 组织应定期对项目进行职业健康管理检查,分析影响职业健康或不安全行为与隐患存在的部位和危险程度。
⑤ 职业健康的安全检查应采取随机抽样、现场观察、实地检测相结合的方法,记录检测结果,及时纠正发现的违章指挥和作业行为。检查人员应在每次检查结束后及时提交安全检查报告。

5) 项目职业健康安全隐患和事故处理
① 职业健康安全隐患处理应符合下列规定:
A. 区别不同的职业健康安全隐患类型,制定相应整改措施并在实施前进行风险评价。
B. 对检查出的隐患及时发出职业健康安全隐患整改通知单,限期纠正违章的作业行为。
C. 跟踪检查纠正预防措施的实施过程和实施效果,保存验证记录。
② 项目经理部进行职业健康安全事故处理应坚持事故原因不清楚不放过,事故责任者和人员没有受到教育不放过,事故责任者没有处理不放过,没有制定纠正和预防措施不放过的原则。
③ 处理职业健康安全事故应遵循下列程序:
A. 报告安全事故。
B. 事故处理。
C. 事故调查。
D. 处理事故责任者。
E. 提交调查报告。

6) 项目消防保安
① 组织应建立消防保安管理体系,制定消防保安管理制度。
② 项目现场应设有消防车出入口和行驶通道。消防保安设施应保持完好的备用状态。储存、使用易燃、易爆和保安器材时,应采取特殊的消防保安措施。
③ 项目现场的通道、消防出入口、紧急疏散通道等应符合消防要求,设置明显标志。有通行高度限制的地点应设限高标志。
④ 项目现场应有用火管理制度,使用明火时应配备监管人员和相应的安全设施,并制定安全防火措施。
⑤ 项目现场应设立门卫。根据需要设置警卫,负责现场安全保卫工作。主要管理人员应在施工现场佩戴证明其身份的标识。严格现场人员的进出管理。

4. 项目成本管理

(1) 项目成本管理的任务

项目成本管理的任务是在保证工期和满足质量要求下,采用组织、经济、技术、合同等措施,把项目成本控制在计划范围内,并寻求最大程度的成本节约。

(2) 项目经理部的职责

负责项目成本的管理,实施成本控制,实现项目管理目标责任书中的成本目标。

项目经理部的成本管理应包括成本计划、成本控制、成本核算、成本分析和成本考核。

项目成本管理应遵循下列程序:

1) 掌握生产要素的市场价格和变动状态。

2) 确定项目合同价。

3) 编制成本计划,确定成本实施目标。

4) 进行成本动态控制,实现成本实施目标。

5) 进行项目成本核算和工程价款结算,及时收回工程款。

6) 进行项目成本分析。

7) 进行项目成本考核,编制成本报告。

8) 积累项目成本资料。

(3) 项目成本计划

1) 项目经理部应依据下列文件编制项目成本计划:

① 合同文件。

② 项目管理实施规划。

③ 可研报告和相关设计文件。

④ 市场价格信息。

⑤ 相关定额。

⑥ 类似项目的成本资料。

2) 编制成本计划应满足下列要求:

① 由项目经理部负责编制,报组织管理层批准。

② 自下而上分级编制并逐层汇总。

③ 反映各成本项目指标和降低成本指标。

(4) 项目成本控制

1) 项目经理部应依据下列资料进行成本控制:

① 合同文件。

② 成本计划。

③ 进度报告。

④ 工程变更与索赔资料。

2) 成本控制程序:

① 收集实际成本数据。

② 实际成本数据与成本计划目标相比较。

③ 分析成本偏差及原因。

④ 采取措施纠正偏差。

⑤ 必要时修改成本计划。

⑥ 按照规定的时间间隔编制成本报告。

3) 成本控制宜运用价值工程和赢得值法。

(5) 项目成本核算

1) 项目经理部应根据财务制度和会计制度的有关规定，建立项目成本核算制，明确项目成本核算的原则、范围、程序、方法、内容、责任及要求，并设置核算台账，记录原始数据。

2) 项目经理部应按照规定的时间间隔进行项目成本核算。

3) 项目成本核算应坚持形象进度、产值统计、成本归集三同步原则。

4) 项目经理部应编制定期成本报告。

(6) 项目成本分析与考核

1) 成本分析应依据会计核算、统计核算和业务核算的资料进行。

2) 成本分析应采用比较法、因素分析法、差额分析法和比率法等基本方法；也可采用分部分项成本分析、年季月（或周、旬等）度成本分析、竣工成本分析等综合成本分析方法。

3) 项目经理部应设置成本降低额和成本降低率等考核指标。发现偏离目标时，应及时采取改进措施。

4) 组织将对项目经理部的成本和效益进行全面审核、审计、评价、考核和奖惩。

（三）施工资源管理

本节对项目施工资源管理的方法和控制作简要的介绍，以便学习者在实际工作中应用。

1. 《项目管理规范》关于项目资源管理的一般规定

(1) 项目资源管理包括人力资源管理、材料管理、机械设备管理、技术管理和资金管理。

(2) 项目资源管理的全过程应包括项目资源计划、配置、控制和处置。

(3) 资源管理要遵循下列程序：

1) 按合同要求，编制资源配置计划，确定投入资源的数量与时间。

2) 根据资源配置计划，做好各种资源的供应工作。

3) 根据各种资源特性，采取科学的措施，进行有效组合，合理投入，动态调控。

4) 对资源投入和使用情况定期分析，找出问题，总结经验并持续改进。

2. 项目资源管理计划

(1) 项目资源管理计划编制依据：

1) 合同文件。

2) 现场条件。

3) 项目管理实施规划。

4）项目进度计划。

5）类似项目的经验。

（2）人力资源管理计划包括人力资源需求计划、人力资源配置计划和人力资源培训计划。

（3）材料管理计划包括材料需求计划、材料使用计划和分阶段材料计划。

（4）机械管理计划包括机械需求计划、机械使用计划和机具保养计划。

（5）技术管理计划包括技术开发计划、设计技术计划和工艺技术计划。

（6）资金管理计划包括项目资金流动计划和财务用款计划，具体可编制年、季、月度资金管理计划。

3. 项目资源配置

项目资源配置包括资源的合理选择、供应和使用。项目资源既包括市场资源，也包括内部资源，无论什么性质的资源都应更好地发挥其效能，降低工程成本。项目资源的配置力求优化和有效组合，并实施动态控制。优化配置即适时、适量、比例适当、位置适宜地配置和投入资源，投入资源在施工过程中搭配适当，协调地在项目中发挥作用，有效地形成生产力，生产出合格产品。在项目运行中，要合理、节约地使用资源，以达到节约资源的目的。

4. 项目资源管理控制

控制是指资源管理目标的过程控制，包括对资源的利用率和使用效率的监督、闲置资源的清退、资源随项目实施任务的增减变化及时调整等。

（1）资源管理控制包括按资源管理计划进行资源选择、资源的组织和进场后的管理等内容。

（2）人力资源管理控制包括人力资源的选择、订立劳务分包合同、教育培训和考核等。

（3）材料管理控制包括供应单位的选择、订立采购供应合同、出厂或进场验收、储存管理、使用管理及不合格品处置等。

（4）机械设备管理控制包括机械设备购置与租赁管理、使用管理、操作人员管理、报废和出场管理。

（5）技术管理控制包括技术开发管理，新产品、新材料、新工艺的应用管理，项目管理实施规划和技术方案的管理，技术档案管理，测试仪器管理等。

（6）资金管理控制包括资金收入与支出管理、资金使用成本管理、资金风险管理等。

5. 项目资源管理考核

（1）资源管理考核

资源管理考核是通过对资源投入、使用、调整以及计划与实际的对比分析，找出管理中存在的问题，并对其进行评价的管理活动。通过考核能及时反馈信息，提高资源使用价值，持续改进。

(2) 人力资源考核

人力资源考核应以有关管理目标或约定为依据,对人力资源管理方法、组织规划、制度建设、团队建设、使用效率和成本管理等进行分析和评价。

(3) 材料管理考核

材料管理考核工作对材料计划、使用、回收以及相关制度进行效果评价。材料管理考核要坚持计划管理、跟踪检查、总量控制、节奖超罚的原则。

(4) 机械设备管理考核

机械设备管理考核要对项目机械设备的配置、使用、维护以及技术安全措施、设备使用效率和使用成本等进行分析和评价。

(5) 项目技术管理考核

项目技术管理考核包括对技术管理工作计划的执行,技术方案的实施,技术措施的实施,技术问题的处置,技术资料收集、整理和归档以及技术开发,新技术和新工艺应用等情况进行分析和评价。

(6) 资金管理考核

资金管理考核通过对资金分析工作,计划收支与实际收支对比,找出差异,分析原因,改进资金管理。在项目竣工后,应结合成本核算与分析工作进行资金收支情况和经济效益分析,并上报组织财务主管部门备案。组织根据资金管理效果对有关部门或项目经理部进行奖惩。

(四) 施工现场管理

本节对施工项目的现场及环境管理要点作出介绍,通过学习以便实施中掌握。

1. 项目环境管理的一般规定

(1) 项目经理负责现场环境管理工作的总体策划和部署,建立项目环境管理组织机构,制定相应制度和措施,组织培训,使各级人员明确环境保护的意义和责任。

(2) 项目经理部应按照分区划块原则,搞好项目环境管理,进行定期检查,加强协调,及时解决发现的问题,实施纠正和预防措施,保持现场良好的作业环境、卫生条件和工作秩序,做到污染预防。

(3) 项目经理部应对环境因素进行控制,制定应急准备和响应措施,并保证信息畅通,预防可能出现非预期的损害。在出现环境事故时,应消除污染,并应制定相应措施,防止环境二次污染。

(4) 项目经理部应保存有关环境管理的工作记录。

(5) 项目经理部应进行现场节能管理,有条件时应规定能源使用指标。

2. 项目现场管理

(1) 项目经理部应在施工前了解经过施工现场的地下管线,标出位置,加以保护。施工时发现文物、古迹、爆炸物、电缆等,应当停止施工,保护现场,及时向有关部门报告，并按照规定处理。

（2）施工中需要停水、停电、封路而影响环境时，应经有关部门批准，事先告示。在行人、车辆通过的地域施工，应当设置沟、井、坎、洞覆盖物和标志。

（3）项目经理部应对施工现场的环境因素进行分析，对于可能产生的污水、废气、噪声、固体废弃物等污染源采取措施，进行控制。

（4）建筑垃圾和渣土应堆放指定地点，定期进行清理。

（5）除有符合规定的装置外，不得在施工现场熔化沥青和焚烧油毡、油漆，亦不得焚烧其他可产生有毒有害烟尘和恶臭气味的废弃物。项目经理部应按规定有效地处理有毒有害物质。禁止将有毒有害废弃物现场回填。

（6）施工现场的场容管理应符合施工平面图设计的合理安排和物料器具定位管理标准化的要求。

（7）项目经理部应依据施工条件，按照施工总平面图、施工方案和施工进度计划要求，认真进行所负责区域的施工平面图的规划、设计、布置、使用和管理。

（8）现场的主要机械设备、脚手架、密封式安全网与围挡、施工临时道路、各种管线、施工材料制品堆场及仓库、建筑垃圾堆放区、变配电间、消火栓、警卫室、现场的办公、生产和生活临时设施等的布置，均应符合施工平面图的要求。

（9）现场入口处的醒目位置，应公示下列内容：

1）工程概况。

2）安全纪律。

3）防火须知。

4）安全生产与文明施工规定。

5）施工平面图。

6）项目经理部组织机构图及主要管理人员名单。

（10）施工现场周边应按当地有关要求设置围挡和相关的安全预防设施。危险品仓库附近应有明显标志及围挡设施。

（11）施工现场应设置畅通的排水沟渠系统，保持场地道路的干燥坚实。施工现场的泥浆和污水未经处理不得直接排放。

3. 项目文明施工

（1）文明施工包括下列工作：

1）进行现场文化建设。

2）规范场容，保持作业环境整洁卫生。

3）创造有序生产条件。

4）减少对居民和环境的不利影响。

（2）项目经理部应对现场人员进行培训教育，提高其文明意识和素质，树立良好的形象。

（3）项目经理部应按照文明施工标准，定期进行评定、考核和总结。

三、焊接及焊接管理

本章是对房屋建筑安装工程中常见的焊接缺陷判定和焊接施工管理作出介绍,通过学习可以提高对焊接技术及管理的认知,从而在施工活动中得以正确实施。

(一)焊接方法及其缺陷分类

本节简明介绍焊接方法分类,较详细地说明焊接缺陷的种类和防治方法,以利工程质量的提高。

房屋建筑安装工程中,有较多的以黑色金属或有色金属构成的材料或半成品需通过焊接组成工程实体,因而焊接质量的好坏对工程质量的优劣起着较显著的作用。所以施工现场要对焊接作业进行有效管理,为提高工程质量打好基础。

1. 焊接方法分类

(1) 焊接的定义

1) 焊接是一种生产不可拆卸结构的工艺方法。它是利用原子之间的扩散与结合,采用加热、加压或两者并用,使分离的材料牢固地连接起来,成为一个整体的过程。被连接的两个物体可以是同类或不同类的金属、非金属。通常意义上的焊接指的是金属的焊接。

2)《焊接术语》GB/T 3375 标准中把焊接定义为:通过加热或加压,或两者并用,并且用或不用填充材料,使工件达到结合的一种方法。

(2) 焊接方法分类

根据焊接过程的特点可把焊接方法分为三大类:

1) 熔化焊:将待焊处的母材金属熔化以形成焊缝的焊接方法,称为熔化焊。根据热源的不同,又可分为电弧焊、气焊、电渣焊、电子束焊、激光焊等。根据保护方法的不同,电弧焊又可分为埋弧焊、气体保护焊、焊条电弧焊(手工电弧焊)等。

2) 压力焊:焊接过程中必须对焊件施加压力(加热或不加热)以完成焊接的方法,称为压力焊。包括电阻焊、摩擦焊、扩散焊、爆炸焊、超声波焊等。

3) 钎焊:采用比母材熔点低的金属材料作钎料,将焊件和钎料加热到高于钎料熔点、低于母材熔点的温度,利用液态钎料润湿母材,填充接头间隙并与母材相互扩散实现连接的方法。包括火焰钎焊、感应钎焊、炉中钎焊、盐浴钎焊等。

(3) 常见焊接方法代号

施工中常见焊接方法及其代号如下:

焊条电弧焊:SMAW

气焊:OFW

钨极气体保护焊：GTAW
熔化极气体保护焊：GMAW（含药芯焊丝电弧焊：FCAW）
埋弧焊：SAW
电渣焊：ESW
摩擦焊：FRW
螺柱焊：SW

2. 常见的焊接缺陷分类及防止

（1）焊接缺欠和焊接缺陷的定义

根据《金属熔化焊接头缺欠分类及说明》GB/T 6417.1—2005 的定义，在焊接接头中因焊接产生的金属不连续、不致密或连接不良的现象，称为焊接缺欠，简称缺欠。超过规定限值的焊接缺欠称为焊接缺陷。

（2）缺欠与缺陷的区别和关系

1）对于焊接接头的合用性构成危险的缺欠即为缺陷。所谓"合用性"是指使产品在使用期间能满足使用者的需求。

2）缺陷是必须予以去除或修补的一种状况。缺陷意味着焊接接头是不合格的，也就是说，焊接缺陷是属于焊接缺欠中不可接受的那一种缺欠，因而必须经过返修，将该缺欠消除或修补，焊接质量才算合格，否则就是废品。

3）缺欠可否容许，由具体技术标准规定，对具体缺欠是否判废，要根据合用性准则来判断，如果不能满足具体产品的具体使用要求，则应判为"缺陷"，否则便不应看作"缺陷"，而应视为"缺欠"。

（3）焊接缺欠的分类

焊接缺欠的种类很多，有不同的分类方法。以熔化焊为例，《金属熔化焊接头缺欠分类及说明》GB/T 6417.1—2005 把熔化焊的缺欠按其性质、特征分成如下六类：

第一类　裂纹；

第二类　孔穴；

第三类　固体夹杂；

第四类　未熔合和未焊透；

第五类　形状和尺寸不良；

第六类　其他缺欠。

每一大类缺欠又可根据存在的位置及状态分为若干小类。

1）裂纹

裂纹是一种在固态下由局部断裂产生的缺欠，它可能源于冷却或应力效果。

裂纹的种类可分为纵向裂纹、横向裂纹、放射状裂纹、弧坑裂纹、间断裂纹群、枝状裂纹等。

2）孔穴

孔穴包括气孔和缩孔、微型缩孔。气孔是残留气体形成的孔穴，可分为球形气孔、均布气孔、局部密集气孔、链状气孔、条形气孔、虫形气孔、表面气孔等。缩孔是由于凝固时收缩造成的孔穴，可分为结晶缩孔、弧坑缩孔、末端弧坑缩孔等。微型缩孔是仅在显微镜下可以观察到的缩孔，又分为微型结晶缩孔和微型穿晶缩孔。

3）固体夹杂

固体夹杂是在焊缝金属中残留的固体杂物。固体夹杂包括夹渣、焊剂夹渣、氧化物夹杂、金属夹杂等。

4）未熔合和未焊透

未熔合是焊缝金属和母材或焊缝金属各焊层之间未结合的部分，包括侧壁未熔合、焊道间未熔合、根部未熔合。未焊透是实际熔深与公称熔深之间的差异，一般指根部未焊透，即根部的一个或两个熔合面未熔化。

5）形状和尺寸不良

形状和尺寸不良指焊缝的外表面形状或接头的几何形状不良，包括咬边、焊缝超高、凸度过大、下塌、焊缝形面不良、焊瘤、错边、角度偏差、下垂、烧穿、未焊满、焊脚不对称、焊缝宽度不齐、表面不规则、根部收缩、根部气孔、焊缝接头不良、变形过大、焊缝尺寸不正确、焊缝厚度过大、焊缝宽度过大、焊缝有效厚度不足、焊缝有效厚度过大等。

6）其他缺欠

指以上五类未包含的所有其他缺欠。包括电弧擦伤、飞溅、钨飞溅、表面撕裂、磨痕、凿痕、打磨过量、定位焊缺欠、双面焊道错开、回火色、表面鳞片、焊剂残留物、残渣、角焊缝的根部间隙不良、膨胀等。

（4）常见焊接缺陷的形成原因和防止措施

根据焊接缺欠的性质，常见焊接缺陷可分为形状尺寸缺陷、结构缺陷、性能缺陷三类。

第一类形状尺寸缺陷：如焊接变形，尺寸偏差（包括错边、角度偏差、焊缝尺寸过大或过小等），外形不良（包括焊缝高低不平、波纹粗劣、宽窄不齐等），飞溅和电弧擦伤。

第二类结构缺陷：如焊缝表面气孔和内部气孔、夹渣、未熔合、未焊透、焊瘤、凹坑、咬边和焊接裂纹。

第三类性能缺陷：焊接接头的力学性能（如抗拉强度、屈服点、冲击韧性及冷弯角度）、化学成分等性能不符合技术要求。

焊接缺陷也可按其在焊接接头的部位，分为表面缺陷和内部缺陷。

1）表面缺陷

① 咬边

因焊接造成沿焊趾（或焊根）处出现的低于母材表面的凹陷或沟槽称为咬边。它是由于焊接过程中，焊件边缘的母材金属被熔化后，未及时得到熔化金属的填充所致。咬边可出现于焊缝一侧或两侧，可以是连续的或间断的。

咬边将削弱焊接接头的强度，产生应力集中。在疲劳荷载作用下，使焊接接头的承载能力大大下降。它往往还是引起裂纹的发源地和断裂失效的原因。焊接施工规范中一般规定了咬边的容许尺寸。

A. 形成原因：焊接工艺参数不当，操作技术不正确造成。如焊接电流大，电弧电压高（电弧过长），焊接速度太快等。

B. 防止措施：选择适当的焊接电流和焊接速度，采用短弧操作，掌握正确的运条手法和焊条角度，坡口焊缝焊接时，保持合适的焊条离侧壁距离。

② 焊瘤

焊接过程中，在焊缝根部背面或焊缝表面，出现熔化金属流淌到焊缝之外未熔化的母材上所形成的金属瘤称为焊瘤。焊瘤一般是单个的，有时也能形成长条状。

焊瘤影响焊缝外观，使焊缝几何尺寸不连续，形成应力集中的缺口。管道内部的焊瘤将影响管内介质的有效流通。

A. 形成原因：操作不当或焊接规范选择不当。如焊接电流过小，而立焊、横焊、仰焊时电流过大，焊接速度太慢，电弧过长，运条摆动不正确等。

B. 防止措施：调整合适的焊接电流和焊接速度，采用短弧操作，掌握正确的运条手法。

③ 凹坑和未焊满

凹坑指焊后在焊缝表面或背面形成低于母材表面的局部低洼缺陷。

未焊满指由于填充金属不足，在焊缝表面形成的连续或断续的沟槽。

凹坑和未焊满将会减小焊缝的有效工作截面，降低焊缝的承载能力。

A. 形成原因：焊接电流过大，焊缝间隙太大，填充金属量不足等。

B. 防治措施：正确选择焊接电流和焊接速度，控制焊缝装配间隙均匀，适当加快填充金属的添加量。

④ 烧穿

烧穿指焊接过程中熔化金属自坡口背面流出，形成穿孔的缺陷。常发生于底层焊缝或薄板焊接中。

A. 形成原因：焊接过热，坡口形状不良，装配间隙太大，焊接电流过大，焊接速度过慢，操作不当，电弧过长且在焊缝处停留时间太长等。

B. 防治措施：减小根部间隙，适当加大钝边，严格控制装配质量，正确选择焊接电流，适当提高焊接速度，采用短弧操作，避免过热。

⑤ 焊缝表面形状及尺寸偏差

焊缝表面形状及尺寸偏差属于形状缺陷，其经常出现的有：对接焊缝超高、角焊缝凸度过大、焊缝宽度不齐、焊缝表面不规则等。

焊缝表面形状及尺寸偏差影响焊缝外观质量，易造成应力集中。

A. 形成原因：坡口角度不当，装配间隙不均匀，焊接规范选择不当，焊接电流过大或过小，焊接速度不均匀，运条手法不正确，焊条或焊丝过热等。

B. 防治措施：选择正确焊接规范，选用适当的焊条及其直径，调整装配间隙，均匀运条，避免焊条和焊丝过热。

2) 内部缺陷

① 气孔

焊接过程中熔池金属高温时吸收和产生的气泡，在冷却凝固时未能逸出而残留在焊缝金属内所形成的孔穴，称为气孔。气孔是一种常见的缺陷，不仅出现在焊缝内部与根部，也出现在焊缝表面。焊缝中的气孔可分为球形气孔、条形气孔、虫形气孔以及缩孔等。气孔可以是单个或链状成串沿焊缝长度分布，也可以是密集或弥散状分布。

焊接区中的气体来源：大气的侵入，溶解于母材、焊丝和焊芯中的气体，受潮药皮或焊剂熔化时产生的气体，焊丝或母材上的油污和铁锈等脏物在受热后分解所释放出的气体，焊接过程中冶金化学反应产生的气体。

熔焊过程中形成气孔的气体主要有：氢气、一氧化碳和氮气。

氢气孔：多数情况下出现在焊缝表面上，断面形状多呈螺钉状，从焊缝表面上看呈圆喇叭口形，气孔四周内壁光滑。个别情况下也以小圆球形状存在于焊缝内部。

氮气孔：多数以成堆的蜂窝状出现在焊缝表面。

一氧化碳气孔：多数情况下产生在焊缝内部，沿结晶方向分布，有些像条虫状，表面光滑。

气孔影响焊缝外观质量，削弱焊缝的有效工作截面，降低焊缝的强度和塑性，贯穿性气孔则使焊缝的致密性破坏而造成渗漏。

A. 产生原因：焊接区保护受到破坏；焊丝和母材表面有油污、铁锈和水分；焊接材料受潮，烘焙不充分；焊接电流过大或过小，焊接速度过快；采用低氢型焊条时，电源极性错误，电弧过长，电弧电压偏高；引弧方法或接头不良等。

B. 防止措施：提高操作技能，防止保护气体（焊剂）给送中断；焊前仔细清理母材和焊丝表面油污、铁锈等，适当预热除去水分；焊前严格烘干焊接材料，低氢型焊条必须存放在焊条保温筒中；采用合适的焊接电流、焊接速度，并适当摆动；使用低氢型焊条时应仔细校核电源极性，并短弧操作；采用引弧板或回弧法的操作技术。

② 夹渣

焊后残留在焊缝中的熔渣，称为夹渣。夹渣不同于夹杂，夹杂是指在焊缝金属凝固过程中残留的金属氧化物或来自外部的金属颗粒，如氧化物夹杂、硫化物夹杂、氮化物夹杂和金属夹杂等。夹渣是一种宏观缺陷。夹渣的形状有圆形、椭圆形或三角形，存在于焊缝与母材坡口侧壁交接处，或存在于焊道与焊道之间。夹渣可以是单个颗粒状分布，也可以是长条状或线状连续分布。

夹渣减少焊接接头的工作截面，影响焊缝的力学性能（抗拉强度和塑性）。

A. 产生原因：多层焊时，每层焊道间的熔渣未清除干净，焊接电流过小，焊接速度过快；焊接坡口角度太小，焊道成形不良；焊条角度和运条技法不当；焊条质量不好等。

B. 防治措施：每层应认真清除熔渣；选用合适的焊接电流和焊接速度；适当加大焊接坡口角度；正确掌握运条手法，严格控制焊条角度和焊丝位置，改善焊道成形；选用质量优良的焊条。

③ 未熔合

熔化焊时，在焊缝金属与母材之间或焊道（层）金属之间未能完全熔化结合而留下的缝隙，称为未熔合。有侧壁未熔合、层间未熔合和焊缝根部未熔合三种形式。

未熔合的危害：未熔合属于面状缺陷，易造成应力集中，危害性很大（类同于裂纹）。焊接技术标准中不允许焊缝存在未熔合。

A. 产生原因：多层焊时，层间和坡口侧壁渣清理不干净；焊接电流偏小；焊条偏离坡口侧壁距离太大；焊条摆动幅度太窄等。

B. 防治措施：仔细清除每层焊道和坡口侧壁的熔渣；正确选择焊接电流，改进运条技巧，注意焊条摆动等。

④ 未焊透

焊接接头根部未完全熔透的现象，称为未焊透。单面焊时，焊缝熔透达不到根部为根部未焊透；双面焊时，在两面焊缝中间也可形成中间未焊透。

未焊透的危害：削弱焊缝的工作截面，降低焊接接头的强度并会造成应力集中。焊接技术标准一般不允许焊接接头中存在未焊透。

A. 产生原因：坡口钝边太厚，角度太小，装配间隙过小；焊接电流过小，电弧电压偏低，焊接速度过大；焊接电弧偏吹现象；焊接电流过大使母材金属尚未充分加热时而焊条已急剧熔化；焊接操作不当，焊条角度不正确而焊偏等。

B. 防治措施：正确选用和加工坡口尺寸，保证装配间隙；正确选用焊接电流和焊接速度；认真操作，保持适当焊条角度，防止焊偏。

⑤ 焊接裂纹

在焊接应力及其他致脆因素的共同作用下，焊接过程中或焊接后，焊接接头中局部区域（焊缝或焊接热影响区）的金属原子结合力遭到破坏而出现的新界面所产生的缝隙，称为焊接裂纹。它具有尖锐的缺口和长宽比大的特征。焊接裂纹是最危险的缺陷，除降低焊接接头的力学性能指标外，裂纹末端的缺口易引起应力集中，促使裂纹延伸和扩展，成为结构断裂失效的起源。任何焊接技术标准中都不允许焊接裂纹的存在。

在焊接接头中可能遇到各种类型的裂纹。按裂纹发生的部位有焊缝金属中裂纹、热影响区裂纹或熔合线裂纹、根部裂纹、焊趾裂纹、焊道下裂纹和弧坑裂纹。按裂纹的走向有纵向裂纹、横向裂纹和弧坑星形裂纹。按裂纹的尺寸有宏观裂纹和显微裂纹。按裂纹产生的机理有热裂纹、冷裂纹、再热裂纹和层状撕裂。

A. 热裂纹

焊接过程中，焊缝和热影响区金属冷却到固相线附近的高温区域产生的焊接裂纹，称为热裂纹，又称高温裂纹。

热裂纹多发生在焊缝金属中，有时也出现在热影响区或熔合线。热裂纹有沿着焊缝纵向，位于结晶中心线的纵向裂纹，也有垂直于焊缝的横向裂纹，或在弧坑中产生的星形弧坑裂纹。热裂纹可以显露于焊缝表面，也可以存在于焊缝内部。其基本形貌特征是：在固相线附近高温下产生，沿奥氏体晶界开裂。热裂纹可分为结晶裂纹、液化裂纹和多边化裂纹三类。

Ⅰ 结晶裂纹：熔池一次结晶过程中，在液相和固相并存的高温区，焊缝金属沿一次结晶晶界开裂的裂纹，称为结晶裂纹。通常热裂纹多是指结晶裂纹。多数情况下，结晶裂纹的断口呈高温氧化色彩，主要出现在焊缝中，个别情况下也产生在焊接热影响区。

a. 产生条件：低熔点共晶偏析物（FeS）以片状液态薄膜聚集于晶界，焊接拉应力增大。

b. 防治措施：通过控制产生条件的两方面着手。首先严格控制焊缝金属中 C、Si、S、P 含量，提高焊缝金属的含 Mn 量，采用低氢型焊接材料。其次焊前要预热，减小焊后冷却速度，调整焊接规范，适当加大焊接坡口角度，以得到焊缝成形系数大的焊缝，必要时采用多层焊。

Ⅱ液化裂纹：焊接过程中，在焊接热循环作用下，存在于母材近缝区金属或多层焊缝的层间金属晶界的低熔点共晶物局部被重新熔化开裂的裂纹，称为液化裂纹。

防治措施：控制和选用 C、S、P 含量较低而 Mn 含量较高的母材，焊接时采用低热输入量的焊接规范进行多道焊。

Ⅲ多边化裂纹：焊接时，焊缝或近缝区的金属处于固相线温度以下的高温区域，由于晶格缺陷（如空位和位借）的移动和聚集，形成二次边界，即"多边化边界"，从而引起边界高温强度和塑性降低，沿着多边化的边界产生开裂，称为多边化裂纹。这类裂纹常以任意方向贯穿树枝晶界，断口多呈现为高温低塑性断裂特征。多边化裂纹多发生在单相奥氏体合金的焊缝或近缝区的金属中。

防止措施：在焊缝中加入 Mo、W、Ti 等细化晶粒的合金元素，阻止形成"多边化边界"，在工艺上采取减小焊接应力的措施。

B. 再热裂纹（SR 裂纹）

焊接接头在焊后一定温度范围内再次加热（消除应力热处理或经其他加热过程），在焊接热影响区的粗晶区产生的裂纹，称为再热裂纹或消应力处理裂纹。再热裂纹与热裂纹一样也是一种沿晶界开裂的裂纹，但其断口呈低温氧化色彩。

a. 产生条件：钢中某些沉淀强化元素（如 Mo、V、Cr、Nb 等），经历再热（焊后再次加热）敏感温度区域 500℃～700℃，焊接接头存在较高的残余应力和焊缝表面有应力集中的缺口部位（咬边、凹陷等）。

从产生条件可看出，再热裂纹多发生在具有析出沉淀硬化相的低合金高强钢、珠光体耐热钢、奥氏体不锈钢以及镍基合金的焊接接头之中。普通碳素钢中一般不会产生这种裂纹。

b. 防止措施：提高预热温度和采用后热处理，减小焊接应力和过热区硬化；选用高塑性低强度匹配的焊接材料；改进焊接接头设计，尽量不采用高拘束度的焊接节点，消除一切可能引起应力集中的表面缺陷，修磨焊缝呈圆滑过渡；正确选择焊后热处理温度。

C. 冷裂纹

焊接接头在焊后冷却到较低温度下（200℃左右）所产生的焊接裂纹，称为冷裂纹。根据裂纹出现的部位，可分为焊道下裂纹、焊趾裂纹、焊根裂纹、横向裂纹。

a. 产生条件：三个因素共同作用形成冷裂纹，即焊接应力、淬硬组织、扩散氢。冷裂纹多发生在低合金高强钢、中合金钢、高碳钢的焊接热影响区和熔合区中，个别情况下，也出现在焊缝金属中。

b. 形貌特征：焊后冷却至较低温度下产生，贯穿晶粒开裂，断口呈金属光亮。

根据产生的机理不同，冷裂纹可分为延迟裂纹、淬硬脆化裂纹和低塑性脆化裂纹三类。

Ⅰ延迟裂纹（氢致裂纹）：是一种最常见的冷裂纹形态。它是焊后冷却到室温并放置一段时间之后才出现的焊接冷裂纹，具有延迟的性质。因为这种裂纹的产生与焊缝金属中的扩散氢活动密切相关，所以又称氢致裂纹。

Ⅱ淬硬脆化裂纹：有些钢种如马氏体不锈钢、工具钢，由于淬硬倾向较大，焊接时易形成淬硬组织，在焊接应力的作用下导致开裂，称为淬硬脆化裂纹。与延迟裂纹不同的是淬硬脆化裂纹基本上是在焊后立即产生，无延迟期，除了焊接热影响区出现外，有时还会出现在焊缝中。

Ⅲ 低塑性脆化裂纹：焊接脆性材料时（如铸铁），当焊后冷却到 400℃ 以下时，由于焊接收缩应变超过材料的本身塑性而导致开裂，称为低塑性脆化裂纹。它可在焊缝中出现，也可发生在焊接热影响区中。其断口具有脆性断裂的形貌特征。

c. 防治措施：焊前预热，降低冷却速度；选择合适的焊接规范参数；采用低氢型焊接材料，并严格烘干；彻底清除焊丝及母材焊接区域的油污、铁锈和水分，焊后立即后热或焊后热处理，改进接头设计降低拘束应力。

D. 层状撕裂

是一种焊接时沿钢板轧制方向平行于表面呈阶梯状"平台"开裂的冷裂纹。呈穿晶或沿晶开裂的形态特征，通常发生在轧制钢板的靠近熔合线的热影响区中，与熔合线平行形成阶梯式的裂纹。由于不露出表面，所以一般很难发现，只有通过探伤发现，且难以返修。层状撕裂多产生在 T 形接头和角接接头中，受垂直于钢板表面方向拉伸应力的作用而产生。

a. 产生条件：沿钢板轧制方向存在分层夹杂物（如硫化物等），焊接时产生垂直于厚度方向的焊接应力。

b. 防治措施：严格控制钢材的含硫量，改进接头形式和坡口形状，与焊缝连接的坡口表面预先堆焊过渡层，选用强度等级较低的低氢型焊接材料，采用低焊接热输入和焊接预热。

3) 常见焊接缺陷的示意图见图 3-1～图 3-3

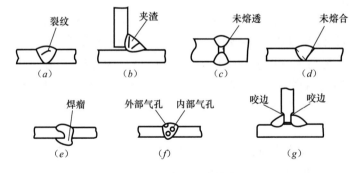

图 3-1 常见焊接缺陷

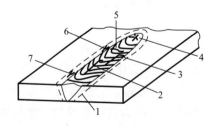

图 3-2 各种裂纹

1—热影响区；2—纵向裂纹；3—间断裂纹；4—弧坑裂纹；
5—横向裂纹；6—枝状裂纹；7—放射状裂纹

图 3-3 层状撕裂

(5) 焊接检验方法的分类

焊接检验有焊前检验、焊接过程中检验和焊后成品检验三类。

1) 焊前检验

焊前质量控制是贯彻预防为主的方针,积极做好施焊前的各项准备工作,最大限度地避免或减少缺陷的产生,是保证焊接质量的前提。焊前检验包括原材料(如母材、焊条、焊剂等)的检验、焊接结构设计的检查等。

2) 焊接过程中的检验

包括焊接工艺规范的检验、焊缝尺寸的检查、夹具情况和结构装配质量的检查等。

3) 焊后成品的检验

常见焊接成品检验方法如表 3-1 所示。

常见焊接成品检验方法表　　　　表 3-1

检验方法种类		检验方法名称
非破坏性检验	目视检验	外观检验
	致密性试验	气密性试验
	压力试验	液压试验(一般为水压试验)
		气压试验
	无损检测	射线检测
		超声波检测
		磁粉检测
		渗透检测
		涡流检测
		声发射检测
破坏性检验	力学性能试验	拉伸试验
		弯曲试验
		硬度试验
		冲击试验
		断裂韧性试验
		疲劳试验
	化学分析试验	化学成分分析
		耐腐蚀性试验
		扩散氢含量测定
	金相试验	宏观金相试验
		微观金相试验
	焊接性试验	

(二) 焊 接 管 理

本节对焊接施工活动中的专业施工管理工作做出介绍,重点在于对焊工、焊机、焊材的管理。

焊接施工管理内容主要包括：

1. 焊工管理

应对所有在岗焊工进行培训和考试，取得建设行政主管部门颁发的资格证书。从事锅炉、压力容器、压力管道、起重机械、电梯等特种设备焊接的焊工还应取得质量技术监督部门颁发的特种设备焊工合格证书。

对持证焊工进行日常管理，建立焊工档案，记录焊工培训、考试情况、焊接业绩和焊接质量情况，保证焊工在持证项目有效期内从事焊接工作。

2. 焊接设备管理

焊接设备要建立档案，正确使用、合理保养和维修焊接设备，使其经常处于良好的技术状态。主要关键设备必须完好。焊接设备专人专管，专管率达到100%。焊接设备上的指示仪表应准确可靠，在检定周期内工作。

3. 焊接材料管理

（1）焊接材料验收的目的是杜绝劣质焊接材料进入仓库。除了查阅制造厂的质量保证书、合格证、标记，进行外观检验外，必要时根据国家标准及验收标准检查该焊接材料的性能。对于焊条、焊剂、焊丝、药芯焊丝等，应复验其表面质量（包装、外观、粒度、偏心度、涂层均匀性、色泽等）、焊接工艺性（电弧稳定性、飞溅率、脱渣性、成形均匀性等）、力学性能（抗拉强度、屈服点、伸长率、冲击韧性、断面收缩率、硬度等）、化学成分及耐腐蚀性等，复验合格的焊接材料，才允许加贴合格标记，注明批号，加盖检验员印章，然后入库。

（2）库房应建立完善的管理制度和账目，做到账、物、卡相符，要定期进行核查。仓库保管员应定期检查库存焊材有无受潮、污损、变质等质量问题。发现问题及时报告、处理。

（3）焊接材料应存放在温度不低于10℃、相对湿度在60%以下的空气干燥并有良好通风的库房内。通常库房中应有去湿机和加热装置，每天定时记录相对湿度与温度。

（4）焊条、焊丝、焊剂应摆放在架子上，架子离地面高度不小于300mm，离墙壁距离不小于300mm。焊接材料的存放架上，应按焊接材料的品种、牌号、规格、批号、制造厂名分别加标记存放，注明入库年月日。

（5）对于焊接材料二级库或直接发放焊接材料至焊工的仓库，应配置焊剂烘干器、焊条烘干箱、保温箱。烘干温度与时间应严格按标准与制造厂说明书的规定进行。不允许不同烘干温度的焊条同炉烘焙。重复烘干的次数不宜超过3次。

（6）焊接材料的发放必须凭领料单，焊接材料领用单根据焊接工艺卡、焊接工艺规程和焊接材料定额清单等工艺文件填写。领料单应标明产品编号、焊材牌号、规格、数量及审批。防止错发、多发，先入库的焊材先发放。焊条一次发放数量一般不超过4小时的使用量。为了控制烘干后的焊条置于规定温度范围以外的时间，焊工在领用焊条时应使用事先已加热至规定温度的保温筒。焊后焊工应将剩余焊条与焊条头退库，并由仓库保管员核实。自动焊接采用的焊丝、焊剂等在施工完毕后退库，焊剂回收次数不得超过3次。

(7) 对于变质、药皮有严重脱落的焊条，应予报废处理。

4. 焊接工艺评定试验

按所设计的焊接工艺规程焊成的接头的力学和理化性能是否达到产品技术要求的规定。企业应按产品相应的技术规程或技术条件要求，以及工艺评定标准的规定，设计工艺评定试验内容。工艺评定的试验条件必须与产品条件相对应。为了减少人为因素对试验结果的影响，通常在工艺评定试验时由技术熟练的焊工施焊。此外，在评定试验时，必须考虑焊接方法；钢材的种类与规格；焊接材料（焊条、焊丝、焊剂、保护气体等）；预热处理；电流类别与极性；层间温度；多层焊或单层焊；线能量；焊条摆动频率、幅度及在两端的停留时间；接头形式及焊接位置等。

四、工程制图基本知识

本章主要对投影原理、三视图的形成、轴测图类别和设备安装图的特点作出介绍，通过学习可以了解制图的原理以及图幅规格等的规定，而各专业的工程图将在各章中专门进行介绍。

（一）概　　述

本节依照房屋建筑安装工程的不同专业类别，介绍其施工图构成的不同表达形成，同时对施工图的图幅格式和图线应用等通用规定作出说明。

1. 安装工程施工图的类别

（1）类别的形成

安装工程各专业施工图的绘制首先要遵循国家有关标准规定的机械制图法则，若全部参照执行，即将所有轮廓不论可见的还是不可见的均画在施工图上，不仅绘图工作量大，也不一定能表达清楚，因而通过实践，逐步形成了具有各专业风格特点的施工图。

（2）各专业特点

1）机械设备安装、压力容器制作安装、钢结构制作安装

通常以适当比例用机械制图法则反映实体的外形和尺寸，并附有详细的节点图。

2）管道安装、通风与空调管安装

通常以适当比例用示意和图例方式表示管道走向、管与零部件的连接位置、管与机械设备和容器等的连通部位，以及表明管与管间的相对位置。并要参阅施工图指明的标准图集。

3）电气和仪表安装、智能化安装

主要以示意和图例表示相关的设备、器具和元器件与线路间的连接关系，而安装的位置及在建筑施工图上的中心尺寸或外形尺寸的表示，基本符合机械制图法则，要有适当比例。并要参阅施工图指明的标准图集，有的元器件或设备的安装还要参照产品技术说明书的要求。

4）绝热工程安装

绝热工程有保温、保冷两种，其施工图原则上符合机械制图法则，并要参阅施工图指明的标准图集，新型的绝热材料安装还要参照产品技术说明书的要求。

（3）关于工艺流程图

工艺流程图在工业安装工程中基本上是必备的施工图，在房屋建筑安装工程中，由于大型公共建筑的机房设备复杂，中水的处理应用被提上日程，因而工艺流程图的应用亦被房屋建筑安装施工图所采纳。

工艺流程图是将工程中的机械设备、容器、管道、电气、仪表等综合反映在同一张图

面上，仅表明其相互关联关系和生产中的物料流向，无比例、仅示意。

（4）图幅格式、比例、图线、剖面符号

1）图幅格式

如表 4-1 和图 4-1、图 4-2 所示。

图幅尺寸表（mm）　　　　　　　　　　　　　　　表 4-1

幅面代号	A0	A1	A2	A3	A4
$B\times L$	841×1189	594×841	420×594	297×420	210×297
a	25				
c	10			5	
e	20		10		

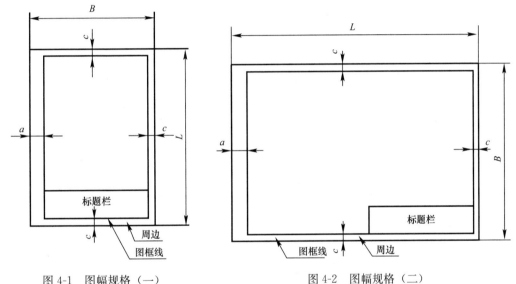

图 4-1　图幅规格（一）　　　　图 4-2　图幅规格（二）

2）绘图比例

比例是指图中线性尺寸与工程实体尺寸之比，因而有原值、放大、缩小的区别，优先采用的比例如表 4-2 所示。

优先采用的比例表　　　　　　　　　　　　　　　表 4-2

种类	比例		
原值比例	1∶1		
放大比例	5∶1 $5\times10^n∶1$	2∶1 $2\times10^n∶1$	
缩小比例	1∶1 $1∶2\times10^n$	1∶5 $1∶5\times10^n$	1∶10 $1∶1\times10^n$

注：n 为正整数。

3）图线应用

图用图线表示，常用的基本图线有九种，如表 4-3 所示。

图线及应用表　　　　　　　　　　　　　　　　　表 4-3

代号 No.	名称	型式	一般应用
01.1	细实线	——	过渡线、尺寸线、尺寸界线、指引线和基准线、剖面线、重合断面的轮廓线、短中心线、螺纹牙底线、表示平面的对角线、范围线及分界线、重复要素表示线、锥形结构的基面位置线、辅助线、成规律分布的相同要素连线
	波浪线	∼	断裂处边界线、视图与剖视图的分界线
	双折线	⌇	断裂处边界线、视图与剖视图的分界线
01.2	粗实线	——	可见棱边线、可见轮廓线、相贯线、螺纹牙顶线、螺纹长度终止线、齿顶圆（线）、剖切符号用线
02.1	细虚线	----	不可见棱边线、不可见轮廓线
02.2	粗虚线	----	允许表面处理的表示线
04.1	细点画线	-·-·-	轴线、对称中心线、分度圆（线）、孔系分布的中心线、剖切线
04.2	粗点画线	-·-·-	限定范围表示线
05.1	细双点画线	-··-··-	相邻辅助零件的轮廓线、可动零件的极限位置的轮廓线、重心线、成型前轮廓线、剖切面前的结构轮廓线、轨迹线

4）剖面符号

工程图常用的建筑材料图例的剖面符号如表 4-4 所示。

常用剖面符号表　　　　　　　　　　　　　　　　　表 4-4

序号	名称	图例	备注
1	自然土壤		包括各种土壤
2	石材		——
3	普通砖		包括实心砖、多孔砖、砌块等砌体。断面较窄不易绘画图例线时，可涂红，并在图纸备注中加注说明，画出该材料图例
4	耐火砖		包括耐酸砖等砌体
5	空心砖		指非承重砖砌体
6	饰面砖		包括铺地砖、马赛克、陶瓷锦砖、人造大理石等
7	混凝土		1 本图例指能承重的混凝土及钢筋混凝土。 2 包括各种强度等级、骨料、添加剂的混凝土。 3 在剖面图上画出钢筋时，不画图例线。 4 断面图形小，不易画出图例线时，可涂黑
8	钢筋混凝土		
9	泡沫塑料材料		包括聚苯乙烯、聚乙烯、聚氨酯等多孔聚合物类材料

续表

序号	名 称	图 例	备 注
10	木材		1 上图为横断面，左上图为垫木、木砖或木龙骨。 2 下图为纵断面
11	胶合板		应注明为×层胶合板
12	石膏板		包括圆孔、方孔石膏板、防水石膏板、硅钙板、防火板等
13	金属		1 包括各种金属。 2 图形小时，可涂黑
14	液体		应注明具体液体名称
15	玻璃		包括平板玻璃、磨砂玻璃、夹丝玻璃、钢化玻璃、中空玻璃、夹层玻璃、镀膜玻璃等
16	橡胶		—
17	塑料		包括各种软、硬塑料及有机玻璃等

（5）识读施工图的通用要求

安装工程施工图与其他的施工图一样，图纸上要用说明、图例、符号和表等对图示进行补充，阅读时要充分给以关注，不可遗漏。

（二）三面投影基本知识

本节简明介绍投影原理、视图构成以及轴测图的类别。通过学习可以了解工程制图的基本法则，有利于在实践中应用。

1. 投影及其分类

（1）投影的形成

用假设的投射线通过物体，向选定的平面投射，并在该面上得到图形，这种方法称投影法。所得的图形称物体的投影，投影所在的平面称投影面。

（2）投影的分类

依照投射线发出的方向不同可分为：

1) 中心投影法

投射线由一个投影中心发出投向投影面，如图 4-3 所示。

2) 平行投影法

投射线相互平行投向投影面，投射线垂直于投影面的称正投影法，投射线倾斜于投影面的称斜投影法，分别如图 4-4、图 4-5 所示。

3) 轴测投影法

是将物体连同参考直角坐标系沿不平行任一坐标面的方向，用平行投射线在单一投影面上取得投影的方法称轴测投影法，如图 4-6 所示。

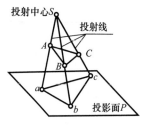

图 4-3 中心投影法

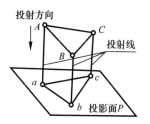

图 4-4 平行投影正投影法

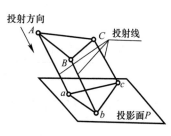

图 4-5 平行投影斜投影法

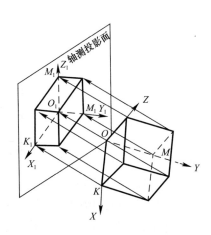

图 4-6 轴测投影法

2. 三视图的特性

(1) 三个投影面的构成

1) 用三个互相垂直的投影面,如图 4-7 所示,将物体置于其间用正投影法,在三个投影面上得到三个视图,便可清晰地表达物体的空间位置、大小和形状。

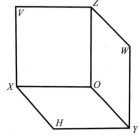

图 4-7 三个投影面

2) 投射线平行于 OY 轴,投影图在 XOZ (V) 平面上,称为正面投影,所得视图称主视图。

3) 投射线平行于 OZ 轴,投影图在 XOY (H) 平面上,称为水平投影,所得视图称俯视图。

4) 投射线平行于 OX 轴,投影图在 YOZ (W) 平面上,称为侧面投影,所得视图称左视图。

(2) 点的三面投影

物体的形状由点、线、面构成,点的位置决定线的位置和形状,而线的位置和形状决定面的位置和形状,点的三视图均为点,如图 4-8、图 4-9 所示。

从图可知,点的三面投影特点是:

1) 点的 V 面投影和 H 面投影的连线垂直于 OX 轴;

2) 点的 V 面投影和 W 面投影的连线垂直于 OZ 轴;

3) 点的 H 面投影到 OX 轴的距离等于点 W 面投影到 OZ 轴的距离。

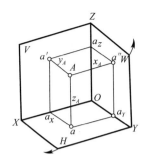
图 4-8 点的三面投影

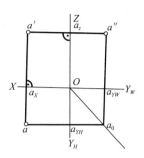
图 4-9 点的三面投影的展开

(3) 直线的三面投影

直线的三面投影一般仍是直线,如图 4-10 所示,只有直线垂直于某个投影面时,则其在该投影面上的投影为一个点。从图可知,直线的三面投影的特点是:

1) 与三个投影面都倾斜的直线投影均为直线,且投影的长度小于直线实际长度。

2) 与某个投影面平行、与另外两个投影面倾斜的直线投影均为直线,在平行的投影面上,直线投影长度等于直线实际长度。

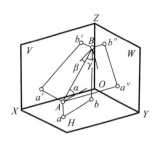
图 4-10 直线的三面投影

(4) 物体的三视图

1) 物体在投影体系中三视图的展开如图 4-11 所示。

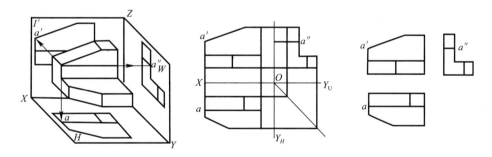
图 4-11 物体三视图的展开

2) 对形状较复杂的物体,用三视图表达尚不够清楚,可增加三个视图,分别为后视图、仰视图、右视图,共称为六个基本视图,其展开位置如图 4-12 所示。

3. 辅助视图介绍

有些形状或内部结构复杂的物体,用六面视图仍不能表达清楚,则要用辅助视图进一步说明。主要有:

(1) 向视图

在主视图或其他视图上注明投射方向所得的视图称为向视图,如图 4-13 所示。

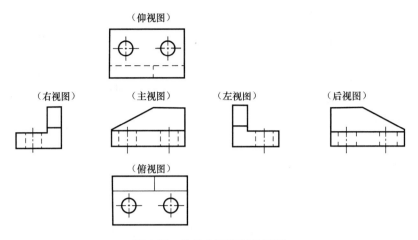

图 4-12　物体六面视图的展开

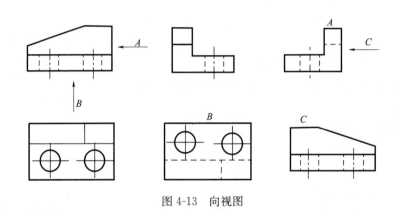

图 4-13　向视图

(2) 斜视图

由于用三视图不能真实反映物体的实形,需用倾斜的投影面以正投影法获得的投影图称为斜视图,如图 4-14 所示。

(3) 剖视图

1) 剖视图的形成

如图 4-15 所示,以假设的剖切面 A,将物体一分为二,移去投射线出发方的一部分,留下另一部分,进行投射而获得投影图。

2) 单一剖切面剖视图

在物体上仅用一个剖切面所得的剖视图,如图 4-16 所示。

3) 几个相交剖切面的剖视图

剖切面 A-A、B-B 相交,且两面的相交线垂直于某个投影面,所得剖视图可旋转展开,如图 4-17 所示。

4) 局部剖视图

由于物体对称或基本对称,只要用一半剖面或局部差异部分的剖面足以说明物体形状所得的剖视图,如图 4-18 所示。

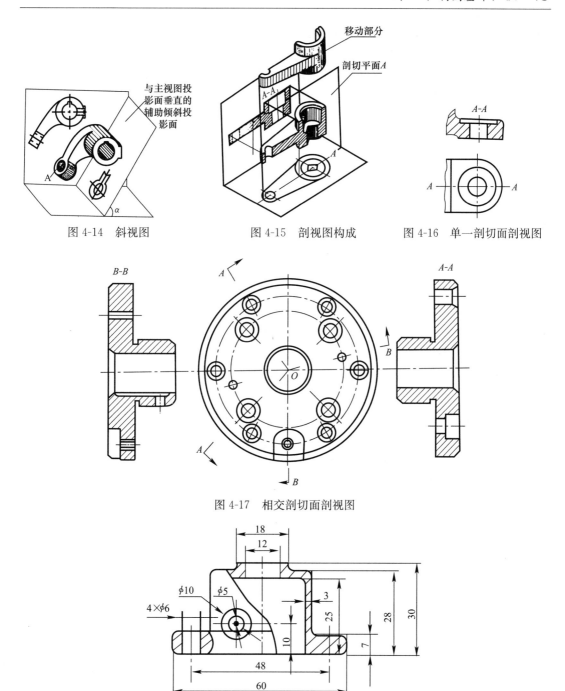

图 4-14 斜视图　　图 4-15 剖视图构成　　图 4-16 单一剖切面剖视图

图 4-17 相交剖切面剖视图

图 4-18 局部剖视图

4. 轴测投影图的基本知识

（1）分类

1）正等轴测图

使空间坐标三个轴与轴测投影面的倾角相等，用正投影法所得的轴测图称正等轴测图，习惯上将 O_1Z_1 轴处于垂直位置，如图 4-19 所示。

2）斜等轴测图

如投射线与投影面倾斜，且把坐标面的 XOZ 平面平行于投影面，所得的轴测图为斜等轴测图，通常工程图选择 X 为左右方向，Y 为前后方向，Z 为上下方向，如图 4-20 所示。

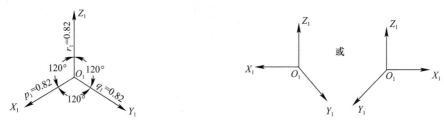

图 4-19　正等轴测轴　　　　　　　　图 4-20　斜等轴测轴

(2) 长度的缩减

轴测图上的长度可能比三视图上的长度要短，不可能长。轴测轴上的长度与空间坐标轴上的长度的比值称为该轴向的伸缩系数。X 轴向用 p_1 表示，Y 轴向用 q_1 表示，Z 轴向用 r_1 表示。具体数值与投射线的投射角和坐标轴与投影面的相对位置有关。但实际工程图上为了方便绘制、测算计量，其长度均不作缩减。

(3) 特征

1）空间坐标轴投影成平面上的轴测轴后，其相互间的长宽高方向不变。

2）物体上与坐标轴平行的直线，在轴测图上必须与相应轴测轴平行。

3）物体上相互平行的直线，在轴测图中必须相互平行。

4）物体上与坐标轴不平行的直线，在轴测图中必然与坐标轴不平行。

五、建筑施工图识图

房屋建筑安装工程的工程实体大部分依附在建筑工程的结构上，导致在建筑工程施工时设备安装的各专业要进行积极的配合，即业内称为预留预埋工作。而预留预埋工作是否到位和质量是否可靠将直接影响设备安装工程的质量和进度，因而施工和质量两类岗位人员也要有了解和阅读建筑施工图的知识和能力。当然，该知识和能力是与设备安装工程能顺利展开密切相关的。

（一）常用符号及规定

本节对建筑施工图特有的常用符号和规定作出介绍，以方便读图者掌握应用。

1. 标高

（1）绝对标高：我国把青岛附近黄海某处平均海平面定为绝对标高零点，其他各地标高都以它作为基准。

（2）相对标高：把室内首层地面高度定为相对标高的零点，比它高的定为正，比它低的定为负。

（3）标高符号：如符号"▽——"所示，符号的下短横线表示某处的标高，上部较长横线要注明标高值，国标规定标高应以米为单位，通常零点标高注为±0.000，高于零点的为正，如 3.900（正可不加＋号），低于零点的为负，如 -0.440。

2. 定位轴线

（1）位置

建筑物的承重墙、柱、梁和屋架等主要构件的位置应画上定位轴线并进行编号，如图5-1所示。

（2）编号

1）以建筑物施工图的布置方向进行确定。
2）水平方向用阿拉伯数字自左至右依次编号。
3）垂直方向用大写拉丁字母由下向上依次编号。

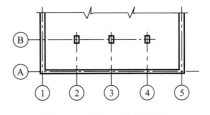

图 5-1　定位轴线的编号

3. 索引和详图

（1）索引符号用以标明总图与详图间关系，画在总图上，如图5-2（a）所示。

（2）详图符号与索引符号相应，画在详图上，如图5-2（b）所示。

图 5-2 索引和详图关系
(a) 牵引符号；(b) 详图符号

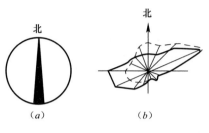

图 5-3 指北针与风玫瑰
(a) 指北针；(b) 风玫瑰

4. 指北针和风玫瑰

(1) 在总平面图和建筑物底层平面图上，一般应画上指北针，用以表示建筑物的朝向。如图 5-3（a）所示。

(2) 风玫瑰符号也称风向频率玫瑰图，实线表示该地区的常年风向频率，虚线表示该地区夏季（6、7、8）三个月的风向频率，从而可知该地区常年和夏季的主导风向。风玫瑰图画在总平面图上，如图 5-3（b）所示。

（二）建筑施工图分类及作用

本节主要介绍各类建筑施工图的构图及其作用，使学习者有一个概念上的认识。

1. 施工总平面图及作用

如图 5-4 所示的施工总平面图，其标示的内容和作用有：

（1）表明工程的总体布局，包括室内外工程的概貌，周边的道路等交通设施，以及电力、供水、排污、热网和通信等的引入方向，还有地形和排水方向。

（2）反映原有和新建建筑物、构筑物的位置和标高，是新建工程定位、施工放线、土方施工及平衡的依据。

（3）是编制施工组织设计或施工方案的重要依据之一，对施工平面布置、临时设施安排起决定性作用。

2. 建筑平面图及作用

（1）建筑平面图是建筑物的水平剖视图，剖切位置设在窗台的上方，如图 5-5 所示。

（2）建筑平面图表达的内容有：

1）建筑物的形状和朝向。

2）内部功能布置和各种房间的相互关系。

3）建筑物的入口、通道和楼梯的位置。

4）多层的建筑物如各层平面布置相同，只要提供一个平面图。如各层平面布置均不相同，则每层均需提供平面图。

5）屋顶平面图为建筑物的俯视图。

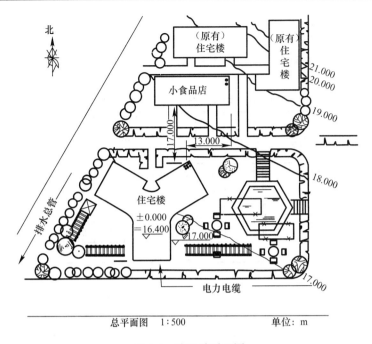

图 5-4 施工总平面图

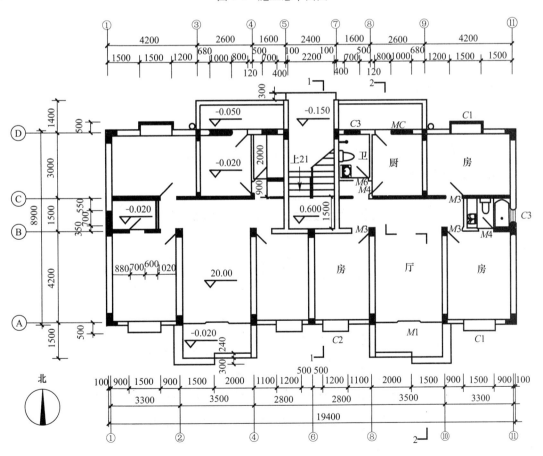

图 5-5 建筑平面图

3. 建筑立面图及作用

(1) 建筑立面图是建筑物的正投影图和侧投影图，如图 5-6 所示。

图 5-6　建筑立面图

(2) 建筑物立面图通常以立面朝向命名，可分为东、南、西、北等立面图，且与总平面图上的布置朝向一一对应。

(3) 建筑立面图表达的内容有：

1) 建筑物的外形、总高度、各楼层高度、室外地坪标高等。
2) 建筑物外墙的装饰要求。
3) 与安装工程有关的孔洞位置。

4. 建筑剖面图

(1) 建筑物剖面图是与建筑物平面相垂直剖面构成的剖视图，剖切位置在建筑平面图上有标明，如图 5-7 所示。

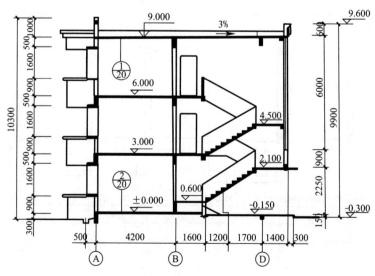

图 5-7　建筑剖面图

(2) 建筑剖面图一般选择在内部结构和构造比较复杂的位置。

(3) 建筑剖面图表达的内容有：

1）高度方面的情况，如各平面的相对标高。

2）空间布置，楼层间垂直交通的布置。

3）屋面的排水方向，屋顶突出的建筑物标高，如电梯机房等。

5. 设备基础图

(1) 共有三种形式：

1）整体浇筑的钢筋混凝土块体基础。

2）底板横梁和墙或纵墙相互连系的墙式基础，大部分埋入地下，仅墙顶露出地面以固定设备用。

3）下部平板和梁、柱构成的框架式基础，这种基础可以是钢或钢筋混凝土构成，前两种均为钢筋混凝土构成。

(2) 设备基础图在平面图上有位置标示，具体构造要查阅详图。

六、建筑给水排水工程

本章对房屋建筑安装工程中的给水排水工程的施工技术和管理做系统全面介绍，涉及的范围主要是室内工程，室外工程仅对小区内或建筑群间的系统进行阐述。内容以系统分类、工程图绘制、材料分类、施工工艺、管线及附属设备安装、试验为主线进行展开，并以常用常见工程为主，适当对新型材料及工艺做些补充，希望使用时不断提出改进意见。

（一）概　　述

本节简要阐述给水排水工程的组成及配合土建工程施工的注意事项，通过学习应了解给水排水系统形式和适用范围。

1. 定义与范围

（1）为房屋建筑达到预期使用功能而建造的供水设施，在施工中称为给水工程，如住房、医院、学校、商场等各种给水工程，主要包括各类用水管道、消火栓消防用水管道以及附属设备等。

（2）与给水设施相配套的各类废水污水的排放设施，在施工中称为排水工程，雨水的排放管道包括在内。由于贯彻节能环保政策，节约用水方针也提上了具体日程，对废水进行处理后用作绿化浇灌和冲洗洗涤的中水设施亦应属于给水排水工程的一种。

（3）市政给水管网、污水排放管网均属于市政设施，其建造属市政工程范畴。

2. 给水系统的分类

（1）给水系统的组成

给水系统一般由水源、引入管、干管、水表、支管和用水设备组成，同时给水管路上设置阀门等给水附件及各种设备，如水箱、水泵及消火栓等。

（2）给水系统的分类

1）直接供水形式

室内仅设有给水管道系统，无加压设备。适用于室外市政给水系统的水压、水量在任何时间内都能满足室内最高和最远点的用水要求。一般普通建筑物的供水大多采用直接供水形式。

2）附水箱供水形式

室内设有给水管道系统和屋顶水箱，用于在大部分时间室外给水系统能满足室内最高点供水要求，但在用水高峰时必须由水箱供水的情况。当室外管网水压足够时，便向水箱充水。

3）水泵给水形式

适用于室内用水量均匀而室外供水系统压力不足，需要局部增压的给水系统。

4）水池、水泵和水箱联合给水形式

当室外给水管网的水压或夏季用水高峰期内低于要求水压，且用水量又不均匀时采用这种形式，常用于多层建筑。这种给水系统中水泵和水箱联合使用。水箱中有浮球继电器，以达到水泵启闭自动化。

3. 排水系统的分类

（1）排水系统的组成

排水系统一般由污（废）水收集器、排水管道、通气管、清通设备等组成。

（2）排水系统的分类

1）分流制：分别设污水、废水及雨水管道。在民用建筑内，设置生活污水和废水的分流系统。粪便污水不得与雨水管道合流。

2）合流制：组合任意二种或三种污（废）水的系统，不含泥砂和有机杂质的生产废水，与雨水合流。生产污水如只含泥砂或矿物质而不含有机物时，经过沉淀处理后可与雨水合流。被有机杂质污染的生产污水，如符合污水净化标准，则允许与生活污水合流。

4. 配合或全面安装的条件

（1）给水排水工程的工程实体均附着于建筑工程的各种结构上，有的明设，有的暗敷，有的要穿越建筑结构如墙体、楼板，有的直埋建筑结构内如墙内的给水支管，有的要安装在装饰的吊顶内，更多的用支架固定各种干管，而支架除用膨胀螺栓固定外，大口径管道支架均需焊接在预埋板上以保证其有足够的强度，因而在建筑工程施工时，给水排水工程的管理和作业人员要进行积极的配合，为日后工程的实施创造良好的条件。配合的内容除少数的直埋支管外，大量的是预埋构件、预留孔洞，同时要对表达在建筑工程图上的较大的预留孔的位置和尺寸进行复核。

（2）配合阶段的时间一般要持续到建筑物封顶，随着建筑物的粗装修开始，是给水排水工程全面安装进入高峰期，直至建筑物精装修结束，建筑给水排水工程进入收尾试运行整改阶段，一直到竣工验收为止。

5. 应用的施工规范

（1）对施工中常用的材料、设备的产品制造标准要有基本的了解，对随设备、零部件提供的说明书要充分阅读和理解，以便在施工中正确应用。

（2）施工规范的名称

1）《给水排水管道工程施工及验收规范》GB 50268

2）《建筑给水排水及采暖工程施工质量验收规范》GB 50242

3）《建筑工程施工质量验收统一标准》GB 50300

4）《建筑给水聚丙烯管道工程技术规范》GB/T 50349

由于规范的更迭平均在 5 年～8 年，所以应用时要注意其颁行的时间，即标准号后的颁行年份，以最近者为有效版本。

（二）给水排水工程图绘制

本节主要介绍给水排水工程图绘制的基本方法和原则，并以《建筑给水排水制图标准》GB/T 50106—2010 的相关内容进行补充，以使施工中阅图方便。

1. 管子的单、双线图

房屋建筑安装工程中的给水排水工程、通风与空调工程、消防工程等三类工程的施工图的表达形式有共同点，即设备安装位置用三视图表达，元件、器件、部件用图例和符号表示，而工程量占主导的水管道和风管道则用简化画法表达示意和走向，这种简化画法同样可以用在三视图中，使施工图易绘、易读、易懂，又不致误读。

（1）双线表示法

用两根线条表示管子管件形状而不表达壁厚的方法称作管子双线表示法。用这种方法绘制的图称双线图。

（2）单线表示法

把管子的壁厚和空心的管腔全部看成一条线的投影，用粗实线来表示称单线表示法，用这种方法绘制的图称单线图。

（3）单、双线法的示例

1）直线段及投影

如图 6-1 所示，(a) 为一垂直管段及其水平投影的双线表示法；(b) 为一垂直管段及其水平投影的单线表示法，水平投影的圆中心亦可以不加黑点，水平管段在其他投影面的表示方法与此相同；(c)、(d) 为有些国家的画法。

2）弯管的表示

如图 6-2 所示，弯曲的方向或上下位置不同，表示的方法也不同，尤其注意双线图的弯头处虚实线的应用有区别，单线图的起点处也有区别。

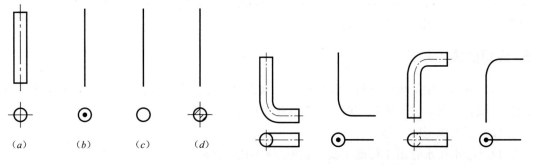

图 6-1 直管段的投影　　　　图 6-2 弯管的表示

3）三通、四通的表示

如图 6-3 所示，图 (a) 表示三通，图 (b) 表示四通，若口径发生变化，则要与大小头的表示法一致。

4) 大小头的表示

如图 6-4 所示,上面的为同心大小头,下面的为偏心大小头。

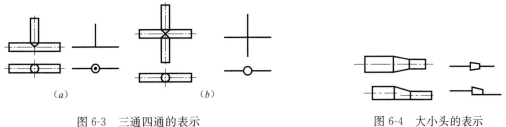

图 6-3 三通四通的表示　　　　图 6-4 大小头的表示

5) 阀门的表示

如表 6-1 所示为法兰阀门安装位置与阀柄的关系。

阀门及法兰的单双线表示法　　　　表 6-1

	阀柄向前	阀柄向后	阀柄向右	阀柄向左
单线图				
双线图				

6) 管子与部件连接的表示

如图 6-5 所示 (a)、(b) 为管道工程的单线图,要注意弯管的弯曲方向和与阀门连接的位置。

2. 管子的交叉和重叠

(1) 管子交叉的表示

1) 两根管子的交叉

无论在正视图、侧视图还是俯视图中,高的或前的(正投影时远离投影面的为高或前的)管子,显示完整,而低的或后的管子在单线图中要断开表示,在双线图中用虚线表示,如图 6-6 (a)、(b)

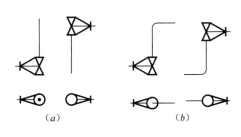

图 6-5 管段与阀门连接

所示。如图中单、双线同时存在,通常小管子用单线表示,大管子用双线表示,其交叉的表示则小管子在上(前)为实线,小管子在下(后)为虚线,如图 6-6 (c)、(d) 所示。

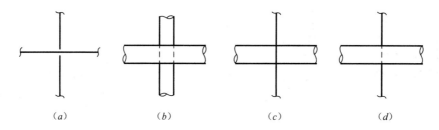

图 6-6 管子的交叉

2) 多根管子的交叉

多根管子的交叉在单、双线图上表示的原则是与两根管子交叉一致的,仅是交叉的关系复杂一点,如图 6-7 所示。在高度方向注以管线相对标高,水平方向注以与参照物的距离,则比较清晰明了。

图 6-7 所示为四根管子组成的立面图,由于 a 管表示最完整,无任何遮挡,所以在最前面,d 管挡住了 c 管和 b 管,则位于次前面,而 b 管又为 c 管所遮挡,则 b 管位于最后,c 管位于 b 管、d 管之间。

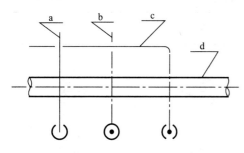

图 6-7 多根管子交叉

(2) 管子重叠的表示

1) 重叠现象的产生

用单线图表达的施工图,多根中心线位置相同且平行的管子,又布置在与三视图任何一投影面相平行的平面内,则多根管子的投影会呈现成一根直线,这种现象称为管子的重叠。

2) 两根管子的重叠

依管端"S"形断开符号来判定管子的前后或高低,见图 6-8 (a)。因断开符号在 a 管管端,所以能看到 b 管。而直管与弯管的重叠,如直管单端断开表示直管低于弯管,见图 6-8 (b)。如直管双端断开则表示直管高于弯管,见图 6-8 (c)。

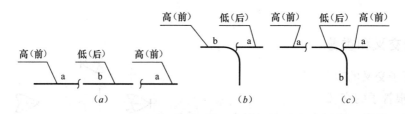

图 6-8 管子的重叠

3) 多根管子的重叠

可以用正视图和俯视图表示并编号,如图 6-9 (a) 所示,比较清楚。

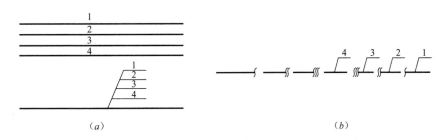

图 6-9　多根管子的重叠

也可以用管端"S"形断开符号的多少来表示管子的高低或前后。断开符号数相同的管子是连通的，符号数越少为越高或越前，越多为越低或越后，处于最低或最后位置的管子管端无断开符号，如图 6-9（b）所示。

3. 管子规格的表示

水管均为圆形，以口径和壁厚标注。

（1）无缝钢管、直缝或螺旋钢管采用"外径×壁厚"标注，如图 6-10（a）所示。

（2）水、煤气管、铸铁管等采用公称直径 DN 标注，如图 6-10（b）所示。

（3）铜管、薄壁不锈钢管等采用公称外径 Dw 标注。

（4）塑料管以公称外径 dn 标注。

（5）钢筋混凝土管、混凝土管以内径 d 标注。

（6）复合管、结构壁塑料管以产品标准的方法表示。

（7）几根管线排列在一起时，标注方法如图 6-10（c）所示。

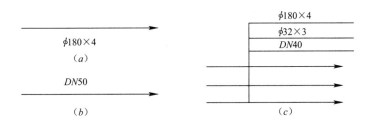

图 6-10　管径的标注

4. 安装标高的表示

（1）标高有正有负，均以首层地面标高为零计算。

（2）标高的单位为米，一般要精确到小数点后两位。

（3）标高所标注位置通常是管子的中心位置，而大口径的管道或风管也可标注在管顶或管底，突出于建筑物的放散管或风帽等的顶部都要标注标高。

5. 流向和坡度的表示

（1）流向用箭头表示，如图 6-11（a）所示。

（2）坡度有多种表示方法，如图 6-11（b）所示。

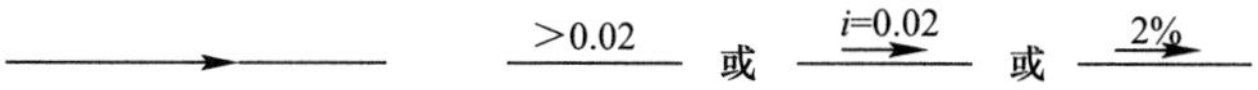

$$\xrightarrow{\hspace{3cm}} \qquad \xrightarrow{>0.02} 或 \xrightarrow{i=0.02} 或 \xrightarrow{2\%}$$

(a) （b）

图 6-11　流向与坡度标注

6. 常用的图例

现将常用的图例符号进行介绍，但因为标准更迭快，技术更新快，国外引进工程多，绘图的惯例存在各家的差异多，所以读图时还应注意图纸上标注的特定符号和图例。

（1）管道的类别图例如表 6-2 所示，用汉语拼音表示。

管道的类别　　　　　　　　　　表 6-2

序号	名　称	图　例	备　注
1	生活给水管	——J——	—
2	热水给水管	——RJ——	—
3	热水回水管	——RH——	—
4	中水给水管	——ZJ——	—
5	循环冷却给水管	——XJ——	—
6	循环冷却回水管	——XH——	—
7	热媒给水管	——RM——	—
8	热媒回水管	——RMH——	—
9	蒸汽管	——Z——	—
10	凝结水管	——N——	—
11	废水管	——F——	可与中水原水管合用
12	压力废水管	——YF——	—
13	通气管	——T——	—
14	污水管	——W——	—
15	压力污水管	——YW——	—
16	雨水管	——Y——	—
17	压力雨水管	——YY——	—
18	虹吸雨水管	——HY——	—
19	膨胀管	——PZ——	—

续表

序号	名称	图例	备注
20	保温管		也可用文字说明保温范围
21	伴热管	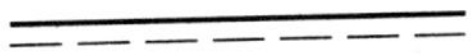	也可用文字说明保温范围
22	多孔管		—
23	地沟管	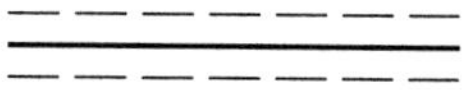	—
24	防护套管	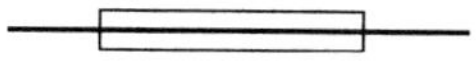	—
25	管道立管	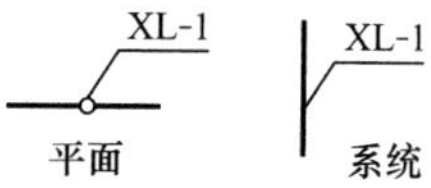 XL-1 平面　XL-1 系统	X为管道类别 L为立管 1为编号
26	空调凝结水管	——KN——	—
27	排水明沟	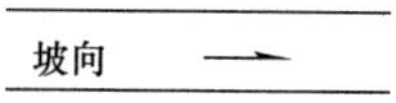 坡向 →	—
28	排水暗沟	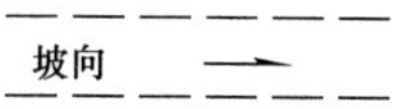 坡向 →	—

注：1 分区管道用加注角标方式表示；
　　2 原有管线可用比同类型的新设管线细一级的线型表示，并加斜线，拆除管线则加叉线。

（2）管道附件图例如表 6-3 所示。

管道的附件　　　　　　　　　　　　　　　表 6-3

序号	名称	图例	备注
1	管道伸缩器	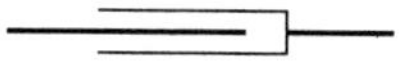	—
2	方形伸缩器		—
3	刚性防水套管	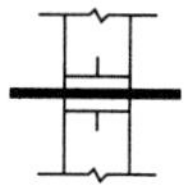	
4	柔性防水套管	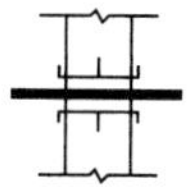	—
5	波纹管		
6	可曲挠橡胶接头	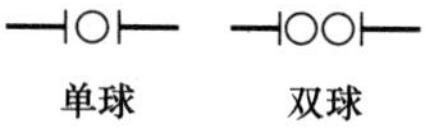 单球　双球	
7	管道固定支架		—
8	立管检查口		

续表

序号	名称	图例	备注
9	清扫口	平面　系统	—
10	通气帽	成品　蘑菇形	—
11	雨水斗	YD- 平面　YD- 系统	可与中水原水管合用
12	排水漏斗	平面　系统	—
13	圆形地漏	平面　系统	—
14	方形地漏	平面　系统	—
15	自动冲洗水箱		—
16	挡墩		—
17	减压孔板		—
18	Y形除污器		—
19	毛发聚集器	平面　系统	—
20	倒流防止器		也可用文字说明保温范围
21	吸气阀		也可用文字说明保温范围
22	真空破坏器		—
23	防虫网罩		—
24	金属软管		

(3) 管道连接图例如表 6-4 所示。

管道的连接 表 6-4

序号	名称	图例	备注
1	法兰连接		—
2	承插连接		—
3	活接头		—
4	管堵		—
5	法兰堵盖		—
6	盲板		—
7	弯折管	高 低 低 高	—
8	管道丁字上接	高/低	—
9	管道丁字下接	高/低	—
10	管道交叉	低/高	在下面和后面的管道应断开

(4) 管件的图例如表 6-5 所示。

管件 表 6-5

序号	名称	图例
1	偏心异径管	
2	同心异径管	
3	乙字管	
4	喇叭口	
5	转动接头	
6	S形存水弯	
7	P形存水弯	
8	90°弯头	
9	正三通	

续表

序 号	名 称	图 例
10	TY 三通	⊥
11	斜三通	⊥
12	正四通	+
13	斜四通	⊁
14	浴盆排水管	⌐ ⊥

(5) 阀门的图例如表 6-6 所示。

阀 门　　　　　表 6-6

序号	名 称	图 例	备 注
1	闸阀	⋈	—
2	角阀	⌐	—
3	三通阀		—
4	四通阀		—
5	截止阀	⋈ ⌐	—
6	蝶阀		—
7	电动闸阀		—
8	液动闸阀		—
9	气动闸阀		—
10	电动蝶阀		—

续表

序号	名　　称	图　　例	备　　注
11	液动蝶阀		—
12	气动蝶阀		—
13	减压阀		左侧为高压端
14	旋塞阀	平面　　系统	—
15	底阀	平面　　系统	—
16	球阀		—
17	隔膜阀		—
18	气开隔膜阀		—
19	气闭隔膜阀		—
20	电动隔膜阀		—
21	温度调节阀		—
22	压力调节阀		—
23	电磁阀		—
24	止回阀		—
25	消声止回阀		—
26	持压阀		—
27	泄压阀		—
28	弹簧安全阀		左侧为通用

续表

序号	名称	图例	备注
29	平衡锤安全阀	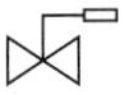	—
30	自动排气阀	 平面　系统	—
31	浮球阀	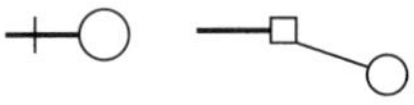 平面　系统	—
32	水力液位控制阀	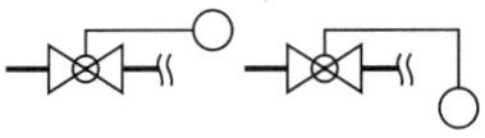 平面　系统	—
33	延时自闭冲洗阀		—
34	感应式冲洗阀	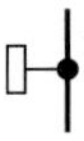	—
35	吸水喇叭口	 平面　系统	—
36	疏水器		—

（6）给水配件的图例如表 6-7 所示。

给　水　配　件　　　　　　　　　　　　表 6-7

序号	名称	图例
1	水嘴	平面　系统
2	皮带水嘴	平面　系统
3	洒水（栓）水嘴	
4	化验水嘴	
5	肘式水嘴	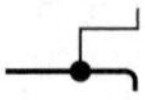

续表

序号	名称	图例
6	脚踏开关水嘴	
7	混合水嘴	
8	旋转水嘴	
9	浴盆带喷头混合水嘴	
10	蹲便器脚踏开关	

（7）消火栓消防设施图例如表 6-8 所示。

消火栓消防设施 表 6-8

序号	名 称	图 例	备 注
1	消火栓给水管	—— XH ——	—
2	室外消火栓		—
3	室内消火栓（单口）	平面　系统	白色为开启面
4	室内消火栓（双口）	平面　系统	—
5	水泵接合器		—

（8）卫生设备的图例如表 6-9 所示。

卫 生 设 备 表 6-9

序号	名 称	图 例	备 注
1	立式洗脸盆		—
2	台式洗脸盆		—
3	挂式洗脸盆		—

续表

序号	名称	图例	备注
4	浴盆		—
5	化验盆、洗涤盆		—
6	厨房洗涤盆		不锈钢制品
7	带沥水板洗涤盆		—
8	盥洗槽		—
9	污水池		—
10	妇女净身盆		—
11	立式小便器		—
12	壁挂式小便器		—
13	蹲式大便器		—
14	坐式大便器		—
15	小便槽		—
16	淋浴喷头		—

(9) 小型给水排水构筑物图例如表 6-10 所示。

小型给水排水构筑物 表 6-10

序号	名称	图例	备注
1	矩形化粪池	→[○]HC→	HC 为化粪池代号
2	隔油池	→[│]YC→	YC 为隔油池代号
3	沉淀池	→[○]CC→	CC 为沉淀池代号
4	降温池	→[│ │]JC→	JC 为降温池代号
5	中和池	→[ ]ZC→	ZC 为中和池代号
6	雨水口（单箅）	▭▪	—
7	雨水口（双箅）	▭▪▭▪▭	—
8	阀门井及检查井	J-×× W-×× Y-×× (○)　J-×× W-×× Y-×× (□)	以代号区别管道
9	水封井	⊘	—
10	跌水井	⊘	—
11	水表井	▶	—

(10) 给水排水设备的图例如表 6-11 所示。

给水排水设备 表 6-11

序号	名称	图例	备注
1	卧式水泵	平面　系统	—
2	立式水泵	平面　系统	—
3	潜水泵		—
4	定量泵		—
5	管道泵		—
6	卧式容积热交换器		

续表

序号	名称	图例	备注
7	立式容积热交换器	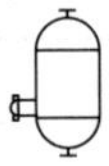	—
8	快速管式热交换器	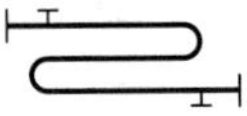	—
9	板式热交换器	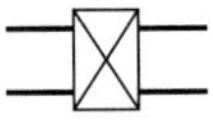	—
10	开水器	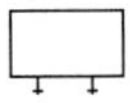	—
11	喷射器	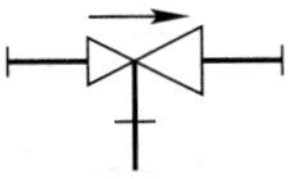	小三角为进水端
12	除垢器		—
13	水锤消除器	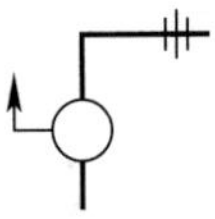	—
14	搅拌器	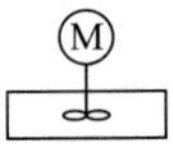	—
15	紫外线消毒器		—

（11）给水排水专业用仪表图例如表 6-12 所示。

专业用仪表　　　　　　　　　　表 6-12

序号	名称	图例	备注
1	温度计		—
2	压力表		—
3	自动记录压力表		—
4	压力控制器		—
5	水表		—
6	自动记录流量表	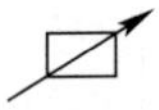	—
7	转子流量计	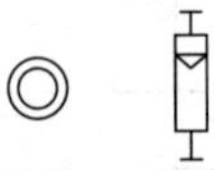 平面　系统	—

续表

序号	名　称	图　例	备　注
8	真空表	⌀	—
9	温度传感器	--[T]--	—
10	压力传感器	--[P]--	—
11	pH 传感器	--[pH]--	—
12	酸传感器	--[H]--	—
13	碱传感器	--[Na]--	—
14	余氯传感器	--[Cl]--	—

7. 管道系统的轴测图

（1）房屋建筑安装中的管道工程除机房等用三视图表达外，大部分的给水排水工程用轴测图表示，如图 6-12 所示，为三层的集体宿舍卫生间的给水管网图，立体感强，尺寸

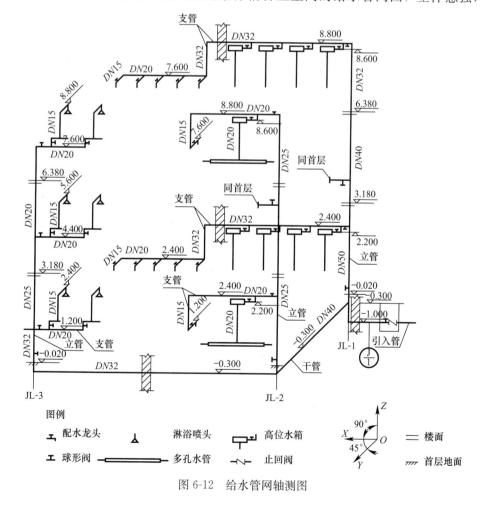

图 6-12　给水管网轴测图

明确，阅读时要注意各种标高的标注，有些相同的布置被省略了（如右侧二层），而垂直管段的长度可以用比例尺测量，也可以按标准图集和施工规范要求测算。图 6-13 为排水管网的轴测图，排水是重力流，施工时要注意水平管路的坡度值和坡向。通常只要有轴测图和相应的标准图集就能满足施工需要。

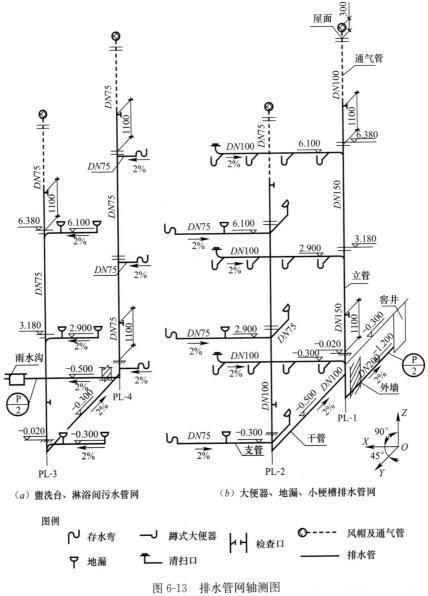

图 6-13 排水管网轴测图

（2）由于轴测图立体感强，犹如做了一个工程的模型，其主要设备材料的规格数量，安装的标高、间距、坡向等参数均有明确的标注，所以说轴测图易读易懂，信息量大，因而被广泛应用。

（三）常用的材料

本节对房屋建筑安装给水排水工程中常用的材料作概括介绍，希冀学习者对材料的规格、性能和用途有所了解，便于在施工中掌握应用。

1. 常用金属管材

（1）无缝钢管

无缝钢管按制造方法分为热轧管和冷拔（轧）管。热轧管的最大公称直径为600mm。冷拔（轧）管的最大公称直径为200mm。在给水排水管道工程中，管径超过57mm，常选用热轧管，管径在57mm以内时常选用冷拔（轧）管。

（2）焊接钢管

建筑给水排水工程常用的焊接钢管为低压流体输送用焊接钢管，可分为镀锌管（俗称白铁管）和不镀锌管（俗称黑铁管）。根据管壁的不同厚度又可分为普通管（工作压力≤1.0MPa）和加强管（工作压力≤1.6MPa）。

（3）螺旋缝电焊钢管

螺旋缝电焊钢管采用普通碳素钢或低合金钢制造，一般用于工作压力不超过2MPa，介质温度最高不超过200℃的直径较大的管道，如冷水机组冷却水管、室外煤气管道等。

（4）球墨铸铁管

室内排水常用的球墨铸铁管规格从$DN50mm$至$DN200mm$。其接口形式有两种：一种是采用法兰对夹连接，橡胶圈密封；另一种是柔性平口连接排水铸铁管。

室外大口径给水管道通常采用球墨铸铁给水管，采用T形滑入式柔性接口，橡胶圈密封。

（5）铜管

铜管又称紫铜管，有色金属管的一种，为压制的或拉制的无缝管。铜管具备坚固、耐腐蚀的特性，而成为现代承包商在所有住宅商品房的自来水管道、供热、制冷管道安装的首选。铜管是最佳供水管道，价位高是它的最大缺点，是目前最高档的水管。

（6）薄壁不锈钢管

不锈钢管安全可靠、卫生环保、经济适用，管道的薄壁化以及新型可靠、简单方便的连接方法开发成功，使其具有更多其他管材不可替代的优点，特别是壁厚仅为0.6~1.2mm的薄壁不锈钢管在优质饮用水系统、热水系统及将安全、卫生放在首位的给水系统，具有安全可靠、卫生环保、经济适用等特点，大量应用于建筑给水和直饮水的管路。不锈钢管的连接方式多样，常见的管件类型有压缩式、压紧式、活接式、推进式、推螺纹式、承插焊接式、活套式法兰连接、焊接式及焊接与传统连接相结合的派生系列连接方式。这些连接方式，根据原理不同，其适用范围也有所不同，但大多数均安装方便、牢固可靠。连接采用的密封圈或密封垫，其材质大多选用符合国家标准要求的硅橡胶、丁腈橡胶和三元乙丙橡胶等，免除了用户的后顾之忧。

2. 常用非金属管材

（1）硬聚氯乙烯（U-PVC）管

硬聚氯乙烯（U-PVC）管有给水管和排水管两种，主要区别是材料要求和工作压力的不同，制造 U-PVC 给水管的 PVC 塑料粒子原料必须符合卫生规范的要求。

U-PVC 排水管的最大缺点是工作时噪声大，现在常见的新产品有芯层发泡 U-PVC 管、螺旋内壁 U-PVC 管等，减噪效果较明显，可用于对隔声要求比较高的室内排水系统。

（2）聚丙烯（PP-R）给水管

聚丙烯（PP-R）给水管的公称压力有 1.0MPa 和 2.0MPa 两种。前者适用于工作压力不大于 0.6MPa、工作水温不大于 70℃ 的给水系统；后者适用于工作压力不大于 1.6MPa、水温不大于 95℃ 的给水或热水系统。

（3）交联聚乙烯（PEX）给水管

交联聚乙烯管材及管件有冷水型、热水型两种。工作温度冷水型≤45℃，热水型≤95℃。PEX 管规格以外径计，常用最小外径为 20mm，最大为 63mm，管道与管件连接采用卡箍式或卡套式连接。

（4）工程塑料（ABS）给水管

给水用 ABS 管材选用合适的 ABS 树脂及原料，经挤出成型（或注射成型）制得。ABS 管综合性能良好，特别是耐压能力、耐低温能力等物理性能是目前所有塑料管材中最强的，适用于恶劣、寒冷条件下的场合。工程中常用的 ABS 管材，公称压力 $PN=1.0MPa$，适用于工作温度 $-40℃ \sim +80℃$ 的场合，采用 ABS 冷胶融合连接。

（5）聚乙烯（PE）管

聚乙烯管适用温度范围为 $-60℃ \sim +60℃$，具有良好的耐磨性、低温抗冲击性和耐化学腐蚀性。

3. 常用复合管材

（1）钢塑复合管是指在钢管内壁衬（涂）一定厚度塑料层复合而成的管材，它可分为衬塑钢管和涂塑钢管两种。

（2）铝塑复合管

铝塑复合管是由内外层塑料（PE）、中间层铝合金及胶接层复合而成的管材，符合卫生标准，具有较高的耐压、耐冲击、抗裂能力和良好的保温性能。

复合管材随着材料科学的发展越来越多应用于给水排水工程中，使用中工程技术人员应充分熟悉复合管材的性能特点、适用范围、操作说明等以满足规范和设计的要求。

4. 常用阀门、管件的分类及使用

（1）常用阀门

阀门产品的型号由 7 个单元组成，各单元表示的意义为：

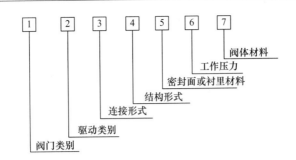

1) 第 1 单元以汉语拼音字母表示阀门类别。

闸阀	Z	截止阀	J	节流阀	L	球阀	Q
止回阀	H	安全阀	A	减压阀	Y	旋塞阀	X
蝶阀	D	隔膜阀	G	疏水器	S		

2) 第 2 单元以一位数字表示阀门驱动类别。

| 蜗轮 | 3 | 正齿轮 | 4 | 伞齿轮 | 5 | 气动 | 6 |
| 液动 | 7 | 电磁 | 8 | 电动 | 9 | | |

对于手轮、手柄、扳手驱动式的阀门则省略本单元。

3) 第 3 单元以一位数字表示阀门的连接形式。

| 内螺纹 | 1 | 外螺纹 | 2 | 法兰 | 4 | 焊接 | 6 |
| 对夹 | 7 | 卡箍 | 8 | 卡套 | 9 | | |

4) 第 4 单元用一位数字表示阀门的结构形式。因阀门类别不同，故结构形式的代号各异。

① 截止阀、节流阀

| 直通式 | 1 | 直角式 | 4 | 直流式 | 5 | 波纹管式 | 8 |
| 平衡直通式 | 6 | 平衡角式 | 7 | | | | |

② 闸阀

楔式明杆弹性闸板	0	楔式明杆单闸板	1	楔式明杆双闸板	2
楔式暗杆单闸板	5	楔式暗杆双闸板	6		
平行式明杆单闸板	3	平行式明杆双闸板	4		
单闸板中包括弹性闸板	7				

③ 止回阀

| 升降直通式 | 1 | 升降立式 | 2 | 旋启式单瓣 | 4 | 旋启式多瓣 | 5 |
| 旋启式双瓣 | 6 | | | | | | |

④ 球阀

| 浮球直通式 | 1 | 浮球三通式 L | 4 | 浮球三通式 T | 5 |
| 固定球直通式 L | 7 | 固定球三通式 L | 8 | | |

⑤ 旋塞

| 填料直通式 | 3 | 填料三通式 | 4 | 填料四通式 | 5 |
| 油密封直通式 | 7 | 油密封三通式 | 8 | | |

5) 第 5 单元用汉语拼音字母表示阀门密封面或衬里材料。

铜合金	T	不锈钢	H	巴氏合金	B	渗氮钢	D
硬质合金	Y	渗硼钢	P	橡胶	X	尼龙塑料	N
氟塑料	F	搪瓷	C	衬胶	J	衬铅	Q

密封面是在阀体上直接加工出来的，用代号 W 表示。

6) 第 6 单元直接用数字标明阀门的工作压力，用一位、二位或三位数字表示。

7) 第 7 单元用汉语拼音字母表示阀体材料。

灰铸铁	Z	可锻铸铁	K	高硅铸铁	G	球墨铸铁	Q
铸钢	C	铜与铜合金	T	铬钼合金钢	I	铬镍不锈钢	P
铬镍钼耐酸钢	R	铬镍钒合金钢	V

(2) 常用管件

1) 无缝钢管管件

无缝钢管管件以其制作省工及适于在安装加工现场集中预制，因而采用十分广泛，并已成为设备安装所用管件中主要采取的类型。

2) 可锻铸铁管件

此类管件采用可锻铸铁浇铸成型，并经机械加工形成螺纹，主要用于焊接钢管的螺纹连接。一般管件内外表面均镀锌。

3) 球墨铸铁管件

此类管件是与球墨铸铁管配套使用的，分为给水铸铁管件和排水铸铁管件两种，从连接方式可分为机械式柔性连接管件、T 形承插式柔性连接管件、平口柔性连接管件、法兰管件等几种。

4) 硬聚氯乙烯（U-PVC）管件

硬聚氯乙烯管件分为给水管件和排水管件两种。U-PVC 管件除阀门外均采用承插粘接，阀门接口处带有锁紧螺母及短节，使用时管道应与短节用塑料焊接。

5. 卫生器具及附件

(1) 卫生器具

1) 洗脸盆：从安装方式上分类，有墙式、立式、台式等；从材质上分类，以陶瓷为主，也有少数玻璃产品。

2) 洗涤盆：包括各种类型的洗涤盆、污水盆、拖布盆、妇女卫生盆等，材质以陶瓷为主，也有一定数量的不锈钢、石质和水泥产品。

3) 大便器：常见的有坐式大便器和蹲式大便器两种，在公共场合人流量大的还设有大便槽。

4) 小便器：有小便槽和小便器两种形式，其中小便器常见的安装方式可分为立式和挂式两种。

5) 淋浴器：目前常见的有浴盆、浴房两种，在公共浴室还有成排淋浴器。

(2) 附件

1) 给水附件：卫生器具给水附件主要包括各种类型的水嘴、冲洗阀、浮球阀、配水阀门（三角阀）、配水短管等。

2）排水附件：卫生器具排水附件主要包括排水栓、地漏、存水弯（S弯和P弯）、雨水斗等。

6. 主要的辅助材料

（1）型钢

给水排水工程中常用的型钢主要有圆钢、扁钢、角钢、钢板、槽钢、工字钢等。

（2）填料

填料是指充填缝隙的材料，常用作管道承插连接或螺纹连接的接口材料，起充实防止渗漏的作用，常用的有麻丝、石棉绳、聚四氟乙烯（生料带）、橡胶圈等。

（3）垫料

垫料是夹衬的材料，即垫圈，常用于法兰接口。工程中常用的垫料从承压来分，可分为低压垫圈、中压垫圈和高压垫圈三类。从材质来分，可分为橡胶类、石棉类、金属类、纸板类和塑料类共五类。

（四）室内给水管道安装

本节从施工准备、施工用机械、管道安装（生活用水、消火栓、热水）等方面讲述给水系统管道安装，重点讲述各种管材的安装连接方式和各工序应采取检验试验措施及应达到的技术质量标准。

1. 施工准备及机具

（1）施工准备

施工前施工技术人员应向班组做图纸及施工技术交底；施工场地及施工用水、用电等能满足施工需要；施工材料（设备）在进场后使用前应认真检查，必须符合国家、行业标准和有关质量、技术要求，并有产品出厂合格证明。

（2）施工机具

1）施工机具：套丝机、砂轮锯、电焊机、砂轮机、热熔机械、滚槽机、台钻、手电钻、电锤、电动试压泵等。

2）手工工具：套丝板、圆丝板、管钳、链钳、活扳子、手锯、手锤、大锤、錾子、捻凿、麻钎、螺丝板、压力表、台虎钳、气焊工具等。

2. 室内给水系统安装

（1）工艺流程

孔洞预留、埋件→预制加工→干管（套管）安装→立管（套管）安装→支管安装→水压试验→管道防腐和保温→管道冲洗（消毒）→通水试验。

（2）孔洞预留、埋件

在混凝土楼板、梁、墙上预留孔、洞、槽和预埋件时应有专人按设计图纸将管道及设备的位置、标高尺寸测定,标好孔洞的部位,将预制好的模盒、预埋铁件在绑扎钢筋前按标记固定牢,盒内塞入纸团等物,在浇筑混凝土过程中应有专人配合校对,看管模盒、埋件,以免移位。

(3) 预制加工

按设计图纸画出管道分路、管径、变径、预留管口、阀门位置等施工草图,在实际安装的结构位置做上标记,按标记分段量出实际安装的准确尺寸,记录在施工草图上,然后按草图测得的尺寸预制加工(断管、加工、管件连接、调直、校对、按管段分组编号)。

(4) 管道安装

1) 管道丝扣连接

① 断管:根据现场测绘草图,在选好的管材上画线,按线断管。应注意的是钢塑管断管时应用锯床、割刀或手工锯,不能采用高速切割机以防止内衬塑料高温熔化。

② 套丝:将断好的管材按管径尺寸分次套制丝扣;一般以管径15~32mm者套二次,40~50mm者套三次,70mm以上者套3~4次为宜。丝扣应光洁,不得有毛刺、乱丝、断丝,缺丝总长不得超过丝扣全长的10%;管端清理加工要用细锉将管端的毛边修光,采用棉回丝和毛刷清除管端和螺纹内的油、水和金属切屑;衬塑管应采用专用绞刀,将衬塑层1/2倒角,倒角坡度宜为10°~15°;涂塑管应采用削刀削成径内倒角。

③ 配装管件:配装管件时应将所需管件带入管丝扣,试试松紧度(一般用手带入3扣为宜),然后用管钳将管件拧紧,丝扣连接后应露出2~3扣螺纹,外露的螺纹部分及所有钳痕和表面损伤的部位应涂防锈密封胶。

④ 管段调直:一般两人操作为宜,一人在管段端头目测,一人在弯曲处用手锤敲打,边敲打边观测,直至调直管段无弯曲为止,并在两管连接点处标明印记,卸下一段或数段,再接上另一段或数段直至调完为止。

2) 管道法兰连接

一般用于消防、喷淋及空调水系统的无缝钢管、螺旋管的连接。

① 凡管段与管段采用法兰盘连接或管道与法兰阀门连接者,必须按照设计要求和工作压力选用标准法兰盘。

② 法兰盘的连接螺栓直径、长度应符合规范要求,紧固法兰盘螺栓时要对称拧紧,紧固后的螺栓与螺母齐平。

③ 法兰盘连接衬垫,一般给水管(冷水)采用厚度为3mm的橡胶垫,供热、蒸汽、生活热水管道应采用厚度为3mm的耐高温橡胶垫。垫片要与管径同心,不得放偏。

3) 管道焊接连接

① 管道焊接时应有防风、雨、雪措施,焊区环境温度低于-20℃时,焊口应预热,预热温度为100~200℃,预热长度为200~250mm。

② 一般管道的焊接为对接组对。

③ 焊接前要将两管轴线对中,先将钢管端部点焊牢,管径在100mm以下可点焊三个点,管径在150mm以上以点焊四个点为宜。

④ 管材壁厚在3mm以上者应对管端焊口部位铲坡口,如用气焊加工管道坡口,必须

除去坡口表面的氧化皮，并将影响焊接质量的凹凸不平处打磨平整。

⑤ 管材与法兰盘焊接，应先将管材插入法兰盘内，先点焊两点再用角尺找正找平后点上第三点方可焊接，法兰盘应双面焊接，其内侧焊缝不得凸出法兰盘密封面。

4）管道沟槽式连接

一般用于室内给水、消防喷淋及空调水系统的无缝钢管、镀锌钢管、钢塑复合管的连接。将需加工沟槽的管段架设在滚槽机和滚槽机尾架上，用水平仪测量使管段处于水平；将管端面与滚槽机止面贴紧，使管中轴线与滚槽机止面呈90°；然后启动滚槽机，缓慢压下千斤顶，使上压轮均匀滚压管子至适当的沟槽深度为止，停机后用游标卡尺检查沟槽宽度和深度，滚槽时应注意镀锌层的保护，在确认符合标准后千斤顶卸荷，取出钢管。

沟槽式连接管道最大支承间距必须符合表 6-13 规定，且两个卡箍之间必须设置支架。

管道最大支承间距表　　　　　　　　　　　　　　　　　表 6-13

管径（mm）	最大支承间距（m）
65～100	3.5
125～200	4.2
250～300	5.0

5）铜管安装

① 铜管调直

铜及铜合金管道的调直应先将管内充砂，然后用调直器进行调直；也可将充砂铜管放在平板或工作台上，并在其上铺放木垫板，再用橡皮锤、木锤或方木沿管身轻轻敲击，逐段调直。

② 切割

铜及铜合金管的切割可采用钢锯、砂轮锯，但不得采用氧-乙炔焰切割。

③ 螺纹连接

螺纹连接的铜管外径及壁厚必须与焊接钢管相当，才能得到完整的标准螺纹。

④ 法兰连接

A. 铜管道上采用的法兰根据承受的压力不同，可选用不同形式的法兰。法兰连接的形式一般有翻边活套法兰、平焊法兰和对焊法兰等，具体选用应按设计要求。

B. 活套法兰

管道采用活套法兰连接时，有两种结构：一种是管子翻边，另一种是管端焊接焊环。焊环的材质与管材相同。

铜管翻边模具有内模及外模。内模是一圆锥形的钢模，其外径应与翻边的管子内径相等或略小。外模是两片长颈半法兰。

为了消除翻边部分材料的内应力，在管子翻边前，先量出管端翻边宽度，宽度数值见表 6-14，然后划好线。将这段长度用气焊嘴加热至再结晶温度以上，一般为 450℃ 左右。然后自然冷却或浇水急冷。待管端冷却后，将内外模套上并固定在工作台上，用手锤敲击翻边或使用压力机翻边。全部翻转后再敲平锉光，即完成翻边操作。

铜管翻边宽度（mm）　　　　　　　表 6-14

公称直径 DN	15	20	25	32	40	50	65	80	100	125	150	200	250
翻边宽度	11	13	16	18						20			24

铜管翻边连接应保持两管同轴，其偏差为：铜管直径≤50mm，偏差≯1mm；铜管直径≥50mm，偏差≯2mm。

⑤ 焊接

铜管的焊接宜采用钎焊。采用手动胀口机将管口扩张成承插口插入焊接，或采用成品束节焊接。焊前，将管端和焊丝清理干净，并用砂纸仔细打磨。焊接时采用氧-乙炔焰熔化焊丝，利用毛细管作用渗入束节与管道间隙，达到密封连接作用。钎焊后的管件，必须在 8 小时内进行清洗，除去残留的熔剂和熔渣。常用煮沸的含 10%～15% 的明矾水溶液涂刷接头处，然后用清水冲洗干净。

6) 热熔连接（适用于 PP-R、PE 等塑料管）

下面以 PP-R 管为例进行阐述，其他类似管材应结合产品的作业指导书进行。

① 管道安装前应复核冷、热水管压力等级和使用场合，管材应水平放在平整的地上，避免弯曲管材，堆放高度不得超过 1.5m，管件应逐层码堆，不宜叠得过高。管道连接使用热熔工具时，应遵守电器工具安全操作规程，注意防潮和脏物污染。操作现场不得有明火，严禁对 PP-R 管材进行明火烘弯。

② 管道连接：

A. 同种材料的 PP-R 管及管配件之间，应采用热熔连接，安装应使用专用的热熔工具。暗敷墙体、地坪面层内的管道不得采用丝扣或法兰连接。

B. PP-R 管与金属管件连接，应采用带金属嵌件的 PP-R 管件作为过渡，该管件与塑料管采用热熔连接，与金属管件或卫生洁具五金配件采用丝扣连接。

C. PP-R 管热熔连接时，应选择无风、无扬尘的比较干净的地方进行，操作人员应带洁净手套，以防烫伤及在操作时污染管道。

D. 热熔连接应按下列步骤进行：

a. 热熔工具接通电源，到达工作温度指示灯亮后方能开始操作。

b. 割管材，必须使端面垂直于管轴线。管材切割一般使用管子剪或管道切割机，必要时可使用锋利的钢锯，但切割后管材断面应去除毛边和毛刺。

c. 管材和管件连接端面必须清洁、干燥、无油。

d. 用卡尺和合适的笔在管端测量并标绘出热熔深度。

e. 熔接弯头或三通时，按设计图纸要求，应注意其方向，在管件和管材的直线方向上，用辅助标志标出其位置。

f. 连接时，无旋转地把管端导入加热套内，插入到所标志的深度，同时无旋转地把管件推到加热头上，达到规定标志处。加热时间必须满足热熔工具生产厂家的规定。

g. 达到加热时间后，立即把管材与管件从加热套与加热头上同时取下，迅速无旋转地直线均匀插入到所示深度，使接头处形成均匀凸缘。

h. 在规定的加工时间内，刚熔接好的接头还可校正，但严禁旋转。

③ PP-R 管的支吊架安装注意事项：

A. 管道安装时必须按不同管径和要求设置管卡或吊架，位置应准确，埋设要平整，管卡与管道接触应严密，不得损伤管道表面。

B. 采用金属管卡或吊架时，金属管卡与管道之间应采用塑料带或橡胶等软物隔垫。在金属管配件与 PP-R 管连接部位，管卡应设在金属管配件一端。

C. 立管及横管支吊架的距离应符合规定要求。

D. 明管敷设的支吊架作防膨胀的措施时，应按固定点要求施工。管道的各配水点、受力点以及穿墙支管节点处，均应采用支架、墙卡等进行固定。

E. 为防止水平管段的下垂，尤其是小口径水平管道，可采用通条角钢作为支架。

7）U-PVC 给水管安装

① U-PVC 给水管的连接一般采用粘接。

② U-PVC 给水管在施工中应根据要求用细齿锯进行切断，切断管材时应保证断口平整且垂直管轴线。切断后将插口处倒角，锉成坡口后进行连接，倒角坡度 10°～15°，长度 2.5～3mm。坡口完成后应将残屑清除干净。

③ 管材和管件在粘接前，应用清洁干布将承口内侧和插口外侧擦干净，不得带有油污。

④ 粘接前应将两管试插一次，自然试插深度为承口长度的 1/2～1/3，并在插入表面划出插入承口深度的标线。

⑤ 用毛刷将粘接剂迅速涂刷在插口外侧及承口内侧结合面上时，应先涂承口，后涂插口，涂承口时应由里向外，粘接剂应涂抹均匀并适量。

⑥ 涂刷粘接剂后应在 20s 内完成粘接，如粘接剂出现干涸，应在清除干涸的粘接剂后重新涂抹。

⑦ 粘接时应轻轻将插口插入承口，对准轴线，迅速完成。插入深度至少应超过标记。插接过程中可以稍做旋转，但不得超过 1/4 圈。不得插到底后进行旋转。

⑧ 粘接完毕后应将接头处多余的粘接剂擦干净。粘接好的接头应避免受力，须静止固化一定时间方可安装。

⑨ U-PVC 给水管的粘接工艺适用于同样的粘接性塑料管（如 ABS 管）。

8）套管安装

① 金属或塑料套管：根据所穿构筑物的厚度及管径尺寸确定套管规格、长度，下料后套管内刷防锈漆一道，用于穿楼板套管应在适当部位焊好架铁。管道安装时，把预制好的套管穿好，套管上端应高出地面 20mm，厨房及厕浴间套管应高出地面 50mm，下端与楼板面平，套管与管道之间缝隙用阻燃材料（如防火泥）和防水油膏填实，端面光滑。穿墙套管两端与饰面相平，套管与管道之间缝隙用阻燃密实材料填实，端面光滑。预埋上下层套管时，中心线需垂直，凡有管道煤气的房间，所有套管的缝隙均应按设计要求做填料严密处理。管道的接口不得设置在套管内。

② 防水套管：根据建筑物及不同介质的管道，按照设计或施工安装图册中的要求进行预制加工，将预制加工好的套管在浇筑混凝土前按设计要求部位固定好，校对坐标、标高，平正合格后一次浇筑，待管道安装完毕后把填料塞紧捣实。管道穿过之处有严格防水

要求且有振动时,必须采用柔性防水套管。

③ 套管的规格应按照设计和规范要求选用,设计无要求时,一般比管道大两个规格,保温管道的套管应考虑保温层的厚度。

9)支架安装

① 型钢支架安装:按设计图纸和规范要求,首先确定首尾支架的位置和标高,然后根据不同管材或系统确定支架间距,再测定好其余支架位置和标高,找好坡度,将预制好的型钢支架拉线安装。支架固定一般采取膨胀螺栓或与预埋铁板焊接固定。

② 立管管卡安装:在立管位置中心的墙上画好卡位印记,当管材为金属管,楼层高度大于5m或管材为塑料管楼层高度大于4m时,每层设置两个管卡。单个管卡安装高度距地面1.5~1.8m;2个管卡以上的匀称安装,同一房间管卡应安装在同一高度。

③ 水平管支吊架的最大间距不应大于表6-15~表6-17的规定。

PP-R 管支架最大间距 表 6-15

管径(mm)		12	14	16	18	20	25	32	40	50	63	75	90	110
最大间距(m)	立管	0.5	0.6	0.7	0.8	0.9	1.0	1.1	1.3	1.6	1.8	2.0	2.2	2.4
	水平管 冷水管	0.4	0.4	0.5	0.5	0.6	0.7	0.8	0.9	1.0	1.1	1.2	1.35	1.55
	水平管 热水管	0.2	0.2	0.25	0.3	0.3	0.35	0.4	0.5	0.6	0.7	0.8		

钢管管道支架的最大间距 表 6-16

公称直径(mm)		15	20	25	32	40	50	70	80	100	125	150	200	250	300
支架最大间距(m)	保温管	2	2.5	2.5	2.5	3	3	4	4	4.5	6	7	7	8	8.5
	不保温管	2.5	3	3.5	4	4.5	5	6	6	6.5	7	8	9.5	11	12

铜管管道支架的最大间距 表 6-17

公称直径(mm)		15	20	25	32	40	50	65	70	80	100	125	150	200
支架最大间距(m)	垂直管	1.8	2.4	2.4	3.0	3.0	3.0	3.5	3.5	3.5	3.5	3.5	4.0	4.0
	水平管	1.2	1.8	1.8	2.4	2.4	2.4	3.0	3.0	3.0	3.0	3.0	3.5	3.5

10)填堵孔洞

管道安装完毕后,必须及时用不低于结构强度等级的混凝土或水泥砂浆把孔洞堵严、抹平,为了不致因堵洞而将管道移位,造成立管不垂直,应派专人配合土建堵孔洞。

11)阀门安装

① 水平管道上的阀门,阀杆宜垂直或向左右偏45°,也可水平安装,但不宜向下;垂直管道上阀门阀杆,必须顺着操作方向安装。

② 阀门安装时应保持关闭状态,并注意阀门的特性及介质流向。

③ 阀门与管道连接时,不得强行拧紧法兰上的连接螺栓;对螺纹连接的阀门,其螺纹应完整无缺,拧紧时宜用扳手卡住阀门一端的六角体。

④ 安装螺纹阀门时，一般应在阀门的出口处加设一个活接头。

⑤ 对具有操作机构和传动装置的阀门，应在阀门安装好后，再安装操作机构和传动装置，且在安装前先对它们进行清洗，安装完后还应将它们调整灵活，指示准确。

⑥ 截止阀的阀体内腔左右两侧不对称，安装时必须注意流体的流动方向。应使管道中流体由下向上流经阀盘，因为这样流动的流体阻力小，开启省力，关闭后填料不与介质接触，宜于检修。

⑦ 闸阀不宜倒装。倒装时，使介质长期存于阀体提升空间，检修也不方便。闸阀吊装时，绳索应拴在法兰上，切勿拴在手轮或阀件上，以防折断阀杆。明杆阀门不能装在地下，以防阀杆锈蚀。

⑧ 止回阀有严格的方向性，安装时除注意阀体所标介质流动方向外，还须注意下列各点：

A. 安装升降式止回阀时应水平安装，以保证阀盘升降灵活与工作可靠。

B. 摇板式止回阀安装时，应注意介质的流动方向，只要保证摇板的旋转枢轴呈水平，可装在水平或垂直的管道上。

⑨ 安装安全阀必须遵守下列规定：

A. 杠杆式安全阀要有防止重锤自行移动的装置和限制杠杆越出的手架。

B. 弹簧式安全阀要有提升手把和防止随便拧动调整螺丝的装置。

C. 静重式安全阀要有防止重片飞脱的装置。

D. 冲量式安全阀的冲量接入导管上的阀门，要保持全开并加铅封。

E. 检查其垂直度，当发现倾斜时，应校正。

F. 安全阀在管道投入试运行时，应及时进行调校。

G. 安全阀的最终调整宜在系统上进行，开启压力和回座压力应符合设计文件的规定。

H. 安全阀调整后，在工作压力下不得有泄漏。

(5) 试压、冲洗、消毒

1) 管道试压

① 管道试压一般分单项试压和系统试压两种。单项试压是在干管敷设完后或隐蔽部位的管道安装完毕按设计和规范要求进行水压试验。

系统试压是在全部干、立、支管安装完毕，按设计或规范要求进行水压试验。

② 试压泵一般设在首层，或室外管道入口处。

③ 试压前应将预留口堵严，关闭入口总阀门和所有泄水阀门及低处放水阀门，打开各分路及主管道的阀门和系统最高处的放气阀门。

④ 打开水源阀门，往系统内充水，满水后放净空气并将阀门关闭。

⑤ 检查全部系统，如有漏水处应做好标记，并进行修理，修好后再充水进行加压，室内给水管道的水压试验必须符合设计要求。当设计未注明时，各种管材的给水管道系统试验压力均为工作压力的 1.5 倍，但不得小于 0.6MPa；金属及复合管在试验压力下观察 10min，压力降不大于 0.02MPa，然后降到工作压力进行检查，管道应不渗、不漏，则试验合格；塑料管应在试验压力下稳压 1h，压力降不得超过 0.05MPa，然后在工作压力的 1.15 倍状态下稳压 2h，压力降不得超过 0.03MPa，同时检查各连接处不得渗漏，则试验合格。

⑥ 拆除试压水泵和水源，把管道系统内的水泄净。

⑦ 冬季施工期间竣工而又不能及时供暖的工程进行系统试压时，必须采取可靠措施把水泄净，以防冻坏管道和设备。

2) 管道冲洗

① 管道系统的冲洗应在管道试压合格后，调试、运行前进行。

② 管道冲洗进水口及排水口应选择适当位置，并能保证将管道系统内的杂物冲洗干净为宜。泄放排水管的截面积不应小于被冲洗管道截面60%，管子应接至排水井或排水沟内。

③ 冲洗时，以系统内可能达到的最大压力和流量进行，流速不小于1.5m/s，直到出口处的水色和透明度与入口处目测一致为合格。

3) 管道消毒

生活给水系统在交付使用前必须进行消毒，以含20～30mg/L游离氯的清洁水浸泡管道系统24h，放空后再用清洁水冲洗，并经水质管理部门化验合格，水质应符合国家《生活饮用水标准》。

(6) 室内热水管道安装

热水管道的安装基本同给水管道一样，但还需注意以下两个方面：

1) 热水管道安装应有符合设计规定的坡度，并综合考虑管道保温的空间。当管道存在上翻现象时，在上翻处设置排气阀。

2) 热水管道应尽量采用自然弯补偿热伸缩。直线段过长采用伸缩器，应在预制时按规范要求做好预拉伸，预拉伸量一般为其伸长量的一半。按位置固定，与管道连接好。波纹伸缩器应按要求位置安装好导向支架和固定支架。并分别安装阀门、温控器等附属设备。

(7) 室内消火栓安装

1) 室内消火栓一般分单出口和双出口两种。主要由箱体、水枪、水龙带、栓阀及连接管道等组成，有些还带消防卷盘。室内水枪一般采用直流式水枪，喷嘴直径一般有13mm、16mm、19mm。水龙带是连接水枪与栓阀的输水管线，一般长度为20m、25m。栓阀是具有内扣式接口的环型球式龙头，单出口消火栓有50mm、65mm两种，双出口消火栓一般为65mm。箱体是消火栓的保护外壳，一般分明装、半明装和暗装三种形式。消防卷盘是重要的辅助灭火设备，与普通消火栓设在同一消防箱内，也可单独设置，便于非专职消防人员使用。

2) 箱体及支管安装：

① 消火栓箱体要符合设计要求。产品均应有消防部门的制造许可证及合格证方可使用。

② 暗装消火栓箱体安装前应配合土建预留箱体孔洞。

③ 消火栓支管要以栓阀的坐标、标高定位甩口，消防箱就位安装时，应根据高度和位置尺寸找平找正，使箱体边沿与墙体装饰面平，核定后再稳固消火栓箱。如采用明装，在墙上埋好螺栓，根据位置在箱背面钻孔，将箱子就位固定。消火栓箱体安装在轻体隔墙上应采用小型型钢作为加固措施。

④ 箱体找正稳固后再把栓阀安装好，固定式栓口应朝外，栓阀应装在箱门开启的一侧，箱门开启应灵活。栓口中心距地面为 1.1m，允许偏差±20mm。阀门中心距箱侧面为 140mm，距箱后内表面为 100mm，允许偏差±5mm。

3）箱体配件安装：应在交工前进行。消防水龙带应折好放在挂架上卷实、盘紧放在箱内；消防水枪要竖放在箱体内侧，自救式水枪和软管应放在挂卡上或放在箱底部。消防水龙带与水枪快速接头的连接，一般用 14 号铅丝绑扎两道，每道不少于两圈。使用卡箍连接时，在其里侧加一道钢丝。设有电控按钮时，应注意与电气专业配合施工。消防箱门不应上锁，拉环应牢固，易操作，门玻璃应有明显标记。

4）通水及试射试验：

① 通水及试射前消防设备包括水泵、结合器、节流装置等应安装完成，其中水泵已做单机调试工作。

② 系统通水达到工作压力，选系统屋面层试验消火栓及首层二处消火栓做试射试验，通过水泵结合器及消防水泵加压，屋面试验消火栓的流量和充实水柱应符合要求，一般建筑不小于 7m，甲、乙类厂房、六层以上民用建筑、四层以上厂房不小于 10m，高层工业建筑与高架库房不小于 13m。首层二处消火栓试射以检验充实水柱同时到达本消火栓应到达的最远点的能力。

（五）室内排水管道安装

本节从施工准备、施工用机械、管道安装（污水、废水、雨水）等方面讲述排水系统管道安装，重点讲述各种管材的安装连接方式和各工序应采取检验、试验措施及应达到的技术质量标准。

1. 施工准备及机具

（1）施工准备

施工前施工技术人员应向班组做图纸及施工技术交底，施工场地及施工用水、用电等临设工程要能满足施工需要，施工用各种管材应符合设计要求并有出厂合格证，施工机具准备齐全。

（2）主要机具

1）柔性抗震铸铁管安装所需要的主要机具与工具：台钻、冲击钻、电锤、砂轮机；手锤、大锤、手锯、断管器、管钳、链钳、錾子、压力案、小车；水平尺、线坠、钢卷尺、小线等。

2）U-PVC 管安装所需要的主要机具与工具：手电钻、冲击钻、手锯、铣口器、钢刮板、活扳手、手锤、水平尺、套丝板、毛刷、棉布、线坠等。

（3）作业条件：

暗装管道（包括设备层、竖井、吊顶内的管道）首先应核对各种管道的标高、坐标的排列有无矛盾；预留孔洞、预埋件已配合完成，预留孔洞尺寸应符合图纸和规范要求；土建模板已拆除，操作场地清理干净，安装高度超过 3.5m 应搭好架子。

2. 室内排水系统安装

(1) 工艺流程

孔洞预留、埋件→预制加工→干管（套管）安装→立管（套管）安装→支管安装→灌水、通球试验→通水试验。

(2) 干管安装

1) 在挖好的管沟到管底标高处铺设管道时，应将预制好的管段按照承口朝向来水方向，由室外出水口处向室内顺序排列。挖好接口用的工作坑，将预制好的管段徐徐放入管沟内，封闭堵严总出水口，做好临时支撑，按施工图纸的坐标、标高找好位置和坡度，以及各预留管口的方向和中心线，将管段相连。

2) 管道两侧用土培好，以防管道移位。

3) 管道铺设后，再将立管及首层卫生洁具的排水预留管口，按室内地平线、坐标位置及轴线找好尺寸，接至规定高度，将预留管口装上临时封堵。

4) 按照施工图对铺设好的管道坐标、标高及须留管口尺寸进行自检，确认准确无误后即可从预留管口处做灌水试验，满水 15min 水面下降后，再灌满观察 5min，水位不下降，各接口及管道无渗漏，经有关人员进行检查，并填写隐蔽工程验收记录，办理隐蔽工程验收手续。

5) 管道系统经隐蔽验收合格后，临时封堵各预留管口，配合土建填堵孔、洞，按规定回填土。

(3) 立管安装

1) 根据施工图校对预留管洞尺寸有无差错，如系预制混凝土楼板则需剔凿楼板洞，应按位置画好标记，对准标记剔凿。如需断筋，必须征得土建施工单位有关人员同意，按规定要求处理。

2) 立管检查口设置按设计要求。

3) 立管安装时可由下而上安装，逐段用支架固定找正。

4) 立管安装完毕后，配合土建用不低于楼板强度等级的混凝土将洞灌满堵实。如系高层建筑或管道井内，应按照设计要求用型钢做固定支架。

5) 高层建筑采用辅助透气管，可采用 H 形或 U 形辅助透气异形管件连接。

(4) 支管安装

1) 支管安装应先将托架按坡度栽好，或栽好吊卡，量准吊杆尺寸，将预制好的管道进行连接，并固定好支管。

2) 支管设在吊顶内，清扫口可设在上一层楼地面上，清扫口与垂直于管道的墙面距离不小于 200mm，便于清掏。

3) 支管安装完后，可将卫生洁具或设备的预留管安装到位，找准尺寸并配合土建将楼板孔洞堵严，预留管口装上临时封堵。

(5) 不同管材连接工艺

1) 不锈钢卡箍离心铸铁管的安装

卡箍式离心铸铁排水管由无承插口离心铸铁管、无承插口管道配件、卡箍及橡胶密封圈四大部件组成。卡箍有多种构造形式，大多采用螺栓收紧。较为流行的卡箍有普及型不锈钢卡箍、平板型不锈钢快装式卡箍、加强型不锈钢快装式卡箍及加强型碳钢片式卡箍等。

① 管道下料

根据使用长度用专用压力链刀垂直于轴向切入，断面与轴向夹角小于3°。在没有压力链刀的情况下，可用钢锯或砂轮切割机，断面应平整光滑，无飞刺，以免刺伤密封圈。剪切管道时，应注意留取密封带的长度。

② 管道连接

管道连接前先将卡箍内橡胶圈取下，将卡箍套入下部管子，将橡胶圈套入下部管道一端。再将上部管子套入橡胶圈，用手扶正橡胶圈并将卡箍套上。最后采用平口螺丝刀拧紧紧箍带。在连接过程中如轴向需调整，采用橡胶锤轻轻敲打管子进行调整。

③ 管道固定

由于卡箍式铸铁排水管的接口为柔性连接，而吊架的设置应考虑到防止管道下凹。另外卡箍式接口的抗拔出性能略差，接口两端固定和不固定对整个管道系统的耐压能力有很大影响，故应当在横管的直管段适当位置加设固定支架，以防管子水平方向的位移，在弯头、三通、四通等配件处要加固定支架或支墩以防管道拔脱。立管应在穿楼板处采用专用的承重短管或采用摩擦夹紧式的固定支架以均分管道的重量，防止接口处滑脱。

④ 检验

全部管道连接好后，按规范要求进行灌水、通水试验。如接口处漏水，拆开管箍检查，管口剪切断面与轴向垂直度不大于3°、密封带长度小于规定值、胶圈与端口位置偏差过大、紧箍带未拧紧等情况均会产生漏水。同时安装时应选择同一标准规格的管子与管件，否则容易因为管道与配件的尺寸不适配引起接口收不紧而漏水的情况。

⑤ 应注意的事项

A. 承口内及插口端150mm范围内要清洁、平滑，不能有锐角和毛刺。

B. 橡胶密封圈存放处应阴凉，远离火源和油污，防止污染或变形。

C. 有特殊介质的污水管路使用胶圈时，应按其条件对胶圈的材质提出要求。

D. 法兰螺栓紧固时，应逐个分次十字交叉上紧。

2) 塑料排水管道的安装

① 根据图纸要求并结合实际情况，按预留口位置测量尺寸，绘制加工草图。根据草图量好管道尺寸，进行断管。断口要平齐，用铣刀或刮刀除掉断口内外飞刺，外棱铣出15°角。粘接前应对承插口先插入试验，不得全部插入，一般为承口的3/4深度。试插合格后，用棉布将承插口需粘接部位的水分、灰尘擦拭干净。如有油污需用丙酮除掉。用毛刷涂抹粘接剂，先涂抹承口后涂抹插口，随即用力垂直插入，并将管道旋转90°，以利粘接剂分布均匀，约30s至1min即可粘接牢固。粘牢后立即将溢出的粘接剂擦拭干净。多口粘连时应注意预留口方向。

② 应注意的事项：

A. 预制好的管段弯曲或断裂。原因是直管堆放未垫实，或暴晒所致。

B. 接口处外观不清洁，不美观。粘接后外溢粘接剂应及时除掉。

C. 粘接口漏水。原因是粘接剂涂刷不均匀，或粘接处未处理干净所致。

D. 地漏安装过高过低而影响使用。原因是地坪线未找准。

E. 立管穿楼板处渗水。原因是立管穿楼板处没有做防水处理。

（6）安装的技术要求

1）地下室或地下构筑物外墙有管道穿过的，应采取防水措施。对有严格防水要求的建筑物，必须采用柔性防水套管。

2）隐蔽或埋地的排水管道在隐蔽前必须做灌水试验，其灌水高度应不低于底层卫生器具的上边缘或底层地面高度。检验方法：满水 15min 水面下降后，再灌满观察 5min，液面不降，管道及接口无渗漏为合格。

3）排水主立管及水平干管管道均应做通球试验，通球球径不小于排水管道管径的 2/3，通球率必须达到 100%。系统的通水试验，按给水系统的 1/3 配水点同时打开，检查各排水点是否畅通，接口有无渗漏现象发生。

4）安装在室内的雨水管道应做灌水试验，灌水高度必须到每根立管上部的雨水斗。灌水试验持续 1h，应达到不渗不漏的要求。

5）生活污水应按设计要求设置检查口或清扫口。

6）埋在地下或地板下的排水管道的检查口，应设在检查井内。井底表面标高与检查口的法兰相平，井底表面应有 5% 坡度，坡向检查口。

7）金属排水管上的吊钩或卡箍应固定在承重结构上。

8）通气管应高出屋面 300mm，但必须大于最大积雪厚度；在通气管出口 4m 以内有门、窗时，通气管应高出门、窗顶 600mm 或引向无门、窗一侧；在经常有人停留的平屋顶上，通气管应高出屋面 2m，并应根据防雷要求设置防雷装置。

9）通向室外的排水管，穿过墙壁或基础必须下返时，应采用 45°三通和 45°弯头连接，并应在垂直管段顶部设置清扫口。

10）由室内通向室外排水检查井的排水管，井内引入管应高于排水管或两管顶相平，并有不小于 90°的水流转角，如跌落差大于 300mm 可不受角度限制。

11）用于室内排水的水平管道与水平管道、水平管道与立管的连接，应采用 45°三通或 45°四通和 90°斜三通或 90°斜四通。立管与排出管端部的连接，应采用两个 45°弯头或曲率半径不小于 4 倍管径的 90°弯头。

12）对暂不安装的管子敞开口，为了防止各类杂物进入而堵塞管道，可用麻袋等封堵管口，上面用石棉水泥覆盖。也可以制作钢板盲板，用螺栓将盲板固定在管口上。

13）排水管在安装过程中，立管底部宜敞开，暂不连接；各类存水弯、弯头的清扫口也暂时不予封闭，一旦有杂物进入管道中，可以从这些敞开口中掉出。

14）承插式排水铸铁管安装时，应根据尺寸和安装难易程度，在地面进行预制，一般在预制后第三天即接口凝固后再吊装。

15）建筑排水硬聚氯乙烯管立管的支承件间距，当立管外径为 50mm 时不大于 1.2m，外径大于 75mm 时间距不大于 2m。

对于高层建筑排水立管应按设计合理设置消能装置；室内明敷排水立管应根据设计要求设置阻火圈或防火套管。

塑料排水管道不得布置于遇到水会引起燃烧、爆炸或损坏的原料、产品和设备的上面；不得敷设在食品和贵重商品仓库、通风室以及变配电间内。

塑料排水管支吊架可用塑料抱箍和角铁支架，塑料管与角铁支架及抱箍之间采用塑料或橡胶隔垫，支吊架最大间距应符合表6-18规定。

塑料排水管支吊架最大间距（m） 表6-18

管径（mm）	50	75	110	125	160
立管	1.2	1.5	2.0	2.0	2.0
横管	0.5	0.75	1.10	1.30	1.60

排水塑料管必须按设计要求设置伸缩器，如设计无要求时，伸缩器间距不得大于4m。楼层高度小于4m时，立管每层设置1个伸缩器，伸缩器的设置应靠近水流汇合管件（三通等），如立管无排水支管接入时，伸缩器可设置于楼层中间。

16) 对于排水立管，楼层高度小于4m时，每层设置1个支架，支架距地面1.8m左右。楼层高度大于4m时，每层设置2个支架，均匀安装。高层建筑立管底部必须设置角铁固定支架或支墩。上人的屋面透气管应采取支架或拉杆等合理的防晃措施。

17) 检查口、清扫口安装：污、废水管道立管应隔层设置一个检查口，在底层和有卫生器具的顶层必须设置，检查口距地1m，检查口朝向应便于检修，暗装立管设置检修门。连接2个及以上大便器或3个及以上卫生器具的污水横管及水流转角小于135°的污水横干管应设置清扫口，如管道在楼板下悬吊敷设，清扫口可设在上一层楼地面上，清扫口与垂直于管道的墙面距离不小于200mm。以污水管起点堵头代替清扫口时，距墙不小于400mm。

18) 器具连接管安装：核查建筑物地面、墙面做法、厚度，找出预留坐标、标高，然后按准确尺寸修整预留洞口。分部位实测尺寸做记录，并预制加工、编号。安装粘接时，必须将预留管口清理干净，再进行粘接。粘牢后找正、找直，封闭管口和堵洞。打开下一层立管检查口，用充气橡胶堵封闭上部，进行灌水试验。合格后，撤去橡胶堵，封好检查口。

19) 安装未经消毒处理的医院含菌污水管道，不得与其他排水管道直接连接。

20) 饮食业工艺设备引出的排水管及饮用水水箱的溢流管，不得与污水管道直接连接，并应留出不小于150mm的隔断空间。

21) 雨水管道不得与生活污水管道相连接。

（六）卫生器具安装

本节主要讲述大便器、小便器、洗脸盆等卫生洁具安装及应注意的质量问题，通过本节的学习，熟悉了解卫生器具安装的基本条件、准备工作和工艺流程，掌握卫生器具安装的各工序、检验试验的程序和器具安装的技术标准。

1. 施工条件、施工准备及机具

（1）施工条件

蹲式大便器应在其台阶砌筑前安装，坐式大便器和妇女卫生盆应在其台阶砌筑好后安装；所有与卫生器具连接的管道压力、闭水试验已完毕，并已办好隐蔽预检手续；卫生器具除蹲式大便器和浴盆外，均应待土建抹灰、喷白、镶贴瓷砖等工作完毕，再行安装；按施工方案要求的安装条件已经具备，施工的房间可以关锁。

（2）施工准备

卫生器具的规格、型号必须符合设计要求并有出厂产品合格证；卫生器具零件规格应标准，质量应可靠；其他材料如管件、三角阀、水嘴、丝扣返水弯、排水口等均应符合材料标准要求；施工工具准备齐全且完好。

（3）施工工具

套丝机、砂轮机、砂轮锯、手电钻、冲击钻；管钳、手锯、剪子、活扳手、自制死扳手、叉扳手、手锤、手铲、錾子、克丝钳、方锉、圆锉、螺丝刀、烙铁等；平尺、线坠、小线、盒尺等。

2. 卫生器具的安装

（1）工艺流程

安装准备→卫生器具及配件检验→卫生器具安装→卫生器具配件预装→卫生器具稳装→卫生器具与墙、地缝隙处理→卫生器具外观检查→通水试验。

（2）卫生器具安装的基本规定

1）安装卫生器具时，宜采用预埋螺栓或用膨胀螺栓安装固定，坐便器固定螺栓不小于 M6，便器冲水箱固定螺栓不小于 M10，并用橡胶垫和平光垫压紧。凡是固定卫生器具的螺栓、螺母、垫圈均应使用镀锌件。膨胀螺栓只限于混凝土板、墙，轻质墙不得使用。

2）卫生器具安装高度及卫生器具给水配件安装高度应符合设计或产品说明书的要求，如设计或产品说明书无要求，应符合表 6-19 和表 6-20 的规定。

卫生器具安装高度　　　　表 6-19

项次	卫生器具名称		卫生器具安装高度（mm）		备 注
			居住和公共建筑	幼儿园	
1	污水盆（池）	架空式	800	800	自地面至器具上边缘
		落地式	500	500	
2	洗涤盆（池）		800	800	自地面至器具上边缘
3	洗脸盆、洗手盆（有塞、无塞）		800	500	
4	盥洗槽		800	500	
5	浴盆		≤520		
6	蹲式大便器	高水箱	1800	1800	自台阶至高水箱底
		低水箱	900	900	自台阶至低水箱底
7	坐式大便器	高水箱		1800	1800	自地面至高水箱底
		低水箱	外露排水管式	510	370	自地面至低水箱底
			虹吸喷射式	470		

续表

项次	卫生器具名称		卫生器具安装高度（mm）		备 注
			居住和公共建筑	幼儿园	
8	小便器	挂式	600	450	自地面至下边缘
9	小便槽		200	150	自地面至台阶面
10	大便槽冲洗水箱		≮2000		自台阶面至水箱底
11	妇女卫生盆		360		自地面至器具上边缘
12	化验盆		800		自地面至器具上边缘

卫生器具给水配件安装高度　　　　　　　　表 6-20

项次	给水配件名称		配件中心距地面高度（mm）	冷热水龙头距离（mm）
1	架空式污水盆（池）水龙头		1000	—
2	落地式污水盆（池）水龙头		800	—
3	洗涤盆（池）水龙头		1000	150
4	住宅集中给水龙头		1000	—
5	洗脸盆水龙头		1000	—
6	洗脸盆	水龙头（上配水）	1000	150
		水龙头（下配水）	800	150
		角阀（下配水）	450	—
7	盥洗槽	水龙头	1000	150
		冷热水管上下并行其中热水龙头	1100	150
8	浴盆	水龙头（上配水）	670	150
9	淋浴器	截止阀	1150	95
		混合阀	1150	—
		淋浴喷头下沿	2100	—
10	蹲式大便器（台阶面算起）	高水箱角阀及截止阀	2040	—
		低水箱角阀	250	—
		手动式自闭冲洗阀	600	—
		脚踏式自闭冲洗阀	150	—
		拉管式冲洗阀（从地面算起）	1600	—
		带防污助冲器阀门（从地面算起）	900	—
11	坐式大便器	高水箱角阀及截止阀	2040	—
		低水箱角阀	150	—
12	大便槽冲洗水箱截止阀（从台阶面算起）		≮2400	—
13	立式小便器角阀		1130	—
14	挂式小便器角阀及截止阀		1050	—
15	小便槽多孔冲洗管		1100	—
16	实验室化验水龙头		1000	—
17	妇女卫生盆混合阀		360	—

3）卫生器具的支、托架必须防腐良好，安装平整牢固；卫生器具的陶瓷件与支架接触处应平稳妥帖，必要时应加软垫。如陶瓷件直接用预埋螺栓或膨胀螺栓固定在墙上，螺栓应加软垫圈；拧紧螺栓不得用力过猛，以免陶瓷破裂；可以通过观察和手扳动进行检查。

4）排水栓和地漏的安装应平正、牢固，低于排水表面，周边无渗漏。地漏水封高度不得小于50mm。可以通过试水观察检查。

5）卫生器具交工前应做满水和通水试验。满水后各连接件不渗不漏；通水试验排水畅通。

6）有装饰面的浴盆，应观察检查是否留有通向浴盆排水口的检修门；小便槽冲洗管，应采用镀锌钢管或硬质塑料管。冲洗孔应斜向下方安装，冲洗水流同墙面成45°角。镀锌钢管钻孔后应进行二次镀锌。

总而言之卫生器具安装的共同要求，就是平、稳、准、牢、不漏，使用方便，性能良好。平，就是同一房间同种器具上口边缘要水平；稳，就是器具安装好后无摆动现象；牢，就是安装牢固，无脱落松动现象；准，就是卫生器具平面位置和高度尺寸准确，特别是同类器具要整齐美观；不漏，即卫生器具上下水管接口连接必须严密不漏；使用方便，即零部件布局合理，阀门及手柄的位置朝向合理，性能良好，阀门、水嘴启闭灵活，管内畅通；卫生器具的排出口应设置存水弯，阻止下水道中的污浊气体返回室内。

(3) 应注意的质量问题

1）蹲便器不平，左右倾斜。原因：稳装时，正面和两侧垫砖不牢，焦渣填充后，没有检查，抹灰后不好修理，造成高水箱与便器不对中。

2）高、低水箱拉、扳把不灵活。原因：高、低水箱内部配件安装时，三个主要部件在水箱内位置不合理。高水箱进水拉把应放在水箱同一侧方向，以免使用时互相干扰。

3）零件镀铬表层被破坏。原因：安装时使用管钳。应采用平面扳手或自制扳手。

4）坐便器与背水箱中心没对正，弯管歪扭。原因：划线不对中，便器稳装不正或先稳背箱，后稳便器。

5）坐便器周围离开地面。原因：下水管口预留过高，稳装前没修理。

6）立式小便器距墙缝隙太大。原因：甩口尺寸不准确。

7）器具溢水失灵。原因：下水口无溢水眼。

8）通水之前，将器具内污物清理干净，不得借通水之便将污物冲入下水管内，以免管道堵塞。

9）严禁使用未经过滤的白灰粉代替白灰膏稳装卫生设备，避免造成卫生设备胀裂。

10）卫生器具堆放时应注意防水，以防包装纸箱遇水化开，且堆放不宜太高，以便搬移取用。

（七）室外给水管道安装

本节从施工准备、施工用机械、管道安装（铸铁给水管、钢管给水管、塑料给水管）

等方面讲述室外给水系统管道安装，重点讲述各种管材的安装连接方式和各工序应采取检验试验措施及应达到的技术质量标准。

1. 施工准备及机具

（1）施工准备

施工前施工技术人员应向班组做图纸及施工技术交底；施工场地及施工用水、电等临设工程能满足施工需要，施工用各种管材应符合设计要求，并有出厂合格证，施工机具准备齐全。

（2）施工机具、工具

1）施工机具：砂轮锯、电焊机、套丝机、试压泵等。

2）施工工具：手锤、捻凿、钢锯、套丝扳、剁斧、大锤、电气焊工具、手拉葫芦、管钳、麻绳、铁锹、铁镐等。

2. 铸铁给水管安装

室外给水铸铁管有低压管、普压管、高压管三种。

（1）工艺流程

管道预制→布管、下管→管道对口、调直稳固→管道连接→试压、冲洗、消毒→土方回填。

（2）管道预制

按设计图纸画出管道分路、管径、变径、预留管口、阀门位置等施工草图，在实际安装的位置做上标记，按标记分段量出实际安装的准确尺寸，记录在施工草图上，然后按草图测得的尺寸预制加工（断管、加工、管件连接、调直、校对，按管段分组编号）。

（3）布管、下管

下管应根据管径大小、管道长度和重量、管材和接口强度、沟槽和现场情况而定，当管径小、重量轻时，一般采用人工下管，反之则采用机械下管。

（4）管道对口、调直稳固

下到沟底的管子在对口时，可将管子插口稍稍抬起，然后用撬棍在另一端用力将管子插口推入承口，再用撬棍将管子校正，使承插间隙均匀，并保持直线，管子两侧用土固定。遇有安装阀门处，应先将阀门与其配合的甲、乙短管安装好，而不能先将甲、乙短管与管子连接后再与阀门连接。

管子敷设并调直后，除接口处外应及时覆土。稳管时，每根管子必须仔细对准中心线，接口的转角应符合规范要求。

（5）管道连接

室外给水铸铁管连接方式主要有石棉水泥接口、胶圈接口。

1）石棉水泥接口

石棉水泥接口前应先在承插口间隙内打上油麻，打油麻时将油麻拧成麻花状，其直径是管口间隙的1.5倍，麻股由接口下方逐渐捻向上方，边塞边用麻捻凿依次打入间隙，捻凿被弹回表明麻已被打结实，打实的麻高度应是承口深度的1/3。

2) 胶圈接口

胶圈接口前检查胶圈是否粗细均匀,应无气孔、重皮和裂缝。

根据承口深度,在插口管端划出符合承插口的对口间隙不小于3mm,最大间隙不大于规定的印记。胶圈内侧及插口抹上肥皂水,将胶圈塞入承口胶圈槽内,将管子找平找正,用手拉葫芦等工具将铸铁管插口徐徐推入承口内至印记处即可。承插接口的环形间隙应符合要求。

(6) 土方回填

管道施工完毕并经验收后,即可进行土方回填,恢复地貌。

3. 钢管给水管安装

室外给水钢管一般采用镀锌钢管,镀锌钢管安装应全部采用镀锌配件变径和变向。不能用加热的方法制作管件,也不能用黑铁管配件代替。

室外镀锌钢管安装工艺可具体执行室内镀锌钢管安装工艺。铸铁管承口与镀锌钢管连接时,镀锌钢管插入的一端要翻边防止水压试验或运行时脱出。管道接口法兰应安装在检查井内,不得埋在土里,如必须埋在土里,法兰应采取防腐蚀措施。

4. 塑料给水管安装

塑料管不得露天架空敷设,必须露天架空敷设时应有保温和防晒等措施。塑料管的管材、配件应是同一厂家的配套产品。塑料管连接一般用胶圈密封柔性接头、溶剂粘接或法兰等过渡接头连接。

(1) 胶圈密封柔性接头连接

安装前清理承口内侧及插口外侧,将胶圈放入承口凹槽内。确定插入深度并在插口管端表面划出标记,将插口端对准承口并保持管道轴线平直,一次插入直至标线均匀外露在承口端部。插入时胶圈不得扭曲,不得强行插入。插入宜采用人力,也可采用在管端垫木块用撬棍推管子到位,公称直径较大的管子可用手拉葫芦等专用拉力工具。

(2) 溶剂粘接连接

安装前清理管端外侧及承口内侧的油污及杂物,试插两管,检验承插口的紧密程度,并在插口管端表面划出插入深度的标线。然后涂抹粘接溶剂,先涂承口内侧,沿轴向由里向外均匀涂抹,后涂插口外侧。涂抹粘接剂后立即找正方向对准轴线插入承口直至标线,将管子旋转1/4圈,保持施加的外力不少于60s,并保证接口的直度和位置。

(3) 过渡连接

连接两端不同材质的管材或阀门、消火栓可采用过渡件连接。可根据不同的管道及附、配件选择特制的法兰、承插接头、柔性接头等过渡件。法兰连接必须采用相应的法兰接头,并采用镀锌或不锈钢螺栓。

5. 室外给水管道试压

(1) 试压标准

对已安装好的管道应进行水压试验,试验压力值为工作压力的1.5倍,但不得小于

0.6MPa。管材为钢管、铸铁管，试验压力下保持 10min，压力降不大于 0.05MPa，然后降至工作压力检查，以压力保持不变，不渗不漏为合格。管材为塑料管时，在试验压力下保持 1h，压力降不大于 0.05MPa，然后降至工作压力检查，压力保持不变，不渗不漏为合格。

(2) 试压注意事项

1) 试压管段长度一般不得超过 1000m。

2) 在松软土壤中或管径及承受压力较大时，打压时应考虑在三通、弯头处加设支墩。

3) 埋地管道水压试验须在管基检查合格，管身上部回填土不小于 0.5m（管道接口处除外），管道试压前应从下游缓慢灌水，灌入时在上游管顶处及管段凸起处设置排气阀，排尽空气，灌满水后对管道进行充分浸泡，铸铁管试压在管内充水 24h 后进行。

4) 试压管段所有甩口均不得用闸阀代替堵板，消火栓、水锈消除器、排气阀、安全阀等附件一律不得安装。

5) 试压用弹簧压力表精度不得低于 1.5 级，最大量程为试验压力的 1.3～1.5 倍，表壳的公称直径不小于 150mm，使用前进行检定，并在有效期内。

6) 试压时应分级升压，每升一级后对管道及支墩、接口后背进行检查，无异常情况方能继续升压。升压过程中，当发现压力表指针剧烈摆动、不稳且升压较慢时，应重新排气后再升压。

7) 水压试验时管道两端及后背顶撑严禁站人，同时严禁对管身、接口进行敲打或修补缺陷，遇有缺陷应作出记号，卸压后修补。

管道安装完毕，验收前应用高速水流进行冲洗，直至排出的水不含杂质为止。饮用水管道在冲洗后还应进行消毒，使水质达到饮用水卫生要求。并请有关单位验收，作好管道冲洗及消毒验收记录。

（八）室外排水管道安装

本节重点讲述常用室外排水管材和新型管材的施工方法，学习各种管材的施工方法及室外排水管道施工的技术、质量要求。

1. 施工准备及机具

(1) 施工准备

施工前施工技术人员应向班组作图纸及施工技术交底；施工场地及施工用水、电等临设工程能满足施工需要；施工用各种管材应符合设计要求，并有出厂合格证；施工机具准备齐全。

(2) 主要机具及工具

1) 混凝土管道施工主要机具与工具：圆头锤；扁錾，一般长 200mm，刃宽 25mm 或 20mm；捻凿，有厚薄之分，以适应不同的承插对口间隙，常用的有 2、4、6、8、10mm 等 5 种；皮老虎；撬棍；千斤顶；手拉葫芦。

2) 塑料管道施工主要机具与工具：手电钻、冲击钻、手锯、铣口器、钢刮板、手锤、毛刷、棉布、线坠、麻绳、铁锹、铁镐、水平尺、钢卷尺、小线等。

(3) 作业条件

1) 管沟平直，管沟深度、宽度符合要求。

2) 管沟沟底夯实，沟内无障碍物，且应有防塌方措施。

3) 管沟两侧不得堆放施工材料和其他物品。

4) 室外地坪标高已基本定位，并对管沟中心线及标高进行复核。

5) 室外排水管在雨季施工时，应挖好排水沟槽、集水井，准备好潜水泵、胶管等抽水设备，严防雨水泡槽。

2. 混凝土排水管安装

(1) 工艺流程

安装准备→测量放线→开挖沟槽→铺设基础→管道安装及连接→管道与检查井连接→灌水试验→回填土→通水试验。

(2) 混凝土排水管道安装的技术要求

1) 室外埋地排水管道一般沿道路平行于建筑物铺设，与建筑物的距离不小于3~5m；排水管道的埋设深度，要考虑防止重物压坏和冰冻，一般在管顶以上至少有0.5~0.7m 的覆土厚度；排水管道在方向、管径、坡度及高程变化处，以及直线管段上，每隔30~50m 的地方均应设置污水检查井，以便定期检修和疏通。

2) 排水混凝土管和管件的承口（双承口的管件除外），应与管道内的水流方向相反。

3) 管道穿入检查井井壁处，应严密不漏水。

4) 铺设排水管道的沟底按照设计坡度放坡，且应连续平整，表面无碎石和坚硬突出物。

5) 管道灌水试验合格后应及时回填，用砂土或不含石块的原土同时回填于管道两侧，用木槌夯实，回填应分层进行并夯实。管顶回土也应分层夯实，若上部用机械回土时，应在管顶上部用不含石块的原土或砂土人工回填一层，厚度须达到自管顶以上不小于300mm。

6) 承插或套箍接口，应采用水泥砂浆或沥青胶泥填塞。环形间隙应均匀，填料凹入承口边缘不得大于5mm。在有腐蚀性土壤或水中，应使用耐腐蚀性的水泥。

7) 排水管的埋设深度包括管顶覆土厚度及管底埋设深度两种含义。覆土厚度指管道外壁顶部到地面的距离；埋设深度指管底内壁到地面的距离。排水管道施工图中所列的管道安装标高均指管道内底标高。

8) 石棉水泥管安装。管道连接与混凝土管道一样，使用套管填水泥砂浆。

9) 室外排水管道闭水试验。室外生活排水管道施工完毕，按规范要求应作闭水试验，就是在管道内加适当压力，观察管接头处及管材上有无渗水情况。

(3) 混凝土管道的施工方法

1) 管道基础

排水管道基础好坏，对排水工程的质量有很大影响。目前常用的管道基础有三种：砂土基础、混凝土枕基、混凝土带形基础。

管道施工选用哪种形式的基础，应根据施工图纸的要求而定。在管道基础施工时，同一直线管段上的各基础中心应在一直线上，并根据设计标高找好坡度。

2）下管

下管前应检查管道基础标高和中心线位置是否符合设计要求，基础混凝土强度达到设计强度的50%，且不小于5MPa时方可下管。

下管由两个检查井间的一端开始，管道应慢慢下落到基础上，防止下管绳索折断或突然冲击砸坏管基。管道进入沟槽后，马上进行校正找直。校正时，管道接口间一般保留一定的间隙：管径 $d \geqslant 600mm$ 的平口或承插接口管道应留10mm间隙；管径 $d < 600mm$ 时，应留有不小于3mm的对口间隙。待两检查井间的管道全部下完，对管道的设置位置、标高进行检查，确实无误后，才进行管道接口处理。

3）接口

排水管道的接口形式有承插口、平口管子接口及套环接口三种。

① 承插接口：带有承插接头的排水管道连接时，可采用沥青油膏或水泥砂浆填塞承口。沥青油膏的配合比（质量比）为：6号石油沥青100，重松节油11.1，废机油44.5，石棉灰77.5，滑石粉119。

敷设小口径承插管时，可在稳好第一节管段后，在下部承口上垫满灰浆，再将第二节管插入承口内稳好。挤入管内的灰浆用于抹平里口，多余的要清理干净。接口余下的部分应填灰打严或用砂浆抹严。按上述程序将其余管段敷完。

② 平口和企口管子均采用1:2.5水泥砂浆抹带接口。抹带工作必须在八字枕基或包接头混凝土浇筑完后进行。

排水管道抹带接口操作中，如遇管端不平，应以最大缝隙为准；接口时不应往管缝内填塞碎石、碎砖，必要时应塞麻绳或在管内加垫托，待抹完后再取出。抹带时，禁止在管上站人、行走或坐在管上操作。

③ 套环接口：采用套环接口的排水管道下管时，稳好一根管子，立即套上一个预制钢筋混凝土套环。接口一般采用石棉水泥作填充材料，接口缝隙处填充一圈油麻。

采用套环接口的排水管道应先做接口，后做接口处混凝土基础。

敷设在地下水位以下且地基较差，可能产生不均匀沉陷地段的排水管，在用预制套环接口时，接口材料应采用沥青砂。沥青砂的配制及接口操作方法应按施工图纸要求。

4）闭水试验

① 将被试验的管段起点及重点检查井（又称为上游井及下游井）的管子两端用钢制堵板堵好。

② 在上游井的管沟边设置一试验水箱，如管道设在干燥土层内，要求试验水位高度应高出上游井管顶4m。

③ 将进水管接至堵板的下侧，下游井内的堵板下侧应设泄水管，并挖好排水沟。管道应严密，并从水箱向管内充水，管道充满水后，一般应浸泡1~2昼夜再进行试验。

④ 量好水位，观察管口接口处是否严密不漏，如发现漏水应及时返修作闭水试验，观察时间不应少于30min，渗水量应不大于表6-21的规定。

测量渗水量时，可根据表6-21计算30min的渗水量是多少，实测渗水量小于或等于表中规定时，管道严密性试验合格。

1000m 长管道在一昼夜内允许渗出或渗入水量　　　　表 6-21

管径（mm）	<150	200	250	300	350	400	450	500	600
水量（t）	7.0	20	24	28	30	32	34	36	40

⑤ 闭水试验完毕应及时将水排出。

5）如污水管道排出有腐蚀性水时，管道不允许有渗漏。

6）雨水管和与其性质相似的管道，除湿陷性黄土及水源地区外，可不作渗水量试验。

7）管沟回填土。在闭水试验完成，并办理"隐蔽工程验收纪录"后，即可进行回填土。

8）井室

① 井室的尺寸应符合设计要求，允许偏差为±20mm（圆形井指其内径；矩形井指内边长）。

② 安装混凝土预制井圈，应将井圈端部洗干净并用水泥砂浆接缝抹光。

③ 砖砌井室。地下水位较低，内壁可用水泥砂浆勾缝；水位较高，井室的外壁应用防水砂浆抹面，其高度应高出最高水位 200～300mm。含酸性污水检查井，内壁应用耐酸水泥砂浆抹面。

④ 排水检查井内需作流槽，应用混凝土浇筑或用砖砌筑，并用水泥砂浆抹光。流槽的高度等于引水管中的最大管径，允许偏差为±10mm。流槽下部断面为半圆形，其直径同引入管管径相等。流槽上部应作垂直墙，其顶面应有 0.05 的坡度。排出管同引入管直径不相等，流槽应按两个不同直径作成渐扩形。弯曲流槽同管口连接处应有 0.5 倍直径的直线部分，弯曲部分为圆弧形，管端应同井壁内表面齐平。管径大于 500mm，弯曲流槽同管口的连接形式应由设计确定。

⑤ 在高级和一般路面上，井盖上表面应同路面相平，允许偏差±5mm。无路面时，井盖应高出室外设计标高 50mm，并应在井口周围以 0.02 的坡度向外作护坡。如采用混凝土井盖，标高应以井口计算。

⑥ 安装在室外的地下消火栓、给水表井和排水检查井等用的铸铁井盖，应有明显区别，重型与轻型井盖不得混用。

(4) 施工过程中应注意的问题

1) 钢筋混凝土管、混凝土管、石棉水泥管承受外压较差，易损坏，所以搬运和安装过程中不能碰撞，不能随意滚动，要轻放，不能随意踩踏或在管道上压重物。

2) 管道施工完毕（指已闭水试验合格者），应及时进行回填，严禁晾沟。

3) 浇筑混凝土管墩、管座时，应待混凝土的强度达到 5MPa 以上方可回土。

4) 填土时，不可将土块直接砸在接口抹带及防腐层部位。

5) 管顶 50cm 范围以内，应采用人工夯填。

6) 采用预制管时，如接口养护不好，强度不够而又过早摇动，会使接口产生裂纹而漏水。

7) 冬季施工作完闭水试验后，应及时放净存水，防止冻裂管道造成通水后漏水。

8) 排水管变径时，在检查井内要求管顶标高相同。

3. 新型材料排水管安装

目前我国民用及一般工业建筑的新型排水管材主要有采用胶水粘接的硬聚氯乙烯（U-PVC）塑料排水管、双壁波纹管、环形肋管、螺旋肋管等塑料管材；以及近年来出现的电熔融接的孔网钢带塑料复合管（简称PSSCP管），管材的公称直径范围通常为$DN110$~$DN630$。

（1）该类管材应用在室外排水工程时，其施工工艺流程和安装基本技术要求同混凝土管道相同，下面仅介绍其安装及连接方法。

1）管道安装可采用人工安装。槽深不大时可由人工抬管入槽，槽深大于3m或管径公称直径大于$DN400mm$时，可用非金属绳索溜管入槽，依次平稳地放在砂砾基础管位上。严禁用金属绳索勾住两端管口或将管材自槽边翻滚抛入槽中。混合槽或支撑槽，可采用从槽的一端集中下管，在槽底将管材运送到位。

2）承插口管安装，在一般情况下插口插入方向应与水流方向一致，由低点向高点依次安装。

3）调整管材长短时可用手锯切割，断面应垂直平整，不应有损坏。

4）管道接头，除另有规定者外，应采用弹性密封圈柔性接头。公称直径小于$DN200mm$的平壁管亦可采用插入式粘接接口。

5）橡胶圈接口应遵守下列规定：

① 连接前，应先检查胶圈是否配套完好，确认胶圈安放位置及插口应插入承口的深度。

② 接口作业时，应先将承插口的内外工作面用棉纱清理干净，不得有泥土等杂物，并在承口内工作面涂上润滑剂，然后立即将插口端的中心对准承口的中心轴线就位。

③ 插口插入承口时，小口径管可用人力，可在管端部设置木挡板，用撬棍将被安装的管材沿着对准的轴线徐徐插入承口内，逐节依次安装。公称直径大于400mm的管道，可用缆绳系住管材用手拉葫芦等提力工具安装。严禁采用施工机械强行推顶管子插入承口。

6）螺旋肋管的安装，应采用由管材生产厂提供的特制管接头，用粘接接口连接。

7）粘接接口应遵守下列规定：

① 检查管材、管件质量。必须将插口外侧和承口内侧表面擦拭干净，被粘接面应保持清洁，不得有尘土水迹。表面沾有油污时，必须用棉纱蘸丙酮等清洁剂擦净。

② 对承口与插口粘接的紧密程度应进行验证。粘接前必须将两管试插一次，插入深度及松紧度配合应符合要求，在插口端表面宜划出插入承口深度的标线。

③ 在承插接头表面用毛刷涂上专用的粘接剂，先涂承口内面后再涂插口外面，顺轴向由里向外涂抹均匀，不得漏涂或涂抹过量。

④ 涂抹粘接剂后，应立即找正对准轴线，将插口插入承口，用力推挤至所划标线。插入后将管旋转1/4圈，在60s时间内保持施加外力不变，并保持接口在正确位置。

⑤ 插接完毕应及时将挤出接口的粘接剂擦拭干净，静止固化。固化时间应符合生产粘接剂厂的规定。

8) 雨季施工应采取防止管材漂浮的措施。可先回填土到管顶以上大于1倍管径的高度。当管道安装完毕尚未还土而遭到水泡时，应进行管中心线和管底高程复测和外观检查，如出现位移、漂浮、拔口现象，应返工处理。

9) 冬季施工应采取防冻措施，不得使用冻硬的橡胶圈。

(2) 管道与检查井连接

1) 管道与检查井的连接，应按设计图施工。当采用承插管件与检查井井壁连接时，承插管件应由生产厂配套提供。

2) 管件或管材与砖砌或混凝土浇制的检查井接连，可采用中介层作法。即在管材或管件与井壁相接部位的外表面预先用聚氯乙烯粘接剂、粗砂做成中介层，然后用水泥砂浆砌入检查井的井壁内。中介层的做法是，先用毛刷或棉纱将管壁的外表面清理干净，然后均匀地涂一层聚氯乙烯粘接剂，再在上面甩撒一层干燥的粗沙，固化10～20min，即形成表面粗糙的中介层。中介层的长度视管道砌入检查井内的长度确定，可采用0.24m。

3) 当管道与检查井的连接采用柔性连接时，可用预制混凝土套环和橡胶密封圈接头。混凝土外套环应在管道安装前预制好，套环的内径按相应管径的承插口管材的承口内径尺寸确定。套环的混凝土强度等级应不低于C20，最小壁厚不应小于60mm，长度不应小于240mm。套环内壁必须平滑，无孔洞、鼓包。混凝土外套环必须用水泥砂浆砌筑。在井壁内，其中心位置必须与管道轴线对准。安装时，可将橡胶圈先套在管材插口指定的部位与管端一起插入套环内。橡胶密封圈直径必须根据承插口间缝大小及管材外径按有关规定确定。

4) 预制混凝土检查井与管道连接的预留孔直径应大于管材或管件外径0.2m，在安装前预留孔环周表面应凿毛处理，连接构造宜采用中介层方式。

5) 检查井底板基底砂石垫层，应与管道基础垫层平缓顺接。管道位于软土地基或低洼、沼泽、地下水位高的地段时，检查井与管道的连接，宜先采用长0.5～0.8m的短管按本节相关要求与检查井接连，后面接一根或多根（根据地质条件）长度不大于2.0m的短管，然后再与上下游标准管长的管段连接。

(3) 采用电熔融接的孔网钢带塑料复合管（简称PSSCP管）施工工艺

孔网钢带塑料复合管，其结构是以网孔钢管骨架为增强体，以热塑性塑料PP为基体，通过特定的生产工艺加工成在孔网钢管骨架内外镶复塑料的新型双面防腐耐压管材。它具备钢管的耐压强度好的性能和塑料管防腐蚀性能、重量轻、导热系数低等特点。

1) 施工工艺及特点

工程中普遍采用承插法连接，利用专用的电熔焊接装置，在规定的电流下，低电压加热达到规定的时间，将管道插口外表面母材与管件承口内表面母材熔融结合，然后断电源冷却，即可牢固结合。它的特点是：熔接速度快，单口熔接时间一般在15min左右，约为塑料管热风焊时间的1/12；熔接温度低，一般均在200℃以下；通电的电流小，能耗较低，通常电流在7A以下。

2) 施工操作步骤

① 施工准备

施工材料的检查与准备。检查管道与管件外表面有无损伤或钢网外露、严重变形或弯曲，管口端面有无破损或出现锯齿形，承口是否有变形，内部电熔装置是否有外露或翘凸的现象。

施工机具的准备。专用焊接器（1kW、2kW、3kW）、校正助推器、电动切割机、电动倒角机、可调式平行架、V型管夹钳及电缆、电线、手锯架和直链。

② 首先清理管道端面，均匀涂刷二层防腐密封胶，密封胶的性能应与母材性能相符。

③ 待密封胶稍干，将管道和管件垫平，用校正助推器将管道送入管件的承口内，达到规定的深度，应在管道上提前作好承插深度的标记线。

④ 确认管道与管件已配合到位，水平度与垂直度都达到要求后，挑出管件端面的电熔装置接头，连接到焊接器上，根据需要定时加热15min或30min。

⑤ 通电进行管道熔接，旋转调压刻度盘缓慢增大电压，当电流达到规定的额定值时，停止调压。

⑥ 管道的熔接，分为预热和加热两个阶段，预热时间一般为9~15min，加热时间一般为4~7min。在额定电流值下加热，当管道和管件熔融区有塑料外溢的状态时，表明熔接过程完成。

⑦ 切断电源，使熔接部分冷却。

3）施工注意事项

① 严格控制加热时间和温度，温度太高会引起塑料碳化，出现过熔现象。

② 严格控制加热电流，防止操作人员触电事故。

③ 在环境温度较低时，如冬季施工，应适当延长预热和加热时间，分别增加20%和15%。

④ 管道焊接前必须清除积液，保持干燥。

4）室外排水管道施工过程中应注意的问题

① 在回填土时，对已铺设好的管道上都要先用细土覆盖，并逐层夯实，不允许在管道上部用蛤蟆夯等机械夯土。

② 冬季施工捻灰口必须采取防冻措施。

③ 排水管的插口不应倾斜，造成灰口漏水。

4. 压力排水管道安装注意事项

压力排水是指污废水通过机械装置提供能量获得排出动能，而非依靠自身的重力排放。压力排水管道安装中应注意以下几点：

（1）水管道应采用耐压的钢管、钢塑复合管或给水型的塑料管，不得采用排水U-PVC管。

（2）出水口后的管道上应安装止回阀，并在阀后安装控制闸阀。

（3）潜水泵与钢管应采用柔性材料连接。

（4）排水管道应做强度试验。

（九）给水排水设备及附件安装

本节讲述了水泵、水箱、阀门、水表等给水排水设备及附件安装，水泵、水箱的安装为本节的重点,同时对阀门水表等附件安装的方法及技术标准予以说明。

1. 增压设备和水箱安装

（1）工艺流程

安装准备→基础验收→设备开箱检查→吊装就位→找平找正→配管安装→试运转

（2）水泵安装见本教材八之（七）。

（3）水泵配管。水泵配管应在二次灌浆混凝土强度达到75%以后进行,并应注意以下情况：

1）管道与泵体不得强行组合连接,管道重量不能附加在泵体上。

2）水泵吸水管变径应采用偏心大小头,并使平面朝上以防止产生气囊；为防止吸水管中积存空气而影响水泵运行,吸水管的安装应具有沿水流方向连续上升的坡度接至水泵入口,坡度应不小于0.005。

3）吸水管靠近水泵进水口处,应有一段不小于3倍管道直径的直管段,避免直接安装弯头,否则水泵进水口处流速分布不均匀,使流量减少；吸水管应设有支撑且管段要短,弯头要少,力求减少管道压力损失。

4）水泵底阀距池底距离,一般不应小于底阀或吸水喇叭口的外径且不应小于500mm；水泵出水管安装止回阀和阀门,止回阀安装于靠近水泵一侧。

（4）水箱安装

1）成品水箱的吊装、就位、找平找正与水泵安装相类似。

2）现场制作的水箱,必须进行盛水试验或煤油渗透试验。

① 盛水试验：将水箱完全充满水,经2~3h后用0.5~1.5kg的锤沿焊缝两侧约150mm的部位轻敲,不得有漏水现象；若发现漏水部位需铲去重新焊接,再进行试验。

② 煤油渗透试验：在水箱外表面的焊缝上涂满白垩粉或白粉,晾干后在水箱内表面焊缝上涂煤油,在试验时间内涂2~3次,使焊缝表面能得到充分浸润,如在白垩粉或白粉上没有发现油迹,则为合格。试验要求时间为：对垂直焊缝或煤油由下往上渗透的水平焊缝为35min；对煤油由上往下渗透的水平焊缝为25min。

3）满水试验和水压试验：

① 满水试验：敞口水箱安装前应做满水试验,即水箱满水后静置观察24h,以不渗不漏为合格。

② 水压试验：密闭水箱在安装后应进行水压试验,试验压力如设计无要求,一般为管路系统工作压力的1.5倍。水箱在试验压力下保持10min,压力不下降,不渗不漏则为合格。

水箱安装完毕后,应根据设计要求进行防腐、油漆；进行水箱进出水管、溢流管、排污管、水位讯号管的配管安装；需绝热的要进行保温处理。

（5）气压给水设备安装

气压给水设备是利用密闭压力罐内的压缩空气,将罐中的水送到管网中各配水点,其作用相当于水塔或高位水箱,用以调节、贮存水量和保持系统所需的压力。气压给水设备有差压式、定压式和隔膜式三种基本类型。其基本组成部分：

1) 密闭罐：内部充满水和空气。
2) 水泵：将水送到罐内。
3) 空气压缩机：加压及补充空气漏损。
4) 控制器材：用于启动水泵或空气压缩机。

设置气压给水设备的房间应符合一定的要求：应有良好的光线和通风，无灰尘、无腐蚀性和不良气体，环境条件较好，且不致结冻；应有安装和运输的通道和洞口，其尺寸应能保证最大罐体的出入；房间楼板的强度，应满足气压给水设备运行荷载的需要，顶板应预留起吊装置；房间地面应有良好的排水措施；房间墙体和门窗应有有效的限噪声措施。

2. 水表安装

水表应安装在查看方便、不受暴晒、不受污染和不易损坏的地方。引入管上的水表安装在室外水表井、地下室或专用的房间内。水表装到管道上以前，应先除去管道中的污物（用水冲洗），以免造成水表堵塞。水表应水平安装，并使水表外壳上的箭头方向与水流方向一致，切勿装反；水表前后应装设阀门；对于不允许停水或设有消防管道的建筑，还应设旁通管道，此时水表后侧要装止回阀；旁通管上的阀门应设有铅封。为了保证水表计量准确，水表前面应装有大于水表口径 10 倍的直管段，水表外壳距墙面 10~30mm，水表中心距另一墙面（端面）的距离为 450~500mm，安装高度为 600~1200mm，水表前后直管段长度大于 300mm 时，其超出管段应用弯头引靠到墙面，沿墙面敷设；管中心距离墙面 20~25mm。

一般工业及民用建筑的室内、室外水表，在水压小于等于 1MPa、温度不超过 40℃，且不含杂质的饮用水或清洁水的条件下，可按国标图 S145 进行安装。

3. 其他

（1）伸缩器的安装。当利用管道中的弯曲部件不能吸收管道因热膨胀所产生的变形，在直管段上每隔一定距离应设置伸缩器。补偿的方法是：用固定支架将直管路按所选伸缩器的补偿能力分成若干段，每段管道中设置一伸缩器，以吸收热伸缩，减小热应力。常用的伸缩器有方形、套筒式及波形等。

1) 方形伸缩器

方形伸缩器由管子加工而成，加工的方法通常采用煨制。尺寸较小的可用一根管煨成，大尺寸可用两到三根管煨制后焊成。在伸缩器作用时，其顶部受力最大，因而要求顶部用一根管子煨成，不准顶部有焊接口存在。伸缩器组对时应选择在平地上连接，连接点应设在受力较小的垂直臂的中部位置。组对时要求尺寸正确，四个弯曲角必须 90°，否则会在安装时不易组对，影响使用效果。

伸缩器安装在管道上，应将两臂拉伸其补偿量的一半长度，允许偏差±10mm，方形伸缩器垂直安装时，应加装排气及泄水装置。

2) 套筒式伸缩器。有铸铁和钢制两种，通常用在管径大于 100mm，且工作压力小于 1.568MPa（钢制）及 1.274MPa（铸铁）。具有较大的补偿能力，占地小，安装简单，但容易漏水，需要经常更换填料。

套筒式伸缩器分单向和双向两种，单向伸缩器应安装在固定支架旁边的水平直管道上，双向伸缩器应安装在两个固定支架之间。套筒式伸缩器安装长度由环境温度决定，安装时应符合下列要求：

① 与管道保持同心，不得歪斜。
② 靠近补偿器两侧，至少各有一个导向支架，保证运行自由伸缩，不偏离中心。
③ 按设计规定的安装长度并考虑气温变化，留有剩余的伸缩量。
④ 插管应安装在介质流入端。
⑤ 填料石棉绳应涂石棉粉，并逐圈装入，逐圈压紧，各圈接口应相互错开。

3) 波形伸缩器（波形补偿器）

波形伸缩器一般用 3～4mm 厚的钢板制成，因其强度较低，补偿能力小，通常只用于工作压力不大于 0.7MPa 的气体管道或管径大于 150mm 的低压管道上。

波形伸缩器安装前，先在其两端接好法兰短管，然后用拉管器拉伸（或压缩）到预定值，再整体放到管道上焊接，最后拆下拉管器。

在吊装波形伸缩器过程中，不得将吊绳绑扎在波节上，更不能在波节上焊接支架或其他附件。

安装波形伸缩器，应符合下列要求：

① 按设计规定进行预拉伸（或预压缩），应使受力均匀。
② 波形伸缩器内套有焊缝的一端，水平管道应迎介质流向安装，垂直管道应置于上部。
③ 应与管道保持同心，不得偏斜。
④ 安装波形伸缩器时，设临时固定，待管道安装固定后，再拆除临时固定。

(2) 疏水器安装。疏水器的作用是自动排泄系统中不断产生的凝结水，同时阻止蒸汽排出。通常使用在采暖系统当中。

疏水器安装时，应根据设计图纸要求的规格组配后再进行安装。组配时，其阀体应与水平回水干管相垂直，不得倾斜，以利于排水；其介质流向与阀体标志一致；同时安排好旁通管、冲洗管、检查管、止回阀、过滤器等部件的位置，并设置必要的法兰、活接头等零件，以便于检修拆卸。疏水装置一般靠墙设置，安装时先在疏水器两侧阀门以外适当处设置型钢托架，托架栽入墙内的深度不得小于 120mm。经找平找正，待支架牢固后，将疏水装置搁在托架上就位。有旁通管时，旁通管朝室内侧卡在支架上。疏水器中心离墙不应小于 150mm。

疏水装置的连接方式一般为：当疏水器的公称直径 $DN \leqslant 32$mm，压力$\leqslant 0.3$MPa；公称直径 $DN=40\sim 50$mm，压力$\leqslant 0.2$MPa，可以采用螺纹连接，其余均采用法兰连接。

(3) 排气装置。用以排除系统中积存的空气，以避免在管道或散热设备内形成空气阻塞。装设在系统最高点排气装置有手动集气罐和自动集气罐，有立式和卧式两种形式。

(4) 减压板安装（节流板、孔板）

安装要求：安装方向、锥形部分应在管道的下游方向；须安装在较长的直管段上，其前面的长度不小于 10 倍管径。在孔板前后 2 倍管径范围内，管内不得有高出的垫料、堆积的焊瘤和管内壁显著粗糙现象；减压板的流通孔应与管道同心，端面应与管道垂直，不得有偏心、偏斜现象。

(5) 温度计安装

温度计应安装在检修与观察方便和不受机械损坏的位置，并避免外界物质和气体对温度计标尺部分的影响。在直线管段上安装温度计时，测量点（如水银温度计的水银球）的中心应位于管道中心线上；在弯曲管段上安装温度计时，测温点应全部插入被测介质中，其位置应与水平成 0°~45°夹角，并应以逆流方向插入；安在槽、箱壁上和垂直管段上时，应采用角式（90℃或 135℃）温度计。

(6) 压力表安装

压力表应安装在便于观察的部位，当安装部位较高时，表盘可稍向下倾斜；压力表与管道或设备的连接管上，应安装旋塞或阀门；测量高温介质的压力表，为防止高温介质使压力表弹簧管过热，影响压力表的测量精度，在垂直管道上的压力表，连接管应做成 U 形，在水平管道上的压力表，连接管应做成环形；如管道保温层厚度大于 100mm 时，压力表连接管与管道连接部分的尺寸应适当加大，以免 U 型管被包入保温层内；允许暂停监视的压力表，可用直通气表旋塞代替三通气表旋塞。如压力表的接头螺纹与旋塞或阀门的连接螺纹不一样，可以在压力表和旋塞之间，加配一换扣接头。

七、建筑电气工程

本章对房屋建筑安装工程中电气工程的施工技术和管理作系统全面的介绍，涉及的范围主要是室内的动力和照明工程，室外部分对道路、庭园、景观的照明和电力电缆敷设做了简明的介绍，所有工程仅指 10kV 及以下的电力供应部分，弱电系统在建筑智能化工程中另行描述。内容以电力负荷分类、工程图绘制、材料介绍、施工工艺、电力设备安装、试验调整为主线进行展开，并以常见工程为主，适当补充"四新"。

（一）概　　述

本节简要阐述建筑电气工程的组成、用电负荷分类和在配合土建工程施工中注意的事项，通过学习对建筑电气工程有概貌上的认识。

1. 定义与范围

（1）依据 IEC 标准，建筑电气工程是指"为实现一个或几个具体目的，且特性相配合的，由电气装置、布线系统和用电设备电气部分的组合。这种组合能满足建筑物预期的使用功能和安全要求；也能满足使用建筑物的人的安全需要"。由定义可知，建筑电气工程是为建筑物建造的电气设施，这种设施要确保在使用中对建筑物和使用建筑物的人都有可靠的安全保障。

（2）建筑电气工程的范围始自电力电源引入处，终于各用电设备、器具。值得提醒的是，按 IEC 标准的技术委员会分工，防雷接地系统不属于建筑电气工程，而是由大气过电压技术（建筑防雷及其他）委员会负责制订标准和解释，但我国的工程设计和施工以及规范标准的制订，仍延适用习惯将其纳入建筑电气工程中。而其使用中的监管另有专门机构。

2. 工程的组成

由定义可知建筑电气工程的构成分为三大部分，具体指的是：

（1）电气装置，主要指变配电所内各类高低电压电气设备，例如变压器、开关柜、控制屏台等。

（2）布线系统，主要指以 380V/220V 为主的布电线路及附属设备，例如电缆电线、桥架导管、封闭插接母线以及分配电箱柜等。

（3）用电设备（器具）电气部分，主要指用电设备（器具）直接消耗电能的部分，例如电动机和电加热器及其开关控制设备、电气照明灯具及开关、插座等。

3. 用电负荷的分类

(1) 负荷种类

1) 按工作制的负荷分类

① 连续工作制负荷

长时间连续工作的设备，负荷比较稳定，即 30min 出现的最大平均负荷与最大负荷的平均负荷相差不大。如：泵、通风机、压缩机、照明装置等。

② 短时工作制负荷

工作时间甚短、停歇时间相当长的用电设备，在整个用电设备中所占容量少，耗电量相应也较少。

③ 反复短时工作制

时而工作，时而停歇，反复运行的用电设备。如电梯和电焊变压器等。

2) 按供电对象的负荷分类

① 照明负荷

绝大多数为单相而恒定的负荷，其容量变化较大，使用时间受昼夜、季节、地理位置、工作环境及工作班数等因素的影响。

② 民用建筑负荷

除照明外，还有电梯、水泵、空调、风机、洗衣房的洗衣机、厨房的加工和制冷、声像等用电设备。其中空调用电量最多，且其负荷随季节而变化。

③ 通信及数据处理设备负荷

负荷变化范围较大，要求连续的、可靠的、质量高的电源。如大型计算机，除要求有不间断电源供电外，还要求电源电压变化不大于 $\pm 3\%$，频率变化不大于 $\pm 0.5\mathrm{Hz}$，设备运行时，相间不平衡电压不超过 2.5%，设备不运行时，总的最大谐波含量不大于 5%。

(2) 负荷分级

电力负荷根据对供电可靠性的要求及中断供电在政治、经济上所造成损失或影响的程度进行分级。

1) 一级负荷

凡中断供电时将造成人身伤亡或将造成重大政治影响或将造成重大经济损失或将造成公共场所秩序严重混乱等，均为一级负荷。一级负荷要求由两个独立电源供电。

所谓独立电源是指若干个电源中，任一电源因故障而停止供电时，不影响其他电源继续供电。凡同时具备下列两个条件的发电厂、变电站的不同母线段均属独立电源：

① 每段母线的电源来自不同的发电机。

② 母线段之间无联系，或虽有联系但其中一段发生故障时，能自动断开联系，不影响其余母线段继续供电。

2) 二级负荷

凡中断供电时将在政治、经济上造成较大损失或将影响重要用电单位的正常工作等，均为二级负荷。二级负荷应由两回路供电，该两回路应尽可能引自不同的变压器或母线段。当负荷较小或地区供电条件困难时，允许由一回路 6kV 及以上专用的架空线路或电缆供电。当采用架空线时，可为一回路架空线供电；当采用电缆线路时，应采用两根电缆组成的线路供电，其每根电缆应能承受 100％的二级负荷。

3) 三级负荷

所有不属于一级和二级负荷的电力用户均属于三级负荷。一般民用建筑（除高层民用建筑外）的用电负荷均属三级负荷。三级负荷对供电无特殊要求，允许较长时间停电，可用单回线路供电。

4. 常用的电压等级

电气设备的额定电压（又叫标称电压），按照《标准电压》GB 156—2003 的规定，将 10kV 及以下电气系统额定电压分为三类：

（1）第一类额定电压为 120V 以下，如表 7-1 所示，主要用于安全照明、蓄电池、开关设备及断路装置的直流操作电源。表中三相 36V 电压只作为潮湿工地、建筑物内的局部照明及小容量电力负荷之用。

标准额定电压（120V 以下）　　　表 7-1

直流（V）	交流（V）	
	三相（线电压）	单相
6	—	6
12	—	12
24	—	24
36	36	36
48	—	48
110		110

（2）第二类额定电压为 220V 以上而小于 1000V，如表 7-2 所示，主要用于动力及照明设备。

标准额定电压（大于 220V，小于 1000V）　　　表 7-2

三相四线或三相三线系统的标准电压（V）	
相对中性线	相对相
220	380
380	660
1000	1740

注：1740V 仅限于煤矿井下使用。

（3）第三类额定电压为 1000V 以上而小于等于 10kV，如表 7-3 所示，主要用于发电、送电及高压用电设备。对于三相交流电力设备，其额定电压如不加特别说明，一般均指相间电压（即线电压）。

标准额定电压（大于 1000V，小于等于 10kV） 表 7-3

用电设备额定电压和系统标称电压	供电设备额定电压		
用电设备电压（kV）	交流发电机线电压（kV）	变压器线电压（kV）	
		一次线圈	二次线圈
6	6.3	6 及 6.3	6.3 及 6.6
10	10.5	10 及 10.5	10.5 及 11

1）表中给出的标准电压，为什么发电机、变压器（又有一次线圈及二次线圈之分）和用电设备的都不一致呢？主要是考虑供电线路在输送负载电流时，线路上产生相应的电压损失，所以规定发电机的额定电压高出电力网和用电设备的额定电压，用其高出的部分去补偿线路上的电压损失以保证用电设备获得额定电压。一般规定发电机额定电压高出电力网和用电设备额定电压 5%，说明允许线路正常电压损失为 5%。譬如电力网和用电设备为 10kV，则发电机额定电压规定为 10.5kV。

2）至于变压器二次线圈的额定电压高出电力网和用电设备的额定电压 10%，其原因是电力变压器的二次线圈额定电压均指空载时的电压而言。当变压器满载供电时，由于变压器本身的一、二次线圈的阻抗有一个电压降落，故变压器满载时二次线圈的端电压较空载时约低 5%，但比用电设备额定电压尚高出 5% 左右以补偿网路上的电压损失。另外，由于变压器均连接在与其一次线圈额定电压对应的电力网的末端，性质上相当于电力网的一个负载，故规定变压器一次线圈额定电压与用电设备相同。

5. 配合或全面安装的条件

（1）在建筑工程施工时电气专业要积极、正确、及时与土建工程施工配合。但建筑电气工程除预留孔洞外，预埋工作的数量要大得多，有防雷接地的引下导体连通，更多的要在地坪、楼板、墙体、梁、柱等建筑结构内埋设导管和盒箱，且在土建拆模后要及时做好修整清理工作。

（2）全面进入安装的条件，基本与给水排水工程相同，此时正值建筑工程进入粗或精装修阶段，不仅配合密切，而且有无处不在的作业面，直到调试、整改、通电为止。

6. 应用的施工规范

（1）对施工中常用的材料、设备的产品制造标准要有基本的了解，对随设备、零部件提供的说明书要充分阅读和理解，以便在施工中正确应用。

（2）施工规范的名称

1）电气装置安装工程施工及验收规范，全套共有十余本组成的系列规范，适用于所有的电力建设工程的施工。

2）《建筑电气工程施工质量验收规范》GB 50303。

3）《1kV 及以下配线工程施工与验收规范》GB 50575。

4）《建筑电气照明装置施工与验收规范》GB 50617。

5）《建筑工程施工质量验收统一标准》GB 50300。

由于规范的更迭平均在 5～8 年，所以应用时要注意其颁行的时间，即标准号后的颁行年份，以最近者为有效版本。

（二）建筑电气工程图绘制

本节主要介绍建筑电气工程图绘制的基本方法和原则，由于新颁的绘图标准尚在审批中，因而希望阅读者在其颁行后对照修正。

1. 施工图的种类

电气工程施工图是依据工程规模和性质来提供类别和数量的，通常分为以下几种类型。

（1）总说明

包括图纸目录、设计的原则、施工总体要求和注意事项、设备材料明细表、补充的图例。

（2）系统图

表达供电方式和电能分配的关系，也可表达一个大型用电设备各用电点的配电关系。图 7-1 (a) 为高压配电系统图，图 7-1 (b) 为 380/220V 照明配电系统图。

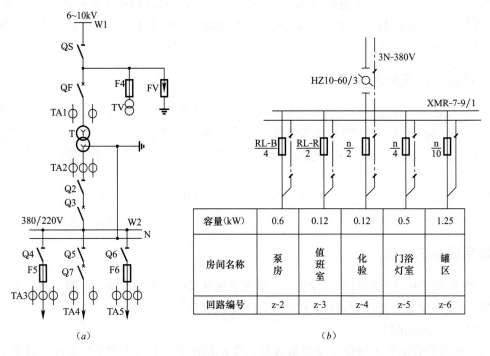

图 7-1　高压低压配电系统图

（3）电路图

是表示某一供电或用电设备的电气元件工作原理的施工图，表达动作控制、测量变换和显示等的作用原理，如图 7-2 所示是施工机械中常见的正反转（升降）的小容量电动机控制电路图。能保证 KM1、KM2 不会同时吸合，使 KM1 吸合时 L1U、L2V、L3W 间导通，电动机 M 正转；KM2 吸合时 L1W、L2V、L3U 间导通，电动机 M 反转。

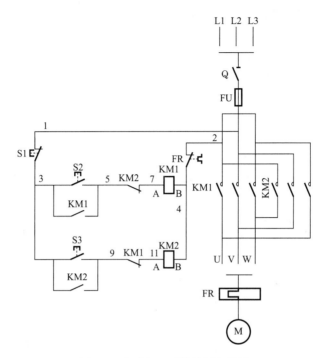

图 7-2 电动机正反转控制电路图

(4) 安装接线图

是表示电气设备、元件间接线关系的图纸，表达电线端头与电气设备或元件的端子相对应的连接关系，常用于制造或工业工程中。

(5) 设备布置图

常用于变配电所电气设备和母线安装位置的表达，一般都按三视图绘制，采用正投影原理，阅图方法与阅读零件图、装配图的方法一致。

(6) 平面图

表达电气工程中设备、器具和线路在建筑平面上与建筑物间的关系，分电气动力平面图和电气照明平面图两种。电气动力平面图画在该层建筑物的地面或楼面上，照明平面图画在该层建筑物的顶部平面上。主要指明电气设备、器具和线路的示意位置，示意位置是未标明具体尺寸的位置，施工时要按用电设备和器具的实际位置或施工规范要求以及建筑物的实际尺寸来决定实际位置。

1) 动力平面图

图 7-3 为一锅炉房的电气动力平面图。

图中指明电源进线、动力配电箱的位置和每台配电箱所供电的设备编号，并标明每条线路的导线和导管的规格，阅图时要与相应配套的系统图对照，则不易发生失误。

2) 照明平面图

图 7-4 为一实验室的电气照明平面图，图中指明电源进线、照明配电箱和辅助接地装

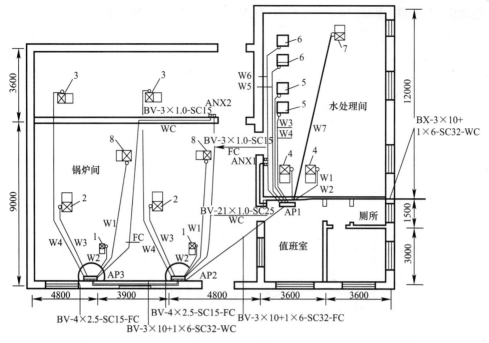

图 7-3 动力平面图

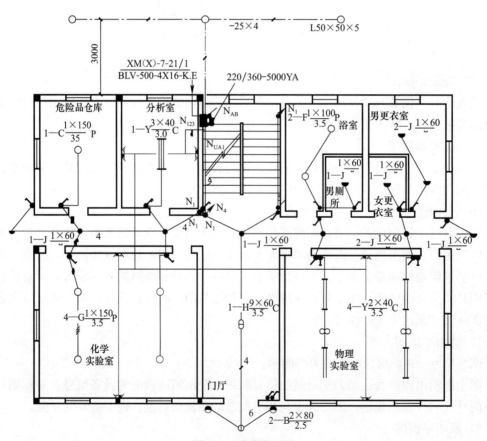

图 7-4 照明平面图

置的位置。并标明灯具、开关和插座的位置及规格、数量，线路的走向也是明确的，同样要结合照明系统图一同阅读。

2. 线路敷设的表达方法

（1）布线系统中电线敷设的要求用类似数学公式的文字表达为：$a\text{-}d(e\times f)\ g\text{-}h$。

这通用的表达法，在有些施工图上，会省略其中的一项或两项，所以阅图时要认真阅读图上说明。

（2）字符的含意

a——线路编号或线路功能的符号；

d——导线型号；

e——导线根数；

f——导线截面积（mm^2），不同截面积应分别表示；

g——线路敷设方式的符号；

h——线路敷设部位的符号。

（3）线路敷设部位主要表示敷设在建筑物的什么位置，如表7-4所示。

线路敷式部位文字符号　　　　　　　　　表 7-4

序号	中文名称	英文名称	旧符号	新符号	备注
1	梁	Beam	L	B	
2	顶棚	Ceiling	P	CE	
3	柱	Column	Z	C	
4	地面（板）	Floor	D	F	
5	构架	Rack		R	
6	吊	Suspended		SC	
7	墙	Wall	Q	W	

（4）线路敷设方式主要表示导线有无保护导管、导管类型、明敷还是暗敷等情况，如表7-5所示。

线路敷设方式文字符号　　　　　　　　　表 7-5

序号	中文名称	英文名称	旧符号	新符号
1	暗敷	Concealed	A	C
2	明敷	Exposed	M	E
3	铝皮线卡	Aluminum clip	QD	AL
4	电缆桥架	Cable tray		CT
5	金属软管	Flexible metallic conduit		F
6	水煤气管	Gas tube（pipe）	G	G
7	瓷绝缘子	Procelain insulator（knob）	CP	K
8	钢索敷设	Support by messenger wire	S	M
9	金属线槽	Metallic raceway		MR
10	电线管	Electric metallic tubing	DG	T

续表

序 号	中文名称	英文名称	旧符号	新符号
11	塑料管	Plastic conduit	SG	P
12	塑料线卡	Plastic clip		PL
13	塑料线槽	Plastic raceway		PR
14	钢管	Steel conduit	GG	S

3. 灯具安装的表达方法

（1）灯具安装的要求同样用类似数学公式的文字表达为：$a-b\dfrac{c\times d\times l}{e}f$，这也是通用的表达法，阅图时同样要对照图上的说明。

（2）字符的含意

a——某场所同类照明器的个数；

b——灯具的型号或代号；

c——每盏照明灯具内安装的灯泡或灯管的数量；

d——每个灯泡或灯管的容量，W；

e——照明器底部至地面或楼面的安装高度，m（如吸顶安装，e 用"—"表示，且省去 f）；

f——安装方式；

L——光源的种类。

（3）灯具的安装方式如表 7-6 所示。

灯具安装方式的文字符号 表 7-6

中文名称	英文名称	旧符号	新符号
链吊	Chain pendant	L	C
管吊	Pip (conduit) erected	G	P
线吊	Wire (cord) pendant	X	WP
吸顶	Ceiling mounted (Absorbed)	—	—
嵌入	Recessed in		R
壁装	Wall mounted	B	W

（4）光源种类如表 7-7 所示。

电光源的文字符号 表 7-7

序 号	电光源类型	文字符号	序 号	电光源类型	文字符号
1	氖灯	Ne	7	发光灯	EL
2	氙灯	Xe	8	弧光灯	ARC
3	钠灯	Na	9	荧光灯	FL
4	汞灯	Hg	10	红外线灯	IR
5	碘钨灯	I	11	紫外线灯	UV
6	白炽灯	IN	12	发光二极管	LED

4. 常用的图例

现将建筑电气工程施工图上常用的图例进行介绍，但因为标准更迭快、技术更新快，国外引进工程多，绘图的惯例各家存在差异，所以读图时还应注意图纸上标注的特定符号和图例。

（1）线路图例如表 7-8 所示。

常用线路图例　　　　　　　　　　　　　表 7-8

名　　称	图例符号	名　　称	图例符号
电线、电缆一般符号		线槽内配线	
表示三根导线		电缆桥架	
表示三根导线		向上配线	
应急照明线路		向下配线	
挂在钢索上的线路		垂直通过配线	
接地一般符号		端子板	

（2）变配电所设备图例如表 7-9 所示。

变配电所开关、设备图例符号　　　　　　　表 7-9

名　　称	图 例 符 号	名　　称	图 例 符 号
单极开关		跌落式熔断器	
多极开关		双线圈变压器电压互感器	
断路器		电流互感器	
负荷开关		电抗器	
隔离开关		热继电器热元件	
接触器		避雷器	
熔断器		屏、台、箱、柜	

(3) 动力、照明工程的箱盘图例如表 7-10 所示。

配电箱（盘）图例符号 表 7-10

名 称	图 例 符 号	名 称	图 例 符 号
动力配电箱（动力照明配电箱）	▭	电源自动切换箱（屏）	▱
信号板、信号箱（屏）	⊠	断路器或断路器箱	▯
照明配电箱（屏）	▬	刀开关箱	▯
事故照明配电箱（屏）	⊠	带熔断器的刀开关箱	▯
多种电源配电箱（屏）	▱	熔断器箱	▭
直流配电盘（屏）	▭	不间断电源	UPS
交流配电盘（屏）	～	电容器柜（屏）	▭

(4) 照明灯具图例如表 7-11 所示。

常用灯具图例符号 表 7-11

名 称	图 例 符 号
灯具一般符号	⊗
深照型灯	▽
广照型灯（配照型灯）	⊖
防水防尘灯	⊗
安全灯	⊖
隔爆灯	⊙
顶棚灯	⬤
球形灯	●
花灯	⊗
弯灯	⌒
壁灯	⬤
投光灯一般符号	⊙
聚光灯	⊙→
泛光灯	⊙→
荧光灯具一般符号	⊢⊣
三管荧光灯	⊫
五管荧光灯	5
防暴荧光灯	⊢←
在专用电路上的应急照明灯	✕

续表

名 称	图 例 符 号
自带电源的应急照明装置（应急灯）	⊠
气体放电灯的辅助设备	▬
疏散灯	 （三个方向箭头符号）
安全出口标志灯	⊏⊐
导轨灯导轨	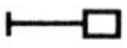 ⊢─□

（5）照明开关图例如表 7-12 所示。

常用照明开关图例符号 表 7-12

名 称		图 例 符 号	名 称	图 例 符 号
开关，一般符号		 ○	调光器	 ○
带指示灯的开关		 ⊗	钥匙开关	 （钥匙符号）
单极开关	明装	 ○	"请勿打扰"门铃开关	 ▽
	暗装	 ●	风扇调速开关	 ○
	密闭（防水）	 ⊖	风机盘管控制开关	 ⊖
	防爆	 ◐	按钮	◎
双极开关	明装	 ○	带有指示灯的按钮	⦿
	暗装	 ●	防止无意操作按钮	 ⦿
	密闭（防水）	 ⊖	单级拉线开关	 ○
	防爆	 ◐	双极拉线开关（单极三线）	 ○
三极开关	明装	 ○	多拉开关（如用于不同照度）	 Y
	暗装	 ●	单极限时开关	 $○^t$

续表

名　称		图例符号	名　称	图例符号
三极开关	密闭（防水）	⌇	限时设备定时器	⌇
	防爆	⌇	定时开关	⌇
双控开关（单极三线）		⌇	中间开关	⌇

（6）照明插座的图例如表 7-13 所示。

常用照明工关图例符号　　　　　　　表 7-13

名　称		图例符号	名　称		图例符号
单相插座	明装	⌇	带接地插孔的三相插座	明装	⌇
	暗装	⌇		暗装	⌇
	密闭（防水）	⌇		密闭（防水）	⌇
	防爆	⌇		防爆	⌇
带接地插孔的单相插座	明装	⌇	带中性线和接地插孔的三相插座	明装	⌇
	暗装	⌇		暗装	⌇
	密闭（防水）	⌇		密闭（防水）	⌇
	防爆	⌇		防爆	⌇
多个插座（示出三个）		⌇	具有连锁开关的插座		⌇
具有保护板的插座		⌇	具有隔离变压器的插座（如电动剃须刀插座）		⌇
具有单极开关的插座		⌇	带熔断器单相插座		⌇

（三）常用的材料

本节对房屋建筑安装建筑电气工程中常用材料作概括介绍，冀希学习者对材料中的规格、性能和用途有所了解，便于在施工中掌握应用。

1. 电线

(1) 常用电线型号的构成

1) 型号编制的方法如下所示。

2) 说明

① 代号或用途以字母表示，B 为固定敷设电线（又称布电线路电线）；R 为软线；N 为农用直埋线。

② 线芯材质，通常只有两种，铝芯用 L 表示；铜芯用 T 表示，在型号中可以省去不标。

③ 绝缘是指芯线外的绝缘材料名称，如 V 表示为聚氯乙烯；X 表示为天然橡皮绝缘；F 为丁氰聚氯乙烯复合物绝缘；E 为乙丙橡皮绝缘；YJ 为交联聚乙烯绝缘。

④ 护套，通常单芯电线外无护套，仅在多芯电线或电缆外有统包的护套。V 为聚氯乙烯护套；Y 为聚乙烯护套；X 为天然橡皮护套；F 为氯丁橡胶护套。

⑤ 派生为同型号的不同生产牌号，通常用数字表示，也有字母表示，如户外用的以 W 表示。

(2) 常用电线的型号（见表 7-14）

常用的电线型号　　　　表 7-14

序 号	型 号	名 称
1	BV	铜芯聚氯乙烯绝缘电线
2	BVP	铜芯聚氯乙烯绝缘屏蔽电线
3	BVR	铜芯聚氯乙烯绝缘软线
4	BVV	铜芯聚氯乙烯绝缘聚氯乙烯护套电线
5	BVVB	铜芯聚氯乙烯绝缘聚氯乙烯护套平行电线
6	BX	铜芯橡皮绝缘电线
7	BXF	铜芯氯丁橡皮绝缘电线
8	BXR	铜芯橡皮绝缘软线
9	RX	铜芯橡皮绝缘棉纱编织双绞软线
10	RVB	铜芯聚氯乙烯绝缘平行软线
11	RVS	铜芯聚氯乙烯绝缘绞型软线

注：房屋建筑安装工程中基本不采用铝芯绝缘电线。

(3) 电线导体的标称截面（以 mm^2 为单位）

1) 标称截面常用的有 0.75、1、1.5、2.5、4、6、10、16、25、35、50、70、95、120、150、185、240、300、400 等。

2) 标称截面 $0.75mm^2$、$1mm^2$、$1.5mm^2$、$2.5mm^2$、$4mm^2$、$6mm^2$ 有单芯的作布电线用，有多股的作移动设备馈电线用。

3) 标称截面 $10mm^2$ 及以上的电线导体均为多股组成。$10mm^2 \sim 35mm^2$ 为 7 股；

$35mm^2 \sim 95mm^2$ 为 19 股；$120mm^2 \sim 185mm^2$ 为 37 股；$240mm^2 \sim 400mm^2$ 为 61 股。

（4）电线的额定电压 U_0/U 有两类，即 300V/500V、450V/750V。

2. 电缆

（1）型号构成的方法和绝缘及护套的材料代号基本与电线相同。

（2）电缆有外覆的铠装，多用数字表达，如表 7-15 所示。

电缆的表示　　　　表 7-15

序号	数字	示意	序号	数字	示意
1	20	裸钢带铠装	4	23	钢带铠装聚乙烯护套
2	21	钢带铠装纤维外被	5	30	裸细钢丝铠装
3	22	钢带铠装聚氯乙烯护套	6	32	细钢丝铠装聚氯乙烯护套

（3）常用的电缆

电缆分为电力电缆和控制电缆两大类，电力电缆供应电能，控制电缆为信号、指令、测量数据等提供通路。常用电缆的型号如表 7-16 所示。

常用的电缆型号　　　　表 7-16

序号	型号	名　称
1	VV	铜芯聚氯乙烯绝缘聚氯乙烯护套电力电缆
2	VV_{22}	铜芯聚氯乙烯绝缘聚氯乙烯护套钢带铠装电力电缆
3	VV_{30}	铜芯聚氯乙烯绝缘聚氯乙烯护套裸细钢丝铠装电力电缆
4	VV_{32}	铜芯聚氯乙烯绝缘聚氯乙烯护套内细钢丝铠装电力电缆
5	ZRYJV	铜芯交联聚乙烯绝缘聚氯乙烯护套阻燃电力电缆
6	$ZRYJV_{22}$	铜芯交联聚乙烯绝缘钢带铠装胶聚氯乙烯护套阻燃电力电缆
7	$ZRYJV_{32}$	铜芯交联聚乙烯绝缘钢丝铠装聚氯乙烯护套阻燃电力电缆
8	KVV	铜芯聚氯乙烯绝缘聚氯乙烯护套控制电缆
9	KVV_{20}	铜芯聚氯乙烯绝缘聚氯乙烯护套裸钢带铠装控制电缆
10	KVV_{30}	铜芯聚氯乙烯绝缘聚氯乙烯护套裸细钢丝铠装控制电缆
11	KV_{22}	铜芯聚氯乙烯绝缘钢带铠装聚氯乙烯护套控制电缆
12	KV_{32}	铜芯聚乙烯绝缘细钢丝铠装聚乙烯护套控制电缆

（4）电缆的导体

1）电缆的导体，在建筑电气工程中均为铜芯导体。导体的标称截面系列与电线相同。

2）电力电缆的导体有单芯、双芯、叁芯、肆芯和伍芯五种。其中三芯电缆三根互相绝缘的导体截面是相等的；其中肆芯电缆的导体亦相互绝缘，但三根导体截面相等，一根导体截面小 1～2 个等级；伍芯电缆的五根芯亦是相互绝缘的，其中三根导体截面相等，其余两根导体截面依据施工设计选定。

3）控制电缆均为铜芯多芯电缆，铜芯标称截面为 $0.5mm^2$、$0.75mm^2$、$1mm^2$、$1.5mm^2$、$4mm^2$、$6mm^2$、$10mm^2$；同一电缆内芯数最少 2 根，最多为 61 根。常用的 KVV 型控制电缆芯线截面为 $0.75mm^2 \sim 2.5mm^2$，芯线根数为 2 根～61 根。

(5) 电缆的额定电压

1) 房屋建筑安装工程中电力电缆的额定电压有 1kV、10kV、35kV。

2) 控制电缆的额定电压 U_0/U 有两类，即 300V/500V、450V/750V。

3. 导管

(1) 导管旧称电线（电缆）保护管，用来保护电线或电缆的圆形或非圆形的管状材料，使电线电缆只能从纵向引入，不能从横向引入。

(2) 导管以材质分类可分为金属导管和非金属导管两类，金属导管主要指钢导管，非金属导管主要指塑料管。

(3) 导管以刚度分类可分为刚性导管、柔性导管及介于两者之间的可挠性导管三类。

(4) 导管以通用程度分类可分为专用导管和非专用导管两类，前者仅在电气工程中应用，后者其他工程中也有采用。

1) 非专用的金属导管主要指无缝钢管和水煤气管，水煤气管又分为镀锌和不镀锌的两种，常用的如表 7-17 所示。

水煤气管的规格　　　　　　　表 7-17

公称直径(mm)	15	20	25	32	40	50	70	80	100	125	150
英寸	$\frac{1}{2}$	$\frac{3}{4}$	1	$1\frac{1}{4}$	$1\frac{1}{2}$	2	$2\frac{1}{2}$	3	4	5	6
外径（mm）	21.25	26.25	33.50	42.25	48.00	60.00	75.50	88.50	114.00	140.00	165.00
壁厚（mm）	2.75	2.75	3.25	3.25	3.50	3.75	3.75	4.00	4.00	4.50	4.50

2) 专用的金属导管主要指薄壁钢电线管、套接紧定式薄壁钢导管、套接扣压式薄壁钢导管和可挠金属电线管四种，其大部分为镀锌制品，且备有相应配套的连接用零部件和盒箱等，其规格见表 7-18～表 7-21。

薄壁钢电线管　　　　　　　表 7-18

公称直径(mm)	13	16	19	25	32	38	51	64	76
英寸	$\frac{1}{2}$	$\frac{5}{8}$	$\frac{3}{4}$	1	$1\frac{1}{4}$	$1\frac{1}{2}$	2	$2\frac{1}{2}$	3
外径（mm）	12.70	15.88	19.05	25.4	31.75	38.10	50.8	63.5	76.2
壁厚（mm）	1.60	1.60	1.80	1.80	1.80	1.80	2.00	2.50	3.20

套接紧定式钢导管（KDJ）　　　　　　　表 7-19

外径（mm）	16	20	25	32	40
外径偏差（mm）	+0 −0.3	+0 −0.3	+0 −0.3	+0 −0.4	+0 −0.4
壁厚（mm）	1.60	1.60	1.60	1.60	1.60
壁厚偏差（mm）	±0.15	±0.15	±0.15	±0.15	±0.15

套接扣压式钢导管（KBG） 表 7-20

外径（mm）	16	20	25	32	40
外径偏差（mm）	+0 −0.3	+0 −0.3	+0 −0.4	+0 −0.4	+0 −0.4
壁厚（mm）	1.0	1.0	1.2	1.2	1.2
壁厚偏差（mm）	±0.08	±0.08	±0.10	±0.10	±0.10

可挠金属电线管 表 7-21

规格代号	10	12	15	17	24	30
内径（mm）	9.2	11.4	14.1	16.6	23.8	29.3
外径（mm）	13.3	16.1	19	21.5	28.8	34.9
外径公差（mm）	±0.2	±0.2	±0.2	±0.2	±0.2	±0.2
螺距（mm）	1.6±0.2	1.6±0.2	1.6±0.2	1.6±0.2	1.8±0.25	1.8±0.25
规格代号	38	50	63	76	83	101
内径（mm）	37.1	49.1	62.6	76.0	81.0	100.2
外径（mm）	42.9	54.9	69.1	82.9	88.1	107.3
外径公差（mm）	±0.4	±0.4	±0.6	±0.6	±0.6	±0.6
螺距（mm）	1.8±0.25	1.8±0.25	2.0±0.3	2.0±0.3	2.0±0.3	2.0±0.3

3）塑料导管也是专用导管，以聚氯乙烯为主要原料，也有刚性的、柔性的和可挠的，且有配套的各种零部件，其主要性能指标是非可燃性，成品均经阻燃处理，否则不准流入市场。SG 型刚性 PVC 导管规格如表 7-22 所示。

SG 型无增塑刚性 PVC 导管 表 7-22

外径（mm）	16	20	25	32	40	50	63
内径（mm）	12.2	15.6	20.6	26.6	34.4	43.2	56.2
壁厚（mm）	1.9	2.2	2.2	2.7	2.8	3.4	3.4

4. 线槽

（1）线槽也是布线系统中类似导管一样的电线外护材料，有金属和塑料两类，线槽带有可拆卸的盖板，敷线结束后应将盖板覆盖固定。线槽的截面形状为矩形。

（2）金属线槽有钢制的和铝合金的，钢制的线槽外覆涂层为喷塑或镀锌。

（3）金属线槽的规格如表 7-23 所示。

金属线槽的规格 表 7-23

尺寸\规格	50×25	100×50	150×75	200×100	250×125	300×150	400×200	500×200	600×200	800×200
宽（mm）	50	100	150	200	250	300	400	500	600	800
高（mm）	25	50	75	100	125	150	200	200	200	200
壁厚（mm）	1.0	1.2	1.4	1.6	1.6	1.6	1.6	2.0	2.0	2.0

(4) GA 型 PVC 塑料线槽的规格如表 7-24 所示。

GA 型 PVC 塑料线槽的规格 表 7-24

型号 规格	GA15	GA24	GA39/01	GA39/02	GA39/03	GA60/01	GA60/02	GA80	GA100/01	GA100/02
宽×高（mm）	15×10	24×14	39×18	39×18 （双槽）	39×18 （三槽）	60×22	60×40	80×40	100×27	100×40
宽（mm）	15	24	39	39	39	60	60	80	100	100
高（mm）	10	14	18	18	18	22	40	40	27	40
壁厚（mm）	1.0	1.2	1.4	1.4	1.4	1.6	1.6	1.8	2.0	2.0

5. 桥架

（1）桥架全称为电缆桥架，主要为敷设电缆用，包括金属线槽、钢制电缆托盘、钢制电缆梯架。线槽与托盘的区别是线槽必须有盖，托盘视需要而定加盖或不加盖；线槽是封闭的，槽体不能因减轻自重而多处开孔，而托盘则不然。电缆梯架结构外形如两侧平行的爬梯，电缆敷设在较密集的梯档上，水平敷设时可以在少数梯档上绑扎固定，垂直敷设时则电缆要在每个梯档上绑扎固定。

（2）电缆托盘常用的规格如表 7-25 所示。

常用的电缆托盘 表 7-25

宽度（mm）	50	100	150	200	250	300	400	500	600	700	800	1000
钢板厚度（mm）	1.0	1.0	1.0	1.0	1.5	1.5	1.5	1.5	2.0	2.0	2.0	2.0
高度 （有盖）（mm）	50	50	75	75	100	100	100	150	150	150	150	150
高度 （无盖）（mm）	12	12	12	12	12	20	20	20	20	20	20	20

（3）电缆梯架常用的规格如表 7-26 所示。

常用的电缆梯架 表 7-26

梯架的宽度系列（mm）	100	200	300	400	500	600	800
梯架的高度系列（mm）	60			100			150

6. 照明灯具

（1）照明灯具可分为现场组装的灯具和成套灯具两大类。

1）现场组装的灯具是将购入的灯座、灯罩、光源等零件按设计要求组合而成，大多用于一般辅助场所。

2）成套灯具由设计单位按供应商提供的样本根据建筑设计选定，但其光源要另行购置。

（2）按灯具防触电要求分为O类、Ⅰ类、Ⅱ类、Ⅲ类。

1）O类灯具。依靠基本绝缘作为防触电保护的灯具，灯具易触及导电部件没有连接到固定布线中的保护导体。在建筑电气工程中基本不被采用。

2) Ⅰ类灯具。灯具的防触电保护不仅依靠基本绝缘,而且还包括附加的安全措施,即易触及的导电部件连接到固定布线中的保护接地导体上。

3) Ⅱ类灯具。灯具的防触电保护不仅依靠基本绝缘,而且有附加安全措施,例如双重绝缘或加强绝缘,没有保护接地或依赖安装条件的措施。

4) Ⅲ类灯具。防触电保护依靠电源电压为安全特低电压(SELV),并且不会产生高于SELV电压的灯具。

(3) 灯具的铭牌除标明额定工作电压外,还标明使用光源的最大功率。

7. 照明开关、插座

(1) 开关和插座均有明装和暗装两大类。

(2) 常用的照明开关的额定电流为:3A、5A、10A、15A、20A、30A等。

(3) 常用的插座额定电流为:5A、10A、15A等。

8. 辅助材料

电工用辅助材料主要有固定用的各类螺栓、螺钉、卡具、卡子等;导电连接用的焊锡、锡焊丝、压接管、压接帽、接线端子等;绝缘恢复用的布绝缘带、聚氯乙烯绝缘带、自粘性绝缘带;电线穿线用的镀锌铁丝、钢丝、专用塑料引线管等;绑扎固定用铁绑扎线、白布带、尼龙绳等;还有划线定位用的石笔、铅笔、粉线等,以及手工电弧焊条、气焊条和汽油、煤油等常用化工原料。

(四) 变压器、高低压开关柜安装

本节主要介绍10kV及以下变配电设备的安装知识,通过对10kV以下常用变配电设备的安装工艺介绍,使学员掌握安装工程的安装方法和质量要求。

1. 变压器安装

在民用建筑安装工程中,经常碰到的是降压(配电)、三相、双绕组和三绕组干式变压器。干式变压器是20世纪80年代以后开始广泛被采用的一种变压设备,分为开启式、封闭式和浇筑式三类,一般容量在3150kVA及以下,因此多为整体安装。

(1) 设备外观检查

变压器进入现场安装前应进行下列外观检查:

1) 变压器经开箱检查,其规格、型号、电压等级等应符合设计要求;设备有铭牌和强制性产品认证标志;产品合格证书、技术文件齐全。

2) 对照设备装箱单,核对附件、备件、专用工具齐全;附件的包装及密封良好。

3) 外观检查变压器本体、附件无锈蚀和损伤,绝缘子光洁无缺损或裂纹。

4) 表计、风扇、测温装置及绝缘材料等单独包装的要有防潮措施。

5) 安装用的材料应有合格证,材料规格型号符合设计要求。

6) 组合成箱体的干式变压器的基础型钢无锈蚀，除地脚螺栓外的固定螺栓、螺帽、垫片等必须采用热镀锌制品。

(2) 作业条件

1) 施工图纸及技术资料齐全，产品经现场开箱检查符合要求，施工方案或作业指导书已确认。

2) 组合成箱体的干式变压器的基础型钢安装完毕，工程质量符合相关标准，接地良好。

3) 变压器室的屋面、楼板、地坪施工完毕，不得渗漏；影响安装的建筑模板、施工设施及杂物清理干净。

4) 室内装修时有可能损坏已安装的变压器或变压器安装后不能进行装修的工作应全部结束，特别是在装修中有大量飞扬粉尘和湿作业的工作必须结束。

5) 变压器室的照明工程安装结束，门窗完整，锁匙齐全。

6) 室外安装使用的场地或运输通道已回填平整，地面承载力符合要求，且无飞扬尘土；有足够的使用面积，道路畅通。

(3) 安装方法

1) 运输、就位

根据干式变压器的重量和运输距离的长短，一般采用汽车、汽车吊吊装由汽车运输、铲车运输或卷扬机、滚杠运输。在施工现场对干式变压器的搬运，其注意事项如下：

① 运输过程中，变压器与车身应固定牢固，并保持运输平稳，不得碰撞和受剧烈震动，当变压器底座带有滚轮时，运输前应将滚轮拆除，在运输途中，变压器还应设有防雨及防潮措施。

② 利用卷扬机等机械牵引运输时，牵引的着力点应在变压器重心以下。

③ 变压器整体启吊时，应将钢丝绳系在专用吊耳上，不得将索具吊在设备部件上，注意吊索顶部夹角的大小要符合变压器技术文件的要求，以防变压器部件损坏或箱体变形。

④ 组合成箱体的干式变压器一般与其低压侧的开关柜组合在一起，其箱体的安装工艺与盘柜安装要求一致。箱体与基础型钢之间的固定应采用螺栓连接，箱内变压器本体的接地线应单独从接地干线上引接，不得利用基础型钢过渡。

⑤ 单独安装的干式变压器应水平安装（制造厂另有规定的按制造厂要求安装），其安装方向和位置符合设计图纸要求；就位后，应加装防震措施；引至本体的接地线宜有方便拆卸的断接点。

⑥ 干式变压器的风机及埋在线圈内部的测温元件、中间引线、温度控制器等的安装与检查必须符合制造厂的有关要求。

2) 变压器安装

变压器经过上述的一系列检查合格，无异常现象后，即可就位安装。

室内变压器基础台面一般均高于室外地坪，要想将变压器水平推入就位，必须在室外搭一与室内变压器基础台同样高的平台（通常使用枕木），然后将变压器吊到平台上，再推入室内。变压器就位安装应注意事项：

① 变压器推入室内时，应注意高、低压侧方向与变压器室内的高低压电气设备的位置设置一致。

② 装有滚轮的变压器就位符合要求后，应将滚轮用能拆卸的制动装置加以固定或根据安装要求拆除滚轮。

3) 一、二次线连接

① 一次线连接

变压器安装就位且高低压开关柜安装完成后，应进行一次线的连接，将变压器的高压侧与高压开关柜的出线侧连接，低压侧与低压开关柜的进线侧连接，变压器的接地螺栓与接地干线（PE线）连接。如果变压器的接线组别是Y/Y，则还应将接地线与变压器低压侧的零线端子相连。接地线的材料可用铜绞线（$16mm^2$ 或 $25mm^2$）或扁铁（$-25×4$）。一次线可采用母排或电缆（视设计要求定）、母排与母排、母排与接线端子的连接，其搭接面的处理应符合下列要求：

A. 铜与铜：高温且潮湿的室内，搭接面搪锡；干燥的室内不搪锡。

B. 铝与铝：搭接面不做涂层处理。

C. 钢与钢：搭接面搪锡或镀锌。

D. 铜与铝：铜导体搭接面搪锡；采用铜铝过渡板与铝导体连接。

E. 钢与铜或铝：钢搭接面搪锡。

安装高、低压母线时，如母线与变压器套管连接，应采用两把扳手，一把扳手固定套管压紧螺母，另一把扳手旋转压紧母线的螺母，以防止套管中的连接螺栓跟着转动。应特别注意不能使套管端部受到额外的力。

② 二次线连接

干式变压器的二次线指风机及埋在线圈内部的测温元件、中间引线、温度控制器等连接线路。二次线连接前电线应排列整齐、绑扎牢固，电线应有保护套管，电线应在接线端子箱内连接，连接前应进行校线，并套上端子号。单芯线可直接压接在相应的端子板上或煨成"羊眼圈"，用带有平垫片和弹簧垫片的镀锌螺栓连接在相应的端子板上；多股电线根据端子板的不同，宜采用相应的接线端子压接或搪锡连接在对应的端子板上，不得有断股。

(4) 变压器调试

变压器调试由有相应资质的调试单位进行，试验标准符合《电气装置安装工程电气设备交接试验标准》GB 50150 的规定和变压器制造厂的技术要求。

1) 静态试验

变压器安装结束后，清扫变压器本体和周围的灰尘、残油及杂物，即可进行静态试验。静态试验的内容有：二次保护（差动、速断、过流等）、非电量保护（温度）、信号、测量、控制和一次设备耐压、变比、直流电阻、绝缘、接线组别等以及整组模拟等。具体试验方法可参考有关变压器交接试验标准方法，静态试验的整定值由变压器的使用单位提供。

2) 送电运行

静态试验合格经全面检查，确认其符合运行条件后，变压器可进行冲击试验。干式变压器冲击前，接于中性点接地系统的变压器，其中性点必须接地，各种继电保护投入运行。变压器第一次冲击前应检查消防设施必须投入运行；分接头的位置、冷却装置的自动投入符合要求并投入自动位置。变压器第一次作全电压冲击合闸时，由高压侧投入，进行五次空载全电压冲击合闸。第一次合闸受电时间应持续保持10min以上，励磁涌流不应引起保护装置的误动，变压器的声响应正常，第一次与第二次的合闸时间一般间隔5min，以后每次合闸受电时间一般持续5min，间隔3min。并列运行的变压器组别应一致，在并列前，应先核对相位。冲击试验结束，变压器宜空载运行24h。

带负荷试验是考验差动极性的有效手段，空载运行24h以后的变压器一般带上变压器额定容量20%的稳定负荷即可进行试验，确认极性正确后，投上差动压板。

超温保护作为干式变压器的非电量保护的主保护，温度控制器应单独校验，其整定值由使用单位提供。干式变压器的差动保护在受电运行并带上负荷（一般在10%~20%左右即可）后，需进行差流确认，确保极性无误，防止误动作。

2. 高低压开关柜安装

高压开关柜用于开断或关合额定电压为1kV及以上线路的电器设备，有固定式和手车式两类，主要用于接受和分配电能。常用的高压开关按其功能分为断路器、负荷开关、隔离开关和接地开关四类。而常用的10kV及以下高压开关柜为六氟化硫开关柜和真空开关柜二类。低压开关柜也即低压配电屏，用于频率为50Hz、额定电压380V及以下的低压配电系统，有固定式和抽屉式两类。

（1）设备外观检查

1) 盘柜经开箱检查，其规格、型号、电压等级符合设计要求。设备有铭牌和产品认证标志，产品合格证、技术资料、说明书齐全。

2) 对照随机设备清单和技术资料，核对设备本体、附件、备件及专用工具的规格型号符合要求，附件、备件及专用工具齐全。

3) 外观检查无损伤及变形，涂层完整无损，附件外观完好，瓷件等绝缘部件无破损及裂纹。

4) 内部电气装置及元件、绝缘件齐全、无损伤和裂纹，接线端子、插接件及载流部分接触面光洁、无锈蚀等现象。

5) 充有六氟化硫等气体的运输单元，其压力值和含水量符合产品技术要求。

6) 安装用的材料有合格证，材料规格型号符合设计要求。

7) 基础型钢无锈蚀，除地脚螺丝外的固定用螺栓、螺丝、垫片等为镀锌材料。

（2）作业条件

1) 施工图纸及技术资料齐全，设备、材料经检查符合要求。

2) 与盘柜安装有关的建筑物、构筑物的建筑工程质量符合相关标准，建筑物的屋面、楼面施工完毕，且不渗漏。

3) 影响安装的建筑模板、施工设施及杂物应清理干净，并有足够的安装施工用场地。

4) 开关柜基础及地面施工完毕，预埋件及预留孔符合设计要求，预埋件牢固。

5) 进行装饰装修施工时有可能损坏已安装的开关柜或开关柜安装后不能再进行装饰

装修的工作应全部结束,照明设备安装完成。

6) 开关室或配电室的门窗安装完毕、锁匙齐全。

(3) 柜体安装

1) 基础型钢制作安装

高低压开关柜大多安装在基础型钢上。基础型钢一般为槽钢或角钢,普遍选用为10♯槽钢。

制作前先将型钢调直,除去铁锈,再按柜体底部框架尺寸进行下料钻孔(不采用螺栓固定者不用钻孔),孔径比螺栓直径大1.5~2mm。制作完成后,刷好防锈漆。型钢的安装方法一般有下列两种:

① 直接安装法

直接安装法,也就是在土建进行混凝土基础浇捣时,直接将基础型钢埋入基础的一种方法。安装时先在埋设位置找出型钢的中心线,再按开关柜的型式和尺寸确定型钢安装高度和位置,并做上记号。将型钢放在所测量的位置上,与记号对准,用水平尺调整水平,并应使两根型钢处在同一水平面上且平行,不水平时可在底侧加铁垫片调整,以达到要求值。型钢偏差不应大于表7-27规定。

基础型钢安装允许偏差　　　　　　表7-27

项目	允许偏差	
	(mm/m)	(mm/全长)
不直度	<1	<5
水平度	<1	<5
不平行度	/	<5

② 预留沟槽安装法

预留沟槽安装法,也就是在土建进行混凝土基础浇捣时,根据图纸要求在型钢基础安装位置先预埋固定基础型钢用铁件(钢筋或钢板)或基础螺栓,同时预留出沟槽的一种方法。沟槽应比基础型钢宽30mm。安装高压手车式开关柜时,沟槽深度为基础型钢埋入深度减去地面二次抹灰厚度,再加深10mm作为调整裕度;安装固定式开关柜时,沟槽深度为二次抹灰厚度,再加深10mm作为调整裕度。在混凝土凝固后(二次抹灰前),将预制好的基础型钢放入沟槽内,用水准仪或水平尺找正,找正过程中需用垫片的地方最多不能超过三片,然后将基础型钢、垫片、预埋铁件焊接成一体或用基础螺栓固定,型钢周围用混凝土填充捣实。基础型钢安装完后,手车式开关柜的型钢顶部应与抹灰地面一般高;固定式开关柜的型钢顶部一般高出抹平地面100mm。

2) 基础型钢接地

基础型钢安装完毕后,将室外引入室内的接地干线(一般选用镀锌扁钢)与基础型钢的两端焊牢,焊接长度为扁钢宽度的二倍,三面施焊,并将基础型钢刷一遍底漆、两遍灰漆。

3) 开关柜的搬运

开关柜的搬运应在较好天气下进行,以免柜内电器受潮。搬运时应有防止倾覆、撞击和剧烈振动的措施，应轻装轻卸。特别是六氟化硫封闭组合开关柜切不可倒置搬运；柜上精密仪表和继电器，必要时可拆下单独搬运。

根据开关柜重量、距离长短可采用汽车、汽车吊配合运输、人力推车运输或卷扬机滚杠运输。运输时，必须用麻绳将盘柜与车身固定，并保持运输平稳。吊运时，柜顶部有吊环的，吊索应穿在吊环内，无吊环的吊索应挂在四角主要承力结构处，不得将吊索吊在设备部件上。吊索的绳长应一致，注意绳索的顶部夹角应小于45°，以防柜体变形或损坏部件。

4）开关柜安装

开关柜就位应在基础型钢安装结束、检验基础型钢尺寸符合要求且在浇筑基础型钢的混凝土凝固后进行。按施工图纸的布置将开关柜放在基础型钢上，安装时应注意与变压器进出线有刚性连接的中心线位置。多块开关柜并列安装一般先安装中间一块柜，再分别向两侧拼装，逐台找正，找正时采用厚度为0.5mm薄钢板进行调整，调整处垫片不宜超过三片。开关柜安装允许偏差如表7-28所示。

开关柜安装的允许偏差　　　　　　　　　　表7-28

项　目		允许偏差（mm）
垂直度（每米）		<1.5
水平偏差	相邻两柜顶部	<2
	成列柜顶部	<5
柜面偏差	相邻两柜边	<1
	成列柜面	<5
柜间接缝		<2

开关柜就位后，与基础型钢用螺栓固定或焊接固定。若采用焊接固定，每台柜的焊缝不应少于4处，每处焊缝长约100mm左右。为保持柜面美观，焊缝宜放在柜体的内侧。焊接时，应把垫于柜下的垫片也焊在基础型钢上。值得注意的是，主控制柜、继电保护柜、自动装置柜等不宜与基础型钢焊死。除与基础型钢固定外，并列安装的柜与柜间用镀锌螺栓连接。柜的外壳应单独用$6mm^2$铜导线与基础型钢作接地连接。

装在震动场所的开关柜，应采取防震措施，一般是在柜下加装厚度为10mm的弹性垫。

开关柜安装完成后，才能进行柜内母线、二次回路线的连接和电气调试，柜内母线连接要求与变压器的一次线安装要求相同。

5）二次回路结线

二次回路结线应在开关柜安装固定完成，柜内电器元件齐全、完好，安装位置正确、固定牢固的前提下进行，结线前应先行二次回路线的校线，并将其端部标明回路编号，回路编号可以用不易褪色的水笔书写或采用专用编码机打印。按已完成的编号对号入座接入相应端子，配线及结线必须符合下列要求：

① 引入开关柜的电缆应排列整齐，电缆牌标识清晰，避免交叉，并应固定牢固。

② 柜内电缆芯线应按垂直或水平有规律地成束绑扎，不得歪斜交叉或无规律绑扎连

接，配线应整齐、清晰、美观，导线无损伤、绝缘良好，备用芯应留有适当的长度，导线在柜内不得有接头。

③ 强、弱电回路不应使用同一根电缆，并应分别成束分开排列。

④ 柜内配线电流回路应采用电压不低于 500V 的铜芯绝缘导线，其截面不应小于 $2.5mm^2$；其他回路截面不应小于 $1.5mm^2$；对电子元件回路、弱电回路采用锡焊连接时，在满足载流量和电压降及有足够机械强度的情况下，可采用不小于 $0.5mm^2$ 截面的绝缘导线。

⑤ 用于连接门上的电器可动部位的导线应采用多股软导线，并留有适当的裕度，在可动部位的两端应用卡子固定，与电器连接时，端部应绞紧，并应搪锡或焊接端子。

⑥ 每个接线端子的每侧接线不得超过 2 根。对于插接式端子，不同截面的两根导线不得接在同一端子上；对于螺栓连接的端子，当接两根导线时，中间应加装平垫片。

(4) 电气调试

1) 试验整定

高压试验应由当地供电部门认可的试验单位进行，试验标准符合国家规范、当地供电部门的规定及产品技术资料要求。当开关柜安装就位后，清扫配电室与电气盘柜上的灰尘及杂物，确认开关柜内无其他杂物，即可进行调整和试验。试验部位包括：高压开关设备、高压瓷件、高低压母线及电缆电线等。

① 低压母线、电缆、电线按规范要求可仅做绝缘电阻测试。

② 高压开关设备、高压瓷件、高压母线的试验内容有：耐压、过流、时间、信号等继电器调整，二次回路模拟试验以及移开（手车）式开关柜机械连锁装置的检查调整等，过流、时间、信号等继电器的试验方法可参见有关电气试验方法或标准；二次回路模拟通电试验应在过流、时间、信号等继电器的调整完成后进行，试验时主回路不应通电；移开（手车）式开关柜应检查测量断路器三相中心距和静触头三相中心距是否符合产品技术要求；手车推拉灵活，无卡阻碰撞现象，动触头与静触头的中心线应一致，且触头接触紧密，投入时接地触头先于主触头接触，退出时接地触头后于主触头脱开；检查断路器手车合分动作应无异常、连锁动作有效。

安装试验调整结束后，应将引入或引出盘柜的电缆孔封堵，以防小动物等杂物侵入。

2) 送电运行验收

① 送电前的准备工作

变配电所受电应备齐试验合格的验电器、绝缘靴、绝缘手套、临时接地铜线、绝缘胶垫、灭火器材等。

A. 进一步清扫盘柜及变配电室、控制室的灰尘。用吸尘器清扫电器、仪表元件，室内除送电需用的设备用具外，无关物品不得堆放。

B. 检查母线上、盘柜上有无遗留下的工具、金属材料及其他物件。

C. 明确试运行指挥者、操作者和监护人。检查送电过程中和通电运行后需用的票证、标识牌及规章制度应齐全、正确。

D. 安装作业全部完成，试验项目全部合格，并有试验报告。

E. 继电保护动作灵敏可靠，控制、连锁、信号等动作准确无误。

F. 编制受、送电盘柜的顺序清单，明确规定尚未完工或受电侧用电设备不具备受电条件的开关编号。

② 送电

高压受电由供电部门检查合格后，将电源送至高压进线开关上桩头，经过验电、核相无误。由安装单位合进线柜开关，其步骤如下：

A. 检查 PT 柜上电压表三相电压是否正常。

B. 合变压器柜开关，检查变压器是否已受电。

C. 合低压柜进线开关，查看电压表三相电压是否正常。

D. 进行其他盘柜的受电。

E. 对低压联络柜进行核相检查。在联络开关未合状态下，可用电压表或万用表电压挡（500V），进行开关的上下侧同相校核。此时电压基本为零，表示两路电的相位一致。用同样方法，检查其他两相。

③ 验收

送电空载运行 24h，无异常现象，办理验收手续，交建设单位使用。

（五）导管和线缆敷设

本节对建筑电气工程中布线系统的各类线缆及其保护外壳的安装工艺和质量要求作系统的介绍；重点在常见的工程实体。

1. 钢导管敷设

电气布线系统中常用的钢导管分为镀锌钢导管和非镀锌钢导管两类，按其厚度又可分为厚壁（$\delta>2mm$）和薄壁（$\delta\leqslant2mm$）两类。钢导管的连接方式有：镀锌厚壁钢导管的丝扣连接、镀锌薄壁钢导管的套接扣压式连接和套接紧定式连接、非镀锌厚壁钢导管的丝扣或套管连接、非镀锌薄壁钢导管的丝扣连接。连接方式不同，施工方法也不尽相同。在施工中应根据所用材料的不同，采用不同的施工方法。

（1）材料检查

1) 使用的管材及其附件应符合现行产品技术标准的规定，并应有产品合格证和产品检验报告。

2) 型号、规格应符合设计要求，管材表面有明显、不脱落的产品标识。

3) 管子顺直无严重变形，壁厚均匀，焊缝无裂缝、沙眼，内壁无棱刺。镀锌管镀锌层完整，无剥落和锈斑。非镀锌管管子内外壁需先除锈刷防腐漆（埋入浇混凝土内时，管子外壁可不刷防腐漆，但应除锈），防腐漆均匀完整无剥落现象。设计有特殊要求时，应按设计要求进行防腐处理。

4) 管箍为通丝管箍。丝扣清晰不乱扣，两端光滑无毛刺，镀锌管箍镀锌层完整无剥落。

5) 锁紧螺母外形完好无损，丝扣清晰。

6) 铁制灯头盒、开关盒、接线盒的金属板厚度应不小于 1.2mm。盒子无变形开裂，敲落孔完整无缺,面板安装孔和地线焊脚齐全。盒的面板规格与盒适配平整,产品有合格证。镀锌层完整无剥落。

7) 螺栓、膨胀螺栓、螺母、垫圈等应采用镀锌件。其他材料(如钢丝,电焊条,防锈漆,水泥,机油等)无过期变质现象。

(2) 导管加工

导管的加工有除锈、切割、套丝和弯管等。在钢导管敷设前,可根据导管的连接方式,选择导管加工的内容。

1) 除锈

对非镀锌钢管,为防止生锈,在配管前应对管子进行除锈、刷防腐漆。管子内壁除锈,可用圆形钢丝刷,两头各绑一根钢丝,穿过管子,来回拉动钢丝刷,清除管内铁锈。管子外壁除锈,可用钢丝刷打磨,也可用电动除锈机。除锈后,将管子的内外表面涂以防锈漆。但钢管外壁刷漆要求与敷设方式和钢管种类有关:

① 埋入混凝土内的钢管不刷防腐漆;

② 埋入道渣垫层和土层内的钢管应刷两道沥青(使用镀锌钢管可不刷);

③ 埋入砖墙内的钢管应刷红丹漆等防腐;

④ 钢管明敷时,应刷一道防腐漆,一道面漆(若设计无规定颜色,一般采用灰色漆);

⑤ 埋入有腐蚀的土层中的钢管,应按设计要求进行防腐处理。

对出厂已刷防腐黑漆的非镀锌钢管,只需在管子焊接处和连接处以及漆脱落处补刷同样色漆。

2) 切割套丝

根据实际施工需用长度对管子进行切割。管子切割时严禁采用气割,应使用钢锯或电动无齿锯进行切割。

除采用套接扣压式或套接紧定式连接的镀锌薄壁钢导管外,管子和管子丝扣连接、管子和接线盒、配电箱的连接,都需要在管子端部进行套丝。厚壁钢管套丝,可用管子铰板或电动套丝机,常用的有 $\frac{1}{2}''\sim2''$ 和 $2\frac{1}{2}''\sim4''$ 两种。薄壁钢管可用圆丝板。

套丝时根据钢管外径选择相应板牙。将管子用龙门压力钳紧固,再把铰板套在管端,均匀用力,随套随浇冷却液,丝扣不乱不过长,或用套丝机进行套丝。套完丝后,应立即清扫管口,将管口端面和内壁的毛刺用锉刀锉光,使管口保持光滑,以免割破导线绝缘。

3) 弯曲

管子弯曲半径,明配时,一般不应小于管外径的6倍,只有一个弯时,可不小于管外径的4倍;暗配时,不应小于管外径的6倍;埋于地下或混凝土楼板内时,不应小于管外径的10倍。

管子弯曲分冷弯和热弯,冷弯可采用手扳弯管器或液压弯管器。手扳弯管器一般适用于直径25mm及其以下的管子,先将管子插入弯管器,逐步弯出所需弧度;直径为32mm及其以上时,使用液压弯管器,即先将管子放入模具内,然后扳动弯管器,弯出所需弧度。

热弯一般适用于直径大于 100mm 以上的管子。用热弯法,首先应烘干砂子,堵住管子一端,将干砂灌入管内,用手锤敲打,直至灌实,再将另一管口堵住,放在炉上转动加热,烧红后,在钢平台上用固定的靠模煨成所需弧度。管路的弯曲处不能够有折皱、凹穴和裂缝现象。成型后浇水冷却,倒出砂子。管子的加热长度可根据下式计算:

$$L = \frac{\pi \cdot \alpha \cdot R}{180} \tag{7-1}$$

式中 α——弯曲角度,度;

R——弯曲半径,mm。

当 α 为 90°时,煨弯加热长度 $L=1.57R$。由于弯头冷却后角度往往要回缩 2°~3°,所以在弯制时宜比预定弯曲角度略大 2°~3°。

(3) 导管连接

1) 管与管连接

钢管与钢管连接有丝扣连接、套接扣压式连接、套接紧定式连接和套管连接四种连接方式。最常见的连接方式是丝扣连接和套管连接,套接扣压式连接和套接紧定式连接仅适用于 KBG 钢管和 JDG 钢管。对钢导管而言,无论是明敷还是暗敷,一般都采用丝扣连接,特别是潮湿场所,以及埋地和防爆的配管。为保证管子接口的严密性,管子的丝扣连接应用管子钳拧紧,使两管端间吻合,外露丝不多于 2 扣,然后用圆钢或扁钢作跨接地线焊在接头处,使管子之间有良好的电气

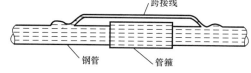

图 7-5 钢管连接处接地

连接,以保证接地的可靠性,如图 7-5 所示。跨接线焊接应整齐一致,焊接面不得小于接地线截面的 6 倍,并不得将管箍焊死。

在干燥少尘的厂房或机房,非镀锌厚壁钢导管可采用套管焊接的方法,套管的长度为连接管外径的 1.5~3 倍,套管的内径应略大于厚壁钢导管外径 1~1.5mm。焊接前先将管子从两端插入套管,并使连接管的对口处在套管的中心,然后在两端焊接牢固。

套接扣压式和套接紧定式连接应采用专用工具进行,不应敲打形成压点,严禁熔焊连接。采用直管接头连接,两管口插入直管接头中心凹型槽两侧。采用 90°直角弯管接头时,管子应插入弯管接头的承口处。

套接扣压式管与管连接时,先把导管与直管接头插紧定位后,用压接器对管接头进行压接。当导管径为 $\Phi 25$ 及以下时,每端扣压点不应少于 2 处;当管径为 $\Phi 32$ 及以上时,每端扣压点不应少于 3 处,且扣压点宜对称,间距宜均匀。

套接紧定式管与管连接时,先把导管与直管接头(或螺纹接头带紧定钉一端)插紧定位后,用紧定扳手持续拧紧紧定螺钉,直至拧断"脖颈",使导管与管接头成一整体即达到连接要求,无须再做接地跨接线。

2) 管与盒、箱连接

盒、箱开孔应用开孔器,孔洞应与管径吻合,排列整齐,要求一管一孔。如用定型盒、箱敲落孔应与管径吻合,KBG 管和 JDG 管应采用专用配件进行管与盒、箱的连接,其他钢管管口入盒、箱时暗配管可用焊接固定,管口露出盒、箱应小于 5mm;明配管应

用锁紧螺母锁定，内壁管端螺纹宜外露锁紧螺母2～3扣。

(4) 导管敷设

1) 暗管敷设

在现浇混凝土构件内敷设管子，可用钢丝将管子绑扎在钢筋上，也可以用钉子将管子钉在木模板上，将管子用垫块垫起，用钢丝绑牢，如图7-6所示。垫块可用碎石块，垫高15mm以上，此项工作是在混凝土浇灌前进行的。当管子配在砖墙内时，一般是随土建砌砖时预埋；否则，应事先在砖墙上留槽或开槽。管子在砖墙内的固定方法，可先在砖缝里打入木楔，再在木楔上钉钉子，用钢丝将管子绑扎在钉子上，再将钉子打入，使管子充分嵌入槽内。应保证管子离墙表面净距不小于15mm。当管子配在地坪内时，须在土建浇筑混凝土前埋设，固定方法可用木桩或圆钢等打入地中，用钢丝将管子绑牢。为使管子全部埋设在地坪混凝土层内，应将管子垫高，离土层15～20mm，这样可减少地下湿土对管子的腐蚀作用。埋于地下的电线管不宜穿过设备基础，在穿过建筑物基础时应加保护管保护。当许多管子并排敷设在一起时，必须使其各离开一定的距离，以保证其间也灌上混凝土。进入落地式配电箱的管子应排列整齐，管口应高出基础面不小于50mm。为避免管口堵塞影响穿线，管子配好后应将管口用木塞或牛皮纸堵好。管子连接处以及钢管与接线盒连接处，要做好接地处理。当电线管路遇到建筑物伸缩缝、沉降缝时，必须相应作伸缩、沉降处理，一般是装设补偿盒。在补偿盒的侧面开一个长孔，将管端穿入长孔中，而另一端用六角螺母与接线盒拧紧固定，如图7-7所示。

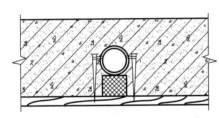

图7-6 木模板上管子的固定方法

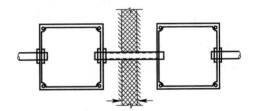

图7-7 装设补偿盒的补偿装置

2) 明管敷设

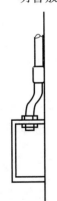

图7-8 线管进接线盒

明管敷设应排列整齐、美观，固定点均匀。一般管路应沿建筑物结构表面水平或垂直敷设，其允许偏差在2m以内为3mm，全长不应超过管子内径的二分之一。管路连接应用丝扣连接、套接扣压式连接或套接紧定式连接，各接线盒要用成品配件并与管径相配。当管子沿墙、柱和屋架等处敷设时，可直接用管卡固定。管卡的固定方法，可用膨胀螺栓或弹簧螺丝直接固定在墙上。当采用支架固定时，支架形式可根据具体情况按照标准图集选择。管路敷设应用管卡固定，严禁将管焊接在支架上或焊接固定在其他管道上。管卡与终端、转弯中点、电气器具或接线盒边缘的距离为150～500mm，中间管卡最大间距应符合表7-29的规定。管子贴墙敷设进入盒、箱内时，要适当将管子煨成双弯（鸭脖弯），如图7-8所示。不能使管子斜穿到接线盒内。同时要使管子平整地紧贴建筑物上，在距接线盒300mm处，用管卡将管子固定。在有弯头的地方，弯头两边也应用管卡固定。

七、建筑电气工程　159

钢管中间管卡最大距离　　　　　　　　表 7-29

敷设方式	导管种类	导管直径（mm）				
		15～20	25～32	32～40	50～65	65 以上
		管卡间最大距离（m）				
支架或沿墙明敷	壁厚＞2mm 刚性钢导管	1.5	2.0	2.5	2.5	3.5
	壁厚≤2mm 刚性钢导管	1.0	1.5	2.0	—	—

补偿装置宜用金属软管或可挠金属管等柔性导管，柔性导管长度有足够余量，与钢管连接有专用接头，如图 7-9 所示，两端钢管间有铜软线连接的跨接地线。

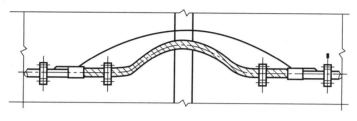

图 7-9　软管补偿

在爆炸危险场所内明配钢管时，凡自非防爆场所进入防爆场所的引入口均应采用密封措施，图 7-10 为钢管与电缆的穿墙密封措施。

管子间及管子与接线盒、开关盒之间都必须用螺纹连接，螺纹处必须用油漆麻丝或四氟乙烯带缠绕后旋紧，保证密封可靠。麻丝及四氟乙烯带缠绕方向应和管子旋紧方向一致，以防松散。

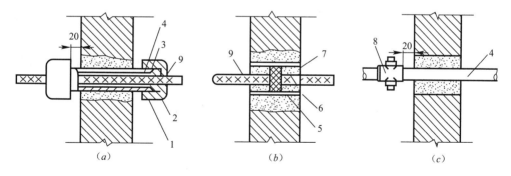

图 7-10　钢管与电缆穿墙密封情况
（a）单根非铠装电缆的穿墙作法；（b）单根铠装电缆的穿墙作法；（c）单根管子穿墙作法
1—密封接头（成套）；2—橡皮封垫（成套）；3—垫圈（成套）；4—钢管；5—水泥预制管；6—黏土填充物；
7—料堵（浸胶麻绳）；8—四通隔离密封；9—电缆

2. 绝缘导管敷设

绝缘导管按其硬度可分为刚性绝缘导管和可弯曲绝缘导管。刚性绝缘导管是只有借助于机械装置才能弯曲的绝缘导管，在弯曲过程中可以进行或不进行特殊加工；可弯曲绝缘导管不用借助于其他装置，只用适当的力就能用手弯曲。由于绝缘导管的硬度不同，其安装过程的制作加工方法也不尽相同。施工现场使用比较多的是刚性绝缘导管。

(1) 材料检查

1) 绝缘导管及其附件，其材质均应具有抗压、抗冲击、抗弯曲、抗弯折能力和耐热、耐燃和电气绝缘性能，其氧指数不应低于27%的阻燃指标，并应有检定检验报告单和产品出厂合格证。

2) 绝缘导管的管外壁应有制造厂厂标和其他性能标记，第一个标记离管端约500mm，以后每隔1～3m应在导管上重新作出标记。导管的内、外表面应平整，无明显的气泡、裂纹及色泽不匀等现象；内外径尺寸应符合标称直径，管壁厚度应均匀一致。

3) 与绝缘导管配套用附件及各绝缘制品，如各种灯头盒、开关盒、接线盒、插座盒、管箍等必须与绝缘导管的材质相符。

4) 粘合剂必须使用与绝缘导管配套的产品，粘合剂必须在有效使用期限内。

(2) 导管加工

1) 切割

绝缘导管的切断，应采用专用的剪管器进行，也可以用普通钢锯进行切断。管子切断后，便可直接与连接器连接。但为便于与附件粘接，应用刮刀刮掉毛刺，用锉刀锉平管口，使其断面光滑。内侧用刀柄旋转铰动一圈，便于过线。

2) 弯曲

绝缘导管的安装和弯曲，应在原材料规定的允许环境温度下进行，其温度不宜低于-15℃。刚性绝缘导管弯曲方法分冷煨法和热煨法两种。

① 冷煨法

有用膝盖煨弯和使用手扳弯管器煨弯两种，适用于管径在25mm及以下的导管。用膝盖煨弯，是将弯管弹簧插入绝缘导管内需要煨弯处，两手抓住管子两头，顶在膝盖上用手扳，逐步弯出所需弧度，然后抽出弯管弹簧（当弯曲较长的管子时，可将弯管弹簧用镀锌钢丝拴住，以便管子弯曲后拉出弯管弹簧）。使用手扳弯管器煨弯，是将管子插入配套的弯管器内，手扳一次煨出所需的弧度，如图7-11所示。

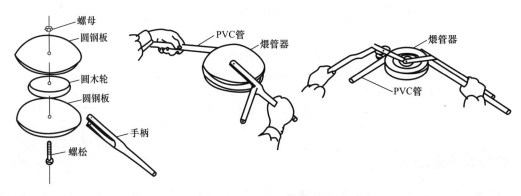

图7-11 手扳弯管器示意图

② 热煨法

是一种用电炉或热风机等均匀对管子加热，待至柔软状态时，进行管子弯曲的方法。热煨弯时，将弯管弹簧插入绝缘导管内需要煨弯处，用电炉或热风机等均匀加热，烘烤管子煨弯处，待管子被加热到可随意弯曲时，立即将管子放在木板上，固定管子一头，逐步煨出所需弧度，并用湿布抹擦使弯曲部位冷却定型，然后抽出弯管弹簧。热煨过程中，不得使管子出现烤伤、变色、破裂等现象。

可弯曲绝缘导管用手工直接煨弯，煨弯时两手抓住管子，分段均匀用力弯曲，以免出现管子凹瘪、折皱和椭圆等现象。

管子弯曲半径与钢导管的要求一致。

(3) 导管连接

绝缘导管，管与管及管与箱、盒连接时，均应采用其配套的专用配件。

1) 管与管连接

绝缘导管中管与管连接选用的是专用套管，连接时只要将管子插入段擦拭干净，抹上专用胶水，用力将管子插入套管内，套管插入后不要随意转动，1min 后管子套接连接就可完成。

绝缘导管需作补偿处理时应选用补偿节，补偿节连接如图 7-12 所示。连接时将管子 1 插入段擦拭干净，抹上专用胶水，用力将其插入补偿节内，1min 后将管子 2 插入段擦拭干净，抹上专用胶水，再用力将其插入补偿节的另一端，插入节内约 50mm。套管插入后不得随意转动，1min 后粘接完成。

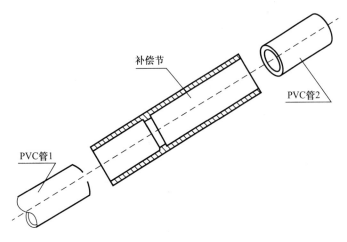

图 7-12 补偿装置连接

2) 管与盒、箱连接

绝缘导管管与盒、箱连接目前市场上也有专用接头，连接时只要先将专用接头与盒、箱壁用拧紧螺圈紧固，如图 7-13 所示，然后将专用接头与管子连接，连接方法同管与管连接方法。

暗敷在现浇混凝土或预制楼板上的管与箱、盒连接完成后，应用纸或泡沫塑料块堵好箱、盒口（堵口材料可采用现场现有柔软物，如水泥纸袋或报纸等）。

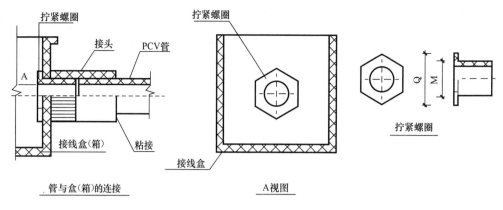

图 7-13 管与盒（箱）连接

(4) 导管敷设

1) 暗管敷设

绝缘导管暗敷设的技术要求除导管本身不需要接地外，其余基本上与钢导管敷设要求相同。管子固定在砖墙、轻质墙或轻钢龙骨吊顶内的安装可用塑料开口管卡固定。

2) 明管敷设

绝缘导管明敷设的技术要求基本与钢导管敷设要求相同，但管子沿墙、柱和屋架等处敷设时，在直线段上每隔 30m 要装设一只温度补偿装置，以适应其膨胀性，在支架上架空敷设的绝缘导管，因可以改变挠度来适应其长度的变化，所以可不装设补偿装置。绝缘导管可直接用塑料管卡固定。管卡与终端、转弯中点、电气器具或接线盒边缘的距离为 150～300mm，中间管卡最大间距应符合表 7-30 的规定。管子贴墙敷设进入盒、箱内时，按图 7-8 施工。不能使管子斜穿到接线盒内。同时要使管子平整地紧贴建筑物上，在距接线盒 300mm 处，用管卡将管子固定。在有弯头的地方，弯头两边也应用管卡固定。明配绝缘导管在穿越楼板易受机械损伤的地方应用钢管保护，其保护高度距楼板面不应低于 500mm。

绝缘导管中间管卡最大距离　　　　　表 7-30

管　径（mm）		20 及以下	25～40	50 及以上
固定点间距（m）	垂直敷设	1.0	1.5	2.0
	水平敷设	0.8	1.2	1.6

3. 可挠金属导管敷设

可挠金属导管的外层为镀锌钢带，中间层为冷轧钢带，内层为耐水电工纸，重叠卷拧成螺旋状，外壁自成丝扣。与钢导管相比，它的最大优点是敷设方便、施工操作简单，由于导管结构上具有可挠性，因此安装时不受建筑部位影响，随意性比较大，但价格相对较高。目前大多用于高档次的民用工程中。

(1) 材料检查

1) 可挠金属导管及其附件，应符合现行技术标准的有关规定，并应有合格证。阻燃可挠金属导管及其附件还应有经检定的阻燃证明。

2）可挠金属导管配管采用的管卡、支架、吊钩、各类盒（箱）等金属附件，均应镀锌或涂防锈漆，连接器、接地夹应为镀锌制品。

3）可挠金属导管及配套附件器材的规格型号，应根据所敷设的部位、环境条件选择，并符合现行技术标准的规定和设计要求。

4）安装可挠金属导管的配套材料应符合有关产品技术要求并应有产品合格证。

（2）导管加工

可挠金属导管的外壁已自成丝扣，且结构本身是可挠的，因此不存在套丝和导管的弯曲问题，主要是导管的切断方法。导管切断可采用专用的切割刀，也可以用普通钢锯。切断时，用手握住可挠金属导管或放置在工作台上用手压住，刀刃轴向垂直对准管子纹沟，边压边切即可断管。管子切断后，便可直接与连接器连接。但为便于与附件连接，可用刀背敲掉毛刺，使其断面光滑。内侧用刀柄旋转绞动一圈，更便于过线。

（3）导管连接

1）管与管、箱、盒连接

可挠金属导管与可挠金属导管以及与钢导管、各类箱、盒的连接时，均应采用其配套的专用附件，详见表7-31。

可挠金属电线保护管附件种类及用途　　　　　　表7-31

种　类	型号	用　途
接线箱连接器	BG	可挠金属导管与接线箱等连接
组合连接器	KG	可挠金属导管与钢导管连接
无螺纹连接器	VKC	可挠金属导管与钢导管组合连接
直接连接器	KS	可挠金属导管相互之间的连接
绝缘护套	BP	为保护电线绝缘层不受损伤，安装在可挠金属导管末端
固定夹	SP	固定可挠金属导管
防水型直接头连接器	WC	防水型、阻燃型可挠金属导管相互之间的螺纹连接
防水型接线箱连接器	WBG	外覆PVC塑料的可挠金属导管与接线箱等组合连接
防水型混合连接器	WUG	外覆PVC塑料的可挠金属导管与钢导管组合连接
防水角型接线箱连接器	WAG	外覆PVC塑料的可挠金属导管与接线箱等直角组合连接
接地夹	DXA	固定接地线

可挠金属导管与钢导管连接，当采用KS系列连接器时，由于管子、连接器自身有螺纹，可直接将管子拧入拧紧；当采用VKC系列无螺纹连接器与钢导管连接时，必须用扳手或钳子将连接器的顶丝拧紧，以防浇灌混凝土时松脱。

2）接地线连接

可挠金属导管与管、箱、盒等连接处，必须采用可挠金属导管配套的接地夹子进行连接，不得采用熔焊连接，接地跨接线为截面积不小于$4mm^2$的软铜线。导管、箱、盒等均应可靠接地并连接成一体，但不得作为电气持续接地体。交流50V、直流120V及以下的配管，可不跨接接地线。

(4) 导管敷设

可挠金属导管在穿越建筑物、构筑物的沉降缝或伸缩缝处时，只要留有稍许余量，满足要求即可。

1) 暗管敷设

由于导管的可挠性，在安装过程中应特别强调先安装盒、箱或先确定管子敷设的始点与终点，然后测量所需导管的长度（包括导管的弯曲弧长），安装时随时进行固定并注意导管的弯曲半径不应小于管外径的 6 倍。暗敷在现浇混凝土结构中的管子，应敷设在两层钢筋中间，且依附底筋敷设，管子与钢筋绑扎，绑扎点间距小于 500mm，绑扎点距箱、盒小于 300mm。垂直敷设时，管子应依附同侧竖向钢筋固定敷设，每隔不大于 1000mm 的距离用细铅丝、铁钉固定；水平敷设时，管子宜沿同侧横向钢筋固定敷设。砖混结构随墙暗敷时，向上引管应及时堵好管口，并用临时支杆将管沿敷设方向挑起；吊顶内暗敷时，管子可敷设在主龙骨上，每隔不大于 1000mm 的距离用专用卡子固定，在与接线箱、盒连接处，固定点距离不应大于 300mm；护墙板（石膏板轻质墙）内暗敷时，应随土建龙骨同时进行，其管路固定，应用可挠金属导管的专用卡子进行固定。在暗敷时，可挠金属导管有可能受重物压力或明显机械冲击处，应采取有效保护措施。

2) 明管敷设

可挠金属导管明配时，应注意不要使可挠金属导管出现急弯，其弯曲半径不应小于管外径的 3 倍。抱柱、梁弯曲时，可采用专用的弯角附件进行配接。水平或垂直敷设的明配可挠金属导管，其允许偏差为 5‰，全长偏差不应大于管内径的 1/2。导管的终端、转角处、电气器具或接线盒、箱距支架、吊架 150～300mm 处应进行固定，管长不超出 1000mm 时应最少设置两副支架，其余支架的设置不应超出表 7-32 的规定。导管明配时，为确保导管敷设平整、横平、竖直，应边敷设边进行固定，固定完后，再将多余的导管截去。

可挠金属电线保护管明敷固定点间距离　　　　表 7-32

敷 设 条 件	固定点间距离（mm）
建筑物侧面或下面水平敷设	<1000
人可能触及部位	<1000
可挠金属电线管互接，与接线箱或器具连接	固定点距连接处<300

4. 桥架和线槽敷设

(1) 材料检查

1) 桥架、线槽及其附件的型号、规格应符合设计要求，桥架、线槽内外应光滑平整，无棱刺，不应有扭曲、翘边等变形现象，合格证齐全。

2) 固定用金属膨胀螺栓应根据允许拉力和剪力进行选择。

3) 采用的圆钢、扁钢、角钢、螺栓、螺母、螺丝、垫圈、弹簧垫等金属材料都应经过镀锌处理。

4) 金属桥架、线槽允许的最小板材厚度如表 7-33 所示。

桥架、线槽允许的最小板材厚度（mm）　　　　表 7-33

宽度	允许最小厚度
小于 400	1.5
400~800	2.0
大于 800	2.5

（2）连接件选择

根据桥架线槽设计进行交叉、转弯、丁字的连接要求，可选用直通、二通、三通、四通或平面二通、平面三通等，施工前根据实际安装线路确定变通连接方式，选用连接材料。

（3）支吊架安装

金属、玻璃钢桥架或线槽一般采用支吊架安装，塑料线槽可直接用塑料胀管固定于混凝土墙或砖墙上，而不需要支吊架，玻璃钢桥架或线槽常使用于有防火要求的场所。安装金属、玻璃钢桥架或线槽的支吊架有两类，一类是由制造厂提供的标准立柱和托臂、吊架，另一类是现场制作的支吊架。无论哪一类，其安装方法有焊接连接和螺栓固定连接两种，采用焊接连接时，应在土建浇捣楼板或梁柱时先预埋钢板，作为支吊架安装的固定件，预埋钢板的自制加工尺寸不应小于 120mm×60mm×6mm。模板拆除后，预埋钢板的平面应明露，或吃紧深度在 10~20mm。焊接连接时，角钢立柱与预埋铁板直接焊接连接；槽钢立柱或工字钢立柱是用立柱底座作为其支承连接与预埋钢板焊接，焊接完成后，再将槽钢或工字钢立柱与立柱底座螺栓连接；标准支吊架或现场制作的支吊架与预埋钢板直接焊接连接。螺栓固定时，角钢立柱与楼板或墙面直接用膨胀螺栓连接；槽钢立柱或工字钢立柱是将立柱底座与楼板或墙面用膨胀螺栓连接，连接完后，再将槽钢或工字钢立柱与立柱底座进行螺栓连接；标准支吊架或现场制作的支吊架直接用膨胀螺栓连接。对制造厂提供的标准立柱，安装完成后，按设计桥架高度安装托臂。由制造厂提供的标准托臂也有两类，一类是与立柱配套的托臂（见图 7-14），托臂与立柱靠压板用螺栓紧固；另一类是带固定底座的托臂（见图 7-15），托臂底座直接用膨胀螺栓固定于墙或柱上的。

支吊架安装前根据设计图确定走向、进户线、盒、箱等电气器具的安装位置和支架设置位置，进行弹线定位，按已确定的位置安装支吊架，支吊架焊接连接后，应及时清除焊渣，同时做好防腐。支吊架采用膨胀螺栓固定时，应根据支吊架承重的负荷选择相应的金属膨胀螺栓。

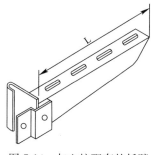

图 7-14　与立柱配套的托臂

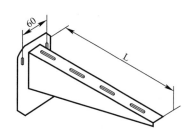

图 7-15　带固定底座的托臂

(4) 桥架和线槽安装

1) 安装连接

桥架和线槽安装应在支吊架安装完成后进行,桥架和线槽的标准出厂尺寸一般为2m长,当有特殊要求时,可由制造厂定制加工。桥架和线槽直线段组装时,应先做干线,再做分支线,将桥架和线槽逐段组装成形。采用连接板连接,交叉、转弯、丁字采用变通连接,连接时连接板可置于槽的内侧,也可置于槽的外侧,连接螺栓应选用方颈或半圆头连接螺栓,由槽内向外穿越,用垫圈、弹簧垫圈、螺母紧固,以保证接口内侧平整,槽盖装上后应平整,无翘角,出线口的位置准确。桥架与盒、箱、柜等连接时,进线和出线口等处应采用抱箍连接,并用螺丝紧固。桥架和线槽安装时,应用螺栓在每个支吊架或间隔一个支吊架上固定,螺栓应选用半圆头螺栓,螺母应位于外侧。铝合金桥架在钢制支架上固定时,应有防电化腐蚀的措施(如进行绝缘隔离)。电缆桥架转弯处的转弯半径,不应小于该桥架上的电缆最小允许弯曲半径的最大者。桥架线槽经过建筑物的变形缝(伸缩缝、沉降缝)时应断开,用调角片连接,调角搭接螺栓不需拧紧。当直线段钢制桥架超过30m,铝合金或玻璃钢制电缆桥架超过15m和桥架跨越建筑伸缩缝处,应有伸缩补偿,其连接宜采用伸缩连接板。建筑物的表面如有坡度时,桥架线槽应随其坡度变化。待桥架全部安装完毕后,应在电缆敷设前进行调整检查。确认合格后,才能进行电缆敷设。

桥架和线槽应根据敷设场所和设计要求,选择型号规格,在竖井、吊顶、通道、夹层及设备层等处的桥架线槽应符合《高层民用建筑设计防火规范》GB 50045的有关防火要求。

2) 接地

金属桥架或线槽及其支架是以敷设电气线路为主的保护壳,和金属导管一样必须接地可靠。金属桥架或线槽及其支架全长应不少于两处与接地干线相连接,如桥架或线槽在施工中是树枝状的分布,且末端与始端相距较长,此时接地连接应按设计要求执行,同时,桥架和线槽的所有非导电部分的铁件均应相互连接和跨接,使之成为一连续导体。当沿桥架或线槽敷设接地干线时,金属桥架或线槽的每节和每付金属支吊架均必须与接地干线用螺栓可靠连接。当沿桥架或线槽未敷设接地干线而将金属桥架或线槽作为接地线时,镀锌桥架或线槽的连接板可作地线,宽度在100mm以内,连接板每端螺丝固定点不少于4个;宽度在200mm以上,连接板每端螺丝固定点不少于6个。非镀锌桥架或线槽的连接板两端应跨接铜芯接地线,接地线的最小允许截面积不小于$4mm^2$。

5. 封闭插接式母线(母线槽)敷设

封闭插接式母线是由金属外壳、绝缘件及金属母线组成的,适用于大电流输送的场合。金属母线根据容量大小,分别采用铝材或铜材。金属外壳有镀锌和非镀锌钢板及铝合金材料三种,目前市场上以镀锌钢板和铝合金材料居多。母线每段标准长度有2m、2.5m、3m、4m、5m、6m,在施工中可根据现场实际长度需要定制,插接式母线带有插口。本节重点描述封闭插接式母线的施工技术与质量要求。

(1) 材料检查

1) 封闭插接式母线应有合格证、安装技术文件、说明书、试验报告，其规格、型号、电压等级、额定容量等应符合设计要求。

2) 各种规格的型钢应无明显锈蚀，卡件和各种螺栓、垫圈等应符合设计要求，为热镀锌制品。

3) 成套供应的封闭式母线的各段应标志清晰，附件齐全，外壳无变形，内部无损伤。螺栓固定的母线搭接面应平整，其镀银层不应有麻面起皮及未覆盖部分。经核对，每段（节）供货的尺寸符合订货要求。

4) 用1000V兆欧表测量其冷态绝缘电阻，每段不得小于20MΩ。

(2) 母线的测绘（定位）

母线测绘前，电气设备（变压器、开关柜等）应已定位，同时，根据建筑结构实际位置和设计图纸要求，对母线按分段（节）实际尺寸进行测绘，取得每段（节）的实际尺寸，根据实际尺寸绘制母线安装图，以作订货的依据。

(3) 支吊架制作安装

根据施工现场建筑结构类型和预埋预留状况，可选用制造厂家提供的成套支吊架或采用角钢、槽钢等型钢自行制作。支吊架构造型式可按施工设计图纸或设计指定的施工大样图，也可按母线供货商提供的技术文件要求进行制作，支吊架制作完成后应及时进行油漆或镀锌等防腐处理。支吊架安装时，封闭插接式母线直段支架的距离不应大于2m，拐弯处及与箱（盘）连接处须装设支架，垂直敷设的封闭、插接式母线，当进线盒及末端悬空时采用支架固定。母线水平安装可用托架或吊架，垂直安装时，应用楼面支承弹性支架，如图7-16所示，托架和支撑架一般利用建筑预埋件进行焊接固定，吊架采用膨胀螺栓固定，具体支吊架的安装方法可参照制造厂家的安装说明或施工图集进行。

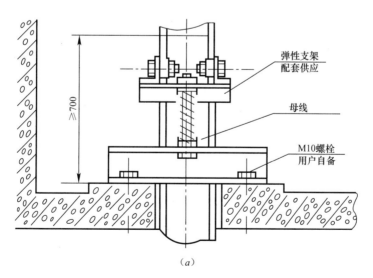

图 7-16 母线支承弹性支架（一）

(a) 100-1600A

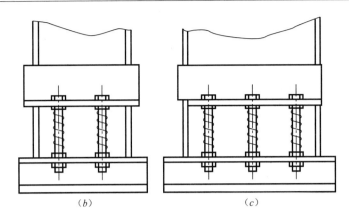

图 7-16 母线支承弹性支架（二）
（b）2000-3150A；（c）3500-5000A

（4）封闭插接式母线的组装和架设

为了安装方便，可把 2~3 段母线先在地面上组装，组装前必须再一次对每段母线用 1000V 兆欧表进行绝缘电阻测试，其电阻值不得小于 20MΩ，然后架设到支吊架上，再把各段连成一个整体。

1) 母线的段间连接

两段母线连接时，需注意使母线的搭接接触面相互保持平行，每相母线间及与外壳间的纵向间隙应分配均匀，母线与外壳应同心，其误差不得超过 5mm。具体做法是先将两相邻母线及外壳对准，再穿入相应规格的螺栓，用扭力扳手拧紧，M12 螺栓紧固力矩为 118N·m，M16 螺栓紧固力矩为 138N·m，连接时不应使母线及外壳受到附加机械应力，母线连接好后，装好盖板，接上保护接地线，再检测保护电路的连续性，$R \leqslant 0.1\Omega$ 即合格。

2) 母线与进线箱的连接

当配电柜、变压器或进线箱作为母线的电源输出、输入端时，只要将其母线终、始端单元直接与其连接即可。当进线箱安装在中间进线单元时，应根据设计位置，先安装中间进线单元，再依次安装两端母线。

3) 母线架设

几段母线组装完毕，由人工用肩抬的方式放入已安装的托架上，当母线垂直安装时可用吊索（可用麻绳绑扎，不得用裸钢丝绳）将母线垂直起吊，并将其与已安装的母线或进线单元按母线的段间连接方法进行组对。组对后，根据弹性支架的弹簧高度在母线上卡接固定弹性支架，并将弹性支架与固定支座用弹簧螺栓进行连接，连接紧固后方可拆除起吊用索具。

4) 送电

确认插接式母线安装完成，检查电源出线开关处于断开状态，测量母线相间或相对地、相对零绝缘电阻大于等于 0.5MΩ，方可进行送电。

6. 电缆敷设

（1）运输保管

由于长距离的电缆运输一般由制造厂负责，所以我们这里主要介绍短距离的电缆搬运和电缆的保管。

电缆出厂一般都带有电缆盘，短距离搬运电缆盘可采用滚动。但电缆盘必须牢固、保护板完好。没有保护板的电缆盘，其挡板必须高出电缆外圈100mm，滚动方向必须顺着电缆盘上箭头指示的方向，且道路应平整、坚实、无砖石硬块。在滚动过程中不应损伤电缆。对于短节电缆可按不小于电缆最小弯曲半径将电缆卷成圈，并至少在四处进行捆扎后再搬运，严禁在地面上拖拉。

电缆及其附件如不立即安装，应集中分类存放。电缆存放场地要求地基干燥、坚实、道路畅通、易于排水。电缆盘下应有衬垫，盘上应标明电缆型号、电压、规格、长度。盘间应有通道。电缆封端应严密。橡塑护套电缆应有防日晒措施。电缆在保管期间，应每三个月检查一次，木盘应完整、标志应齐全、封端应严密、铠装应无锈蚀。如有缺陷应及时处理。

（2）材料检查

1）按批检查合格证，合格证应有生产许可证编号，有安全认证标志。

2）检查每盘电缆上的电缆规格、型号、电压等级、长度及外护层结构等是否与设计相符。同时应作潮气检查、绝缘电阻测量和直流耐压试验。

3）外观检查电缆盘应完好无损，抽查的电缆绝缘层完整无损，厚度均匀。电缆无压扁、扭曲，铠装不松卷。耐热阻燃电缆的外护层有明显标识和制造厂标。

4）各种金属型钢不应有明显锈蚀，所有紧固螺栓均应采用镀锌件。

5）核对与电缆绝缘外径相匹配的电缆附件型号，主要性能应符合现行标准的规定。（注意：电缆绝缘外径为选型的最终决定因素，截面为参考）

6）其他辅助材料：电缆盖板、电缆标志牌、油漆、白布带、橡皮包布、黑包布等均应符合要求，连接管、接线端子的规格与电缆线芯规格相符。

（3）敷设方法

电缆的敷设方法比较多，有直埋敷设、电缆沟内敷设、电缆隧道敷设、电缆穿管敷设、沿支架、电缆桥架敷设等，究竟选择哪种敷设方法，应根据设计要求来定。

1）基本要求

尽管电缆的敷设方法比较多，但敷设时都应遵守以下共同规定：

① 电缆敷设时不应破坏电缆沟和隧道的防水层。

② 在三相四线制系统中使用的电力电缆，不应采用三芯电缆另加一根单芯电缆、导线或电缆金属护套等作中性线的方式，以免当三相电流不平衡时，使得中性线发热。当在三相系统中使用单芯电缆时，为减少损耗，避免不平衡，应组成紧贴的正三角形排列，并且每隔1m用绑带扎牢。

③ 并联运行的电力电缆长度应相等。

④ 电缆敷设时，在电缆端头及电缆中间接头附近可留有备用长度。

⑤ 电缆敷设时，电缆弯曲半径不应小于表7-34的规定。

电缆最小允许弯曲半径（mm） 表7-34

电缆种类	电缆护层结构	单芯	多芯
塑料绝缘电力电缆	铠装或无铠装		10d
控制电缆	铠装或无铠装		10d

注：d—电缆外径

⑥ 电缆垂直敷设或超过 45°倾斜敷设时在每个支架上均需固定；水平敷设时则只在电缆首末两端、转弯及接头处固定。所用电缆夹具宜统一。使用于交流的单芯电缆或分相铅包电缆在分相后的固定，其夹具不应有铁件构成的闭合磁路。裸铅（铝）包电缆的固定处，应加软衬垫保护。

⑦ 施放电缆时，电缆应从盘的上部引出，并应避免电缆在地面上或支架上拖拉摩擦。电缆放缆支架的架设位置应以敷设方便为准，一般应在电缆起或止点附近为宜。架设时，应注意电缆轴的转动方向，电缆引出端应在电缆轴的上方，如图 7-17 所示。

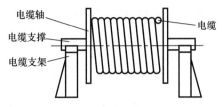

图 7-17　电缆架设示意图

电缆敷设可用人力牵引或机械牵引。采用机械牵引可用电动绞磨、电缆输送机或托撬（旱船法）。

⑧ 电缆敷设时不宜交叉，而应排列整齐，加以固定，并及时装设标志牌。

⑨ 电缆进入电缆沟、隧道、竖井、建筑物、盘（柜）以及穿入管子时出入口应封闭，管口应密封。

2）电缆敷设原则

① 电缆敷设应在土建工作完成、供配电设备均已就位之后进行。

② 在实际施工中常用的方法是人力拖放电缆，其人员安排一般是总指挥 1 人，电缆盘处 3～4 人，拖拉电缆人数应根据电缆的长度、规格决定。一般 95mm² 以上电缆为 2～3m 设 1 人，95mm² 以下电缆为 3～5m 设 1 人；线路转角处的两侧各设 1 人；穿过楼板上下各设 1 人等。电缆敷设的特点就是参加的人员多而集中，所以人员组织应合理，以保证协同能力，提高效率。

③ 大截面的电缆敷设目前采用电缆输送机，根据所敷设电缆长度，确定需要几台电缆输送机，每台电缆输送机间隔应在 30～50m，电缆输送机与电缆输送机之间根据电缆自重大小安放好相应的电缆直线滑车，转弯段放置转角滑车，一台电缆输送机配一个电源箱、一个电源线盘，由一个总控制箱控制所有电缆输送机的前进和后退。敷设过程中用对讲机确保总控人员了解电缆输送情况，以便及时开停机。采用电缆输送机敷设，可改善施工人员的作业条件，降低劳动强度，能有效地保证人员和电缆的安全，提高功效。

④ 电缆施放前应根据电缆总体布置情况，按施工实际绘制电缆排列布置图，并把电缆按实际长度通盘计划，避免浪费。

⑤ 电缆敷设程序坚持：先敷设集中排列的电缆，后敷设分散排列的电缆；先敷设长电缆，后敷设短电缆；并列敷设的电缆先内后外，上下敷设的电缆先下后上。电缆敷设过程中应立即组织整理、挂牌，切忌等大量电缆敷设完后再一次性整理，以保证电缆排列整齐、美观，避免差错。

3）直埋电缆敷设

直埋电缆是将电缆直接埋入土层内的一种敷设方法，电缆较少且敷设距离较长时采用此法。敷设前应先挖沟，电缆沟的宽度根据埋设电缆的根数决定，电缆间的最小净距应符合表 7-35 的规定。电缆沟的挖土深度应保证电缆敷设后，电缆表面距地面的距离不应小于 700mm；穿越农田时不应小于 1m；当遇到障碍物或冻土层较深的地方，则应适当加深，使电缆埋于冻土层以下。当无法深埋时，应采取措施，防止电缆受到损伤。电缆沟宜挖成上大下小的坡形，以防土方坍塌。直埋电缆的上下应铺设黄砂层，黄砂可以用无杂物的细土替代，黄砂或细土中不应有石块或其他硬杂物，其铺设厚度不小于 100mm，并盖以混凝土保护板，覆盖宽度应超过电缆两侧各 50mm，也可以用砖块代替混凝土盖板。

电缆之间、电缆与管道、道路、建筑物之间平行和交叉时的最小净距　　表 7-35

项 目		最小净距（m）	
		平行	交叉
电力电缆间及其与控制电缆间	10kV 及以下	0.1	0.50
	10kV 以上	0.25	0.50
控制电缆间		—	0.50
不同使用部门的电缆间		0.50	0.50
热管道（管沟）及热力设备		2.00	0.50
油管道（管沟）		1.00	0.50
可燃气体及易燃液体管道（沟）		1.00	0.50
其他管道（管沟）		0.50	0.50
铁路路轨		3.00	1.00
电气化铁路路轨	交流	3.00	1.00
	直流	1.00	1.00
公路		1.50	1.00
城市街道路面		1.00	0.7
杆基础（边线）		1.00	
建筑物基础（边线）		0.6	
排水沟		1.0	0.5

4）电缆沟或电缆隧道内敷设

① 在沟或隧道内敷设电缆，一般用支架或桥架，常用支架是自制角钢支架或装配式支架，自制角钢支架有膨胀螺栓或焊接固定和直接埋墙固定两类，其形式如图 7-18 所示。当设计无规定时，电缆支架最上层及至沟顶或楼板的距离应为 300～350mm，最下层距沟底或地面的距离应为 50～100mm；电缆支架的层间距离应符合表 7-36 的规定。

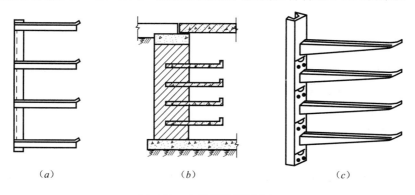

图 7-18　电缆敷设常用支架
(a) 膨胀螺栓或焊接固定支架；(b) 埋墙固定支架；(c) 装配式支架

电缆支架的层间允许最小距离值（mm）　　　　　　　表 7-36

类别	规格	距离
控制电缆		120
电力电缆	10kV 及以下（除 6～10kV 交流聚乙烯绝缘外）	150～200
	6～10kV 交流聚乙烯绝缘	200～255

② 制作支架所用钢材应平直，无显著扭曲，下料后长短差应在 5mm 之内，切口应无卷边、毛刺。支架焊接应牢固，且无变形。支架安装应在沟内粉刷前进行，固定牢固、横平竖直。在有坡度的电缆沟或建筑物上安装支架时，应有与电缆沟或建筑物相同的坡度。

③ 电缆在支架上水平敷设时，电力电缆与控制电缆应分开或分层，不同电压等级的电缆应分层敷设。当分层敷设时，敷设位置为：控制电缆在下，电力电缆在上；1kV 及以下的电缆在下，1kV 以上的电缆在上。电缆按规定敷设完毕后，应在电缆引入或引出套管处和电缆接头两侧处加以绑扎固定，做好电缆进出口的封堵，同时盖好盖板，必要时应做好盖板的密封。

④ 电缆在支架上垂直敷设时，有条件的最好自上而下敷设。土建未拆吊车前，将电缆吊至楼层顶部。敷设时，同截面电缆应先敷设低层，后敷设高层，要特别注意，在电缆盘附近和部分楼层应采取防滑措施。自下而上敷设时，低层小截面电缆可用滑轮和绳索以人力牵引敷设。高层、大截面电缆宜用机械牵引敷设。电缆在穿过楼板或墙壁处有防火隔堵要求的，应按施工图做好隔堵措施。垂直敷设或大于 45°倾斜敷设的应在每个支架上及时进行固定。

⑤ 电缆沿桥架敷设时其施工方法与电缆在支架上敷设类同。

7. 配线

(1) 材料检查

1) 电线的型号、规格必须符合设计要求，并有产品出厂合格证。

2) 所用电线的额定电压应大于线路的工作电压。电线的绝缘应符合线路的安装方式和敷设环境的条件，电线截面应能满足供电质量和机械强度的要求。

3) 引线用镀锌铁丝或钢丝应顺直无背扣、扭结等现象，能承载相应的拉力。

4) 电线护口与管径相应适配。

5) 根据电线截面和电线的根数选择相应型号的加强型绝缘钢壳螺旋接线钮。

6) LC 型压线帽的绝缘层应具有阻燃性能、氧指数为 27% 以上。适用于 $2.5mm^2$、$4mm^2$ 铝芯电线和 $1～4mm^2$ 铜芯电线的接头压接。LC 型压线帽分为黄、白、红、绿、蓝五种颜色，铝线用绿、蓝二种颜色，铜线用黄、白、红三种颜色，使用中可根据电线截面和根数进行选择。

7) 套管有铜套管、铝套管、铜铝过渡套管三种，选用时应采用与电线材质、规格相应的套管。

8) 接线端子（线鼻子）应根据导线的根数和总截面选择相适配的规格。

9) 焊锡是由锡、铅和锑等金属组合的低熔点（185℃～260℃）合金。焊锡制成条状或丝状。

(2) 一般要求

1) 电线敷设时，应尽量避免接头。因为常常由于电线接头质量不好而造成事故。若必须接头时，应采用压接或焊接。

2) 电线在连接和分支处，不应受机械力的作用，电线与电器端子连接时要牢靠压实。

3) 穿在管内的电线，在任何情况下都不能有接头，必须接头时，可把接头放在接线盒或灯头盒、开关盒内。

4) 各种明配线应垂直或水平敷设，要求横平竖直，无保护壳的水平电线高度距地不应小于 2.5m，垂直敷设不低于 1.8m，否则应加管、槽保护，以防机械损伤。

5) 电线穿墙时应装过墙管保护，过墙管两端伸出墙面不小于 10mm，当然太长也不美观。

6) 当电线沿墙壁或天花板敷设时，电线与建筑物之间的最小距离：瓷夹板配线不应小于 5mm，瓷瓶配线不小于 10mm。在通过伸缩缝的地方，电线敷设应有余量。对于线管配线应设补偿盒，以满足建筑物伸缩的需要。

7) 为确保用电安全，室内电气管线与其他管道间应保持一定距离。

(3) 布线

1) 管内穿线

把绝缘电线穿在管内敷设，称为管内穿线。这种布线方式比较安全可靠，可避免腐蚀性气体的侵蚀和机械损伤，更换电线方便。

① 管内穿线工作一般应在管子全部敷设完毕及土建地坪和粉刷工程结束后进行。在穿线前应将管子中的积水及杂物清除干净。电线穿管时，应先穿一根钢丝作引线。当管路较长或弯曲较多时，应在配管时就将引线穿好。一般在现场施工中对于管路较长，弯曲较多，从一端穿入钢引线有困难时，多采用从两端同时穿钢引线，且将引线头弯成小钩，当估计一根引线端头超过另一根引线端头时，用手旋转较短的一根；使两根引线绞在一起，然后把一根引线拉出，此时就可以将引线的一头与需穿的电线结扎在一起。在所穿电线根数较多时，可以将电线分段结扎，如图 7-19 所示。也可穿一根 $\phi 4 \sim \phi 8$ 的尼龙管线作引线。

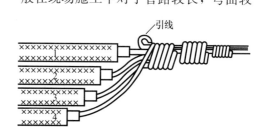

图 7-19 多根电线的绑法

② 拉线时，应由二人操作，较熟练的一人担任送线，送线应用放线盘，使电线不打结，另一人担任拉线，两人送拉动作要配合协调，不可硬送硬拉。当电线拉不动时，两人应反复来回拉 1～2 次再向前拉，不可过分勉强而将引线或电线拉断。

③ 在较长的垂直管路中，为防止由于电线的本身自重拉断电线或拉松接线盒中的接头，电线每超过下列长度，应在管口处或接线盒中加以固定：当 50mm^2 以下的电线，长度为 30m 时；70～95mm^2 电线，长度为 20m 时；120～240mm^2 电线，长度为 18m 时。电线在接线盒内的固定方法如图 7-20 所示。

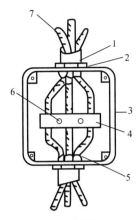
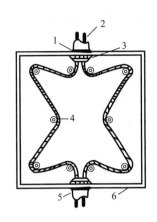

（a）固定方法之一　　　　　　　　（b）固定方法之二
1—电线管；2—根母；3—接线盒；4—木制线夹；　　1—根母；2—电线；3—护口；4—瓷瓶；
5—护口；6—M6机螺栓；7—电线　　　　　　　　5—电线管；6—接线盒

图 7-20　垂直管线的固定

④ 穿线时应严格按照规范要求进行，不同回路、不同电压等级和交流与直流的电线，不得穿入同一根管子内；同一交流回路的电线应穿于同一金属导管内。不论何种情况，电线在管内都不得有接头和扭结，接头应放在接线盒内。

⑤ 电线与设备连接时，应将钢管敷设到设备内；如不能直接进入时，可在钢管出口处加金属软管或塑料软管引入设备，金属软管和接线盒等的连接要用软管接头。穿线完毕，即可进行电器安装和电线连接。

2) 线槽内布线

把绝缘电线放在线槽内，称为线槽内布线。这种布线方式比较方便，易于检修和电线的更换。

线槽内布线工作必须在线槽全部安装完毕及土建地坪和粉刷工程结束后进行。在敷线前应将线槽内的杂物清除干净，并注意线槽接口的平整度，不得出现接口错位的状况，以免敷线时损伤电线的绝缘层。电线敷设时，应按供电或用电回路进行敷线，同一回路的相线和中性线敷设于同一金属线槽内，电线在线槽内敷设时应有一定的余量，并用绑扎带或尼龙绳进行分段绑扎，绑扎点间距不应大于 1.5m；在垂直的线槽内敷设时，每段至少应有一个固定点，直线段长度大于 3.2m 时，应每隔 1.6m 将电线固定在线槽内壁的专用部件上；电线的分支接头应设在盒（箱）内，盒（箱）应设在便于安装、检查和维修的部位，分支接头处电线的总截面积（包括外护层）不应大于盒（箱）内截面积的 75%；电线敷设后，应将线槽盖板复位，复位后盖板应齐全、平整牢固。

（六）动力、照明配电箱安装

在电气配电设备中常用的配电箱结构形式有挂式和落地式，按其安装方式有悬挂明装、暗装和落地式安装。前面已经介绍了落地式安装（即开关柜）的安装方法，本节主要介绍配电箱的安装方法与质量要求，动力配电箱和照明配电箱无非是用途不一，但其安装方法基本相同。配电箱有标准和非标准两类，非标准配电箱也即自制配电箱。目前工程中大量采用的是标准配电箱。无论哪一类，安装时仅分为明装与暗装（即悬挂式与嵌入式）两种。

1. 设备检查

（1）成套供应的配电箱经开箱检查，规格、型号、电压等级符合设计要求，有铭牌和强制性产品安全认证标志，产品合格证、技术资料、说明书齐全。

（2）对照装箱清单和技术资料，核对本体、附件、备件及专用工具的规格型号符合要求，附件、备件及专用工具齐全。

（3）内部电气装置及元件、绝缘件应齐全、无损伤和裂纹，接线端子、插接件及载流部分接触面应光洁、无锈蚀等现象。

（4）外观检查无损伤及变形，涂层完整无损，铁制配电箱，厚度不小于1.5mm。

2. 悬挂式配电箱安装

（1）悬挂式配电箱安装常见的有直接悬挂墙上安装和利用支架固定安装两种。直接安装在墙上时，应先埋设固定螺栓，固定螺栓的规格应根据配电箱的型号和重量选择。当配电箱采用金属支架固定时，支架制作前应调直型钢，并在支架上开好用于配电箱固定的螺栓孔，但严禁在支架上用气割下料和开孔，支架安装前应刷好防锈漆和面漆，面漆不得少于两道，然后将支架固定在墙上，或用抱箍固定在柱子上。安装前，应根据设计要求找出配电箱、板的位置，并按其外形尺寸进行弹线定位，以便更准确地确定支架或金属膨胀螺栓的打孔位置，然后打孔，埋入金属支架或金属膨胀螺栓。

（2）配电箱安装前，应根据配电箱进出电气线路配管的情况，按需要敲掉敲落孔压片或按其线路配管管口大小、数量用开孔器在箱体上开孔，严禁使用气割开孔。配电箱应安装牢固后，方可进行配管作业。

（3）配电箱安装过程中应随时用水平仪和吊线锤测量箱体垂直度、水平度和平整度并进行必要的调整，配电箱底边距地面高度应按设计要求确定，垂直度允许偏差为1.5‰，在同一建筑物内同类箱的高度应保持一致，允许偏差为10mm。调整后将配电箱用金属螺栓进行固定。

3. 嵌入式配电箱安装

（1）嵌入式配电箱安装也即配电箱暗装，有混凝土墙板上暗装、砖墙上暗装和木结构或轻钢龙骨护板墙上暗装几种情况。安装时一般先安装铁壳箱体，再安装箱内配电板。配电箱体安装前，同样应根据配电箱进出电气线路配管的情况，先将箱体铁壳按需要敲掉敲落孔压片或按其线路配管管口大小、数量用开孔器在箱体上开孔，严禁使用气割开孔，同时将与建筑物、构筑物接触部分涂以防腐漆，以防腐蚀。

（2）配电箱的安装高度以设计为准（当设计未做规定时按规范要求底边距地为1.5m），箱体安装应保持其水平和垂直，安装的垂直度允许偏差为1.5‰。箱体安装应根据其结构形式和墙体装饰层厚度来确定突出墙体的尺寸，如箱底板与外墙面齐平时，应在外墙固定金属网后再做抹灰，不得在箱底板上直接抹灰。盘面安装时周边间隙均匀对称，要求平整，贴脸（门）平正，不歪斜，螺丝垂直受力均匀。箱内配电盘安装前预埋的电管均应配入配电箱内，同时应对箱体的预埋质量、线管的预埋质量进行检查，确认符合要求后，再进行盘的安装。安装盘面时保证盘内的交流、直流或不同电压等级的电源，应有明显标志；配电盘应分别设置中性线和保护地线（PE线）汇流排，中性线和保护地线应在汇流排上连接，不得铰接，并应有编号；盘上装设的螺旋熔断器，其电源线应接在中间触点的端子上，负荷线应接在螺纹的端子上；相线应涂相色漆，A相（L1）应涂黄色；B相（L2）应涂绿色；C相（L3）应涂红色；中性线N相应涂淡蓝色；保护地线（PE线）应涂黄绿相间双色。配电箱安装完成后，应标明配电系统图和用电回路名称。

（3）全部电器安装完毕后，用500伏兆欧表对线路进行绝缘检测。检测项目包括相线与相线之间、相线与中性线之间、相线与保护地线之间、中性线与保护地线之间。同时做好记录，作为技术资料存档。

（4）不同结构上的安装

1）混凝土墙板上暗装配电箱

配电箱在混凝土墙板上暗装，箱体的预留孔必须在土建进行混凝土墙板浇捣时配合留洞，可制作一只略大于配电箱箱体尺寸的木箱（以考虑适当的安装调整余量）预埋在混凝土墙板内，木箱内应填满浸泡过水的湿废纸，并应紧贴模板，以防预留孔洞堵塞。待土建将墙体模板拆除后及时找出预留孔洞，并打掉木箱。配电箱安装时，在预留孔洞处先找准箱体安装标高及水平尺寸将箱体固定，然后用水泥砂浆填实周边并抹平齐，待水泥砂浆凝固后再安装盘面和贴脸。

2）砖墙上暗装配电箱

配电箱在砖墙上暗装，箱体的预留孔必须在土建砌墙体时配合预留，配合预留的箱体大小应以配电箱箱体尺寸为准。箱体安装时同样应先找准箱体安装标高及水平尺寸将箱体固定，然后用水泥砂浆填实周边并抹平齐，待水泥砂浆凝固后再安装盘面和贴脸。进入箱体的电气配管，应在箱体安装后及时配置。

3）木结构或轻钢龙骨护板墙上暗装配电箱

在木结构或轻钢龙骨护板墙上暗装配电箱时，应采用加固措施。如配管在护板墙内暗敷设，要求箱口应与墙面平齐，在木制护墙处应做防火处理，可涂防火漆或加防火材料衬里进行防护。

（七）照明器具安装

照明装置安装主要是指用于工业与民用建筑物、构筑物中电气照明灯具、开关、插座等的安装，也包括建筑物景观照明、园林艺术照明等的安装。照明灯具安装分室内安装和室外安装两种。室内灯具的安装方式主要有吸顶式、嵌入式、吸壁式和悬吊式。悬吊式又可分为软线吊灯、链条吊灯和管子吊灯。室外灯具的安装有电杆上安装、景观照明灯安装和庭院灯安装。开关、插座的安装有明装和暗装两类，本节主要描述室内灯具、景观照明灯、庭院灯及开关、插座的安装施工工艺及质量要求。

1. 照明灯具安装

室内照明灯具的安装方式主要有如图 7-21 所示几种。

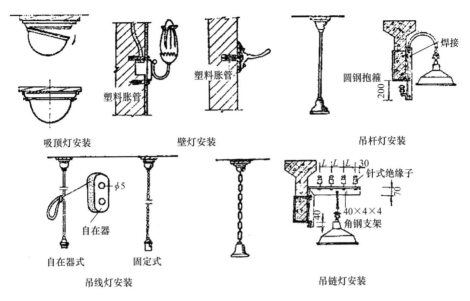

图 7-21 灯具安装方式

(1) 一般规定

1) 灯具安装一般在建筑工程施工结束、穿线完成后进行。

2) 对敞开式灯具的安装高度（采用安全电压的除外）一般不小于：室外墙上安装为 2.5m；厂房 2.5m；室内 2m；软吊线带升降器的灯具在吊线展开后 0.8m。

3) 当灯具距地面高度小于 2.4m 时，灯具的可接近裸露导体必须接地（PE），灯具外壳应有带标识的专用接地螺栓。

4) 灯具安装时其质量大于 3kg，必须固定在螺栓或预埋吊钩上。

5) 对非成套灯具，安装以前应进行组装。组装时，灯具配线应选用额定电压不低于 450/750V 的铜芯绝缘电线，电线绝缘应良好，无漏电现象。

6) 电线穿入灯箱时，在分支连接处不得承受额外应力和磨损，多股软线的端头需铰接后搪锡再连接；灯箱内的导线不应过于靠近热源，否则应采用隔热垫进行隔热。

7) 灯具内配的电线严禁外露，当采用螺口灯头时，相线应接于螺口灯头的中间端子上；装于室外且无防雨设施的灯具，灯具组装时应采取加橡胶垫或打防水胶等防水密闭措施。

8) 灯具组装完后应对灯具及灯具内部配线进行绝缘电阻测试，其绝缘电阻值应大于 2MΩ。

(2) 材料检查

1) 灯具经开箱检查，其规格、型号、电压等级应符合设计要求，产品合格证、技术资料、说明书及安装配件齐全，有铭牌和强制性产品安全认证标志。

2) 外观检查无损伤、碎裂及变形，涂层完整无损。

3) 照明灯具使用的导线其电压等级不应低于交流 500V，其最小线芯截面应符合规定，接线端子光洁、无锈蚀等现象。

4) 花灯的吊钩其圆钢直径不小于吊挂销钉的直径。

5) 庭院灯具铸件表面不得有影响结构性能与外观的裂纹、砂眼、疏松气孔和夹杂物等缺陷。

6) 景观照明灯的反光器应干净整洁，并应进行抛光氧化或镀膜处理，反光器表面应无明显划痕。

7) 灯具所使用光源的功率应符合设计要求。

8) 固定灯具用的螺丝等物件应采用镀锌制品。

(3) 灯具安装

1) 吸顶灯安装

吸顶灯有敞开式灯具（无灯罩）和装饰灯具（有灯罩）两种。敞开式灯具的底座一般选用木台，除个别半扁圆灯外，装饰灯具的灯具底座一般由制造厂成品供应。吸顶灯安装应先安装底座，底座一般可直接固定在楼顶板（棚）的预埋件上或用膨胀螺栓固定，但不得使用木楔。对敞开式灯具，应将灯头安装在木台底座上；对安装在顶棚装饰材料上的灯具，若灯泡距顶棚或木台太近，且顶棚为易燃材料时，应在灯具底座与顶棚间或灯泡与木台间放置隔热垫（类似于石棉垫的材料）。

2) 嵌入灯安装

嵌入式灯具一般安装在有吊平顶的顶棚上，当设计无要求时，安装于轻质吊平顶上的灯具质量不得大于 0.5kg，否则应采用吊支架进行安装固定或固定在专设的框架上，导线不应贴近灯具外壳，且在灯盒内留有余量。嵌入式灯具的安装位置往往取决于整个顶棚的布局，因此在灯具接线盒的预埋阶段就应及时与装修单位联系，按设计总体布局和灯具大小，确定灯具接线盒安装位置、灯具开孔位置及孔的大小，以便开孔正确，灯具安装布局合理。对安装在铝扣板或轻质材料上的矩形灯具，应尽可能使灯具模数与吊顶平顶分隔模数保持一致。安装时灯具的边框应紧贴顶棚面上，以防漏光，灯具的边框宜与顶棚面的装饰直线平行，其偏差不应大于 5mm。

3) 壁灯安装

壁灯可以安装在墙上或柱上，可在柱子浇捣或砌墙时预埋木砖，或直接用膨胀螺栓将灯具固定；当安装在柱子上时，可在柱子上预埋金属构件或用抱箍将金属构件固定在柱上，同样也可直接用膨胀螺栓将灯具固定。

4) 吊灯安装

不论是软线吊灯、链条吊灯或管子吊灯，安装时均需要有吊线盒和木台两种配件。木台规格应根据吊线盒或灯具法兰大小选择，不能太大，又不能太小，否则影响美观。当木台直径大于 75mm 时，应用两只螺栓固定，木台的固定方法要看建筑物的构造或布线方式而定。在混凝土结构上固定木台时，应预埋木砖或采用膨胀螺栓；在木结构上固定时，可用木螺丝直接拧紧；对照明系统采用管配线布线且埋设有照明接线盒时，可直接与接线盒固定。为保持木台干燥，防止受潮变形开裂，装于室外或潮湿场所内的木台应涂防腐漆。装木台时，应先将木台的出线孔钻好，然后电线从木台出线孔穿出（电线的绝缘部分应高出台面），将木台固定好。

软线吊灯、链条吊灯应在木台上装吊线盒，从吊线盒穿线孔处引出软线，软线的另一端接到灯座上。由于接线螺丝不能承受灯的重量，所以软线在吊线盒及灯座内应打线结，使线结卡在吊线盒的出线孔处。软线吊灯，灯具质量在 0.5kg 及以下时，可采用软电线自身吊装，大于 0.5kg 时应采用吊链，且软电线编叉在吊链内，使电线不受外力。花灯吊钩圆钢直径不应小于灯具挂销直径，且不应小于 6mm，大型花灯的固定及悬吊装置应按灯具质量的 5 倍做过载试验。

当用钢管做吊灯灯杆时，钢管内径不应小于 10mm，钢管厚度不应小于 1.5mm。

5) 景观照明灯安装

景观照明灯常用的有泛光灯和投光灯，灯具布置方式有在建筑物墙上安装、地面上安装和地面绿化带中安装三种。在墙上安装时，应在土建砌墙时先预埋接线盒；在地面上安装时，可在土建浇捣地面时预埋接线盒或直接预埋带有滴水弧状的保护管，以防止管口进水；在地面绿化带中安装，可采用混凝土基础安装。为防灯具受雨水侵袭，灯具与灯盒、混凝土基础结合面应用橡胶垫或用玻璃胶打胶处理，灯具安装好后灯表面应有一定的倾斜角。离开建筑物安装于地面上的泛光灯或安装在 2.5m 以下且在人行道等人员来往密集场所的落地式灯具，应设有隔离保护措施，以防人员灼伤和触电。金属导管、灯具及灯具的构架等可接近裸露导体应按设计要求做好接地，且有标识。

6) 庭院灯安装

庭院灯既可作为行人夜间照明灯又可作为艺术造型灯，常安装于水池边、庭院行人道旁或草坪上。庭院灯可以安装在混凝土基础上或接线盒上。安装在混凝土基础上时，可采用地脚螺栓固定，土建浇捣混凝土前，地脚螺栓应与主筋焊接牢固，无主筋的应将螺栓末端开成鱼尾状后再预埋固定住，螺栓中心分布应与灯具底座法兰中心分布直径一致，固定灯座的螺栓数量不少于灯具法兰底座上的固定孔，偏差应小于±1mm，螺栓规格应与灯具底座上的固定孔相符，埋入混凝土的长度应大于其直径的 20 倍；无混凝土基础的庭院灯应配合土建直接预埋防水接线盒。

室外庭院路灯的接地线应单设干线，干线沿庭院灯布置位置形成环网状，且不少于两处与接地装置引出线连接。由干线直接引出支线与金属灯柱及灯具的接地端子连接，且有标识，不得串联连接。

灯具安装前首先应检查每套灯是否配有熔断器，检查其熔芯应齐全，规格与灯具适配，固定可靠，然后固定灯具再进行接线。灯具法兰底座与基础固定时应保证使灯具的熔断器盒接线孔朝向一致，并设置于便于维修人员操作且不易被游人涉足的方向，灯具固定完后将其与基础接触面间加橡胶垫或打上防水胶；在熔断器盒内接线时，上端应接电源进线，下端与灯线连接。为防止雨水进入接线孔，孔的四边应加防水垫。

2. 开关、插座安装

开关、插座安装分明装与暗装。明装开关、插座的底部无需接线盒，安装时可直接将开关、插座安装在木台上；暗装开关、插座的底部须装有接线盒，应先预埋接线盒，再安装开关、插座面板。

(1) 一般规定

1) 开关安装时应使同一建筑物内的电源通断位置一致，一般跷板开关往上是接通电源，往下是切断电源。

2) 插座安装时，应注意不同电压等级或不同电源的插座有明显的区别，同一场所的三相插座接线的相序应一致。单相两孔插座，面对插座的右孔或上孔接相线，左孔或下孔接中性线；单相三孔插座，面对插座的右孔接相线，左孔接中性线；单相三孔、三相四孔及三相五孔插座的接地线（PE）接在上孔。插座的接地端子不能与中性线端子连接，同时接地（PE）线在插座间不能串联连接。

3) 开关安装位置应便于操作，开关边缘距门框边缘的距离 0.15～0.2m，开关距地面高度 1.3m；拉线开关距地面高度 2～3m，层高小于 3m 时，拉线开关距顶板不小于 100mm，拉线出口垂直向下；相同型号并列安装及同一室内开关安装高度一致，且控制有序不错位。并列安装的拉线开关的相邻间距不小于 20mm。

4) 插座安装高度：车间及试（实）验室的插座安装高度距地面不小于 0.3m；特殊场所暗装的插座不小于 0.15m；同一室内插座安装高度一致；当不采用安全型插座时，托儿所、幼儿园及小学等儿童活动场所安装高度不小于 1.8m。

(2) 材料检查

1) 各种规格开关、插座的型号必须符合设计要求，并有生产许可证、合格证和强制性产品安全认证标志。

2) 明装开关、插座的（台）板，应具有足够的强度；（台）板应平整、无变形等现象，木制（台）板的厚度应符合设计要求或施工规范要求（木台厚度一般不小于 15mm）；板面应平整，无裂缝变形等现象，油漆完好无脱落。

3) 其他材料：膨胀螺栓、镀锌木螺丝、镀锌机螺丝、压接帽、焊锡等均有产品合格证。

(3) 开关、插座安装

1) 明装

明装开关、插座其底部往往装有木台，安装时应先将木台固定在墙上，固定木台用螺丝的长度约为木台厚度的 2～2.5 倍，然后用木螺丝将开关或插座固定在木台上，且应安装在木台的中心，相邻开关及插座应尽可能采用同一种形式配置。在砖墙或混凝土结构上，不许用木楔来安装固定开关、插座的木台，应用膨胀螺栓固定。

2) 暗装

先将开关盒或插座盒按图纸要求位置埋入墙内，埋设时可用水泥砂浆填充，但应注意埋设平正，盒口面应与墙的粉刷层平面一致，待穿完线，将电线与开关或插座接线端子连接后，即可将开关或插座板用螺丝固定在盒上。开关或插座面板应紧贴墙面，四周无缝隙，安装牢固，表面光滑整洁、无碎裂、划伤，装饰帽齐全。

3. 照明系统试运行

灯具调试包括：线路绝缘电阻测试、照度检测和照明全负荷通电试运行三个过程。

(1) 线路绝缘电阻测试

校验兆欧表，即将兆欧表水平放置，接线端子开路，用额定转速转动手柄，此时指针应指到"∞"位置;再慢速转动手柄,并用导线短接"L"和"E"端子,此时指针应指到"0"位,否则该兆欧表不能使用。

将被测线路接于"L"和"E"端子,以额定转速转动手柄,待指针稳定后,读取绝缘电阻值。值得注意的是,测量读数时不应停止兆欧表的转动,只有在读取数值并断开"L"端子连接后,才能停止转动手柄。

(2) 照度检测

有照度自控功能的要与智能化工程联合调试,照度测试时应选用经计量检测合格的照度计进行测试,测试位置应在房间内距墙面 1m,小面积房间为 0.5m,距地面 0.8m 的假定工作面上进行测试;或在实际工作台面上进行测试。每个房间应选择 3~5 个测试点,大面积房间可多选几点进行测试,所测数据的平均值,即为该房间的实测照度。实际所测照度应符合设计要求。

(3) 照明全负荷通电试运行

当照明负荷所有回路均接线完成,线路绝缘电阻测试合格,检查灯具控制回路与照明配电箱回路标识一致,用电压表测量照明供电电压应正常,即可进行通电试运行。通电运行应先开启照明电源开关,再按回路编号逐一开启照明控制开关,边开启开关,边检查照明灯具送电运行情况,直至所有照明灯具均开启。通电连续运行时间:公用建筑照明系统 24h,民用住宅照明系统 8h。在运行期间用电压、电流表每 2h 检查一次电压、电流的变化情况和灯具的发热状况,以及三相配电干线的负荷分配平衡状况。若发现三相用电负荷严重不平衡,应与设计单位联系,对用电回路作出调整,以确保三相用电负荷的平衡。检查情况应及时进行记录,连续试运行时间内无故障且一切正常,则可交付正常运行。

(八) 低压电动机安装和试运行

电动机安装的工作内容主要包括设备的起重、运输、定子、转子、轴承座和机轴的安装调整等钳工装配工艺,以及电机绕组接线等工序。根据电动机容量大小,其安装工作内容也有所区别。对于使用最广泛的三相鼠笼型异步电动机(即笼型异步电动机),凡中心高度为 80~315mm,定子铁芯外径为 120~500mm 的称小型电动机;凡中心高度为 355~630mm,定子铁芯外径为 500~1000mm 的称中型电动机;凡中心高度为大于 630mm,定子铁芯外径大于 1000mm 的称大型电动机。本节主要介绍中小型电动机的安装施工技术与质量要求。

1. 电动机安装

(1) 搬运和安装前检查

搬运电动机时,应注意不应使电动机受到损伤、受潮或弄脏。

如果电动机由制造厂装箱运来,在没有运到安装地点前,不要打开包装箱,宜将电动机存放在干燥的仓库内,也可以放置在室外,但应有防潮、防雨、防尘措施。

中小型电动机从汽车或其他运输工具上卸下来时,可用起重机械。如果没有这些机械设备时，可在地面与汽车间搭斜板，将电机平推在斜板上，慢慢地滑下来。但必须用绳子将机身重心拖住，以防滑动太快或滑出木板。

质量在 100kg 以下的小型电机，可以用铁棒穿过电动机上的吊环，由人力搬运。但不能用绳子套在电机上的皮带轮或转轴上，也不要穿过电机的端盖孔来抬电机。所用各种索具，必须结实可靠。

电动机就位安装前应进行检查和清扫。

1）电动机的功率、型号、电压等是否符合设计要求，出厂合格证及有关技术文件是否齐全。

2）电动机本体、控制和启动设备外观检查是否有损伤及变形，油漆是否完好。

3）整装的电动机，盘动转子是否轻快，是否有卡阻及异常声响。定子和转子分箱装运的电动机，其铁心转子和轴颈是否完整无锈蚀现象。

4）拆开接线盒，用万用表测量三相绕组是否断路。

5）使用兆欧表测量电动机的各相绕组之间以及各相绕组与机壳之间的绝缘电阻；如果电动机的额定电压在 500V 以下，则使用 500V 兆欧表测量，其绝缘电阻值不得低于 $0.5M\Omega$，如不能满足应对电动机进行烘干处理。

6）对于绕线式电动机需检查电刷的提升装置，提升装置应标有"启动"、"运行"的标志，动作顺序是先短路集电环，然后提升电刷。

电动机经上述检查无异常情况可不进行抽芯检查。如果电动机出厂日期超过了制造厂保证期限，或经上述检查有可疑时应进行抽芯检查。检查过后的电动机应将机身上的尘土打扫干净。

（2）电动机的就位

电动机通常安装在机座上，基座固定在基础上，电动机的基础一般用混凝土或砖砌成。混凝土基础的养护期为 15 天，砖砌基础要在安装前 7 天做好。基础面应平整，基础尺寸应符合设计要求。如无设计要求，混凝土基础重量一般不小于电动机重量的 3 倍，基础各边应超出电机底座边缘 100～150mm。基础浇灌时，应先根据电机安装尺寸，将地脚螺栓和钢筋绑扎在一启。为保证位置的正确，上面可用一块定型板将地脚螺栓固定，待混凝土达到标准强度后再拆去定型板。也可根据安装孔尺寸预留孔洞，待安装时再用 1∶1 的水泥砂浆浇灌地脚螺栓。地脚螺栓尾部做成弯钩形，埋设不可倾斜，待电动机安装固定后，螺栓应高出螺帽 3～5 扣。整个基础要求不应有裂纹。

电动机就位时质量在 100kg 以上的电动机，可用滑轮组或手拉葫芦将电动机吊装就位。较轻的电动机，可用人抬到基础上就位。电动机就位后，即可进行纵向和横向的水平找正。如果不平，可用 0.5～5mm 的垫铁垫在电动机机座下，找平找正符合要求为止，垫片一般不超过三块，垫片与基础面接触应严密，电机底座安装完毕后应进行二次灌浆。

2. 电动机接线

电动机接线在电动机安装中是一项非常重要的工作，如果接线不正确，不仅电动机不能正常运行，还可能造成事故。接线前应查对电动机铭牌上的说明或电动机接线板上接线端子的数量与符号，然后根据接线图接线。当电动机没有铭牌，或端子标号不清楚时，应先用仪表或其他方法进行检查，然后再确定接线方法。

三相感应电动机共有六个端子，各相的始端用 U_1、V_1、W_1 表示，终端用 U_2、V_2、W_2 表示。标号 $U_1 \sim U_2$ 为第一相，$V_1 \sim V_2$ 为第二相，$W_1 \sim W_2$ 为第三相。

如果三相绕组接成星形，U_2、V_2、W_2 连在一起，U_1、V_1、W_1 接电源线；如果接成三角形，U_1 和 W_2、V_1 和 U_2、W_1 和 V_2 相连，如图7-22所示。

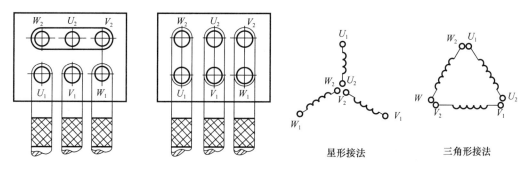

图 7-22　电动机接线

绕组头尾鉴别方法如下：

（1）万用表法

首先将万用表的转换开关放在欧姆挡上，利用万用表分出每相绕组的两个出线端，然后将万用表的转换开关转到直流毫安挡上，并将三相绕组接成图7-23所示的线路。然后用手转动电动机的转子，如果万用表指针不动，则说明三相绕组的头尾区分是正确的；如果万用表指针动了，说明有一相绕组的头尾反了，应一相一相分别对调后重新试验直到万用表指针不动为止。该方法是利用转子铁芯中的剩磁在定子三相绕组内感应出电动势的原理进行的。

（2）绕组串联法

用万用表分出三相绕组之后，先假定每相绕组的头尾，并接成如图7-24所示线路。将一组绕组接通36V交流电，另外两相绕组串联起来接上灯泡，如果灯泡发亮，说明相连两相绕组头尾假定是正确的。如果灯泡不亮，则说明相连两相绕组不是头尾相连。这样，这两相绕组的头尾便确定了。然后，再用同样方法区分第三相绕组的头尾。

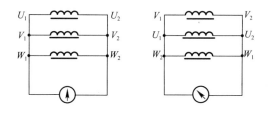

图 7-23　用万用表区分绕组头尾

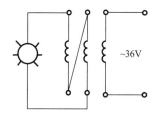

图 7-24　用绕组串联法区分绕组头尾

3. 电动机试车

电动机试车是电动机安装工作的最后一道工序，也是对安装质量的全面检查。一般电动机的第一次启动要在空载情况下进行。空载运行时间为2小时，一切正常后方可带负荷试运转。

为了使试运转一次成功，一般应注意以下事项：

（1）电动机在启动前应进行检查，确认其符合条件后才可启动。检查项目如下：

1）安装现场清扫整理完毕，电动机本体安装检查结束。

2）电源电压应与电动机额定电压相符，且三相电压平衡。

3）根据电动机铭牌，检查电动机的绕组接线是否正确，启动电器与电动机的连接应正确，接线端子要求牢固，无松动和脱落现象。

4）电动机的保护、控制、测量、信号等回路调试完毕，动作正常。

5）检查电动机绕组和控制线路的绝缘电阻应符合要求，应不低于 $0.5M\Omega$。

6）电动机的引出线端与导线（或电缆）的连接应牢固正确，引出线端子与导线间的连接要垫弹簧垫圈，螺帽应拧紧。

7）电动机及启动电器金属外壳接地线应明显可靠，接地螺栓不应有松动和脱落现象。

8）检查电动机转子应转动灵活，无碰卡现象。

9）检查传动装置，皮带不能过松过紧，皮带连接螺丝应紧固，皮带扣应完好，无断裂和割伤现象。联轴器的螺栓及销子应紧固。

10）检查电动机所带动的机器是否已做好启动准备，准备妥善后，才能启动。如果电动机所带的机器不允许反转，应先单独试验电动机的旋转方向，使其与机器旋转方向一致后，再进行联机启动。

（2）电动机应按操作程序操作启动，并指定专人操作。空载运行 2 小时，并记录电动机空载电流、电压、温度等。正常后，再进行带负荷运行。交流电动机带负荷启动时，一般在冷态时，可连续启动两次；在热态时，可连续启动一次。再次启动必须在电动机冷却至常温状态下。

（3）电动机在运行中应无杂音，无过热现象；电动机振动幅值及轴承温升应在允许范围之内。

（4）电动机试车过程中应记录：启动电流、温度、速度值、试运转时间及运转情况说明等。

（九）防雷接地系统施工

防雷接地系统可分为两个子系统，一是防雷系统，二是接地系统，作为施工主要是防雷装置与接地装置的施工。一套完整的防雷接地装置包括接闪器、引下线和接地装置三部分，本节主要介绍防雷接地装置的施工工艺与质量要求。

1. 一般规定

防雷接地系统中的避雷针、网、带的连接一般采用搭接焊，其焊接长度应符合下列要求：

（1）扁钢为其宽度的 2 倍，三面施焊（当扁钢宽度不同时，搭接长度以宽的为准）。

（2）圆钢为其长度的 6 倍，双面施焊（当直径不同时，搭接长度以直径大的为准）。

(3) 圆钢与扁钢连接时,其长度为圆钢直径的6倍。

(4) 扁钢与钢管或扁钢与角钢焊接时,为了连接可靠,除应在其接触部位两侧进行焊接外,还应将钢带弯成弧形或直角形与钢管或角钢焊接。

2. 防雷装置施工

安装防雷装置是一种用途最广的防雷措施,它是将雷电引向自身,并将雷电流泄入大地,使被保护物免遭雷击、免受伤害的一种人工装置,包括接闪器、引下线和接地装置。

(1) 接闪器安装

接闪器是用来直接接受雷电的金属体。避雷针、避雷线、避雷网、避雷带都可以作为接闪器,避雷线一般用于室外架空线路中,本节不作介绍。

按闪器安装前,接地体与引下线必须施工结束,具备避雷网调直场地和垂直运输条件,土建结构工程已完成,并随结构施工做完预埋件;避雷带施工应与土建圈梁钢筋绑扎同时进行。

1) 材质要求及结构形式

① 避雷针一般选用镀锌圆钢或钢管加工而成,针长 1~2m,截面不小于 100mm^2,钢管壁厚应不小于 3mm,顶端均加工成尖形。装设在烟囱上方时,宜采用直径不小于 25mm 的镀锌圆钢或直径 40mm 的镀锌钢管。

② 避雷网和避雷带可以采用镀锌圆钢或镀锌扁钢,圆钢直径不得小于 8mm,扁钢厚度不得小于 4mm,截面不得小于 48mm^2;装设在烟囱上方时,圆钢直径不得小于 12mm,扁钢厚度不得小于 4mm,但截面不得小于 100mm^2。

2) 避雷针制作与安装

管式独立避雷针制作时,应按设计要求的材料所需的长度分上、中、下三节进行下料。如针尖采用钢管制作,可先将上节钢管一端锯成锯齿形,用手锤收尖后,焊接后磨尖、镀锌,然后将另一端与中、下二节钢管找直、焊接、清除药皮,对焊接后无法进行热镀锌时,应刷好防锈漆。安装于建筑屋面的避雷小针制作时,应按设计要求的材料规格、长度进行下料,磨出针尖,经进行热镀锌处理后,再进行安装。构架式独立避雷针按施工大样图选定,由圆钢组焊而成,要保持全长的等边三角形截面中心线一致,允许偏差控制在 1.5/1000,全长不大于 10mm。

独立避雷针安装时,先将底座钢板固定在预埋的地脚螺栓上,焊上一块肋板,再将避雷针立起,找直、找正后,进行点焊,然后加以校正,焊上其他三块肋板。最后将引下线焊在底板上,清除药皮刷防锈漆。构架式独立避雷针一般根据针体总重选用吊车就位安装,就位后要与基础预埋板焊接完成后,才能撤去吊车或系溜绳。

避雷小针安装,应在屋面女儿墙顶粉刷前、并将引下线连通的预埋铁件安装完成。在直线段上根据设计的针尖高度确定两端的安装位置,分别把两避雷小针与预埋铁件焊接,按两小针的位置和高度拉一水平线段,以确定其余避雷小针的安装位置,同时把避雷小针与预埋铁件焊接,清除药皮刷防锈漆。

避雷针应垂直安装牢固,独立避雷针的安装垂直度允许偏差为 3/1000;成排避雷小针的安装中心线允许偏差为 2/1000,但全长不得超过 10mm。

3) 避雷网安装

避雷网选用的支持件应有燕尾，圆钢支持件埋入深度不小于100mm，扁钢支持件埋入深度不小于80mm。支持件规格、长度应与引下线或防雷装置规格相适配。支持件应尽可能随结构施工安装或预埋铁件。在墙上埋设时应首先埋设同一直线段上的两端支持件，然后用铅丝拉直线埋设其他支持件。如用混凝土支座，应将混凝土支座分档摆好，先在两端支座间拉直线，然后将其他支座用砂浆找直。如果女儿墙预留有预埋铁件，可将支持件直接焊在铁件上。所有支持件必须安装牢固、平整，成排的支持件中心线偏差为1.5/1000，但全长偏差不得大于10mm；支持件水平间距不大于1m（用混凝土支座的不大于2m）；转角处两边的支持件距转角中心不大于250mm。

避雷网安装前应首先进行调直，如为镀锌扁钢，可放在平板上用手锤调直；如为镀锌圆钢，可将镀锌圆钢放开一端固定在牢固地锚的夹具上，另一端固定在卷扬机或手拉葫芦的夹具上，进行冷拉调直。然后，将调直的镀锌扁钢或镀锌圆钢用索具提升到顶部，顺直敷设、卡固、焊接连成一体，并与引下线焊好，建筑物有变形缝时应做好补偿处理。焊接处清除药皮，进行局部调直后刷防锈漆及银粉漆。建筑物屋顶上有突出物，如金属旗杆、透气管、金属天沟、铁栏杆、爬梯及设备的金属外壳等都必须与避雷网连接成一体。顶层的烟囱应做避雷带或避雷针。

避雷网安装应平直、牢固，不应有高低启伏和弯曲，距离建筑物应一致，平直度允许偏差为3/1000，但全长不得超过10mm。避雷网弯曲处不得小于90°，弯曲半径不得小于圆钢直径的10倍。

4) 避雷带安装

避雷带可以暗敷设在建筑物表面的抹灰层内，或直接利用结构钢筋，并应与暗敷的避雷网或楼板的钢筋相焊接。用专用扁钢或圆钢作避雷带时，扁钢或圆钢应焊接成一体，同时与各引下线焊接成整体；利用结构圈梁的主筋作避雷带时，应先把主筋用连接钢筋头焊接成一体，再与柱筋中各引下线焊成整体。建筑物高于30m以上的部位，每隔3层沿建筑物四周敷设一道避雷带并与各引下线相焊接。外檐金属门、窗、栏杆、扶手、幕墙金属框架及建筑铝制门窗等金属部件应不少于两处与避雷带引下线连接成整体。连接线一般采用圆钢或扁钢，其规格为圆钢直径不小于8mm，扁钢不小于$48mm^2$。节日彩灯沿避雷带平行敷设时，避雷带的高度应高于彩灯顶部，当彩灯垂直敷设时，吊挂彩灯的金属管线应可靠接地。

(2) 引下线安装

1) 材质要求及安装形式

引下线应满足机械强度、耐腐蚀和热稳定的要求。引下线一般采用圆钢或扁钢，其材质要求与避雷网、避雷带相同。当设计无要求时，引下线扁钢截面不得小于25mm×4mm，圆钢直径不得小于12mm。

引下线的安装形式有暗敷和明敷两类。暗敷有利用建筑金属物作引下线和采用专用扁钢或圆钢作引下线两种。明敷是沿建筑物外墙敷镀锌圆钢或镀锌扁钢作引下线。当暗敷时，应及时配合土建进行施工。当沿建筑物外墙明敷镀锌圆钢或镀锌扁钢作引下线时，应在支持件安装完毕，土建外装修完成后进行施工。

2）引下线敷设

引下线敷设时其位置应避开建筑物的出入口和行人较易接触到的位置，以防止发生人身安全事故。当沿建筑物的外墙明敷设时，引下线的敷设路径应尽可能的短而直。引下线的焊接及搭接要求同接闪器。

① 引下线暗敷

利用建筑金属物作引下线，有利用建筑主筋作引下线和利用建筑物的金属构件（如消防梯、铁爬梯等）作为引下线两种。当利用建筑主筋作引下线时，每条引下线不得少于2根主筋，并用油漆做好标记，随钢筋逐层串联焊接至顶层，预留一定长度备用，并及时请监理或建设单位有关人员进行验收，做好记录。当利用建筑物的金属构件（如消防梯、铁爬梯等）作为引下线时，应把所有金属部件之间连成电气通路。

采用专用扁钢或圆钢作引下线时，应首先将扁钢或圆钢调直，按设计要求随建筑物引上，并及时将引下线的下端与接地体焊接或与断接卡连接。将引下线敷设于建筑物内，随建筑物至屋顶为止。引下线测试点的设置，当设计无要求时，宜暗设在专用盒内，且应设有供测试用的固定螺栓，测试点的高度距地面500mm，在建筑群中应相互一致。

② 引下线明敷

明敷的引下线安装前应先安装支持件，其支持件的安装要求除应符合前述避雷网、避雷带的要求外，一般还应保证：各种支持件顶部距建筑物表面100mm，而接地干线支持件顶部应距墙面20mm；成排的支持件中心线水平和垂直度允许偏差1.5/1000，但全长偏差不得大于10mm；垂直间距不大于1.5m，间距均匀，允许偏差30mm。

明敷的引下线应选用镀锌材料，敷设前应先将所需镀锌扁钢或镀锌圆钢调直，将引下线竖立提起，然后由上而下逐点固定于支持件上，直至安装于断接卡子处。断接卡应设在距地面1.5~1.8m处，断接卡所用螺栓的直径不得小于10mm，并需加镀锌垫片和镀锌弹簧垫圈。引下线的连接应采用焊接连接，焊接后，清除药皮，刷防锈漆。在施工过程中，应确保每天作业完成后引下线与接地线有可靠连接，以防施工过程遭受雷击。土建装修完成后，再将引下线在地面上2m的一段安装保护管或角钢，并用卡子将其固定牢固。

3. 接地装置施工

防雷装置的接地装置一般与其他接地装置的安装要求大体相同，但其所用材料的最小尺寸稍大于其他接地装置的最小尺寸。采用圆钢最小直径为10mm；扁钢最小厚度为4mm；最小截面为100mm^2；角钢最小厚度为4mm；钢管最小壁厚为3.5mm。

除独立避雷针外，在接地电阻满足要求的前提下，防雷接地装置可以和其他接地装置共用。

所谓接地装置是接地体与接地线的总称。埋入地中并直接与大地接触的金属导体，称为接地体。接地体有自然接地体和人工接地体之分，兼作接地用的直接与大地接触的各种金属构件、金属井管、钢筋混凝土建筑物的基础、金属管道和设备等，都称为自然接地体；直接打入地下专供接地用的经加工的各种型钢和钢管等，称为人工接地体。

(1) 接地装置的选择

1) 接地体的选用

① 自然接地体

目前在施工中,在条件可能的情况下,经常选用的是自然接地体,以便节约钢材、降低工程成本。但在选用自然接地体时,必须保证导体全长有可靠的电气连接,以形成连续的导体,同时应保证有 2 根以上的导体在不同地点与接地干线相连接。

② 人工接地体

人工接地体按其敷设方法有垂直接地体和水平接地体。垂直接地体一般常用镀锌角钢或镀锌钢管。角钢一般选用∟40mm×40mm×5mm 或∟50mm×50mm×5mm 两种规格,其长度不小于 2.5m,钢管一般选用直径为 50mm、壁厚不小于 3.5mm。水平接地体常用镀锌扁钢或镀锌圆钢。钢接地体和接地线最小尺寸如表 7-37 所示。

钢接地体和接地线最小规格　　　　表 7-37

种类、规格及单位		地　上		地　下	
		室　内	室　外	交流电流回路	直流电流回路
圆钢直径(mm)		6	8	10	12
扁钢	截面(mm²)	60	100	100	100
	厚度(mm)	3	4	4	6
角钢厚度(mm)		2	2.5	4	6
钢管管壁厚度(mm)		2.5	2.5	3.5	4.5

2) 接地线的选用

① 自然接地线

接地装置的自然接地线可选用建筑物的金属结构梁、柱等及设计规定的混凝土结构内部的钢筋。

② 人工接地线

为保证接地线有一定的机械强度,一般选用圆钢或扁钢。接地线的最小截面应满足热稳定的要求,由设计确定,但不得小于表 7-37 的要求。

(2) 接地装置安装

1) 自然接地体安装

利用无防水底板钢筋或深基础做接地体时,按设计图尺寸在底板上找出钢筋,将底板钢筋搭接焊好。利用柱形桩基及平台钢筋做接地体时,按设计图尺寸位置,确定桩基组数位置,把每组桩基四角钢筋搭接封焊,然后将柱主筋(每柱不少于 2 根)底部与底板钢筋或桩基钢筋焊接,在室外地面以下将主筋焊好连接板,清除药皮,最后再将两根主筋用色漆做好标记,以便于延续和检查。

接地体间的连接应采用焊接,焊接处焊缝应饱满并有足够的机械强度,不得有夹渣、严重咬肉、裂纹、虚焊、气孔等缺陷。采用搭接焊时,其焊接长度要求同接闪器。

2) 人工接地体安装

① 垂直接地体加工

根据设计要求的数量、材料的规格进行加工,材料一般采用钢管和角钢,在一般土壤中采用角钢，长度不小于2.5m。对敷设在土壤腐蚀性较强的场所，应采用热镀锌或加大截面。

选用钢管做垂直接地体时，若遇松软土壤可将钢管端面加工成斜形，如图7-25（a）所示，若遇硬土质应将钢管端面加工成锥形如图7-25（b）所示。选用角钢做垂直接地体时，应采用不小于40mm×40mm×4mm的等边角钢，角钢的一端应加工成尖头形状，如图7-26所示。为了防止将钢管或角钢打劈，也可在接地体的受锤击端焊一块钢板，也可在钢管的受锤击端做一护帽，护帽的内径应比接地极钢管大10mm左右，以免接地体变形后护帽不易取下。

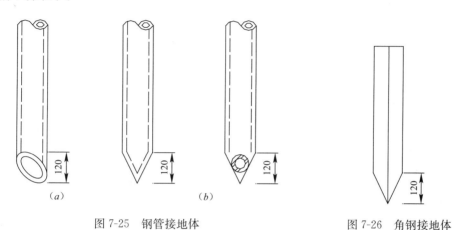

图7-25　钢管接地体　　　　图7-26　角钢接地体

② 挖沟

接地体敷设前，应沿接地装置的敷设线路先测量弹线，然后依线开挖，深度为800～1000mm，沟宽约500mm，沟上部稍宽，沟底应平整，并及时清理石块、碎砖和垃圾。以便打入垂直接地体和敷设水平接地体。由于地表层容易冰冻，冻土会使接地电阻增大，而且地表层容易被挖掘，可能损坏接地装置。因此一般接地装置的埋设深度不应小于600mm。

③ 接地体敷设

接地沟开挖后，应及时将垂直接地极打入和敷设水平接地体，以防土方坍塌。将垂直接地极垂直放在沟的中心线上，按设计位置打入地中，一般采用手锤打入，开始敲打时应有人扶持，敲打要平稳，锤击垂直接地体正中，与地面保持垂直，不得打偏，当垂直接地体顶端露出沟底150mm左右（即接地体的埋设深度其顶部大于600mm）时停止锤打，接着敷设水平接地体。接地体敷设应符合下列要求：

A. 垂直接地体之间的间距不宜小于其长度的2倍，一般不应小于5m；接地体距建筑物不宜小于1.5m，当接地体必须埋设在距建筑物出入口或人行道小于3m时，应采取均压带做法或在接地体上面敷设50～90mm厚度沥青层，其宽度应超过接地体2m；遇在垃圾灰渣等埋设接地体时，应换土，并分层夯实。

B. 垂直接地体打入后及时进行水平接地体敷设，敷设前应进行调直（直线段上不应有明显的弯曲），然后将水平接地体放置于沟内。当水平接地体与其他地下管道、电缆等设施交叉时，相距应不小于100mm。然后，依次将水平接地体与垂直接地体用电焊焊接。

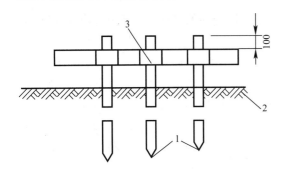

图 7-27 水平和垂直接地体连接
1—垂直接地体；2—沟底；
3—扁钢水平接地体与垂直接地体焊接处

当使用扁钢作水平接地体时，应侧放而不可平放，扁钢与钢管连接的位置距垂直接地体最高点约 100mm，如图 7-27 所示。焊后应清除药皮，刷沥青做防腐处理，并将接地线引出至需要位置，留有足够的长度。

C. 当设计要求采用降阻剂或接地模块等以降低接地电阻值时，施工时应按产品说明书的要求施工。

接地体敷设完成后，经检查接地体的埋设深度、焊接质量、接地电阻等均符合要求后可将沟填平。填沟时应注意检查回填土中不应夹有石块、建筑碎料及垃圾等，因这些杂物会增加接地电阻。回填土应分层夯实，但同时注意不要在扁钢上踩踏，以免将焊接部分损坏而影响质量。

3）接地线安装

接地线分接地干线和接地支线。所谓接地干线是依据整个工程的使用寿命和功能来布置选择的，它的连接通常具有不可拆卸性。而支线是指由干线引向某个电气设备、器具（如电动机、单相三孔插座等）以及其他需接地（PE）或接零（PEN）单独个体的接地线，通常用可拆卸的螺栓连接。

接地干线一般采用扁钢或圆钢，敷设在易于检查的地方。接地支线可用扁钢或圆钢，也可用绝缘导线或裸露的铜编织线，为保证用电设备的使用安全，从接地干线敷设到用电设备的接地支线的距离越短越好。

接地线安装过程中应注意：当与管道及其他可能使接地线遭受机械损伤的地方，以及穿墙处，均应加套钢管保护，钢套管应与接地线做电气连通；接地线跨越伸缩缝时，应做煨弯补偿；跨越门口时应暗敷于地面内（做地面前埋好）；转角处接地干线弯曲半径不得小于扁钢厚度的 2 倍。接地线应水平或垂直敷设，也可沿建筑物倾斜结构平行敷设，在直线段上不应有高低起伏及弯曲。

接地线安装分明敷和暗敷。明敷时，支持件应安装完毕，土建墙面抹灰完毕。暗敷时，应已按设计或施工规范要求的埋设深度进行了地面开挖；穿越公路、穿墙或需采取隔离措施的保护管已预埋。

① 接地线明敷

室内接地干线一般采用明敷设，但有时因设备的接地需要也可埋地敷设或埋设在混凝土层中，明敷的接地线一般敷设在墙上、母线架上或电缆的构架上。按埋设套管和预留孔、支持件固定、接地线安装等施工顺序进行，其敷设方法如下：

A. 埋设套管和预留孔：接地线沿墙敷设时，有时要穿越楼板或墙体，为保护接地线并便于检查，可在穿墙的一段加保护管或预留孔洞。预留孔的位置应按设计要求确定，预留孔的大小应比敷设的接地线厚度、宽度各大出 6mm 以上。

B. 支持件固定：明敷在墙上的接地线应分段固定，固定的方法是在墙上埋设支持件，支持件一般用扁钢制作。埋设支持件时，首先要在墙上确定位置。对砖墙（加气混凝土墙、空心砖墙）应随砌墙预埋或留孔后用水泥砂浆固定；现浇混凝土墙应采用钻孔方式，支持件做燕尾埋入孔中，找平找正，用水泥砂浆固定。支持件设置应均匀，水平直线距离不大于 1m；垂直直线段距离为 1.5～3m；转角处两边的支持件距转角中心不大于 0.3m。

C. 接地线安装：当支持件埋设完毕，水泥砂浆凝固后，方可敷设墙上的接地线。接地线安装前应进行调直，根据支持件的固定间距和固定孔径在接地线上钻固定孔眼，按设计要求设置为测量接地电阻而预备的接地端子，用螺栓将接地线与支持件固定。接地线沿建筑物墙壁水平敷设时，离地面应保持 250～300mm 的距离，接地线与建筑物墙壁间隙应不小于 10mm；水平和垂直敷设的允许偏差为 2/1000，但全长不得超过 10mm。明敷接地线敷设位置不应妨碍设备的拆卸与检修，并便于检查。接地线敷设完后，其表面应涂以用 15～100mm 宽度相等的绿色和黄色相间的条纹（在每个导体的全部长度上或只在每个区间或每个可接触到的部位上宜做出标志）。当使用胶带时，应使用双色胶带。但断接卡子及接地端子等处不得刷油漆。

② 接地线暗敷

在室外敷设时，其施工及方法同接地装置的接地线安装要求，但敷设过程中要将接地干线末端露出地面，以便续接接地线，其高度不宜超过 500mm。室外接地干线应设断接卡子及接地端子，断接卡子及接地端子一般装入暗盒内，加盒盖并做上接地标记，其符号为"兰"，设置高度应符合设计和规范要求。室内接地支线多埋入混凝土中，一端接电气设备，一端接距离最近的接地干线，接地支线应配合土建在浇筑混凝土时埋设。应注意的是所有电气设备都应单独与接地干线连接，而不得串联连接。

4. 防雷接地装置的检验

防雷和接地装置安装完成后，为确保其安装符合设计和规范要求，在工程完工后，应进行检验。检验包括外观检查与实测检查。外观检查主要检查装置的外观质量，实测检查主要测量装置的接地电阻值。

（1）外观检查

1）检查装置安装的完整性和连续性，连接应牢固、可靠，接地线应无砸伤、断股、碰断等现象。

2）螺栓连接应有弹簧垫圈，焊接连接其搭接长度应符合要求。

3）当利用电线管、桥架、插接式母线的外壳或行车轨道等自然接地体作接地线时，各段之间连接应良好。

4）接地线穿过建筑物楼墙板应有保护措施。

5）接地线的规格应符合要求，接地线的色标应符合要求。

（2）接地电阻测量

测量接地电阻的方法很多，有电压、电流和功率表法、比率计法、电桥法和接地电阻测量仪测量法。目前施工现场用得较多的是利用接地电阻测量仪进行测量，其方法比较简单，且所用仪表单一，在此我们仅对 ZC-8 型接地电阻测量仪的测量方法作一些介绍。ZC-8型接地电阻测量仪的外形如图 7-28 所示。

1) 测量方法

① 按图 7-29 所示接线。沿着被测接地极 E'，使电位探测针 P' 和电流探测针 C' 依直线彼此相距 20m（不同测试仪其距离参照仪表说明书执行），插入地中，探测针 P' 要插于接地极 E' 和探测针 C' 之间。

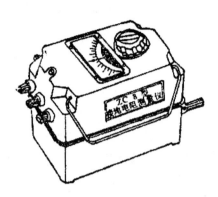

图 7-28　ZC-8 型接地电阻测试仪

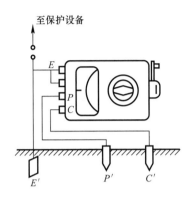

图 7-29　接地电阻测量接线

② 用导线将 E'、P' 和 C' 分别接于仪表上的相应端钮 E、P、C 上。

③ 将仪表放置水平位置，检查零指示器的指针是否指于中心线上，否则可用零位调整器将其调整指于中心线。

④ 将"倍率标度"置于最大倍数，慢慢转动手柄，同时旋动"测量标度盘"，使零指示器的指针指于中心线。当零指示器指针接近平衡时，加快手柄的转动速度，使其达到 120r/min 以上，调整"测量标度盘"，使指针指于中心线上。

⑤ 如果"测量标度盘"的读数小于 1 时，应将"倍率标度"置于较小的倍数，再重新调整"测量标度盘"，以得到正确的读数。

⑥ 当指针完全平衡在中心线上以后，用"测量标度盘"的读数乘以倍率标度，即为所测的接地电阻值。

2) 注意事项

① 当"零指示器"的灵敏度过高时，可将电位探测针插入土壤中浅一些；若灵敏度不够时，可将电位探测针和电流探测针注水使之湿润。

② 测量时，接地线路要与被保护的设备断开，以便得到准确的测量数据。

③ 当接地极 E' 和电流探测针 C' 之间的距离大于 20m 时，电位探测针 P' 的位置插在 E' 和 C' 之间的直线几米以外时，其测量的误差可以不计；但 E' 和 C' 间的距离小于 20m 时，则应将电位探测针 P' 正确地插于 $E'C'$ 直线中间。

④ 当用 0~1/10/100Ω 规格的接地电阻测量仪测量小于 1Ω 的接地电阻时，可将 E 的连接片打开，分别用导线连接到被测接地体上，以消除测量时连接导线电阻附加的误差。

八、通风与空调工程

本章对房屋建筑安装工程中通风与空调工程的施工技术和管理作系统全面的介绍，涉及的范围主要是风管的制作和安装，空调工程冷源热源的制备，还有工程中典型的动力设备通风机和水泵的安装要点，而消防用的防排烟通风系统由九、消防工程安装进行阐述。

（一）概　　述

本节简要阐述通风与空调工程的主要内容以及通风空调系统的分类和作用，并提示在土建工程施工时应注意的配合事项，通过学习可对通风与空调工程有概貌上的认识。

1. 工程内容

通风与空调工程的具体内容要视工程设计和工程规模大小而定，一般包括各种通风机房、制热和制冷设备、送风排风的风管系统，传递冷媒热媒的管道系统等。由于市场供应能力的增强，传统做法的风管在施工现场用原材料进行制作正在变成向生产厂采购成品或半成品，包括可以供应各种来图订货的零部件在内，各种成套设备的安装调试试运行已出现由制造厂或供货商依据供货合同约定全部承担的情况，甚至风管绝热工程也由材料供应商负责，这是社会分工所造成的，但对总承包方现场专业岗位人员的协调能力和对房屋建筑安装工程的认知程度提出了新的要求。

2. 通风系统的作用及分类

（1）通风的作用

通风是改善室内空气环境的一种重要手段。为保持室内的空气环境符合卫生标准的需要，把建筑物室内污浊的空气直接或净化后排至室外，再把新鲜的空气补充进来，这一排风、送风的过程就是通风过程。

（2）通风系统的分类

根据空气流动的动力不同，通风方式可分为自然通风和机械通风两种。所谓自然通风，就是依靠室内外空气所产生的热压和风压作用而进行的通风；所谓机械通风，就是依靠风机作用而进行的通风。

1）自然通风是借助于室内外空气自然的压力（风压和热压）作用促使空气流动的。风压作用下的自然通风，是利用室外空气流动（风力）的一种作用压力造成的室内外空气交换。在它的作用下，室外空气通过建筑物迎风面上的门、窗、孔口进入室内，室内空气则通过背风面上的门、窗、孔口排出。热压作用下的自然通风，是利用室内外空气温度的不同而形成的容重压力差造成的室内外空气交换。当室内空气的温度高于室外时,室外空气的容重较大,便从房屋下部的门、窗、孔口进入室内,室内空气则从上部的窗口排出。

2) 机械通风是依靠风机所产生的压力而强制空气流动的。根据通风系统的作用范围不同,机械通风可划分为局部通风和全面通风两种。

① 局部通风:局部通风系统的作用范围,仅限于个别地点或局部区域,它包括了局部送风系统和局部排风系统两种。

A. 局部送风系统:是指向局部地点送入新鲜空气或经过处理的空气,以改善该局部区域的空气环境的系统。它又分为系统式和分散式两种。系统式局部送风系统,可以对送出的空气进行加热或冷却处理;分散式局部送风,一般采用循环的轴流风扇或喷雾风扇。

B. 局部排风系统:是指在局部工作地点将污浊空气就地排除,以防止其扩散的排风系统。它由局部排风罩、排风管道、空气净化装置、排风机、排风帽等部分组成。

② 全面通风

A. 全面通风系统是对整个房间进行通风换气,用新鲜空气把整个房间的有害物浓度冲淡到最高允许浓度以下(或改变房间内的温度、湿度)。全面通风所需的风量大大超过局部通风,相应的设备较庞大。全面通风分为全面送风、全面排风和进风与排风都有的联合通风三大类。

B. 全面机械进风系统由进风百叶窗、过滤器、空气加热器(冷却器)、通风机、送风管道和送风口等组成;全面机械排风系统由排风口、排风管道、空气净化设备、风机等组成;联合通风,是指机械通风和自然通风相结合的通风方式。

3) 防排烟系统

① 自然排烟:自然排烟是利用风压和热压作动力的排烟方式。

② 机械防烟:机械防烟是采取机械加压送风方式,以风机所产生的气体流动和压力差控制烟气的流动方向的防烟技术。

③ 机械排烟:采取机械排风方式,以风机所产生的气体流动和压力差,利用排烟管道将烟气排出或稀释烟气的浓度。

3. 空气调节系统的作用、构成及分类

(1) 空气调节的作用

随着科学技术的发展,推动了社会生产的发展和人类生活需要的提高,人类在生活和生产活动中对空气的温度、湿度、洁净度和风速提出了相应的要求。

1) 空气调节就是指通过采用一定的技术手段,在某一特定空间内,对空气环境(温度、湿度、洁净度及空气流动速度)进行调节和控制,使其保持在一定范围内,达到给定要求的技术,以满足工艺过程和人体舒适的要求。

2) 空气调节系统是指以空气调节为目的,对空气进行处理、输送、分配、控制其参数的所有设备、管道及附件、仪器仪表的总称。

(2) 空调系统的构成

空调系统由冷热源系统、空气处理系统、能量输送分配系统和自动控制系统等四个子系统组成。

1) 冷热源系统属于空调系统的附属系统，它负责提供空气处理过程中所需的冷量和热量，制冷装置是制冷系统的核心，常见的制冷机有压缩式制冷机、吸收式制冷机。

2) 空气处理系统与能量输送分配系统负责完成对空气的各种处理和输送，是空调系统的主要环节。

3) 自动控制系统用于对空调房间内的空气温度、湿度及所需的冷热源的能量供给进行自动控制。

(3) 空气调节系统的分类

1) 按照使用目的分类

① 舒适空调：要求温度适宜，环境舒适，对温湿度的调节精度无严格要求，用于住房、办公室、影剧院、商场、体育馆、汽车、船舶及飞机等。

② 工艺空调：对温度有一定的调节精度要求，另外空气的洁净度也要有较高的要求。用于电子器件生产车间、精密仪器生产车间、计算机房及生物实验室等。

2) 按照空气处理方式分类

① 集中式（中央）空调：空气处理设备集中在中央空调室里，处理过的空气通过风管送至各房间的空调系统。适用于面积大、房间集中及各房间热湿负荷比较接近的场所，如宾馆、办公楼、船舶及工厂等。系统维修管理方便，设备的消声隔振比较容易解决。

② 半集中式空调：既有中央空调又有处理空气的末端装置的空调系统。这种系统比较复杂，可以达到较高的调节精度。适用于对空气精度有较高要求的车间和实验室等。

③ 局部式空调：每个房间都有各自的设备处理空气的空调。空调器可直接装在房间里或装在邻近房间里，就地处理空气。适用于面积小、房间分散和热湿负荷相差大的场合，如办公室、机房及家庭等。其设备可以是单台独立式空调机组，如窗式、分体式空调器等，也可以是由管道集中供给冷热水的风机盘管式空调器组成的系统，各房间按需要调节本室的温度。

3) 按照制冷量分类

① 大型空调机组：如卧式组装淋水式、表冷式空调机组，应用于大车间、电影院等。

② 中型空调机组：如冷水机组和柜式空调机等，应用于小车间、机房、会场等。

③ 小型空调机组：如窗式、分体式空调器，用于办公室、家庭及招待所等。

4) 按新风量分类

① 直流式系统：空调器处理的空气为全新风，送到各房间进行热湿交换后全部排放到室外，没有回风管。这种系统卫生条件好，能耗大，经济性差，用于有有害气体产生的车间、实验室等。

② 闭式系统：空调系统处理的空气全部再循环，不补充新风的系统。系统能耗小，卫生条件差，需要对空气中氧气再生和备有二氧化碳吸收装置。如用于地下建筑及潜艇的空调等。

③ 混合式系统：空调器处理的空气由回风和新风混合而成。它兼有直流式和闭式的优点，应用比较普遍，如宾馆、剧场等场所的空调系统。

5) 按送风速度分类

① 高速系统：主风道风速 20m/s～30m/s。

② 低速系统：主风道风速 12m/s 以下。

6) 按系统工作压力分类

① 低压系统：$P \leqslant 500Pa$。

② 中压系统：$500Pa < P \leqslant 1500Pa$。

③ 高压系统：$P > 1500Pa$。

(4) 几种常见的空调系统和推广的节能环保技术

1) 集中式单风管空调系统

集中式单风管空调系统只设置一根风管，处理后的空气通过风管送入末端装置，其送风量可单独调节，而送风温度则取决于空调器。集中式空调系统的空气来源常采用再循环式，它又可分为两种形式：一种是新风和回风在热、湿处理之前混合，空气经处理后送入空调房间，称为一次回风式；另一种是新风和回风在处理前混合，经处理之后再次与回风混合，然后送入空调房间，称为二次回风式。

2) 集中式双风管空调系统

集中式双风管系统中设有两组送风管或两组空调器。新风与回风混合，经第一级空调器处理后，一部分经一根风管送到末端装置，另一部分再经第二级空调器处理后才送到末端装置，两种不同状态的空气在末端装置中混合，再送到空调房间。通过调风门可控制送入的两种空气的比例，使送风量与送风温度达到要求。

3) 风机盘管式空调系统

风机盘管式空调系统由一个或多个风机盘管机组和冷热源供应系统组成。风机盘管机组由风机、盘管和过滤器组成，它作为空调系统的末端装置，分散地装设在各个空调房间内，可独立地对空气进行处理，而空气处理所需的冷热水则由空调机房集中制备，通过供水系统提供给各个风机盘管机组。

4) 可变冷媒流量空调系统

可变冷媒流量空调系统（Variable Refrigerant Volume）简称 VRV 系统，即通常指的制冷剂式中央空调系统。它以制冷剂为运送媒质，室外主机由室外侧换热器、压缩机及其他附件构成；末端装置是由直接蒸发型换热器以及风机构成的室内机。这种系统由于冷媒管道直接布置在室内，冷热量输送损失较小，占用建筑空间少，布置灵活，可根据不同房间的空调要求自动选择制冷和供热。在中、小型办公楼，高档住宅中得到广泛使用。

① 系统的组成

该系统一般包括室外机、冷媒管路、室内机和控制部分，如图 8-1 所示。

A. 室内机

VRV 系统的末端装置，它是一个带蒸发器和循环风机的机组，与常见的分体式空调机的室内机原理上是相同的。有立式、卧式、吸顶式、壁挂式、吊顶嵌入式和具有安全检查空气系统特点的可连接风管的隐藏管路型等多种类型。

B. 室外机

VRV 系统的关键部分主要由风冷式冷凝器和压缩机组成。根据系统负荷的变化，变

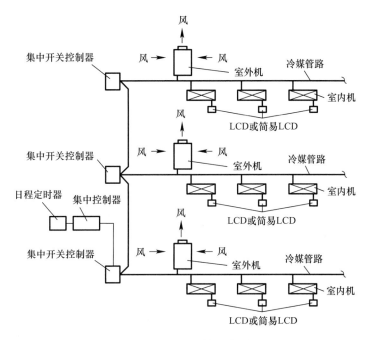

图 8-1 VRV 系统示意图

频控制器调节压缩机的转速,改变系统内冷媒的流量使系统制冷量和用户负荷匹配。小容量的室外机一般设一台变速压缩机,大容量的室外机一般采用一台变速压缩机和一台定速压缩机联合工作的方式。

C. 冷媒管路

室内机和室外机之间的连接管路,有制冷剂液体管线和制冷剂气体管线之分。为防止制冷剂的泄漏,管材一般采用铜管,管接头为专用管接头。

D. VRV 控制系统

控制系统是建立在计算机数字控制基础上的,其设备有用于室内机的 LCD 控制器(标准或简易)和与 LCD 结合使用的系统集中控制器。前者通过测量蒸发器前、后的空气温度,由控制器电子膨胀阀的开度而控制室内机的冷媒流量。后者通过检测冷媒流量和压力控制压缩机的转速或冷媒旁通阀的开度。

② 系统的特点

A. 节能

VRV 系统的运行是根据系统负荷的变化,自动调整压缩机的转速以达到改变冷媒流量的目的。系统能耗随负荷的变化而变化,使全年运行的能耗大大节省。

VRV 系统的一机多匹配系统,利用高压气体的排热可满足不同房间的同时供热、供冷需求,可以实现热回收。

VRV 系统采用冷媒在蒸发盘管内直接蒸发,因为冷媒和空气的温差大于普通空调系统中冷水盘管和空气的温差,室内机送风温差大,则换热效率高。

B. 系统大、占用空间少

VRV 系统比分散式空调系统大,一台室外机可连接 4~16 台室内机,管道内制冷剂的输送最大允许标高差可达到 50m,最大允许距离可达到 100m。能灵活地使用在高档住宅和普通高层建筑中，消除了分散式空调室外机过多的弊病。

VRV 系统无须制冷机房、空调机房，因为在室内机中利用了冷媒的汽化潜热，在输送相同的负荷时，冷媒管道比集中式空气调节系统的水管和风管要小得多。有利于节省建筑空间，降低建筑造价。

C. 安装方便、运行可靠

VRV 系统简单，所有设备和管道附件由厂方供货，施工工作周期大大缩短。因为控制设备的先进，各末端装置的冷媒流量能满足负荷要求，不会产生冷媒供应不稳定现象。

5）变风量 VAV 空调系统

变风量 VAV 空调系统是一种通过改变送风量来调节室内温湿度的空调系统。20 世纪 60 年代起源于美国，自 80 年代开始在欧美、日本等国得到迅速发展，最重要的原因是变风量空调系统巨大的节能优势。经过十几年的普及和发展，目前变风量空调系统已占据了欧、美、日集中空调系统约 30% 的市场份额，并在世界上越来越多的国家得到应用。20 世纪 90 年代以来，采用 VAV 技术的多层建筑与高层建筑已达到 95%。

变风量空调系统由空气处理机组、新风/排风/送风/回风管道、变风量空调箱、房间温控器等组成，变风量空调系统的优势主要在以下几个方面：

① 节能：由于空调系统在全年大部分时间里是在部分负荷下运行，而变风量空调系统是通过改变风量来调节室温的，因此可以大幅度减少送风风机的动力耗能。当全年空调负荷率为 60% 时，它可节约风机动力耗能 78%。

② 新风作冷源：因为变风量空调系统是全空气系统，在过渡季可大量采用新风作为天然冷源，相对于风机盘管系统，能大幅度减少制冷机的能耗，而且可改善室内空气质量。

③ 无冷凝水烦恼：变风量空调系统是全空气系统，冷水管路不经过吊顶空间，避免了风机盘管系统中令人烦恼的冷凝水滴漏和污染吊顶问题。

④ 系统灵活性好：在二次装修过程中，风口位置可通过软管连接任意改变。

⑤ 不会发生过冷或过热：带 VAV 空调箱的变风量空调系统与一般定风量系统相比，能够更有效地调节局部区域的温度，实现温度的独立控制，避免在局部区域产生过冷或过热现象。

⑥ 系统噪声低：风机盘管系统存在现场噪声，而变风量空调系统噪声主要集中在机房，用户端噪声较小。

⑦ 提高楼宇智能化程度：采用 DDC 数字控制的变风量空调系统，可以实现计算机联网运行，接入到楼宇自控系统中，从而提高楼宇智能化程度。

⑧ 减少综合性初投资：由于增加了系统静压控制以及 VAV 空调箱等环节，设备控制上的造价会有所提高。但由于变风量空调系统可以根据冷热负荷的分布，使送风量在建筑物内各个控制区域间平衡转移，从而使系统的设计总送风量减少，因此可以减小空调系统的设备容量，系统综合性初投资不一定会增加，甚至可以降低。

⑨ 变风量空调系统结构简单，维修工作量小，使用寿命长。

6）热交换新风系统

热交换新风系统是一种能够全天 24 小时持续不断地将室内污浊空气及时排出，同时引入室外新鲜空气，并有效控制风量大小、增加能量回收，营造健康良好的室内高品质生活环境，为居民打造健康、节能住宅。

① 双向流热回收新风系统由热回收主机、送风管道、排风管道、送风口、排风口及其他附件组成。主机运转时,新鲜空气从室外引入,通过送风风道送至各房间,污浊空气通过排风风道从排风主机排出室外。排风经过主机时与新风进行热回收交换,回收大部分能量通过新风送回室内。

② 热回收器的主要组成部分是热交换芯体,芯体结构及热交换原理如下:从室外引入的新风和从室内排出的回风气流呈交叉状经过新风机的热交换芯,但相互之间不直接接触;冬季利用室内排风量里的热量来加热室外引入的低温新风,夏季利用室内排风的冷量来冷却从室外引入的高温新风。

7) 辐射供冷、供热空调系统

辐射供冷、供热空调系统是利用低温热水或高温冷水作为空调系统的冷、热源。根据人体对热辐射的舒适反应,用周围壁面温度的辐射传热和空气的对流传热结合,保证人体热感觉指标在舒适的范围内。

① 辐射供冷、供热空调系统的种类

A. 热辐射盘管全面分布方式

冬季采用低温辐射地板采暖装置,热水管道(PEX、PB、XPAP、PPR、PAX)埋在具有一定蓄热能力地板结构内,管底铺设保温层以防热量损失,为了防止地面温度过高,热水的供水温度一般不高于60℃。也有采用电热管线埋入结构层,利用晚间廉价电力,节约运行费用,如图 8-2(a)所示。

夏季采用冷却顶板装置,冷却顶板底盘管可以制作成一体,直接形成顶板单元,如图 8-2(b)所示,或通过传热片,把水管和金属顶板连接起来,如图 8-2(c)所示,或将水管以毛细管的形式镶嵌在顶板内,如图 8-2(d)所示。为了防止顶板结露,冷水管的供水温度一般不低于16℃。这种装置本身不具备除湿能力,需要新风系统配合除湿。

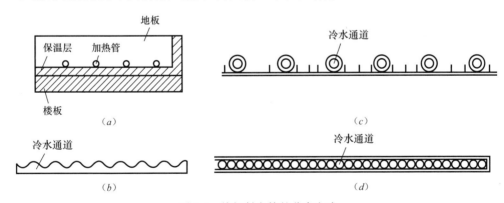

图 8-2 热辐射盘管的分布方式

B. 部分冷吊顶辐射方式

部分冷吊顶辐射方式采用送风口和冷盘管吊顶相结合的方式。冷吊顶主要以辐射形式传热,送风口在顶部送风,送风口附近由于射流卷吸作用,对周围空气产生诱导,使室内空气分布均匀而且提高了冷吊顶的对流换热,如图 8-3(a)所示。

C. 低温墙面的辐射方式

在室内利用壁面后的通路构成下送风的方式,壁面温度接近于送风温度,形成辐射壁

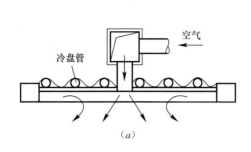 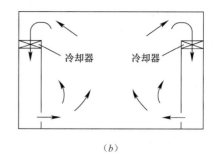

图 8-3 辐射方式
(a) 部分冷吊顶辐射方式；(b) 低温墙面的辐射方式

面，表冷器设在顶部，靠自然热压作用回风，构成室内空气循环，如图 8-3 (b) 所示。

② 系统的特点

辐射供冷、供热空调系统在室内环境机理上有比其他系统舒适的特点，室内末端装置的送风量小，噪声容易控制。而且由于在冷吊顶中供水温度的提高，与 5℃ 的供水温度相比，使冷水机组的性能系数提高了 38% 左右；在热辐射地面中，热水供水温度较低，有利于热水的二次利用，产生了大幅度的节能效果。适用于高级办公楼、保育设施、小型美术馆、会议室等建筑。对于低温辐射采暖，还可结合空调系统在剧院的前座、大楼的门庭、中厅等场所作为辅助的温度调节措施。

4. 配合或全面安装的条件

(1) 在建筑工程施工时，通风与空调专业与其他专业一样，要积极、正确、及时地与土建施工配合，其理由不多赘述。除预埋埋件和预留孔洞外，由于通风与空调工程风管尺寸较大，其预留孔大多在建筑施工图上，且数量较多，有的工程还有水泥风管（风道），所以要对由土建施工单位的相关作业的结果进行位置和尺寸的复核。同时通风与空调专业有较多的各类规格的设备基础，大部分为块状混凝土基础，所以也要对基础的位置和尺寸或其施工质量加以关注。

(2) 全面进入安装的条件，基本与给水排水工程相同。此时正值建筑工程进入粗或精装修阶段，不仅配合要密切，且要做好相互衔接，作业面转换要合理及时，互相主动创造作业条件，特别要提醒的是各方都应注意成品保护，尤其要防止风管表面出现大面积污染现象和绝热层保护外壳局部破损现象。

5. 应用的施工规范

(1) 对施工中常用的材料、设备的产品制造标准要有基本的了解，对随设备、零部件提供的说明书要充分阅读和理解，以便在施工中正确应用。

(2) 施工规范的名称

1)《通风与空调工程施工及验收规范》（正在修订，注意标准号与原号不同）。

2)《通风与空调工程施工质量验收规范》GB 50243。

3)《建筑工程施工质量验收统一标准》GB 50300。

4)《建筑节能工程施工质量验收规范》GB 50411。

由于规范的更迭平均在5~8年,所以应用时要注意其颁行的时间,即标准号后的年份,以最近者为有效版本。

(二) 通风与空调工程图绘制

本节主要介绍通风与空调工程图绘制的基本方法和原则,并对暖通空调制图标准GB/T50114—2010的相关内容进行补充,以使施工中阅图方便。

1. 提示

(1) 空调设备的布置以机械制图法则用三视图进行绘制,但仅为外形轮廓的尺寸。

(2) 风管系统及空调水系统管路图的绘制与给水排水工程图的绘制方法一致,有单线图、双线图等简易画法,也可用轴测图表达,但图例、符号是有不同的,风管尺寸的标注也有区别。

2. 风管的平面图、剖面图

(1) 风管平面图上应标注设备、管道定位(中心、外轮廓)线与建筑物定位(轴线、墙边、柱边、柱中)线间的关系,犹如给水排水工程的双线图,如图8-4所示。

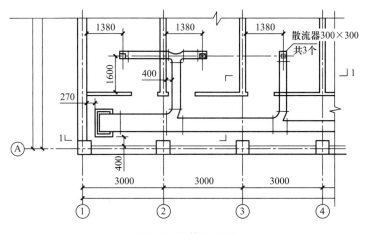

图8-4 风管平面图

(2) 风管剖面图,应在平面图上选择反映系统全貌的部位垂直剖切后绘制,如图8-5所示。

3. 风管的轴测图

由于轴测图立体感强,所以对较小的系统用轴测图表达更为清晰,如图8-6所示为一实验室排毒柜单线通风系统图。

图8-7为空调系统立体双线轴测图,从图上可知矩形风管的规格、安装标高、组成部件(散流器、新风口)和设备(叠式金属空气调节器)的规格或型号,风管的长度可用比例尺测量确定。但该图仅表达了风管系统本身的关系,缺少风管和设备与建筑物或生产

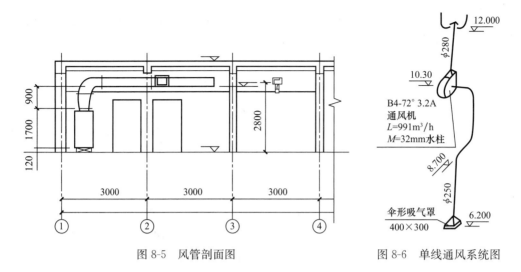

图 8-5 风管剖面图　　　　图 8-6 单线通风系统图

装置间的布置关系,也没有固定风管用的支架或吊架的位置,所以还需要其他图纸的补充才能满足风管制作和安装施工的需要。

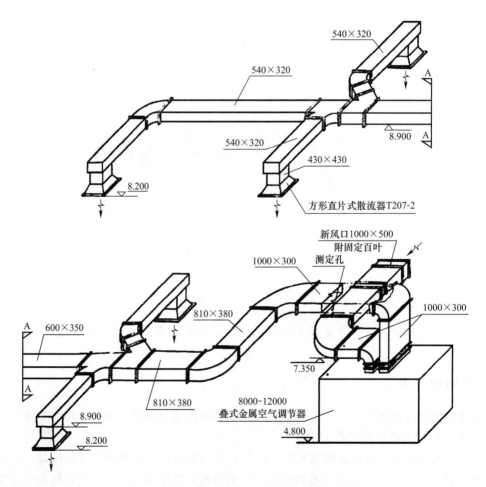

图 8-7 空调系统立体双线轴测图

4. 风管尺寸标注

（1）规格尺寸

1）圆形风管以外径 Φ 标注，单位为 mm，一般不注明壁厚，壁厚在图纸上或材料表中用文字说明。

2）矩形风管的尺寸以 $A \times B$ 表示，A 应为该视图投影面的边长尺寸，B 应为另一边的边长尺寸，A 与 B 的单位均为 mm。同样不标注壁厚尺寸。

（2）标高

1）相对标高以首层地面为 ±0.00 计算，如标准层较多时，可以本层楼面为相对标高的零点。

2）矩形风管所注标高应表示管底标高；圆形风管所注标高应表示管中心标高。若不采用此法标注时，图纸上要加以说明。

5. 常用的图例、代号

（1）系统的代号如表 8-1 所示。

系统代号　　　　　　　　　　　　　　　表 8-1

序　号	字母代号	系统名称	序　号	字母代号	系统名称
1	N	（室内）供暖系统	9	H	回风系统
2	L	制冷系统	10	P	排风系统
3	R	热力系统	11	XP	新风换气系统
4	K	空调系统	12	JY	加压送风系统
5	J	净化系统	13	PY	排烟系统
6	C	除尘系统	14	P（PY）	排风兼排烟系统
7	S	送风系统	15	RS	人防送风系统
8	X	新风系统	16	RP	人防排风系统

（2）水、汽管道代号如表 8-2 所示。

水、汽管道代号　　　　　　　　　　　　表 8-2

序号	代号	管道名称	备注
1	RG	供暖热水供水管	可附加 1、2、3 等表示一个代号、不同参数的多种管道
2	RH	供暖热水回水管	可通过实线、虚线表示供、回关系，省略字母 G、H
3	LG	空调冷水供水管	—
4	LH	空调冷水回水管	—
5	KRG	空调热水供水管	—
6	KRH	空调热水回水管	—
7	LRG	空调冷、热水供水管	—
8	LRH	空调冷、热水回水管	—
9	LQG	冷却水供水管	—
10	LQH	冷却水回水管	—
11	N	空调冷凝水管	—

续表

序号	代号	管道名称	备注
12	PZ	膨胀水管	—
13	BS	补水管	—
14	X	循环管	—
15	LM	冷媒管	—
16	YG	乙二醇供水管	—
17	YH	乙二醇回水管	—
18	BG	冰水供水管	—
19	BH	冰水回水管	—
20	ZG	过热蒸汽管	—
21	ZB	饱和蒸汽管	可附加1、2、3等表示一个代号、不同参数的多种管道
22	Z2	二次蒸汽管	—
23	N	凝结水管	—
24	J	给水管	—
25	SR	软化水管	—
26	CY	除氧水管	—
27	GG	锅炉进水管	—
28	JY	加药管	—
29	YS	盐溶液管	—
30	XI	连续排污管	—
31	XD	定期排污管	—
32	XS	泄水管	—
33	YS	溢水（油）管	—
34	R_1G	一次热水供水管	—
35	R_1H	一次热水回水管	—
36	F	放空管	—
37	FAQ	安全阀放空管	—
38	O1	柴油供油管	—
39	O2	柴油回油管	—
40	OZ1	重油供油管	—
41	OZ2	重油回油管	—
42	OP	排油管	—

（3）水、汽管道阀门和附件图例如表 8-3 所示。

水、汽管道阀门和附件图例　　　　　　　表 8-3

序号	名称	图例	备注
1	截止阀		—
2	闸阀		—
3	球阀		—
4	柱塞阀		—
5	快开阀		—

续表

序号	名称	图例	备注
6	蝶阀		
7	旋塞阀		—
8	止回阀		
9	浮球阀		—
10	三通阀		—
11	平衡阀		—
12	定流量阀		—
13	定压差阀		—
14	自动排气阀		—
15	集气罐、放气阀		—
16	节流阀		—
17	调节止回关断阀		水泵出口用
18	膨胀阀		—
19	排入大气或室外		—
20	安全阀		—
21	角阀		—
22	底阀		—
23	漏斗		—
24	地漏		—
25	明沟排水		—
26	向上弯头		—
27	向下弯头		—
28	法兰封头或管封		—
29	上出三通		—
30	下出三通		—
31	变径管		—
32	活接头或法兰连接		—

续表

序 号	名 称	图 例	备 注
33	固定支架		—
34	导向支架		—
35	活动支架		—
36	金属软管		—
37	可屈挠橡胶软接头		—
38	Y形过滤器		—
39	疏水器		—
40	减压阀		左高右低
41	直通型（或反冲型）除污器		—
42	除垢仪		—
43	补偿器		—
44	矩形补偿器		—
45	套管补偿器		—
46	波纹管补偿器		—
47	弧形补偿器		—
48	球形补偿器		—
49	伴热管		—
50	保护套管		—
51	爆破膜		—
52	阻火器		—
53	节流孔板、减压孔板		—
54	快速接头		—
55	介质流向	→ 或 ⇒	在管道断开处时，流向符号宜标注在管道中心线上，其余可同管径标注位置
56	坡度及坡向	$i=0.003$ 或 → $i=0.003$	坡度数值不宜与管道起、止点标高同时标注。标注位置同管径标注位置

(4) 风管代号如表 8-4 所示。

风管代号 表 8-4

序 号	代 号	管道名称	备 注
1	SF	送风管	—
2	HF	回风管	一、二次回风可附加 1、2 区别
3	PF	排风管	—
4	XF	新风管	—
5	PY	消防排烟风管	—
6	ZY	加压送风管	—
7	P（Y）	排风排烟兼用风管	—
8	XB	消防补风风管	—
9	S（B）	送风兼消防补风风管	—

(5) 风管、阀门及附件图例如表 8-5 所示。

风管、阀门及附件图例 表 8-5

序 号	名 称	图 例	备 注
1	矩形风管	***×***	宽×高（mm）
2	圆形风管	φ***	φ直径（mm）
3	风管向上		—
4	风管向下		—
5	风管上升摇手弯		—
6	风管下降摇手弯		—
7	天圆地方		左接矩形风管，右接圆形风管
8	软风管		—
9	圆弧形弯头		—
10	带导流片的矩形弯头		—
11	消声器		—
12	消声弯头		—
13	消声静压箱		—
14	风管软接头		—
15	对开多叶调节风阀		—

续表

序 号	名 称	图 例	备 注
16	蝶阀		—
17	插板阀		—
18	止回风阀		—
19	余压阀	DPV DPV	—
20	三通调节阀		—
21	防烟、防火阀	*** ***	***表示防烟、防火阀名称代号
22	方形风口		—
23	条缝形风口		—
24	矩形风口		—
25	圆形风口		—
26	侧面风口		—
27	防雨百叶		—
28	检修门	J J	—
29	气流方向		左为通用表示法，中表示送风，右表示回风
30	远程手控盒	B	防排烟用
31	防雨罩		—

（6）风口和附件代号如表 8-6 所示。

风口和附件代号　　　　　　表 8-6

序 号	代 号	名 称	备 注
1	AV	单层格栅风口，叶片垂直	—
2	AH	单层格栅风口，叶片水平	—
3	BV	双层格栅风口，前组叶片垂直	—
4	BH	双层格栅风口，前组叶片水平	—
5	C*	矩形散流器，*为出风面数量	—
6	DF	圆形平面散流器	—
7	DS	圆形凸面散流器	—

续表

序号	代号	名称	备注
8	DP	圆盘形散流器	—
9	DX*	圆形斜片散流器，*为出风面数量	—
10	DH	圆环形散流器	—
11	E*	条缝形风口，*为条缝数	—
12	F*	细叶形斜出风散流器，*为出风面数量	—
13	FH	门铰形细叶回风口	—
14	G	扁叶形直出风散流器	—
15	H	百叶回风口	—
16	HH	门铰形百叶回风口	—
17	J	喷口	—
18	SD	旋流风口	—
19	K	蛋格形风口	—
20	KH	门铰形蛋格式回风口	—
21	L	花板回风口	—
22	CB	自垂百叶	—
23	N	防结露送风口	冠于所用类型风口代号前
24	T	低温送风口	冠于所用类型风口代号前
25	W	防雨百叶	—
26	B	带风口风箱	—
27	D	带风阀	—
28	F	带过滤网	—

（7）通风与空调设备图例如表 8-7 所示。

通风与空调设备图例 表 8-7

序号	名称	图例	备注
1	散热器及手动放气阀		左为平面图画法，中为剖面图画法，右为系统图（Y轴侧）画法
2	散热器及温控阀		—
3	轴流风机		—

续表

序号	名称	图例	备注
4	轴（混）流式管道风机		—
5	离心式管道风机		—
6	吊顶式排气扇		—
7	水泵		—
8	手摇泵		—
9	变风量末端		—
10	空调机组加热、冷却盘管		从左到右分别为加热、冷却及双功能盘管
11	空气过滤器		从左至右分别为粗效、中效及高效
12	挡水板		—
13	加湿器		—
14	电加热器		—
15	板式换热器		—
16	立式明装风机盘管		—
17	立式暗装风机盘管		—
18	卧式明装风机盘管		—
19	卧式暗装风机盘管		—
20	窗式空调器		—
21	分体空调器	室内机 室外机	—
22	射流诱导风机		—
23	减振器		左为平面图画法，右为剖面图画法

（8）调控装置及测量仪表图例如表8-8所示。

调控装置及测量仪表图例　　　　　　　　　　　表8-8

序号	名称	图例
1	温度传感器	T
2	湿度传感器	H
3	压力传感器	P

续表

序号	名 称	图 例
4	压差传感器	ΔP
5	流量传感器	F
6	烟感器	S
7	流量开关	FS
8	控制器	C
9	吸顶式温度感应器	T
10	温度计	
11	压力表	
12	流量计	F.M
13	能量计	E.M
14	弹簧执行机构	
15	重力执行机构	
16	记录仪	
17	电磁（双位）执行机构	
18	电动（双位）执行机构	
19	电动（调节）执行机构	
20	气动执行机构	
21	浮力执行机构	
22	数字输入量	DI
23	数字输出量	DO
24	模拟输入量	AI
25	模拟输出量	AO

（三）常用的材料

本节对房屋建筑安装的通风与空调工程中常用材料作概括的介绍，希望学习者对材料的规格、性能和用途有所了解，便于在施工中掌握应用。有些材料在给水排水工程的教材中已涉及，本节不再赘述。

1. 常用风管材料分类及特性

随着各种新材料、新工艺的不断出现,空调通风管道的材料选择以从材质消声、节能、环保、重量轻、防火性能及项目投资等多方面参数进行考量、均衡,确认更符合现代建筑科学要求的管材。目前主要有几大分类：金属风管、非金属风管、复合风管。

(1) 金属风管

常用的金属风管主要有：普通薄钢板（俗称黑铁皮）、镀锌薄钢板（俗称白铁皮）、塑料复合钢板、铝板和不锈钢板等。

1) 普通薄钢板

① 热轧钢板：由碳素软钢经热轧制成,表面为黄色发光的氧化铁薄膜,性质较硬而脆,加工时易断裂,一般使用在以焊接为主要连接方法的工业通风工程上。

② 冷轧钢板：是由普通碳素结构钢热轧钢带,经过进一步冷轧制成厚度小于4mm的钢板。在常温下轧制,不产生氧化铁皮,因此冷板表面质量好,尺寸精度高,表面光洁,加工性能优良,再加之退火处理,其机械性能和工艺性能都优于热轧薄钢板,在许多领域里,特别是家电制造领域,已逐渐用它取代热轧薄钢板。冷轧板是一定规格尺寸的平板,卷起来的话就叫冷轧卷板,适用于自动进料的机器。适用牌号：Q195、Q215、Q235、Q275；SPCC（日本牌号）；ST12（德国牌号）。

2) 镀锌薄钢板

由普通钢板表面镀一层金属锌的钢板,有防腐蚀的作用。常用厚度为0.5~1.5mm,其规格尺寸和普通钢板相同。要求镀锌钢板表面光滑洁净、表皮有热镀锌层特有的结晶花纹。镀锌钢板风管以其成熟的工艺始终处于主导地位,其刚度、强度及承压能力强,内壁平滑,阻力较小。

3) 塑料复合钢板

它是在钢板表面上覆以0.2~0.4mm的软质或半硬质聚氯乙烯塑料薄膜,分单面和双面覆层两种。具有绝缘、耐磨、耐腐蚀、耐油等特点,又具有普通钢板可进行弯折、咬口、钻孔等加工性能,常用于防尘要求较高的空调系统,温度范围为-10℃~+70℃的耐腐蚀通风系统的风管和配件。

4) 铝及铝合金板

铝板制作风管一般以纯铝为主,由于铝板具有良好的耐蚀性和摩擦时不易产生火花,故常用在化工环境的通风工程及其防爆系统。

为了提高铝板的强度,在铝中加入一种或几种其他元素（如铜、镁、锰、锌等）制成铝合金,但防化学腐蚀性差于纯铝板。

5) 不锈钢板

耐大气腐蚀的镍铬钢称为不锈钢,用它制成的风管常用于食品、化工医药（洁净厂房、手术室送风）、电子仪表制造等工业厂房的通风。一般特性：表面美观以及使用性能多样化；耐腐蚀性能好,比普通钢长久耐用；强度高,因而薄板使用的可能性大；耐高温氧化及强度高,因此能够抗火灾；常温加工,即容易塑性加工；因为不必表面处理,所以简便、维护简单；清洁,光洁度高；焊接性能好。由于其耐腐蚀、寿命长、耐高温氧化及强度高等特点，所以也常用于不锈钢排烟管、烟道、厨房排烟管等通风排烟场合。

(2) 非金属风管

常见的非金属风管主要有：玻璃钢风管、复合风管（酚醛复合风管、聚氨酯复合风管、玻纤复合风管、高分子复合风管、玻镁复合风管）等。

1) 玻璃钢风管

① 有机玻璃钢风管：采用不饱和聚酯树脂和玻璃纤维制成。树脂型号可根据风管用途不同选用相应型号的树脂。玻璃钢风管内表面平整光滑、外表面整齐美观，厚度均匀，美观大方。玻璃钢风管可以按用户要求做成各种颜色，色泽明快；可以按用户要求做成阻燃风管，氧指数不小于30；一般适用于输送腐蚀性气体的通风系统中。

② 无机玻璃钢风管：改性、不燃型无机玻璃钢通风管道即玻璃纤维氯氧镁水泥通风管道，是以菱镁无机复合材料（无机材料、胶凝材料、增水材料）为胶结料，以玻璃丝布为增强材料，配以增韧剂、增强剂和抗水剂，通过严格的调制程序、加工工艺和养护过程，形成结晶网络骨架和孔隙结构的水化物硬化体。

无机玻璃钢是对于目前人们所熟知的有机玻璃钢而言的，两者同样是用玻璃纤维增强的复合材料。当增强有机树脂时，称为有机玻璃钢（简称玻璃钢）；当增强无机材料时，称为无机玻璃钢。无机玻璃钢是近20年来才获得真正应用并大力发展的一种新材料。由于材料自身的特点，由它制成的通风管道具有强度高、重量轻、保温隔热、抗腐蚀、无毒性、无污染、使用寿命长、节能、设计自由度高、工艺性能优越等一系列特点，特别是突出的阻燃性能，从而解决了有机玻璃钢风管易燃烧、铁皮风管易腐蚀、噪声大，且使用寿命短的难题。产品检验执行国家标准 JC 646—1996。

2) 复合风管

为解决传统风管中的噪声大、负荷重、二次保温、漏风率大、结露、施工复杂等一系列难题，随着科技进步，出现了较多的新材料，根据工程具体特点进行充分的选择。目前常用的主要有：玻镁复合风管、玻纤铝箔复合风管、酚醛铝箔复合风管、聚氨酯铝箔复合风管、聚苯乙烯铝箔复合风管。为解决这些铝箔复合风管外表面强度比金属风管易破损的问题，又研发了单面或双面彩钢板复合风管、单面或双面镀锌钢板（厚度2mm）复合风管等。

① 玻镁复合风管

玻镁复合风管是一种新型的高科技复合板材，原材料选用优质氧化镁、氯化镁、中碱玻璃纤维布、轻质材料及无机粘合剂，经生产线加工复合而成。该材料由两层高强度无机材料和一层保温材料复合而成，解决了返潮、返卤问题，而且不含氯离子，遇火不产生氯化氢等有毒气体，具有无毒、无味、不燃、不爆、保温、隔热及良好的二次加工性能和施工方便等特点，是新一代的节能环保型绿色产品。玻镁复合风管具有良好的保温性能，同时噪声低，保持室内环境安静；表面光滑、风阻小，漏风率低；不生锈，不发霉，不积尘，不繁殖细菌、真菌，无臭味，不会产生粒状、气状污染物及生物气胶，能提高室内空气品质，是绿色环保产品；为A级不燃材料，防火性能好；强度高，可以满足高、中、低压通风系统的使用；不怕水，在潮湿的环境下不生锈、不腐蚀，即使浸在水中，仍能保持较高的强度，湿强度高达97%，防潮抗水性能好。

② 玻纤铝箔复合风管

复合风管生产工艺技术先进，是将熔融状态的玻璃用离心喷吹法工艺进行纤维成型并喷涂热固性树脂后制成丝状材料，再经热固化深加工处理而制成。其具有防火、防毒、耐腐蚀、质量轻、耐高温、使用寿命长、防潮性及憎水性好等诸多优点，是优越的保温、隔热、吸声材料，已广泛使用在建筑、化工、电子、冶金、能源、交通等领域的风管保温隔热和吸声降噪工程，效果十分显著。

③ 酚醛铝箔复合风管

酚醛是有机高分子材料中防火性能最好的材料，酚醛复合风管内外层为含防腐防菌涂层的压花铝箔，绝热层为硬质酚醛泡沫。其具有良好的环保、节能、安全、不燃、隔声、美观、清洁、使用寿命长等多种优越性能，可广泛适用于工民用建筑、酒店、医院、写字楼以及其他特殊要求场所。

④ 聚氨酯铝箔复合风管

聚氨酯铝箔复合风管采用微氟难燃 B1 及聚氨酯硬质泡沫作为夹心层，双面复合不燃 A 级铝箔板一次性加工成型。风管板中的聚氨酯是一种闭孔的微细泡沫，导热系数低，这使得聚氨酯复合风管的性能极佳，节能效果非常明显。聚氨酯夹心材料作为风管板材绝热层，配有防火等多种添加剂，使材料在防火、物理性能、保温和环保等各方面满足通风管道的使用要求。采用隔热性能优良的 PU 材料，输送的空气清洁卫生；重量轻，减少建筑物负荷；造型巧，缩小安装空间；高阻燃满足消防要求；无噪声提供舒适环境。可广泛适用于办公楼、商场、住宅、超市、体育馆、医院、图书馆、仓库、游泳池等空气净化系统中。

⑤ 聚苯乙烯铝箔复合风管

聚苯乙烯铝箔复合风管，内部为独立的密闭式气泡结构，外部为压花铝箔，具有高抗压、不吸水、防潮、不透气、轻质、使用寿命长、导热系数低、持久的保温隔热性，广泛应用在食品加工、机械制造、药业制品、电子工业、购物中心、棉纺织、体育娱乐文化场所、酒店、宾馆、超市、写字楼、政府机关、小型别墅、航空航天制造等领域。

⑥ 单双面彩钢板复合风管

彩钢板复合风管是目前传统玻纤风管的更新换代产品，又是镀锌铁皮风管的新一代替代品，具有传统玻纤风管的保温性，又具有镀锌铁皮风管的刚性。风管外表为彩色钢板，克服了以前玻纤风管强度弱、外壁易破损的致命弱点，发挥了镀锌铁皮的优势。彩钢板风管是用彩钢复合夹芯板为板材制作加工而成的风管。其中彩钢复合夹芯板是以保温材料为芯材，其中一面是复合抑菌涂层的铝箔或者彩钢板，另一面是复合各种色彩的彩钢板而制成的复合夹芯板。保温材料通常有聚氨酯、酚醛树脂、聚苯、无机物、挤塑板或玻璃纤维等材质。

2. 常用风管连接材料分类及特性

(1) 金属风管的连接、支撑材料及其使用

1) 扁钢：用于制作小规格法兰、抱箍及风帽支撑等。

2) 角钢：主要用于制作支架、加固框和法兰。

3) 圆钢：主要用于制作支架的吊杆和螺栓。

4) 槽钢：主要用于制作空调设备的支架及大型风管的支架等。

5) 紧固件：紧固件包括通风空调设备与支架连接用的螺栓，无法兰连接时用镀锌钢板制作的法兰夹（即勾码），风管法兰连接螺栓和垫片，风管与部件法兰连接用的铆钉。

① 螺栓和垫圈：是通用紧固件，有精制和粗制两种。通风空调工程中多数使用粗制螺栓。垫圈有平垫圈和弹簧垫圈，弹簧垫圈用于需要防振之处。

② 铆钉：常用的铆钉有平头和半圆头铆钉，净化空调要选用镀锌铆钉。

（2）非金属风管的连接、支撑材料及其使用

1) 玻璃钢风管同金属管道基本一致。

2) 玻镁复合风管采用胶粘技术和特殊的结构组合、连接。主要将连接处制作成凹凸连接插口，用特殊胶粘技术粘接。支吊架采用角钢、槽钢、圆钢。

3) 其他复合风管，根据不同材质的选择和连接方式，配有厂方定型配套的法兰连接件、胶带等。支吊架主要采用角钢、圆钢。

3. 垫料、胶粘料、柔性软接材料的分类及使用

（1）垫料：常用的垫料有用于民用工程的橡胶板、闭孔海绵橡胶板等，用于工业工程的石棉橡胶板、石棉板、软聚氯乙烯板等。

（2）胶粘料：无法兰连接的法兰角、洁净空调、风管咬口、法兰四角等微小的漏风处常用的胶粘料主要有橡胶胶粘剂、环氧树脂胶粘剂。

（3）柔性软接

目前市场上柔性软接研发的新材料较多，主要根据设计功能选择耐火、耐高温、耐酸、耐碱、耐腐蚀的软接。防火软接采用硅橡胶涂覆玻纤布为软接材料，用高温线缝制而成，最高耐温可达400℃。对于需保温的，采用硅酸钛金不燃A1级保温软接头。常用的帆布软接有白帆布、防水布、阻燃布、汽车帆布。目前采用了各种独特的加工方法与现代化的凸缘卷边接合技术，还有更多的定型产品在应用。

（四）风管制作

本节介绍了通风与空调系统施工程序、风管制作程序及制作质量控制要求，通过学习可熟悉常用风管制作的主要要求，了解节能规范新增条款。

1. 通风与空调系统施工程序及强制性条文

（1）通风与空调系统施工程序如图8-8所示。

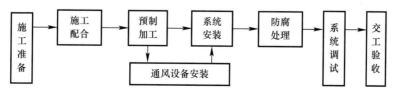

图8-8 通风与空调系统施工程序

(2) 强制性条文

1) 防火风管的本体、框架与固定材料、密封垫料必须为不燃材料，其耐火等级应符合设计的要求。

2) 复合材料风管的覆面材料必须为不燃材料，内部的绝热材料应为不燃或难燃 B1 级，且对人体无害的材料。

3) 防爆风阀的制作材料必须符合设计要求，不得自行替换。

4) 防排烟系统柔性短管的制作材料必须为不燃材料。

(3) 风管强度和严密性要求

风管必须通过工艺性的检查或验证，其强度和严密性要求应符合设计要求或下列规定：

1) 风管的强度应能满足在 1.5 倍工作压力下接缝处无开裂。

2) 矩形风管的允许漏风量应符合以下规定：

低压系统风管　　$Q_L \leqslant 0.1056 P^{0.65}$

中压系统风管　　$Q_M \leqslant 0.0352 P^{0.65}$

高压系统风管　　$Q_H \leqslant 0.0117 P^{0.65}$

式中 Q_L、Q_M、Q_H——系统风管在相应工作压力下，风管单位面积、单位时间内的允许漏风量 $[m^3/(h \cdot m^2)]$；

P——风管系统的工作压力（Pa）。

3) 低压、中压圆形金属风管、复合材料风管以及采用非法兰形式的金属风管的允许漏风量，应为矩形风管规定值的 50%。

4) 砖、混凝土风道的允许漏风量不应大于矩形低压系统风管规定值的 1.5 倍。

5) 排烟、除尘、低温送风管系统按中压系统风管的规定，1~5 级净化空调系统按高压系统风管的规定。

(4) 节能工程施工

要求严格执行建筑节能工程施工质量验收规范的规定。做好包括：风机盘管、保温材料、电线、电缆等材料的复检工作；配合业主，委托具有相应检测资质的检测机构检测系统节能性能并出具报告，做好节能工程的验收工作。

2. 金属风管预制程序及主要控制要求

(1) 金属风管预制程序

金属风管的预制过程多为工厂化加工的形式，加工场地根据工程特点，可设在工程现场或固定的加工厂，也可工厂加工成半成品，运输到现场组对成成品，这样便于运输。

根据风管连接形式，金属风管制作工艺主要有：咬口、焊接两种形式，加工工艺流程基本相同，主要程序如图 8-9 所示。

(2) 金属风管预制主要控制要求

1) 施工准备

① 材料检查

A. 所使用板材、型钢的主要材料应具有出厂合格证明书或质量鉴定文件。

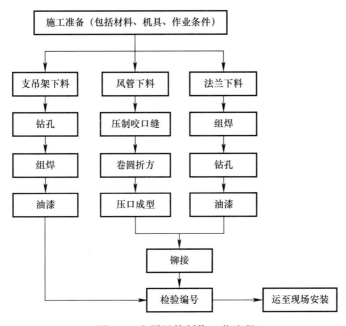

图 8-9　金属风管制作工艺流程

注：共板法兰风管购买大型设备，从板料——等离子切割机——压筋机——咬口机——法兰机——折方机——合口机——装角机制作成成品。

B. 镀锌薄钢板表面不得有裂纹、结疤及水印等缺陷，应有镀锌层结晶花纹。

C. 不锈钢板材应具有高温下耐酸耐碱的抗腐蚀能力。板面不得有划痕、刮伤、锈斑和凹穴等缺陷。

D. 铝板材应具有良好的塑性、导热性能及耐酸腐蚀性能，表面不得有划痕及磨损。

E. 制作风管及配件的板材厚度当设计无规定时按下表确定（见表 8-9～表 8-11）。

钢板风管板材厚度　　表 8-9

长边尺寸或直径（mm） \ 厚度（mm） \ 类别	圆形风管	矩形风管		除尘系统风管
		中低压系统	高压系统	
$D(b) \leq 320$	0.5	0.5	0.75	1.5
$320 < D(b) \leq 450$	0.6	0.6	0.75	1.5
$450 < D(b) \leq 630$	0.75	0.6	0.75	2.0
$630 < D(b) \leq 1000$	0.75	0.75	1.0	2.0
$1000 < D(b) \leq 1250$	1.0	1.0	1.0	2.0
$1250 < D(b) \leq 2000$	1.2	1.0	1.2	按设计要求
$2000 < D(b) \leq 4000$	按设计要求	1.2	按设计要求	按设计要求

注：螺旋风管的钢板厚度可相应减小 10%；排烟系统钢板厚度可按高压系统；特殊除尘系统风管厚度应符合设计要求；不适用于地下人防与防火隔墙的预埋管。

高、中、低压不锈钢板风管板材厚度　　　　　　　　　　　　表 8-10

圆形风管直径或矩形风管长边尺寸（mm）	不锈钢板厚度（mm）
$D(b) \leqslant 500$	0.5
$500 < D(b) \leqslant 1120$	0.75
$1120 < D(b) \leqslant 2000$	1.0
$2000 < D(b) \leqslant 4000$	1.2

高、中、低压铝板风管和配件的板材厚度　　　　　　　　　　表 8-11

圆形风管直径或矩形风管长边尺寸（mm）	中、低压铝板厚度（mm）	高压铝板厚度（mm）
$D(b) \leqslant 320$	1.0	1.5
$360 < D(b) \leqslant 630$	1.5	2.0
$700 < D(b) \leqslant 2000$	2.0	2.5
$2500 < D(b) \leqslant 4000$	2.5	3.0

② 机具准备

龙门剪板机、电冲剪、手持电动剪倒角机、咬口机、压筋机、折方机、合缝机、振动式曲线剪板机、卷圆机、圆弯头咬口机、型钢切割机、角（扁）钢卷圆机、液压铆钉钳、电动拉铆枪、台钻、手电钻、冲孔机、螺旋卷管机、电、气焊设备、空气压缩机、油漆喷枪等设备及不锈钢板尺、钢直尺、角尺量角器、划规、划针、铁锤、木锤、拍板等小型工具。共板法兰风管、螺旋风管制作设备。

③ 作业条件

A. 集中加工应具有宽敞、明亮、洁净、地面平整、不潮湿的厂房。

B. 现场分散加工应具有能防雨雪、大风及结构牢固的设施。

C. 作业地点要有相应加工工艺的基本机具、设施及电源和可靠的安全防护装置，并配有消防器材。

D. 风管制作应根据各专业图纸，在符合设计要求的前提下进行深化设计，尽可能采用共同支架，对设计中建筑、结构及预留孔位置进行实测、复检，必要时绘制系统加工图，并有责任人批准，有施工员书面的技术质量及安全交底。

2）金属风管下料

① 下料主要经过划线——下料——剪切——倒角几个过程。全机械化风管的制作，下料是通过绘制加工图经电脑将其输入，由等离子切割机自动完成下料全过程。

② 划线时根据图及大样不同的风管几何形状和规格，分别展开；下料时板材剪切必须进行下料的复核，以免有误，按划线形状用机械剪刀和手工剪刀进行剪切；机械剪切时手严禁伸入机械压板空隙中。上刀架不准放置工具等物品，调整板料时，脚不能放在踏板上。使用固定式震动剪两手要扶稳钢板，手离刀口不得小于 5cm，用力均匀适当。

3）金属风管的连接

① 连接形式

连接包括板材间的咬口连接、焊接；法兰与风管的铆接；法兰加固圈与风管的连接。钢板厚度小于或等于 1.2mm 采用咬接，大于 1.2mm 采用焊接；不锈钢钢板厚度小于或等于1.0mm采用咬接，大于1.0mm采用焊接（氩弧焊或电焊）；铝板厚度小于或等于1.5mm采用咬接，大于1.5mm采用焊接（氩弧焊或电焊）。

② 咬接形式

A. 咬口连接类型宜采用单咬口、立咬口、联合角咬口、单角咬口、按扣咬口（见图8-10）形式，图中 B 为咬口宽度，单位mm；根据使用范围可参照表8-12选择咬口形式。

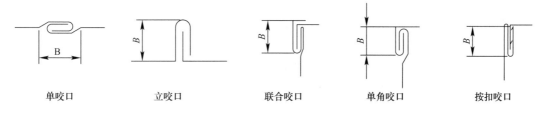

图 8-10　咬口连接类型

常用咬口及其适用范围　　　　　　　　　表 8-12

形式或名称	适用范围
单咬口	用于板材的拼接和圆形风管的闭合咬口
立咬口	用于圆形弯管或直接的管节咬口
联合角咬口	用于矩形风管、弯管、三通管及四通管的咬接
单角咬口	较多的用于矩形直管的咬缝，和有净化要求的空调系统，有时也用于弯管或三通管的转角咬口缝
按扣式咬口	现在矩形风管大多采用此咬口，有时也用于弯管、三通管或四通管

B. 咬口宽度和留量根据板材厚度而定，应符合表8-13的要求。

咬口宽度（mm）　　　　　　　　　表 8-13

钢板厚度	平咬口宽 B	角咬口宽 B
0.7以下	6—8	6—7
0.7—0.82	8—10	7—8
0.9—1.2	10—12	9—10

C. 风管板材拼接的咬口缝应错开，不得有十字形拼接缝。

③ 焊接

A. 通风空调工程中使用的焊接方法有电焊、氩弧焊、气焊和锡焊；焊缝形式应根据风管的构造和焊接方法而定，可用对接、搭接、角接等形式。

B. 焊接风管的焊缝应平整，不应有裂缝、凸瘤、穿透、夹渣、气孔及其他缺陷，焊接后板材的变形应矫正，并将飞溅物清除干净。

C. 除尘系统的风管，宜采用内侧满焊、外侧间断焊形式。

D. 风管与小部件（短支管等）连接处、三通、四通分支处要严密、缝隙处应利用锡焊或密封胶堵严以免漏风。使用锡焊、熔锡时锡液不许着水，防止飞溅伤人，盐酸要妥善保管。

④ 铆接

A. 铆接主要用于角钢法兰与风管之间的固定连接。

B. 风管与法兰铆接前先进行质量复核,合格后将法兰套在风管上,管端留出 10mm 左右翻边量,管折方线与法兰平面应垂直,然后使用液压铆钉钳或手动夹眼钳用铆钉将风管与法兰铆固,并留出四周翻边。

C. 铆钉连接时,必须使铆钉中心线垂直于板面,铆钉头应把板材压紧,使板缝密合并且铆钉排列整齐、均匀。

D. 不锈钢风管与法兰铆接应采用与风管材质相同或不产生电化学腐蚀的材料。

⑤ 法兰加工、连接

A. 矩形风管法兰加工:方法兰由四根角钢组焊而成,划线下料时应注意使焊成后的法兰内径不能小于风管的外径,用型钢切割机按线切断;加工后的角钢放在焊接平台上进行焊接,焊接时采用相应规格模具卡紧;下料调直后用冲床或钻床加工铆钉孔及螺栓孔。中低压风管孔距不得大于 150mm,高压风管孔距不得大于 100mm,矩形风管法兰的四角部位应设有螺孔。

B. 矩形法兰用料规格及螺栓按表 8-14 规定选用。

矩形法兰角钢及螺栓   表 8-14

矩形风管大边长 b(mm)	角钢法兰用料规格(mm)	螺栓规格
$b \leqslant 630$	∠25×3	M6
$630 < b \leqslant 1500$	∠30×3	M8
$1500 < b \leqslant 2500$	∠40×4	M8
$2500 < b \leqslant 4000$	∠50×5	M10

C. 圆形法兰加工:先将整根角钢或扁钢放在冷煨法兰卷圆机上按所需法兰直径调整机械的可调零件,卷成螺旋形状后取下;将卷好后的型钢画线割开,逐个放在平台上找平找正;调整好的法兰进行焊接、冲孔。

D. 圆法兰用料及螺栓规格按表 8-15 规定选用。

圆形法兰的型钢及螺栓   表 8-15

圆形风管直径 D(mm)	法兰用料规格		螺栓规格
	扁钢(mm)	角钢(mm)	
$D \leqslant 140$	—20×4		M6
$140 < D \leqslant 280$	—25×4		M6
$280 < D \leqslant 630$		∠25×3	M8
$630 < D \leqslant 1250$		∠30×4	M8
$1250 < D \leqslant 2000$		∠40×4	M8

E. 法兰制作尺寸允许偏差见表 8-16。

法兰制作的允许偏差 表 8-16

法兰规格	允许偏差（mm）
圆形法兰直径或矩形法兰边长	+2 0
矩形法兰两对角线之差	3
法兰平整度	2
法兰焊缝对接处的平整度	1

F. 同一批量加工的相同规格法兰的螺孔排列应一致，并且具有互换性；法兰平整度检测采用法兰放置于平台上用塞尺测量；翻边应平整，紧贴法兰，其宽度应一致，且不小于 6mm，并不应遮住螺孔，四角应铲平，不应出现豁口与孔洞，以免漏风。

G. 风管与法兰焊接时，风管端面不得高于法兰接口平面，风管端面距法兰接口平面不应小于 5mm；风管与法兰的焊缝应熔合良好、饱满，无虚焊和孔洞；风管与法兰采用点焊固定连接时，焊点应融合良好，间距不应大于 100mm，法兰与风管应紧贴，不应有穿透的缝隙或孔洞。

⑥ 风管加固

A. 矩形风管边长大于 630mm、保温风管边长大于 800mm，其管段长度大于 1250mm，或低压风管单边面积大于 $1.2m^2$，中、高压风管单边面积大于 $1.0m^2$，均应采取加固措施。边长小于或等于 800mm 的风管，宜采用楞筋、楞线的方法加固。

B. 圆形风管直径大于等于 800mm，其管段长度大于 1250mm，或总表面积大于 $4m^2$，均应采取加固措施。

C. 加固的形式如图 8-11、图 8-12 所示。

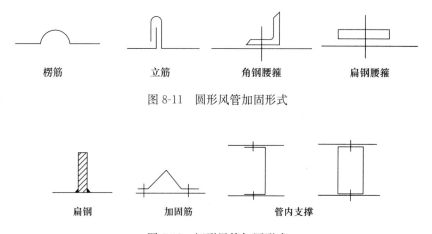

图 8-11 圆形风管加固形式

图 8-12 矩形风管加固形式

楞筋或楞线的加固排列应规则，间隔应均匀，板面不应有明显变形；角钢加固圈的加固，应排列整齐、均匀对称，其高度应小于或等于风管的法兰宽度。角钢、加固筋与风管的铆接应牢固、间隔应均匀。

D. 中压和高压系统风管的管段，其长度大于 1250mm 时，还应有加固框补强。高压系统金属风管的单咬口缝还应有防止咬口缝胀裂的加固或补强措施。

4）矩形风管无法兰连接

随着机械化程度的提高，无法兰连接矩形风管施工工艺已采用全机械化或半机械化生产模式。

① 风管的连接方式如表 8-17 所示。

风管连接方式　　　　　表 8-17

无法兰连接形式	附件板厚（mm）	转角要求	使用范围
S 形插条	见图 8-13（a）	≥0.7	立面插条两端压到两平面各 20mm 左右	低压风管（和 C 型插条合用于长边）
C 形插条	见图 8-13（b）	≥0.7	立面插条两端压到两平面各 20mm 左右	低压风管（和 C 型插条合用于短边）
薄钢板法兰	见图 8-13（c）	≥0.8	四角加 90°贴角，并固定	中、低压风管

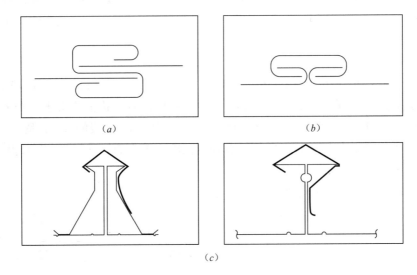

图 8-13

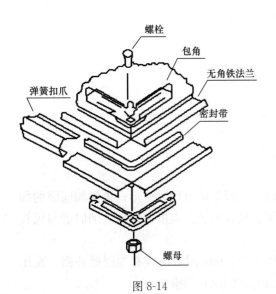

图 8-14

A. 连接风管的接口应采用机械加工，其尺寸应正确，形状应规则，接口处应严密。风管接口处的四角应有固定措施。采用 C 型或 S 型插条连接时，风管长边尺寸不得大于 630mm，且只能用于低压风管，插条与风管加工插口的宽度应匹配一致，其允许偏差为 2mm，连接应平整、严密，插条两端压倒长度不应小于 20mm，如图 8-13 所示。

B. 薄钢板连体法兰矩形风管成型：先进行法兰咬口；再进行联合角咬口；折边，用专用手动折边机进行折边；先咬口合成，再在四角上加 90°包角，并打上硅胶进行密封。成型过程如图 8-14 所示。

② 加固

A. 接口加固措施一般采用角码和勾码，矩形风管四角采用四个角码加固，在转弯受拉的部位采用勾码加固。

B. 矩形风管的加固方式，板材均采用楞筋加固（洁净空调系统及设计有要求不允许楞筋除外）。

3. 非金属风管预制程序及主要控制要求

（1）复合风管预制程序，如图 8-15 所示。

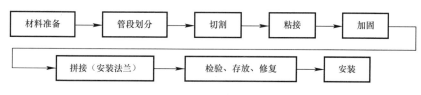

图 8-15 复合风管预制程序

非金属风管中玻璃钢风管主要是外购成品风管，运到现场进行产品检查后安装。复合风管主要是外购风管板材及法兰配件，板材运至现场，进行材质检查后预制、安装。硬聚氯乙烯风管应用较少。

（2）非金属风管主要控制要求

1）材料检查

① 外购成品非金属风管及风管板材必须提供出厂合格证明文件或进行强度和严密性的验证，符合要求后方可应用。

② 对进场成品非金属风管及风管板材材料的检查内容，主要包括风管的材质、规格、强度和严密性与成品外观质量的检查。

③ 非金属风管的材料品种、规格、性能与厚度等应符合设计要求和现行国家产品标准的规定。当设计无规定时，应执行 GB 50243 规范规定；采用套管连接时，套管厚度不得小于风管板材厚度。

④ 无机玻璃钢风管必须为不燃材料。无机玻璃钢风管按其胶凝材料性能分为：以硫酸盐类为胶凝材料与玻璃纤维网格布制成的水硬性无机玻璃钢风管；以改性氯氧镁水泥为胶凝材料与玻璃纤维网格布制成的气硬性改性氯氧镁水泥风管两种类型。胶凝材料硬化体的 PH 值应小于 8.8，并不应对玻璃纤维有碱性腐蚀。

无机玻璃钢风管分为整体普通型（非保温）、整体保温型（内、外表面为无机玻璃钢，中间为绝热材料）、组合型（由复合板、专用胶、法兰、加固角铁等连接成型）和组合保温型四类。要求无机玻璃钢风管表面应光洁、无裂纹、无明显分层现象，不得出现返卤或严重泛霜现象。

⑤ 有机玻璃钢风管不应有明显扭曲，内表面应平整光滑，外表面应整齐美观，厚度应均匀，且边缘无毛刺，并无气泡及分层现象。风管的外径或外边尺寸的允许偏差为 3mm；圆形风管的任意正交两直径之差应不大于 5mm；矩形风管两对角线之差不应大于 5mm。

⑥ 玻璃钢风管法兰应与风管成一体，并应有过渡圆弧，与风管轴线成直角，管口平面度的允许偏差为 3mm，螺孔的排列应均匀，至管壁的距离应一致，允许偏差为 2mm。玻璃钢风管加固材质与风管本体材质或防腐性能相同，并与风管成一体。

⑦ 复合风管板材必须为不燃材料，中间的绝热材料应为不燃或难燃 B1 级，且对人体无害（查其性能检测报告及观察点燃试验）。复合风管板材的表层铝箔材质应符合《工业用纯铝箔》GB 3198 的规定，厚度应不小于 0.06mm。当铝箔复合层有增强材料时，其厚度应不小于 0.03mm；复合风管板材的复合层应粘接牢固，内部绝热层材料不得裸露在外。板材外表面单面分层、塌凹等缺陷不得大于 6‰。

⑧ 玻纤复合板内、外表面层与玻纤绝热材料应粘结牢固，复合板表面应能防止纤维脱落，涂层材料应符合对人体无害的卫生规定。

2）复合风管预制主要控制要求

① 风管预制前，必须对设计深化后的图纸进行合理分段，在划线时进行精确计算，为保证风管制作的强度，在下料时粘合处有一边要保留 20mm 铝箔做护边；根据风管两边对边长度，采用不同方式的切割方法，技术灵活，合理划线，以降低成本。为提高板材的利用率及现场施工中接缝用单块板材制作风管单面时，可将板材切成 45°角，而后进行粘接。

② 压弯成形：制作风管弯曲面时，将切割下料后的板材弯曲成形，板材弯曲长度 L 取决于风管的弯曲弧长；板材弯曲成形后与主板的接缝要尽可能紧密，这样便于风管的粘接成形，且粘接牢固。

③ 粘接成形：风管的折角应平整，拼缝粘接应牢固、平整，粘接材料宜为难燃材料；粘接时应注意粘接时间，刷完胶后应待手摸时不粘手后方可粘接；粘接过程中应注意保证风管的每条边接缝粘接牢固，角度为 90°，一定要注意风管粘接后四条边角不能出现半圆角现象，以避免影响风管美观；粘接后在风管外壁接缝处粘接铝箔胶带，并用塑料刮板均匀刮平，粘接前应确保风管表面清洁；风管内粘接缝，用玻璃胶或 30mm 宽铝箔胶带做封堵，封堵前接缝应清洁，封堵后应压实，以保证封堵严实牢固。

④ 复合风管连接形式及适用范围如表 8-18 所示。

复合风管连接形式　　　　表 8-18

风管连接形式		附件材料	适用范围
45°粘接		铝箔胶带	聚氨酯、酚醛复合风管，边长≤50mm
榫接		铝箔胶带	玻纤复合风管，边长≤2000mm
槽形插接连接		PVC	聚氨酯复合、酚醛复合风管 低压风管边长≤2000mm 中、高压风管边长≤1600mm
工形插接连接		PVC	聚氨酯复合、酚醛复合风管 低压风管边长≤2000mm 中、高压风管边长≤1600mm
		铝合金	聚氨酯复合、酚醛复合风管 风管边长≤3000mm

续表

风管连接形式		附件材料	适用范围
外套角钢法兰		∟25×3	玻纤复合风管边长尺寸≤1000mm
		∟30×3	玻纤复合风管边长≤1600mm
		∟40×4	玻纤复合风管边长≤2000mm
C形插接法兰（高度25～30）		PVC 铝合金	玻纤复合风管边长≤1600mm
		镀锌板厚≥1.2	
"h"连接法兰		PVC 铝合金	聚氨酯复合、酚醛复合风管用于与阀部及设备连接

⑤ 风管拼接：可用"H"型和垂直PVC法兰，法兰安装时应注意其方向，防止装反给安装带来极大的麻烦。风管法兰连接时，其连接应牢固，法兰平面度的允许偏差为2mm。

⑥ 风管加固：应根据系统压力及产品技术标准的规定执行。角加固是当边长大于或等于250mm的矩形风管安装时，宜在风管四角粘贴厚0.75mm以上的镀锌直角垫，加固风管四角刚度，使风管不变形；采用PVC法兰时应在风管的两边均进行加固；平面加固分为单向加固及十字加固，当风管长边小于2000mm时，采用内加固，其加固形式和数量根据厂家提供的横向加固最少数量及纵向间距表；当风管长边大于或等于2000mm时，采用外加固，用30×3以上角钢制作成抱箍状，箍紧风管。

⑦ 风管检验、存放、修复：

A. 制作完成的风管必须经过检验，确保完好无损后，搬到成品堆放场地整齐存放等待下一步安装。

B. 修复方法：对表面刮痕或凹痕通过表面修平或重新粘贴新的铝箔胶带修复；管壁上有孔洞，且较大时，45°切割方形后，再按相同形状的板材制成方块封堵，粘接缝粘贴铝箔胶带，小孔洞可用玻璃胶封堵后粘贴铝箔胶带；法兰处断裂，距法兰300mm切割下来，增补一节短管。

4. 风管部件制作主要控制要求

（1）成品、材料检查

1）各种成品、材料应具有出厂合格证明文件。为工程加工的非标准产品，应具有质量检验合格鉴定文件，并应符合国家有关强制性标准的规定。

2）应进行外观检查，各种板材表面应平整，厚度均匀，无明显伤痕，并不得有裂纹、锈蚀等质量缺陷，型材应成型、均匀、无裂纹及严重锈蚀等情况。

3）外购成品消声器吸声材料应严格按照设计要求选用，并满足对防火、防潮和耐腐蚀性的要求。

4）柔性管应选用防腐、防潮、不透气、不易霉变的柔性材料，用于空调系统的应采取防止结露的措施，用于净化空调系统的还应是内壁光滑、不易产生尘埃的材料。

(2) 主要控制要求

1) 风阀

① 各类成品风阀应制作牢固,调节和制动装置应准确,启动灵活、关闭严密、可靠,并标明阀门的启闭方向,调节阀手轮或扳手应以顺时针方向转动为关闭,其调节范围及开度指示应与叶片开启角度相一致。

② 防火阀和排烟阀(排烟口)必须符合有关消防产品标准的规定,并具有相应的产品合格证明文件。

③ 钢制风阀外框焊接可采用电焊或气焊方式,并保证使其焊接变形控制在最小限度。

④ 单叶或多叶片风阀法兰应与相应风管材质一致;叶片应贴合严密,间距均匀,搭接一致,与阀体缝隙应小于 2mm;截面积大于 $1.2m^2$ 的风阀应实施分组调节。

⑤ 三通调节阀拉杆或手柄的转轴与风管的结合处应严密;阀板调节方便,不与风管相碰撞。

⑥ 止回阀阀轴必须灵活,阀板关闭严密,转动轴采用不易锈蚀的材料制作。

2) 消声器

① 成品应按规格、型号进行编号。消声器储存保管,应保持环境干燥、通风、无污染、腐蚀。

② 消声弯头的平面边长大于 800mm 时,应加吸声导流片;消声器直接迎风面的布质覆面层应有保护措施。

3) 风口

① 散流器的扩散环和调节环应同轴,轴向间距分布应均匀。

② 插板式及活动篦板式风口,其插板、篦板应平整,边缘光滑,拉动灵活;活动篦板式风口组装后应能达到安全开启和闭合。

③ 百叶风口的叶片间距应均匀,两端轴的中心应在同一直线上。手动式风口叶片与边框铆接应松紧适当。

④ 钢制风口组装后的焊接可根据不同材料,选择气焊或电焊的焊接方式。铝制风口应采用氩弧焊接。焊接均应在非装饰面处进行,不得对装饰面外观产生不良影响。焊接完成后,应对风口进行一次调整。

⑤ 风口活动部分,如轴、轴套的配合等,应松紧适宜,并应在装配完成后加注润滑油;风口外观质量应合格,孔、片、扩散圈间距一致,边框和叶片平直整齐,外观光滑、美观。

4) 罩类部件

根据不同的罩类型式放样后下料,并尽量采用机械加工形式;制作尺寸应准确,连接处应牢固,形状规则,表面平整光滑,其外壳不应有尖锐的边角;罩口尺寸偏差每米应不大于 2mm,连接处牢固,无尖锐的边缘。

5) 风帽

风帽的下料、成形可参见金属风管制作部分,风帽的形状应规整、旋转风帽重心应平衡。

6) 柔性短管

柔性短管应松紧适度,长度符合设计要求和施工规范的规定,无开裂现象,无扭曲现象,其长度一般宜为150~300mm,不宜作为找正、找平的异径连接管,下料后缝制可采用机械或手工方式,但必须保证严密牢固可靠。如需防潮,帆布柔性管可刷帆布漆,不得涂刷油漆,防止失去弹性和伸缩性。

5. 风管支、吊架的制作

(1) 支架的悬臂、吊架的横担采用角钢或槽钢制作;斜撑采用角钢制作;吊杆采用圆钢制作;抱箍采用扁钢制作。

(2) 支、吊架在制作前,首先要对型钢进行矫正,矫正的方法分冷矫正和热矫正两种。小型钢材一般采用冷矫正;较大的型钢必须加热到900℃左右后进行热矫正;矫正的顺序应该先矫正扭曲、后矫正弯曲。

(3) 支吊架的下料宜采用机械加工,采用气割后,应对切割口进行打磨处理;不得采用电焊条割孔、扩孔或气割割孔;抱箍的圆弧应与风管圆弧一致;支架的焊缝必须饱满,保证具有足够的承载能力。

(4) 吊杆圆钢应根据风管安装标高适当截取,套丝不宜过长,丝扣末端不应超出托架最低点。

(5) 风管支、吊架制作完毕后,应进行除锈,刷防锈漆。

(6) 用于不锈钢、铝板风管的支架,抱箍应按设计要求做好防腐绝缘处理,防止电化学腐蚀。

6. 净化空调系统主要控制要求

(1) 施工准备

1) 设备、材料检查

① 设备经开箱检查,其规格、型号、各项性能指标应符合设计要求和相应空气洁净级别要求。产品合格证、技术资料、产品说明书齐全。

② 对照随机设备清单和技术资料,核对设备本体、附件、备件及专用工具的规格、型号应符合要求;附件、备件及专用工具齐全。

③ 净化空调系统的风阀、活动件、固定件以及紧固件均应采取镀锌或作其他防腐处理(如喷塑或烤漆);阀体与外界相通的缝隙处,应有可靠的密封措施。工作压力大于1000Pa的调节风阀,生产厂家应提供(在1.5倍工作压力下能自由开闭)强度测试合格的证书(或试验报告)。

④ 所有用于净化空调系统的风管部件、阀件、附件等,除符合设计各项参数、规格、型号外,还应是内壁光滑,不易产生尘埃的材料。

⑤ 风管和制作部件用的板材,应采用优质镀锌钢板,对于镀锌层已有锈斑、氧化层、起皮、起泡、镀锌层脱落等缺陷的均不得使用。

2) 作业条件

① 加工风管用镀锌钢板经洗涤剂清洗、擦净、干燥后堆放整齐,表面需油漆的应先

涂上第一道油漆，并密封保护防尘备用。

② 制作现场应保持清洁，存放材料时应避免积尘和受潮；风管制作场地应相对封闭，并宜铺设不易产生灰尘的软性材料。

(2) 风管及部件制作主要控制要求

1) 参照金属风管制作主要控制要求。

2) 风管板材

① 风管加工前应用清洗液去除板材表面油污及灰尘，清洗液应采用对板材表面无损害、干燥后不易产生粉尘，对人体无危害的中性清洁剂。

② 风管应减少纵向接缝，矩形风管边长小于或等于900mm时，底板面不应有拼接缝；大于900mm时，不应有横向接缝。

③ 风管板材连接缝的密封面应设在风管的正压侧；密封材料宜采用异丁基橡胶、氯丁橡胶、变性硅胶等为基材的材料。

④ 彩色涂层钢板风管的内壁应光滑；板材加工时应避免损坏复合层，被损坏的部位应做好防腐。

3) 风管连接

① 风管的咬口缝、铆接缝以及法兰翻边四角缝隙处，应按设计及洁净度等级要求，采用涂密封胶或其他密封措施堵严。

② 风管所用紧固件螺栓、螺帽、垫圈、铆钉等应采用与管材性能相匹配、不会产生电化学腐蚀的材料，或采用镀锌或其他防腐措施，并不得采用抽芯铆钉；风管的咬口缝、折边和铆接等处有损坏时，应做防腐处理。

③ 风管的法兰铆钉孔的间距，当系统洁净度的等级为1～5级时，不应大于65mm；为6～9级时，不应大于100mm。

④ 风管无法兰连接不得使用S型插条、直角型平插条及立联合角插条等连接方式；空气洁净等级为1～5级的风管不得采用按扣式咬口。

4) 静压箱本体，箱内固定高效过滤器的框架及固定件应做镀锌、镀镍等防腐处理。

5) 风管检查门应平整、启闭灵活、关闭严密，其与风管或空气处理室的连接处应采取密封措施，无明显渗漏。

6) 制作完成的风管，应进行第二次清洗，经检查达到洁净要求后应及时封口。

(五) 通风空调系统安装

本节介绍了通风与空调系统风管安装质量控制要求，通过学习应熟悉常用风管安装的主要控制要求及规范强制性条文，了解节能规范新增条款。

1. 通风空调系统风管安装强制性条文规定

(1) 风管安装必须符合下列规定：

1) 风管内严禁其他管线穿越；

2) 输送含有易燃、易爆气体或安装在易燃、易爆环境的风管系统应有良好的接地，

通过生活区或其他辅助生产房间时必须严密,并不得设置接口;

3) 室外立管的固定拉索严禁拉在避雷针或避雷网上。

(2) 输送空气温度高于80℃的风管,应按设计规定采取防护措施。

(3) 在风管穿过需要封闭的防火、防爆的墙体或楼板时,应设预埋管或防护套管,其钢板厚度不应小于1.6mm。风管与防护套管之间,应用不燃且对人体无危害的柔性材料封堵。

(4) 通风机传动装置的外露部位以及直通大气的进、出口,必须装设防护罩(网)或采取其他安全设施。

(5) 静电空气过滤器金属外壳接地必须良好。

(6) 电加热器的安装必须符合下列规定:

1) 电加热器与钢构架间的绝热层必须为不燃材料,接线柱外露的应加设安全防护罩;

2) 电加热器的金属外壳接地必须良好;

3) 连接电加热器风管的法兰垫片应采用耐热不燃材料。

2. 风管安装主要控制要求

(1) 施工准备

要做好风管安装前的准备工作。熟悉施工图,了解土建和其他专业工种与本工种的关联情况,核实风管系统的标高、轴线、预留孔洞、预埋件等是否符合安装条件。备足安装用的各类辅助材料,准备好吊装机具和安装用的其他工具,做好风管系统的划线定位等工作。

支架安装位置必须正确,间距合理,支架形式按设计要求。防火阀及消声器必须单独设支吊架;为保护保温层,承载风管的支架横担与风管要有较大接触面,不能用圆钢;风管安装的管路较长时,应在适当的位置增设吊架防止摆动;支架不得装在风口、检视口、清扫口、阀门处,也不可直接吊在风管法兰上。将成品或预制好的风管运至安装地点,结合实际情况进行检查、复核,再按编号进行排列,风管系统的各部分尺寸和角度确认无误后,即开始风管组对工作。

(2) 金属风管安装主要控制要求

1) 风管安装

① 一次吊装风管的长度要根据建筑物的条件、风管的壁厚、吊装方法和吊装机具配备情况确定,组对好的风管可把两端的法兰做为基准点,以中间法兰为测点,拉线测量风管的连接是否平直,偏差大时要进行调整;吊装前,要对风管支、吊架,吊装机具、选用的吊点,是否正确、牢固进行检查;起吊前要仔细检查,把杆、滑轮、绳索等是否固定,绑扎可靠并要清除吊装范围内的各种不安全因素;起吊时,首先要进行试吊,当离地200~300mm时,停止起升,再一次对吊装机具进行一次全面检查,确认无误后,继续起升到所需高度。把风管固定在支、吊架上之后,才能解开绳索,拆移吊装机具。

② 风管安装前,应做好清洁和保护工作;安装位置、标高、走向应符合设计要求;现场风管接口的配置,不得缩小其有效截面,风管接口的连接应严密、牢固;法兰的垫片

材质应符合系统功能要求，厚度不应小于3mm；垫片不应凸入管内，亦不宜突出法兰外；连接法兰的螺栓应均匀拧紧，螺母要装在同一侧。

③ 风管的连接应平直、不扭曲，明装风管水平安装。水平度的允许偏差为3/1000，总偏差不应大于20mm。明装风管垂直安装，垂直度的允许偏差为2/1000，总偏差不应大于20mm。暗装风管的位置应正确、无明显偏差。

④ 除尘系统的风管，宜垂直或倾斜敷设，与水平夹角宜大于或等于45°，小坡度管和水平管应尽量短；对有凝结水或其他液体的风管，坡度应符合设计要求，并在最低处设排液装置。

⑤ 风管与砖、混凝土风道的连接口，应顺气流方向插入，并采取密封措施；风管穿屋面应设防雨装置。

⑥ 不锈钢板、铝板风管与碳素钢支架的接触处应有隔绝或防腐绝缘措施；当不锈钢风管法兰采用碳素钢时，应根据设计要求做好防腐处理；铆钉应采用同风管材质相同或不产生电化学腐蚀的材料；铝板风管法兰的连接，应采用镀锌螺栓，并在法兰两侧垫镀锌垫圈。

⑦ 无法兰连接：

A. 风管连接处，应完整无缺，表面应平整，无明显扭曲。

B. 承插式风管连接的四周缝隙应一致，无明显的弯曲或褶皱；内涂的密封胶应完整，外封的密封胶带应粘贴牢固，完整无损坏。

C. 抱箍式连接，主要用于钢板圆风管和螺旋风管连接。先把每一管段的两端轧制出鼓筋，并使其一端缩为小口。安装时，按气流方向把小口插入大口，外面用钢制抱箍将两个管端的鼓筋抱紧连接，最后用螺栓穿在耳环中固定拧紧。

D. 插接式连接，主要用于矩形或圆形风管连接。先制作连接管，然后插入两侧风管，再用自攻螺丝或拉铆钉将其紧密固定。

E. 插条式连接，主要用于矩形风管连接。将不同形式的插条插入风管两端，然后压实。连接后的板面应平整、无明显弯曲。薄钢板法兰形式风管的连接，弹性插条、弹簧夹或紧固螺栓的间隔不应大于150mm，且分布均匀，无松动现象。

F. 软管式连接，主要用于风管与部件（如散流器、静压箱侧送风口等）的相连。安装时，软管两端套在连接的管外，然后用特制软卡把软管箍紧。

2) 部件安装

① 安装前检查消声器，复面材料应完整无损，吸声材料无外露；消声器安装的方向保证正确，且不得损坏和受潮；消声器单独设支架，避免其重量由风管承受。

② 各类风管部件及操作机构的安装应保证其正常的使用功能，并便于操作。

③ 防火阀、排烟阀（口）安装方向、位置应正确，防火分区隔墙两侧的防火阀距墙体表面不应大于200mm，防火阀安装时单独设支架。

④ 止回阀、自动排气活门的安装方向应正确；斜插板风阀的安装，阀板必须为向上拉启；水平安装时阀板应为顺气流方向插入。

⑤ 各类风口、散流器安装时，保证风口与风管连接平整牢固，位置正确，连接严密，不漏风；风口的边框与建筑装饰面贴实；安装完毕的风口外表面保证其平整不变形，调节

灵活。

⑥ 柔性软接头的安装应松紧适度，无明显扭曲；为防止风管振动，在每个系统风管的转弯处、与空调设备和风口的连接处设固定支架。

⑦ 可伸缩性金属或非金属软风管的长度不宜超过2m，并不应有死弯或塌凹。

⑧ 罩类安装位置正确，排列整齐，牢固可靠；风帽安装牢固，风管与屋面交接处严禁漏水，用观察和泼水检查。

3) 支、吊架安装

① 水平悬吊的主、干管风管长度超过20m的系统，应设置不少于1个防止风管摆动的固定支架。

② 支、吊架的标高必须正确，如圆形风管管径由大变小，为保证风管中心线水平，支架型钢上表面标高应作相应提高。对于有坡度的风管，托架的标高也应按风管的坡度要求安装。

③ 风管支、吊架间距如无设计要求时，对于不保温风管应符合表8-19要求。对于保温风管，支、吊架间距无设计要求时按表8-19间距要求值乘以0.85。螺旋风管的支、吊架间距可适当增大。

金属风管支、吊架的最大间距（mm）　　　　　表8-19

圆形风管直径或矩形风管长边尺寸	水平风管间距	圆形风管	
		纵向咬口风管	螺旋咬口风管
≤400	4000	4000	5000
>400	3000	3000	3750

注：1. 水平弯管在500mm范围内应设置一个支架。
　　2. 支管距干管1200mm范围内应设置一个支架。
　　3. 薄钢板法兰、C插条法兰、S插条法兰风管的支、吊架间距不应大于3000mm。

④ 垂直安装金属风管的支架间距不应大于4000mm，单根垂直风管应设置2个固定支架。边长大于或等于630mm的矩形风管必须固定在支架上。

⑤ 支、吊架的预埋件或膨胀螺栓埋入部分不得油漆，并应除去油污。

⑥ 支、吊架不宜设置在风口、阀门、检查门及自控机构处，离风口或插接管的距离不宜小于200mm。

⑦ 保温风管不能直接与支、吊托架接触，应垫上坚固的隔热材料，其厚度与保温层相同，防止产生"冷桥"。

⑧ 矩形风管立面与吊杆的间隙不宜大于150mm；吊杆距风管末段不应大于1000mm。

⑨ 支吊架的吊杆应平直、螺孔应采用机械加工，螺纹应完整、光滑，风管安装后，支、吊架受力应均匀，且无明显变形。吊杆需拼接加长时可采用螺纹连接或搭接双侧连接焊，注意搭接长度不应小于吊杆直径的6倍。

4) 净化空调系统安装主要控制要求

① 参照金属风管安装主要控制要求。

② 风管连接严密不漏；法兰垫料应为不产尘、不易老化和具有一定强度和弹性的材料，厚度为5~8mm，不得采用乳胶海绵；法兰垫片应尽量减少拼接，不允许直缝对接连

接，严禁在垫料表面涂涂料。

③ 柔性短管所采用的材料，不产尘、不透气，内壁光滑；柔性短管与风管、设备的连接严密不漏。

④ 系统风管，静压箱安装后内壁必须清洁，擦拭干净，做到无浮尘、油污、锈蚀及杂物等；施工停工或完毕时，端口应封好。

⑤ 风口安装前应清扫干净，其边框与建筑或墙面间的接缝处应加设密封垫料或密封胶，不应漏风；带高效过滤器的送风口，应采用可分别调节高度的吊杆。

(3) 非金属风管安装主要控制要求

1) 无机玻璃钢风管安装

① 系统安装前，将经测绘制作好的无机玻璃钢风管按设计要求进行排序；应进一步核实无机玻璃钢风管及风口等部件的位置、标高、走向是否与设计图纸相符；并检查土建的预留洞、预埋件的位置是否符合要求。

② 根据无机玻璃钢风管的高度和宽度按产品技术标准的规定正确选择吊杆的尺寸和吊杆之间的间距。

③ 无机玻璃钢风管系统支、吊架采用膨胀螺栓等胀锚方法固定时，必须符合其相应技术文件的规定；支、吊架的形式应根据无机玻璃钢风管截面的大小及长度来选择。

A. 垂直风管的支架，其间距应小于等于 3m，每根垂直风管应不少于 2 个支架。

B. 边长或直径大于 1250mm 的弯管、三通、消声弯管等应单独设置支、吊架。

C. 边长或直径大于 2000mm 的超宽、超高等特殊风管的支、吊架，其间距应进行载荷计算。

④ 圆形风管的托座和抱箍所采用的扁钢应不小于 30×4；托座和抱箍的圆弧应均匀且与风管的外径一致，托架的弧长应大于风管外周长的 1/3。

⑤ 吊装边长或直径大于 1250mm 的风管吊装时不得超过 2 节；组合吊装小于 1250mm 的风管不得超过 3 节；应适当增加支、吊架与水平风管的接触面积。

⑥ 风管连接法兰两端面应平行、严密，螺栓的两侧应加镀锌垫圈并均匀拧紧。

⑦ 组合型保温式风管保温隔热层的切割面，应采用与风管材质相同的胶凝材料或树脂加以涂封。

⑧ 无机玻璃钢风管采用升降设备、滑轮组或人字梯等吊装，无机玻璃钢风管线路如过长则要求采取防护措施。

⑨ 无机玻璃钢风管系统安装后，必须进行严密性检验，合格后方能交到下道工序。无机玻璃钢风管系统严密性检验以主、干管为主。在加工工艺得到保证的前提下，低压无机玻璃钢风管系统可采用漏光法检测。

2) 复合风管安装

① 支吊架安装

A. 复合风管系统支、吊架采用膨胀螺栓等胀锚方法固定时，必须符合其相应技术文件的规定；支、吊架的形式应根据复合风管截面的大小及长度来选择；风管水平安装的支架可选用相应规格的角钢和槽钢，各类吊架允许吊装风管的最大规格可参考表 8-20 规定。

复合风管吊架允许吊装的风管最大规格（mm） 表 8-20

角钢或槽形钢	∟25×3 [40×20×1.5	∟30×3 [40×20×1.5	∟40×4 [40×20×1.5	∟50×5 [60×40×2	∟63×5 [80×60×2
聚氨酯复合风管	≤630	630~1250	>1250	—	—
酚醛复合风管	≤630	630~1250	>1250	—	—
玻纤复合风管	≤630	450~1000	1100~2000	—	—

B. 根据复合风管的高度和宽度按产品技术标准的规定正确选择吊杆的尺寸和吊杆之间的间距；风管吊架的吊杆直径不应小于表 8-21 规定。

复合风管吊架的吊杆直径适用范围（mm） 表 8-21

吊杆直径 风管类别	$\phi 6$	$\phi 8$	$\phi 10$	$\phi 12$
聚氨酯复合风管	$b \leq 1250$	$1250 < b \leq 2000$	—	—
酚醛复合风管	$b \leq 800$	$800 < b \leq 2000$	—	—
玻纤复合风管	$b \leq 600$	$600 < b \leq 2000$	—	—

注：b 为风管边长。

C. 支吊架的预埋件应位置正确、牢固可靠，埋入部分应除锈、除油污，并不得涂漆。支吊架外露部分须作防腐处理。

D. 支吊架不应设置在风口处或阀门、检查门和自控机构的操作部位，距离风口或插接管不宜小于 200mm。

E. 垂直安装风管的支架间距不超过 2.4m，每根立管的支架不少于 2 个。

② 风管安装

A. 系统安装前，应进一步核实复合风管及风口等部件的位置、标高、走向是否与设计图纸相符，并检查土建的预留洞、预埋件的位置是否符合要求；风管穿过须密封的楼板或侧墙壁时，均应采用金属短管或外包金属套管，金属套管的板厚应符合金属风管的板厚规定。

B. 水平安装风管支吊架最大间距应符合表 8-22 规定。

复合风管支吊架最大间距（mm） 表 8-22

风管长边尺寸（mm）	≤400	≤450	≤800	≤1000	≤1500	≤1600	≤2000
聚氨酯复合风管	4000	3000					
酚醛复合风管	2000				1500		
玻纤复合风管	2400		2200		1500		

C. 风管与法兰（或其他连接件）采用插接连接时，管板厚度与法兰（或其他连接）槽宽度应有 0.1~0.5mm 的过盈量，插接面应涂满粘结剂。法兰四角接头处应平整，不平度应小于或等于 1.5mm，接头处的内边应填密封胶。

D. 风管接缝处应粘接严密、无缝隙和错口。外表铝箔胶带应粘接严密、牢固、无褶皱和缺损。采用专用加工的切口，其表面应有防止玻璃纤维吹出的措施。

E. 酚醛复合风管与聚氨酯复合风管安装还应符合以下规定：

插条法兰条的长度宜小于风管内边 1～2mm，插条法兰的不平度小于或等于 2mm；中、高压风管的插接法兰之间应加密封垫或采取其他密封措施；插接法兰四角的插条端头应涂抹密封胶后再插护角；矩形风管边长小于 500mm 的支风管与主风管连接时，可采用在主风管接口切内 45°坡口，支风管管端接口处开外 45°坡口直接粘接方法（见图 8-16a）；主风管上直接开口连接支风管可采用 90°连接件或采用其他专用连接件（见图 8-16b），连接件四角应涂抹密封胶。

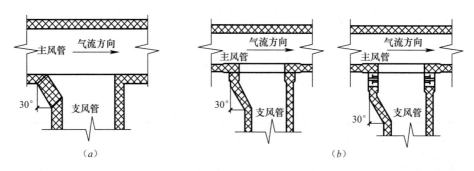

图 8-16　主风管上直接开口连接支风管方式
(a) 接口切内 45°粘接；(b) 90°连接件

F. 玻纤复合风管安装还应符合以下规定：

风管预接的长度不宜超过 2.8m；垂直安装风管的支架间距不应大于 1.2m。管段采用钢制槽型法兰或插条式构件连接时，应采用角钢或槽形钢抱箍作为风管支撑，在风管内壁应衬镀锌金属内套，用镀锌螺栓穿过管壁把抱箍固定在风管外壁上；螺孔间距应不大于 120mm，螺母穿过的管壁处应进行密封处理；竖井内的垂直风管，可将角钢法兰加工成 "井" 字形，突出部分作为固定风管的吊耳。

G. 风管系统安装后，必须进行严密性检验，合格后方能交到下道工序；风管系统严密性检验以主、干管为主；在加工工艺得到保证的前提下，低压夹芯保温风管系统可采用漏光法检测；安装好的系统，要求进行检查，对于破损之处必须进行修补以减少泄漏，并保持外观整洁。通常采用片式修补法和平板替换法。

（4）风管系统漏风测试

风管安装完毕，且在风管保温之前，首先进行风管的检漏。规范规定的风管系统严密性检验以主、干管为主，在加工工艺得以保证的前提下，低压风管系统可以漏光法检测。

漏光法检测是采用光线对小孔的强穿透力，对系统风管严密程度进行定性检测的方法。其试验方法为：在一定长度的风管上，在黑暗的环境下，在风管内用一个电压不高于 36V、功率在 100W 以上的带保护罩的灯泡，从风管的一端缓缓移向另一端，试验时若在风管外能观察到光线，则说明风管有漏风，并对风管的漏风处进修补；系统风管的漏光法检测采用分段检测，汇总分析的方法，被测系统的风管不允许有多处条缝形的明显漏光，低压系统风管每 10m 接缝，漏光点不超过 2 处，100m 接缝平均不大于 16 处为合格；中压系统风管每 10m 接缝，漏光点不大于 1 处，且 100m 接缝平均不大于 8 处为合格。风管的漏光法检测如图 8-17 所示。

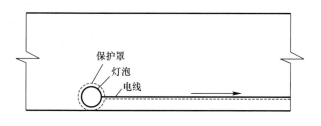 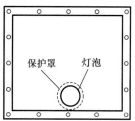

图 8-17 风管的漏光法检测

（六）空调设备安装

本节介绍了通风与空调设备安装质量控制要求，通过学习应熟悉通风空调设备的安装主要控制要求及规范强制性条文，了解节能规范新增条款。

1. 通风机安装

（1）一般规定

1）检查基础尺寸、位置、标高、防振装置等应符合设计要求；

2）风机型号、规格符合设计规定，其出口方向符合设计要求，叶轮旋转应平稳，停转后不应每次停留在同一位置上；

3）风机与电动机用联轴节连接时两轴中心应在同一直线上；

4）风机与电动机用三角皮带传动时，要按规定找正，以保证电机轴与风机轴相互平行，两轮的偏移应符合规范要求；

5）风机传动装置外露部位及直通大气的进出口必须装设防护罩（网）；

6）固定风机的地脚螺检应拧紧，并有防松动措施；

7）安装隔振器的地面应平整，各组隔振器承受载荷的压缩量应均匀，高度误差应小于 2mm；

8）安装风机的隔振钢支、吊架，其结构形式和外形尺寸应符合设计或设备技术文件的规定，焊接牢固，焊缝饱满、均匀。

（2）离心通风机安装

离心风机的工作过程，实际上是一个把电动机高速旋转的机械能转化为被抽升流体的动能和压能的过程。

离心式风机按其产生的压力不同，可分为低压、中压和高压风机；离心式风机按其输送气体的性质不同，可分为一般通风机、排尘通风机、锅炉引风机、防爆通风机及各种专用通风机。

离心式风机结构如图 8-18 所示。

我国的离心风机的支撑与传动方式已经定型，共分 A、B、C、D、E、F 等 6 种形式，如图 8-19 所示。A 型风机的叶轮直接固装在风机轴上；B、C、E 型均为皮带传动，这种传动方式便于改变风机的转速，有利于调节；D、F 型为联轴器传动。E、F 型的轴承分设于叶轮两侧，运转比较平稳，多用于大型风机。

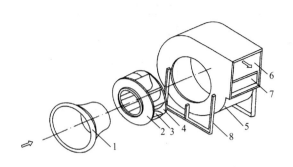

图 8-18　离心式风机主要结构分解示意图

1—吸入口；2—叶轮前盘；3—叶片；
4—叶轮后盘；5—机壳；6—出口；7—截流板；8—支架

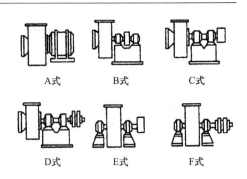

图 8-19　电动机与风机传动方式

1) 轴承箱的找正、调平应符合下列要求

① 轴承箱与底座应紧密贴合；

② 整体安装的轴承箱的纵、横向安装水平偏差不应大于 0.1/1000，并在轴承箱中分面上测量，纵向安装水平也可在主轴上测量；

③ 左、右分开式轴承箱的纵、横向安装水平，以及轴承孔对主轴轴线在水平面的对称度应符合下列要求：

A. 每个轴承箱中分面的纵向安装水平偏差不应大于 0.04/1000；

B. 每个轴承箱中分面的横向安装水平偏差不应大于 0.08/1000；

C. 主轴轴颈处的安装水平偏差不应大于 0.04/1000；

D. 轴承孔对主轴轴线在水平面的对称度偏差不应大于 0.06mm，可测量轴承箱两侧密封径向间隙之差不应大于 0.06mm，见图 8-20（a）、(b)。

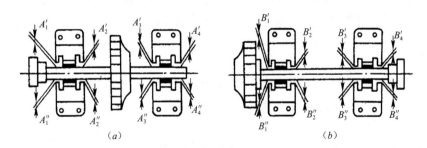

图 8-20　轴承孔对主轴轴线在水平面内的对称度

(a) 叶轮安装在两独立的轴承箱之间；(b) 叶轮悬臂安装在两独立的轴承箱之间

注：1　轴承箱两侧密封径向间隙之差是指 $A'_1-A''_1$、$A'_2-A''_2$…$B'_1-B''_1$、$B'_2-B''_2$…；

2　$A'_1-A'_4$、$B'_1-B'_4$、$A''_1-A''_4$、$B''_1-B''_4$ 为轴承箱两侧密封径向间隙值。

④ 对具有滑动轴承的通风机，轴瓦与轴颈、推力瓦与推力盘和轴瓦紧力等的安装应符合设备技术文件的规定。

2) 机壳安装

对于轴承座与转子组合在一起的，安装时应先将风机外壳的下半部分就位，然后再装转子和轴承座；对于轴承座和转子为分体时，要以转子轴线为基准找正机壳的位置，以保证机壳后侧板轴孔与主轴同心。

3) 风机试运转应符合下列要求:

① 点动电动机,各部位应无异常现象的摩擦声,方可进行运转;

② 风机启动达到正常转速后,应首先在调节门开度为 0°~5°之间的小负荷运转,待达到轴承温升稳定后连续运转时间不应小于 20min;

③ 小负荷运转正常后,应逐渐开大调节门,但电动机电流不得超过额定值,直至规定的负荷为止,连续时间不少于 2h;

④ 具有滑动轴承的大型风机,负荷试运转 2h 后应停机检查轴承,轴承应无异常,当合金表面有局部研伤时,应进行修整,再连续运转不应小于 6h;

⑤ 试运转中,滚动轴承温升不得超过环境温度 40℃,滑动轴承温度不得超过 65℃,轴承部位的振动速度有效值(均方根速度值)不应大于 6.3mm/s。

(3) 轴流通风机(见图 8-21,图 8-22)

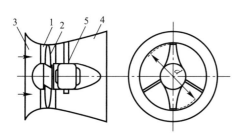
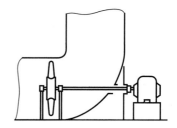

图 8-21 轴流式风机基本构造
1—圆形风筒;2—叶片及轮毂;3—钟罩形
吸入口;4—扩压管;5—电机及轮毂罩

图 8-22 长轴式轴流风机

轴流风机一般是装在墙体的预留孔内和风管内。

1) 安装在墙洞上的轴流风机,应按图纸要求,配合土建单位做好预留孔,并将风机框架、支座预埋妥当,安装时应在底座上垫上厚度为 4~5mm 的橡胶板。

2) 在风管内安装的风机,要将风机底座固定在图纸规定位置的角钢支架上,并垫以橡胶板,拧紧螺栓并有防松措施,风机应与风管中心一致。

3) 风机安装要核对气流方向和叶轮方向,防止反转。

4) 风机试运转应符合下列要求:

① 启动时,各部位应无异常现象,当有异常现象时应立即停机检查,查明原因并应消除;

② 启动后调节叶片时,其电流不得大于电动机额定电流值;

③ 运行时,风机严禁停留于喘振工况内;

④ 滚动轴承正常温度不应大于 70℃,瞬时最高温度不应大于 95℃,温升不超过 55℃,滑动轴承正常工作温度不应大于 75℃;

⑤ 主轴承温升稳定后,连续试运转不少于 6h,停机后应检查管道密封性和叶顶间隙。

2. 空调机组安装

(1) 组装式空调机组、柜式空调机组安装主要控制要求

1) 组装式空调机组型号、规格、方向和技术参数必须符合设计要求;现场组装的组

合式空调机组各功能段的组装，应按设计规定的顺序和要求组装正确；各功能段之间的连接应严密，整体应表面平整、牢固，检查门开启灵活，水路畅通，机组应清扫干净。

2）节能规范要求，现场组装的组合式空调机组应做漏风量的检测；其漏风量必须符合现行国家标准《组合式空调机组》GB/T 14294 的规定。

3）安装位置和方向正确，且与风管、送风静压箱、回风箱的连接应严密可靠。

4）空调机组与供回水管的连接应正确，机组下部冷凝水排放管的水封高度应符合设计要求；空调机组应有大于 0.8% 的坡度，坡向凝结水出口。

5）机组内的空气过滤器（网）和空气热交换器翅片应清洁、完好；箱体内无杂物、垃圾和积尘。

6）柜式空调机组安装与管道的连接应严密、无渗漏，四周应留有相应的维修空间。

减振器应严格按设计要求的型号、数量和位置进行安装，安装减振器的地面应平整，各组减振器承受荷载的压缩量应均匀，不得偏心；减振器安装完毕，在其使用前应采取防止位移及过载等保护措施。

(2) 空气处理室主要要求

1）金属空气处理室壁板及各段的组装位置应正确，表面平整，连接严密、牢固。

2）空气处理室喷水段的本体及其检查门不得漏水，喷水管和喷嘴的排列、规格应符合设计的规定。

3）空气处理室表面式换热器的散热面应保持清洁完好。当用于冷却空气时，在下部应设置排水装置，冷凝水的引流管或槽应畅通，冷凝水不外溢；表面式换热器与维护结构的缝隙，以及表面式换热器之间的缝隙，应封堵严密；换热器与系统供回水管的连接应正确，且不渗漏。

(3) 单元式空调机组安装主要控制要求

1）分体式空调机组室外机和风冷整体式空调机组的安装，固定应牢固、可靠；周边空间应能满足冷却风循环及环保规定的要求；分体式空调机室内机组安装位置正确，并保持水平，凝结水排放畅通，管道穿墙处必须密封，不得有雨水渗入。

2）整体式空调机组管道的连接应严密、无渗漏，四周应留有相应的维修空间。

(4) 风机盘管的安装应符合下列要求

1）节能规范 GB 50411—2007 要求：风机盘管机组应对其供冷量、供热量、风量、风压、出口静压、噪声及功率进行复验，复验应为见证取样送检；检查数量为同一厂家的风机盘管机组按数量复验 2%，但不少于 2 台。

2）风机盘管机组安装前宜进行单机三速试运转及水压检漏试验，试验压力为系统工作压力的 1.5 倍，试验观察时间为 2min，不渗漏为合格。

3）风机盘管机组应设独立支、吊架，安装位置、高度及坡度应正确、固定牢固；如有消声要求，需考虑弹性支、吊架和减振隔垫。

4）风机盘管机组与风管、回风箱或风口的连接应严密、可靠；应考虑预留机组检修的检查口；空气过滤器的安装应便于拆卸和清理。

(5) 冷却塔安装的技术要求

1）冷却塔的型号、规格、技术参数必须符合设计要求。对含有易燃材料冷却塔的安

2）基础标高应符合设计的规定，允许误差为±20mm。冷却塔地脚螺栓与预埋件的连接或固定应牢固，各连接部件应采用热镀锌或不锈钢螺栓，其紧固力应一致、均匀。

3）冷却塔安装应水平，单台冷却塔安装水平度和垂直度允许偏差均为2/1000。同一冷却水系统的多台冷却塔安装时，各台冷却塔的水面高度应一致，高差不应大于30mm。

4）冷却塔的出水口及喷嘴的方向和位置应正确，积水盘应严密无渗漏，分水器布水均匀。带转动布水器的冷却塔，其转动部分应灵活，喷水出口按设计或产品要求，方向应一致。

5）冷却塔风机叶片端部与塔体四周的径向间隙应均匀。对于可调整角度的叶片，角度应一致。

3. 净化空调设备安装主要要求

（1）高效过滤器的安装要求

1）高效过滤器应在洁净室及净化空调系统进行全面清扫和系统连接试车12h以上后，在现场拆开包装并进行安装。

2）安装前需进行外观检查和仪器检漏，目测不得有变化、脱落、断裂等破损现象。仪器抽检检漏应符合产品质量文件的要求。

3）合格后立即进行安装，其方向必须正确，安装后高效过滤器四周及接口应严密不漏；在调试前应进行扫描检漏。

4）高效过滤器采用机械密封时，须采用密封胶，其厚度为6～8mm，并定位贴在过滤器边框上，安装后垫料的压缩应均匀，压缩率为25%～50%。

（2）净化空调设备的安装要求

1）净化空调设备与洁净室维护结构相连的接缝必须密封。

2）风机过滤单元（FFU与FMU空气净化装置）应在清洁的现场进行外观检查，目测不得有变形、锈蚀、漆膜脱落、拆接板破损等现象；在系统试运转时必须在进风口处加装临时中效过滤器作保护。

3）洁净室空气净化设备的安装要求：

① 带有通风机的气闸室、吹淋室与地面间应有隔振垫。

② 机械式余压阀的安装、阀体、阀板的转轴均应水平，允许偏差为2/1000。余压阀的安装位置应在室内气流的下风侧，并不应该在工作面高度范围内。

③ 传递窗的安装应牢固、垂直，与墙体的连接处应密封。

4）装配式洁净室的安装应符合下列规定：

① 洁净室的顶板和壁板（包括夹心材料）应为不燃材料。

② 洁净室的地面应干燥、平整，平整度允许偏差为1/1000。

③ 壁板的构配件和辅助材料的开箱应在清洁的室内进行，安装前应严格检查其规格和质量，壁板应垂直安装，底部宜采用圆弧或钝角交接；安装后的壁板之间、壁板与顶板间的拼缝应平整严密，墙板的垂直允许偏差为2/1000，顶板水平度的允许偏差与每个单元的几何尺寸的允许偏差均为2/1000。

④ 洁净室吊顶在受荷载后应保持平直，压条全部紧贴。洁净室壁板若为上、下槽形板时，其接头应平整、严密；组装完毕的洁净室所有拼接缝均应采取密封措施，做到不脱落，密封良好。

（3）洁净层流罩的安装要求

1）应设独立的吊杆，并有防晃的固定措施。

2）层流罩安装的水平度允许偏差为 1/1000，高度的允许偏差为±1mm；层流罩安装在吊顶上，其四周与顶板之间应设有密封及隔振措施。

4. 其他设备安装要求

（1）静电空气过滤器金属外壳接地必须良好；空气过滤器安装应平整、牢固、方向正确；过滤框架、框架与围护结构之间应严密无穿透缝。

（2）空气风幕机安装位置、方向应正确、牢固可靠，纵向垂直度与横向水平度的偏差均不应大于 2/1000。

（3）变风量末端装置安装应设单独支、吊架，与风管连接前宜做动作试验。

（七）空调冷热源及水系统安装

本节主要介绍空调系统的冷热源制备及空调用的制冷系统与空调水系统的基本安装要求。

1. 空调用冷热源制备系统的分类

（1）空调用的制热系统

1）热交换器式的热源制备系统

这种热源制备系统是较普遍使用的系统。其基本原理是利用锅炉房或市政热力管网所送来的蒸汽，按设计要求的压力减压后通过快速换热器或板式换热器制备成空调热水送至空调机组或其他末端装置。

2）热泵式空调冷热源制备系统

它主要用于夏季降温和冬季取暖。当夏季降温时，高压高温制冷剂通过换热器（水冷或风冷的冷凝器）进行冷凝，成为高压制冷剂液体，然后通过节流阀（毛细管）节流减压，成为低压液体，并进入换热器（蒸发器）气化而吸热从而制备了冷源。压缩机吸入低温、低压制冷气体，再将其压缩成高温高压制冷剂，从而完成了一个循环过程。

冬季制热时，用换向阀换向，此时高温高压制冷剂进入换热器并放出热量后，冷凝成高压液体，再经节流阀（毛细管）节流减压进入换热器，吸收外部空气（水）的热量而气化，低温低压制冷剂气体，再经压缩机压缩成为高温高压的制冷气体，从而完成了一个制热的循环过程。

（2）空调用的制冷系统

空调用的制冷系统，就是空调的冷源制备系统。常用的有：蒸汽压缩式制冷系统、溴化锂吸收式制冷系统和蒸汽喷射式制冷系统。

2. 空调用制冷系统的安装

（1）制冷管道、管件和阀门的安装要求

1）制冷系统的管道、管件和阀门的型号、材质及工作压力等必须符合设计要求，并应具有出厂合格证、质量证明书。

2）法兰、螺纹等处的密封材料应与管内的介质性能相适应。

3）制冷剂液体管不得向上装成"Ω"形。气体管道不得向下装成"℧"（特殊回油管除外）；液体支管引出时，必须从干管底部或侧面接出；气体支管引出时，必须从干管顶部或侧面接出；有两根以上的支管从干管引出时，连接部位应错开，间距不应小于2倍支管直径，且不小于20mm。

4）制冷机与附属设备之间制冷剂管道的连接，其坡度与坡向应符合设计及设备技术文件要求。当设计无规定时，应符合表8-23的规定。

制冷剂管道坡度、坡向　　　　　　表8-23

管道名称	坡　向	坡　度
压缩机吸气水平管（氟）	压缩机	≥10/1000
压缩机吸气水平管（氨）	蒸发器	≥3/1000
压缩机排气水平管	油分离器	≥10/1000
冷凝器水平供液管	贮液器	(1～3)/1000
油分离器至冷凝器水平管	油分离器	(3～5)/1000

5）制冷系统投入运行前，应对安全阀进行调试校核，其开启和回座压力应符合设备技术文件的要求。

6）管道、管件的内外壁应清洁、干燥；铜管管道支吊架的型式、位置、间距及管道安装标高应符合设计要求，连接制冷机的吸、排气管道应设单独支架；管径小于等于20mm的铜管道，在阀门处应设置支架；管道上下平行敷设时，吸气管应在下方。

7）制冷剂管道弯管的弯曲半径不应小于3.5D（管道直径），其最大外径与最小外径之差不应大于0.08D，且不应使用焊接弯管及皱褶弯管。

8）制冷剂管道分支管应按介质流向弯成90°弧度与主管连接，不宜使用弯曲半径小于1.5D的压制弯管。

9）铜管切口应平整、不得有毛刺、凹凸等缺陷，切口允许倾斜偏差为管径的1‰，管口翻边后应保持同心，不得有开裂及皱褶，并应有良好的密封面。

10）采用承插钎焊焊接连接的铜管，其插接深度应符合表8-24的规定，承插的扩口方向应迎介质流向。当采用套接钎焊焊接连接时，其插接深度应不小于承插连接的规定。

采用对接焊缝组对管道的内壁应齐平，错边量不大于0.1倍壁厚，且不大于1mm。

11）管道穿越墙体或楼板时，管道的支吊架和钢管的焊接应按空调水系统的安装要求执行。

承插式焊接的铜管承口的扩口深度表（mm）　　　　表 8-24

钢管规格	≤DN15	DN20	DN25	DN32	DN40	DN50	DN65
承插口的扩口深度	9～12	12～15	15～18	17～20	21～24	24～26	26～30

12) 制冷系统阀门安装的具体要求

① 制冷剂阀门安装前应进行强度和严密性试验。强度试验压力为阀门公称压力的 1.5 倍，时间不得少于 5min；严密性试验压力为阀门公称压力的 1.1 倍，持续时间 30s 不漏为合格。合格后应保持阀体内干燥。如阀门进、出口封闭破损或阀体锈蚀的还应进行解体清洗。

② 位置、方向和高度应符合设计要求。

③ 水平管道上的阀门手柄不应朝下；垂直管道上的阀门手柄朝向应便于操作。

④ 自控阀门安装的位置应符合设计要求。电磁阀、调节阀、热力膨胀阀、升降式止回阀等的阀头均应向上；热力膨胀阀的安装位置应高于感温包，感温包应装在蒸发器末端的回气管上，与管道接触良好，绑扎紧密。

⑤ 安全阀应垂直安装在便于检修的位置，其排气管的出口应朝向安全地带，排液管应装在泄水管上。

13) 氨制冷剂系统管道、附件、阀门及填料不得采用铜或铜合金材料（磷青铜除外），管内不得镀锌。氨系统的管道焊缝应进行射线探伤检验，抽检率为 10%，以质量不低于Ⅲ级为合格。在不易进行射线探伤检验操作的场合，可用超声波检验代替，以不低于Ⅱ级为合格。

14) 输送乙二醇溶液的管道系统，不得使用内镀锌管道及配件。

15) 制冷管道系统进行强度、气密性试验及真空试验，且必须合格。

制冷系统试验的要求：

① 压缩式制冷系统应进行系统吹扫，压力取 0.6MPa，介质应采取干燥压缩空气，氟利昂系统可用惰性气体，用浅色布检查，5min 无污物为合格。系统吹扫干净后，应将系统中阀门的阀芯拆下清洗干净（除安全阀外）。

② 系统气密性试验按表 8-25 的试验压力保持 24h，前 6h 压力降不得大于 0.03MPa，后 18h 除去因环境温度变化而引起的误差外，压力无变化为合格。

系统气密性试验的压力（绝对压力 MPa）　　　　表 8-25

系统压力	活塞制冷机			离心式制冷
	R717　R502	R22	R12　R134a	R11　R123
低压系统	1.8	1.8	1.2	0.3
高压系统	2.0	2.5	1.6	0.3

③ 真空试验的剩余压力，氨系统不应高于 8kPa，氟利昂系统不应高 5.3kPa，保持 24h，氨系统压力以无变化为合格，氟利昂系统压力回升不应大于 0.53kPa。离心式制冷机按设备技术文件规定执行。

④ 活塞式制冷机充注制冷剂应按下列步骤进行：首先充注适量制冷剂，氨系统加压

到 0.1～0.2MPa，用酚酞试纸检漏，氟利昂系统加压到 0.2～0.3MPa，用卤素喷灯或卤素检漏仪检漏，无渗漏时，再按技术文件规定继续加液。充注时应防止吸入空气和杂质，严禁用高于 40℃ 的温水或其他方法对钢瓶加热。

16）系统试运转应符合下列规定

① 试运转应首先启动冷却水泵和冷冻水泵。

② 活塞式制冷机的油温、油压及水温应按规范有关项执行。排气温度：制冷剂为 R717、R22 不得超过 150℃；为 R12 与 R134a 不得超过 130℃。

③ 离心式制冷机试运转时应首先启动油箱电加热器，将油温加热到 50℃～55℃，按要求供给冷却水和载冷剂。再启动油泵，调节润滑系统，按照设备技术文件要求启动抽气回收装置，排除系统中的空气。启动压缩机应逐步开启导向叶片，快速通过喘振区，油箱的油温应为 50℃～65℃，油冷却器出口的油温应为 35℃～55℃。滤油器和油箱内的油压差 R11 机组应大于 0.1MPa，R12 机组应大于 0.2MPa。

④ 螺杆式压缩机启动前应先加热润滑油，油温不得低于 25℃，油压应高于排气压力 0.15～0.3MPa，滤油器前后压差不得大于 0.1MPa，冷却水入口温度不应高于 32℃；机组吸气压力不得低于 0.005MPa（表压），排气压力不得高于 1.6MPa，排气温度与冷却后油温关系见表 8-26。

压缩机排气温度与冷却后的油温（℃） 表 8-26

制冷剂	排气温度	油温
R12	≤90	30～55
R22　R717	≤105	30～65

⑤ 系统带制冷剂正常运转不应少于 8h。

⑥ 试运转正常后，必须先停止制冷机、油泵（离心式、螺杆式制冷机在主机停车后尚需继续供油 2min，方可停止油泵），再停冷冻水泵、冷却水泵。试运转结束后应拆检和清理滤油器、滤网、干燥剂，必要时更换润滑油。拆检完毕后将有关装置调整到准备启动状态。

⑦ 溴化锂吸收式制冷机组系统试运转应在机组清洗、试压及水、电、汽（或燃油）系统正常后进行。

启动冷水泵、冷却泵，再启动发生泵、吸收器泵，使机组溶液循环，逐步通过预热期后，做机组一次运行并记录（各点温度、水量、耗汽量等）。

17）整体式制冷设备如出厂已充注规定压力的氮气密封，机组内如无变化可仅做真空试验及系统试运转；当出厂已充注制冷剂，机组内压力无变化，可仅做系统试运转。

18）组装制冷设备的试验及试运转，应首先启动空调系统的风机，然后进行全系统联动运转。

(2) 燃油系统的安装要求

1）燃油系统的设备与管道，以及储油罐及日用油箱的安装位置和连接方法应符合设计与消防要求。

2）燃油系统油泵和蓄冷系统载冷剂泵的安装，纵、横向水平度允许偏差为 1/1000，联轴器两轴芯轴向倾斜允许偏差为 0.2/1000，径向位移为 0.05mm。

3）燃油管道系统必须设置可靠的防静电接地装置，其管道法兰应采用镀锌螺栓连接或在法兰处用铜导线进行跨接，且接合良好。跨接导线应$\geqslant 4mm^2$，接地电阻小于 4Ω 为合格。

(3) 燃气系统的安装要求

1）燃气系统设备的安装应符合设计和消防要求。调压装置、过滤器的安装和调节应符合设备技术文件的规定，且应可靠接地。

2）燃气系统管道与机组的连接不得使用非金属软管。燃气管道的吹扫和压力试验用压缩空气或氮气，严禁用水。当燃气供气管压力大于 0.005MPa 时，焊缝的无损检测的执行标准应按设计规定。当设计无规定，且采用超声波探伤时，应全数检测，以质量不低于 Ⅱ 级为合格。

焊缝应按《工业金属管道工程施工及验收规范》GB 50236 的要求先进行外观检查，然后按设计要求进行无损检测，并应填写无损检测报告。发现焊缝质量达不到规定要求的，应进行重焊并达到要求。且同一位置的焊口只能补焊两次。如补焊两次后再不合格，则应换管重焊。

3. 空调水系统及设备安装

(1) 空调水系统管道及设备安装

1）镀锌钢管应采取螺纹连接。当管径大于 $DN100$ 时可采用卡箍式、法兰和焊接连接（镀锌、二次安装、镀锌钢管不准焊接）。

2）镀锌钢管不得使用热弯。

3）管道与设备的连接应在设备安装完毕后进行，与风管、制冷机组的连接必须柔性连接，并不得强行对口连接，与其连接的管道应设置独立支架。

4）管道穿越墙体及楼板处应设钢制套管，管道接口不得置于套管内，钢制套管应与墙体饰面或楼板底部平齐，上部应高出地面 20~50mm，并不得将套管作为管道支撑。保温管道与套管四周间隙应使用不燃绝热材料填塞紧密。

(2) 钢制管道的安装要求

1）管道和管件在安装前，应将其内、外壁的污物和锈蚀清除干净。当管道安装间断时，应及时封闭敞开的管口。

2）螺纹连接的管道，螺纹应清洁、规整，断丝或缺丝不大于螺纹全扣数的 10%；连接牢固；接口处根部外露螺纹为 2~3 扣，无外露填料；镀锌管道的镀锌层应注意保护，对局部的破损处应做防腐处理。

3）法兰连接的管道，法兰面应与管道中心线垂直并同心。法兰对接应平行，其偏差不应大于其外径的 1.5/1000，且不得大于 2mm；连接螺纹长度应一致、螺母在同侧、均匀拧紧。螺栓紧固后不应低于螺母平面。法兰的衬垫规格、品种与厚度应符合设计的要求。

4）管道弯制弯管的弯曲半径，热弯不应小于管道外径的 3.5 倍、冷弯不应小于 4 倍；焊接弯管不应小于 1.5 倍；冲压弯管不应小于 1 倍。弯管的最大外径与最小外径的差不应大于管道外径的8%，管壁减薄率不应大于15%。

5) 冷凝水排水管坡度，应符合设计文件的规定。当设计无规定时，其坡度宜大于或等于8‰；软管连接的长度，不宜大于150mm。

6) 冷热水管道与支、吊架之间，应有绝热衬垫（承压强度能满足重量的不燃、难燃硬质绝热材料或经防腐处理的木衬垫），其厚度不应小于绝热层厚度，宽度应大于支、吊架支承面的宽度。衬垫的表面应平整、衬垫接合面的空隙应填实。

7) 管道安装的坐标、标高和纵、横向的弯曲度应符合8-27的规定。在吊顶内等暗装管道的位置应正确，无明显偏差。

管道安装的允许偏差和检验方法　　　　表8-27

项目			允许偏差（mm）	检查方法
坐标	架空及地光沟	室外	25	按系统检查管道的起点、终点、分支点和变向点及各点之间的直管。用经纬仪、水准仪、液体连通器、水平仪、拉线和尺量检查
		室内	15	
	埋地		60	
标高	架空及地光沟	室外	±20	
		室内	±15	
	埋地		±25	
水平管道平直度	$DN \leqslant 100mm$		2L‰，最大40	用直尺、拉线和尺量检查
	$DN \geqslant 100mm$		3L‰，最大60	
立管垂直度			5L‰，最大25	用直尺、线锤、拉线和尺量检查
成排管段间距			15	用直尺尺量检查
成排管段或成排阀门在同一平面上			3	用直尺、拉线和尺量检查

注：L——管道的有效长度（mm）

8) 钢塑复合管道的安装，当系统工作压力不大于1.0MPa时，可采用涂（衬）塑焊接钢管螺纹连接，与管道配件的连接深度和紧固扭矩应符合表8-28的规定；当系统工作压力为1.0~2.5MPa时，可用涂（衬）塑无缝钢管法兰连接或沟槽式连接，管道配件均为无缝钢管涂（衬）塑管件。

钢塑复合管螺纹连接深度及紧固扭矩　　　　表8-28

公称直径（mm）		15	20	25	32	40	50	65	80	100
螺丝连接	深度（mm）	11	13	15	17	18	20	23	27	33
	牙数	6.0	6.5	7.0	7.5	8.0	9.0	10.0	11.5	13.5
扭矩（N·m）		40	60	100	120	150	200	250	300	400

沟槽式连接的管道，其沟槽与橡胶密封圈和卡箍套必须为配套合格产品；支、吊架的间距应符合表8-29的规定。

沟槽式连接管道的沟槽及支、吊架的间距（mm） 表 8-29

公称直径	沟槽深度	允许偏差	支、吊架的间距	端面垂直度允许偏差
65～100	2.20	0～+0.3	3.5	1.0
125～150	2.20	0～+0.3	4.2	
200	2.50	0～+0.3	4.2	1.5
225～250	2.50	0～+0.3	5.0	
300	3.0	0～+0.5	5.0	

注：1 连接管端面应平整光滑、无毛刺；沟槽过深，应作为废品，不得使用。
　　2 支、吊架不得支承在连接头上，水平管的任意两个连接头之间必须有支、吊架。

（3）塑料管道的安装要求

1）当空调水系统管道采用建筑用的硬聚氯乙烯（PVC-U）、聚丙烯（PP-R）、聚丁烯（PB）、交联聚乙烯（PEX）、工程塑料（ABS）等有机材料管道，其连接方法应符合设计和产品技术要求的规定。常用的是热熔连接和粘接。

2）塑料管道的弯头应尽量用人工弯曲而不用直角定型弯头，以利于自然补偿。

3）塑料管道的安装应按照《建筑给水排水及采暖工程施工质量验收规范》GB 50242 的相关内容和参照相关的专业规程执行。

（4）管道的水压试验及冲洗要求

1）冷热水、冷却水系统的试验压力，当工作压力小于等于 1.0MPa 时，为 1.5 倍工作压力，但最低不小于 0.6MPa；当工作压力大于 1.0MPa 时，为工作压力加 0.5MPa。

2）对于大型或高层建筑垂直位差较大的冷（热）媒水、冷却水管道系统宜采用分区、分层试压和系统试压相结合的方法。一般建筑可采用系统试压方法。

分区、分层试压：对相对独立的局部区域的管道进行试压。在试验压力下，稳压 10min，压力不得下降，再将系统压力降至工作压力，在 60min 内压力不得下降、外观检查无渗漏为合格。

系统试压：在各分区管道与系统主、干管全部连通后，对整个系统的管道进行系统的试压。试验压力以最低点的压力为准，但最低点的压力不得超过管道与组成件的承受压力。压力试验升至试验压力后，稳压 10min，压力下降不得大于 0.02MPa，再将系统压力降至工作压力，外观检查无渗漏为合格。

3）各类耐压塑料管的强度试验压力为 1.5 倍工作压力，严密性试验压力为 1.15 倍的设计工作压力。

4）凝结水系统采用充水试验，应以不渗漏为合格。

5）冷热水及冷却水系统应在系统冲洗、排污合格（目测：以排出口的水色和透明度与入水口对比相近，无可见杂物），再循环试运行 2h 以上，且水质正常后才能与制冷机组、空调设备相贯通。

（5）空调水系统管道的热膨胀（冷收缩）的处理

1）空调水系统的直线管段长度，钢管>25m，塑料管>6m，必须按其管段的热伸长量 ΔL，设置相应压力等级的补偿器（一般宜用波纹管补偿器），补偿器前后 0.5～1m 处应设导向支架。

① 钢管的热伸长量，应按下列公式计算：
$$\Delta L = \alpha L(t_2 - t_1) \tag{8-1}$$

式中　ΔL——管段的热伸长量（mm）；
　　　α——钢管的线膨胀系数（选 0.012mm/m·℃）；
　　　L——管段长度（m）；
　　　t_2——介质运行温度（℃）；
　　　t_1——安装环境温度（℃）。

② 塑料管的热伸长量应按下列计算：
$$\Delta L = \alpha L(0.65 t_s + 0.1 t_g) \tag{8-2}$$

式中　ΔL——管段的热伸长量（mm）；
　　　L——管段长度（m）；
　　　α——塑料管的线膨胀系数（宜选 0.07mm/m·℃，由于各种塑料管道如 PVC-U，PP-R、PB、PEX、ABS 等的线膨胀系数略有不同，按生产厂方提供的实际数字计算）；
　　　t_s——管道内空调水的最大变化温差（宜取 45℃～55℃）；
　　　t_g——管道外环境的最大变化温差（宜取 30℃）。

2）空调水系统如用 L 型或 Z 型自然补偿形式时，应符合下列要求，如图 8-23、图 8-24 所示。

① 钢管 L 型补偿器的短臂长度 l，应按下列公式计算：
$$l = 1.1 \sqrt{\frac{\Delta L \cdot DW_w}{300}} \tag{8-3}$$

式中　l——短臂长度（m），即固定支架位置；
　　　ΔL——长臂 L（一般取 20～25m）的热伸长量（mm）；
　　　DW_w——钢管外径（mm）。

② 塑料管 L 型补偿器的短臂长度 l，应按下列公式计算：
$$l = K \sqrt{\Delta L \cdot DW} \tag{8-4}$$

式中：l——短臂长度（mm），即固定支架位置；
　　　K——材料系数（取 30）；
　　　ΔL——长臂 L（宜取 5～6m）的热伸长重（mm）；
　　　DW——塑料管外径（mm）。

③ Z 型补偿器前后的水平管臂总长度 L，钢管为 40～50m，塑料管为 10～12m，垂直臂长度 l 为设计实数，其位置应设在长度的中间，并考虑在垂直臂上是否设固定支架及其设置位置，安装时应按情况核算其补偿效能。

（6）阀门的安装要求

1）阀门的安装位置、高度、进出口方向必须符合设计要求，连接应牢固紧密。

2）安装在保温管道上的各类手动阀门，手柄均不得向下。

3）阀门安装前必须进行外观检查，阀门的铭牌应符合现行国家标准《通用阀门标志》

GB 12220 的规定。对于工作压力大于 1.0MPa 及在主干管上起到切断作用的阀门，应进行强度和严密性试验，合格后方准使用。其他阀门可不单独进行试验，待在系统试压中检验。

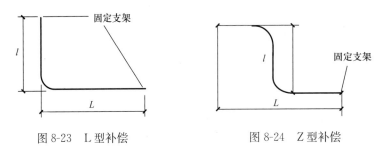

图 8-23　L 型补偿　　　　　图 8-24　Z 型补偿

强度试验时，试验压力为公称压力的 1.5 倍，持续时间不少于 5min，阀门的壳体、填料应无渗漏。

严密性试验时，试验压力为公称压力的 1.1 倍；试验压力在试验持续的时间内应保持不变，时间应符合表 8-30 的规定，以阀瓣密封面无渗漏为合格。

阀门压力持续时间　　　　　　　　　　　　表 8-30

公称直径 DN（mm）	最短试验持续时间（s）	
	严密性试验	
	金属密封	非金属密封
≤50	15	15
65～200	30	15
250～450	60	30
≥500	120	60

（7）金属支架的制作安装要求

1）固定在建筑结构上的管道支、吊架不得影响结构的安全。

① 支、吊架的固定点不得任意在钢结构上焊接或钻孔；

② 固定在混凝土梁的支架的下面一个膨胀螺栓位置必须在梁高的 1/3 以上。

2）支、吊架的安装应平整牢固，与管道接触紧密。管道与设备连接处，应设独立支、吊架。

3）冷（热）媒水、冷却水系统管道机房内总、干管的支、吊架，应采用承重防晃管架；与设备连接的管道管架宜有减振措施。当水平支管的管架采用单杆吊架时，应在管道起始、阀门、三通、弯头及长度每隔 15m 处设置承重防晃支、吊架。

4）无热位移的管道吊架，其吊杆应垂直安装；有热位移的，其吊杆应向热膨胀（或冷收缩）的反方向偏移安装，偏移量由计算确定。

5）滑动支架的滑动面应清洁、平整，其安装位置应从支承面中心向位移反方向偏移 1/2 位移值或符合设计文件规定。

6）竖井内的立管，每隔 2～3 层应设导向支架。在建筑结构负重允许的情况下，水平安装管道支、吊架的间距应符合表 8-31 的规定。

钢管道支、吊架的最大间距 表 8-31

公称直径(mm)		15	20	25	32	40	50	70	80	100	125	150	200	250	300
支架的最大间距(m)	L_1	1.5	2.0	2.5	2.5	3.0	3.5	4.0	5.0	5.0	5.5	6.5	7.5	8.5	9.5
	L_2	2.5	3.0	3.5	4.0	4.5	5.0	6.0	6.5	6.5	7.5	7.5	9.0	9.5	10.5
		对大于300mm的管道可参考300mm管道													

注：1. 适用于工作压力不大于 2.0MPa，不保温或保温材料密度不大于 200kg/m³ 的管道系统。
   2. L_1 用于保温管道，L_2 用于不保温管道。

7）管道支、吊架的焊接应由合格持证焊工施焊，并不得有漏焊、欠焊或焊接裂纹等缺陷。支架与管道焊接时，管道侧的咬边量应小于 10% 的管壁厚度。

8）采用建筑用硬聚氯乙烯（PVC-U）、聚丙烯（PP-R）与交联聚乙烯（PEX）等管道时，管道与金属支、吊架之间应有隔绝措施，不可直接接触。当为热水管道时，还应加宽其接触的面积。支、吊架的间距应符合设计和产品技术要求的规定。

9）塑料管道的支架，除固定支架外，所有的管卡均不应卡死，应使管线有轴向伸长的能力。L型补偿器的长短臂，若大于支承距时，均应按规定设置活动支架，并使管段有一定的横向移动能力。

(8) 空调部件的安装要求

1）阀门、集气罐、自动排气装置、除污器（水过滤器）等管道部件的安装应符合设计要求，并应符合下列规定：

① 阀门安装的位置、进出口方向应正确，并便于操作；连接应牢固紧密，启闭灵活；成排阀门的排列应整齐美观，在同一平面上的允许偏差为 3mm。

② 电动、气动等自控阀门在安装前应进行单体的调试，包括开启、关闭等动作试验。

③ 冷冻水和冷却水的除污器（水过滤器）应安装在进机组前的管道上，方向正确且便于清污；与管道连接牢固、严密，其安装位置应便于滤网的拆装和清洗。过滤器滤网的材质、规格和包扎方法应符合设计要求。

④ 闭式系统管路应在系统最高处及所有可能积聚空气的高点设置排气阀，在管路最低点应设置排水管及排水阀。

2）补偿器的补偿量和安装位置必须符合设计及产品技术文件的要求，并应根据设计计算的补偿量进行预拉伸或预压缩。

设有补偿器（膨胀节）的管道应设置固定支架，其结构形式和固定位置应符合设计要求，并应在补偿器的预拉伸（或预压缩）前固定；导向支架的设置应符合所安装产品技术文件的要求。

3）水箱、集水器、分水器、储冷罐等设备的安装，支架或底座的尺寸、位置符合设计要求。设备与支架或底座接触紧密，安装平正、牢固。平面位置允许偏差 15mm，标高允许偏差为 ±5mm，垂直度允许偏差为 1/1000。

膨胀水箱安装的位置及接管的连接，应符合设计文件的要求，不得在膨胀管路上设置阀门和开出作其他用途的管线和接头。

水箱、集水缸、分水缸、储冷罐的满水试验或水压试验必须符合设计要求。储冷罐内壁防腐涂层的材质、涂抹质量、厚度必须符合设计或产品技术文件要求，储冷罐与底座必须进行绝热处理。

4. 水泵安装

泵是把机械能转变为液体势能和动能的一种动力设备，在工业生产和民用生活中应用广泛。

泵的种类很多，按工作原理分为叶片式、容积式和其他类型泵（如真空泵、射流泵等）；按工作压力又分为低压泵、中压泵和高压泵。

（1）离心泵的安装（见图8-25）

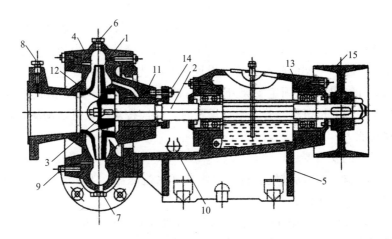

图8-25 单级单吸卧式离心泵
1—叶轮；2—泵轴；3—键；4—泵壳；5—泵座；6—灌水孔；7—放水孔；
8—接真空表孔；9—接压；10—泄水孔；11—填料盒；12—减漏环；
13—轴承座；14—压盖调节螺栓；15—传动轮

1）水泵基础的尺寸、位置、标高应符合设计要求。

2）水泵基础应坚实并具有足够的承载面积，不致产生变形、下沉等。

3）一般出厂时间不长、保留得当的小型水泵，可不必拆洗。

4）整体安装的泵，纵向安装水平偏差不大于0.1/1000，横向水平偏差不大于0.2/1000，测量位置应在泵的出口法兰面或其他加工面。

5）驱动机轴与泵轴以皮带轮连接时，两轴的平行度、两轮的偏移应符合现行国家标准《机械设备安装工程施工及验收通用规范》的规定。

6）泵的吸水管安装直接影响着泵的工作效率，其配置应符合设计规范，当无规定时，可按图8-26的要求配置。

7）泵试运转前应做如下检查：

① 各处螺栓紧固情况；

② 加油润滑情况；

③ 电机转向符合泵的转向要求；

④ 供电、仪表达到要求；

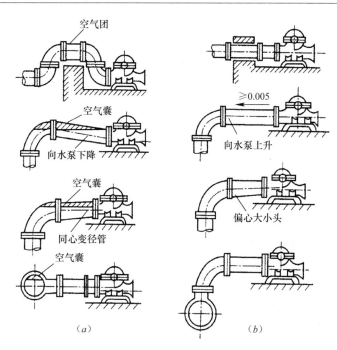

图 8-26 吸入管道安装
(a) 不正确；(b) 正确

⑤ 用手盘动水泵灵活、无卡阻。

8）试运转：

① 关闭排水管阀门，打开吸水管路阀门；

② 吸入管内充满水，排尽泵体内的空气；

③ 转速正常后，徐徐开启排水管上的阀门，要注意泵的关闭时间一般不应超过 2~3min，因为时间太长泵内液体发热，会造成事故；

④ 泵在额定工况点连续试运转时间不应少于 2h。

（2）立式轴流泵和导叶混流泵的安装

立式轴流泵见图 8-27，导叶混流泵见图 8-28。

轴流泵是叶片式泵中转数较高的一种泵，是属于中、大流量，中、低扬程的泵。

1）泵的清洗和检查应符合下列要求：

① 整体出厂的泵可不拆卸，只清洗外表，当有损伤时，应按随机技术文件的规定进行拆洗。

② 解体出厂的泵应检查各零件和部件，并应无损伤、无锈蚀，并将其清洗洁净；配合表面应涂上润滑油，并应按装配零件和部件的标记分类放置。

③ 弯管分段法兰平面间紧固零件和导叶体主轴承的紧固零件，出厂装配好的部分，不得拆卸。

2）泵就位前应符合下列要求：

① 泵本体、传动装置、驱动机应无损伤，泵轴和传动轴不应弯曲。

② 应检测泵轴和传动轴在轴颈处的径向跳动、各联轴器端面倾斜偏差及联轴器径向

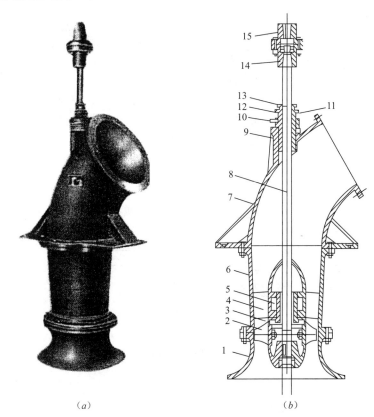

图 8-27　立式半调型轴流泵
(a) 外形图；(b) 结构图

1—吸入管；2—叶片；3—轮毂体；4—导叶；5—下导轴承；6—导叶管；7—出水弯管；8—泵轴；9—上导轴承；10—引水管；11—填料；12—填料盒；13—压盖；14—泵联轴器；15—导动机联轴器

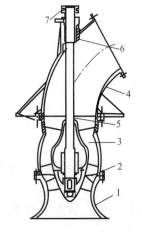

图 8-28　导叶式混流泵结构图
1—进水喇叭；2—叶轮；3—导叶体；4—出水弯管；5—泵轴；6—橡胶轴承；7—填料函

跳动。

③ 应检测叶片外圆对转子轴线的径向跳动，并应符合随机技术文件的规定。

④ 叶轮外缘与叶轮外壳之间的间隙应均匀，其间隙应符合随机技术文件的规定。

⑤ 橡胶轴承不应沾染油脂。

⑥ 进水流道应通畅，不得淤塞。

⑦ 以进水流道为准，应检验驱动机基础和泵基础的标高和轴线，其允许偏差为±2mm，并应按设计要求复核中间轴的长度。

⑧ 叶轮安装基准线到最低水位的距离 L 应符合设计图的规定（见图 8-29）。

3）具有单层基础的泵，驱动机与泵调平时，应在其底座及其他加工面上测量。其安装水平偏差不应大于

0.2/1000；具有双层基础的泵，驱动机和泵的安装水平偏差均不应大于 0.05/1000，且倾斜方向应一致，并应在其法兰面上进行测量。泵座轴线与进水管道轴线的同轴度应为 2mm。

4）泵试运转前应符合下列要求：

① 进水口叶轮的淹没深度应符合随机技术文件的规定。

② 驱动机的转向应与泵的转向相符。

③ 电气和仪表应灵敏、正确、可靠。

④ 真空破坏阀、油压设备、真空泵、电磁阀等辅助设备和各管路连接后，按系统进行单独试验应合格，连接处不得有泄漏。

⑤ 叶片的安装角度应符合随机技术文件的规定。

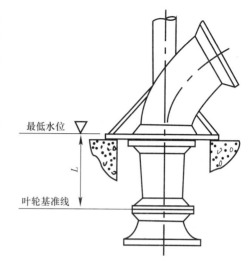

图 8-29　立式泵叶轮基准线至最低水位的距离

5）泵启动前应符合下列要求：

① 应打开出口管路阀门。

② 应向填函上的接管引入清水，润滑橡胶轴承，直至泵正常出水为止。

③ 全调节的泵宜减小叶片角度，待出水后方可调至允许范围。

④ 带有真空泵的机组应先启动真空泵，排出泵内气体。

6）泵试运转时应符合下列要求：

① 各连接部位应牢固、无松动，并无泄漏。

② 电气、仪表工作应正常；油路、气路、水路各系统管道不得有渗漏；压力、液位应正常。

③ 轴流泵滚动轴承的温升不应大于 35℃，其温度不应大于 75℃；混流泵滚动轴承的温升不应大于 60℃，其温度不应大于 90℃；采用橡胶或塑料水导轴承时，其注水压力、注水量和使用温度均应符合随机技术文件的规定。

④ 齿轮箱内油的温升应正常；油池的油位应保持在规定的刻度范围内，并不得有漏油现象。

⑤ 填函处的温升应正常；泄漏量应符合随机技术文件的规定。

⑥ 泵在无汽蚀工况下运转时，在规定点测得的均方根振动速度有效值，不应大于 4.5mm/s。

⑦ 整体出厂安装的泵在规定的扬程和流量下连续试运转不应小于 2h。

7）停止运转时，应按设备技术文件的规定关闭有关阀门。流道内的防水倒流装置工作应正常、可靠。

8）泵的进水位降低到规定的最低水位以下时，泵应停止运转。

(3) 水泵隔振技术

1）水泵是产生噪声的主要来源之一，水泵隔振包括以下三个内容：

① 水泵机组隔振；

② 管道隔振；
③ 支架隔振。

采取的具体措施是，水泵机组应设隔振元件；水泵吸水管和出水管上相应设置隔振降噪装置；管道穿墙和穿楼板处及管道支架，应采取防固体传声措施。

2）水泵采用哪种隔振元件，已由隔振设计者确定，根据规范 CECS59：94 要求，宜采用橡胶隔振垫、阻尼弹簧隔振器和橡胶隔振器。卧式水泵宜采用橡胶隔振垫，安装在楼层时宜采用多层串联叠合的橡胶隔振垫或阻尼弹簧隔振器；立式水泵宜采用橡胶隔振器，并要求水泵机组隔振元件支承点数应为偶数，且不少于 4 个。具体要求为：

① 隔振元件应按水泵机组中轴线作对称布置。

② 当机组隔振元件采用六个支承点时，其中四个布置在惰性块或型钢机座四角，另两块应设置在边线上，并调节其位置，使隔振元件的压缩变形量尽可能保持一致，如图 8-30 所示。

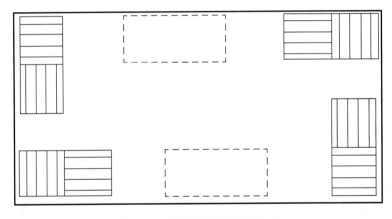

图 8-30　橡胶隔振垫平面布置图

③ 立式水泵机组隔振安装橡胶隔振器时，在水泵机组底座下，宜放置型钢机座并采用锚固式安装。型钢机座与橡胶隔振器之间应用螺栓（加设弹簧垫圈）固定。在地面或楼面中设置地脚螺栓，橡胶隔振器通过地脚螺栓固定在地面或楼面上。

3）管道隔振

① 当水泵机组采取隔振措施时，水泵吸水管和出水管上均应采用管道隔振元件；

② 管道隔振元件（可曲挠橡胶管道配件）应具有隔振和位移补偿双重功能；

③ 管道穿墙和穿楼板时，均应有防固体传声措施；

④ 管道安装应在水泵机组隔振元件安装 24h 后进行；

⑤ 可曲挠橡胶管道配件应在不受力的自然状态下进行安装，严禁处于极限偏差状态；

⑥ 安装在水泵进出口水管上的可曲挠橡胶接头，必须在阀门和止回阀近水泵一侧；

⑦ 可曲挠橡胶管道配件外严禁刷油漆，卧式水泵隔振基座安装和可曲挠橡胶接头安装如图 8-31、图 8-32 所示。

4）支架隔振

① 当水泵机组的基础和管道采取隔振措施时，管道支架应采用弹性支架；

② 弹性支架应具有固定架设管道和隔振双重功能；

③ 目前国内弹性支架已有系列产品。

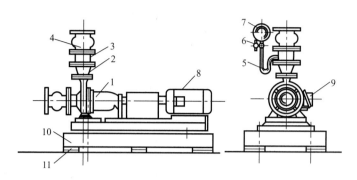

图 8-31 卧式水泵隔振基座安装
1—水泵；2—锥管；3—短管；4—可曲挠接头；5—表弯管；6—表旋塞；
7—压力表；8—电机；9—接线盒；10—钢筋混凝土基座；11—隔振垫

5. 绝热施工

绝热是为了减少不同温度物体间热量的传递，房屋建筑安装工程中的绝热施工的主要部位是在通风与空调工程中的冷冻水或热源水的传输管道、冷源和热源制备的设备，在给水排水工程中也有绝热工程，如热水管道和寒冷地带的室外给水管道等。所以绝热有保冷和保温两种类型，目的都是减缓被保护的管道或设备内介质温度的变化。

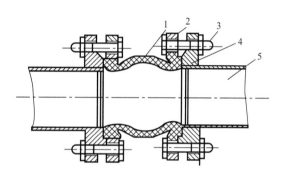

图 8-32 可曲挠橡胶接头安装
1—可曲挠橡胶接头；2—特制法兰；
3—螺栓；4—普通法兰；5—管道

（1）材料的分类及选用

绝热材料本身的热传导性较差，利用空气是热的不良导体这一特点，绝热材料通常是含有大量细微孔隙的轻质材料，但孔隙达到一定程度会使导热系数增大，通常把室温下导热系数低于 $0.2W/(m·K)$ 的材料称为绝热材料。

1）保冷的绝热材料，有关标准规定，在平均温度小于等于 300K（27℃）时，导热系数值不得大于 $0.064W/(m·K)$。

2）保温的绝热材料，有关标准规定，在平均温度小于等于 623K（350℃）时，导热系数值不得大于 $0.12W/(m·K)$。

3）分类

① 按材料基础原料划分可分为有机类和无机类。

② 按材料结构划分可分为纤维类、颗粒类和发泡类。

③ 按材料产品形态划分可分为板、块、管壳、毡、带、绳及散料等。

④ 按材料密度划分可分为特轻类（$\rho=60kg/m^3 \sim 80kg/m^3$）和轻质类（$\rho=80kg/m^3 \sim 350kg/m^3$）。

⑤ 按材料可压缩性划分可分为硬质、半硬质和软质。即承受 2.0kPa 压力下的相对变

形不超过 6%时为硬质，相对变形在 6%～30%时为半硬质，相对变形超过 30%时为软质。

(2) 施工工艺流程

1) 绝热施工要在管道设备等试压、试漏合格后实施。

2) 施工的流程如下所述

① 技术准备

A. 认真审核图纸，其所用材料或尺寸规格应符合热力参数所需要求。

B. 依据工程实际编制施工技术措施、质量控制方法和质量检查计划，并明确指出质量标准。

C. 对作业人员进行技术交底，如采用新材料、新工艺应先对作业人员进行培训，然后做样板，经样板评估认为符合设计要求才能正式展开在工程实体上进行绝热施工。

② 机具和材料准备

A. 依据材料性质确定加工用机具的种类，依据工程量规模大小，确定机具数量。

B. 对进场材料进行检查验收，材料应具有出厂合格证，如有异议可送有资质的检测机构复验，复验的内容包括密度、机械强度、导热系数、含水率、可熔性及外观尺寸等，复验合格方可使用。

C. 妥善保管材料，防止受潮、雨淋、挤压等现象发生，材料堆放的高度不宜超过 2m。

③ 施工条件的复核

A. 设备、管道试压、试漏已合格，并出具试验报告。

B. 各类支架、吊架已安装固定，并符合设计要求。

C. 设备和管道表面已作预处理，如清除污垢，油漆防腐已完成且漆膜已干燥。

④ 按施工设计展开作业，进行每道工序交接检验，直至全部完成后填写质量检查记录。

(3) 绝热工程的主要质量控制要求

1) 设备、管道保冷层的质量控制

① 保冷层厚度大于 80mm 时，应分两层或多层逐层施工，同层要错缝、异层要压缝，保冷层的拼缝不应大于 2mm。

② 采用现场发泡保冷的应先做试验，待掌握了配比和搅拌时间等技术参数后，方可正式施工。

③ 设备支件的保冷层应加厚，保冷层伸缩缝外面应再进行保冷。

④ 管卡、管托处的保冷、支承块可用致密的刚性聚氨酯泡沫塑料块或硬质木块，硬质木块应浸渍沥青防腐。

2) 设备、管道保温层的质量控制

① 保温层厚度大于 100mm 时，应分两层或多层逐层施工，同层要错缝、异层要压缝，保温层的拼缝不应大于 5mm。

② 保温层施工不得覆盖设备铭牌。

③ 水平管道的纵向接缝位置，不得布置在管道截面垂直中心线下部 45°范围内。

④ 每节管壳的绑扎不应少于 2 道。

⑤ 保温层的接缝要用同样材料的胶泥勾缝。

⑥ 管道上的阀门、法兰等需经常维护部位，保温层要做成可拆卸式结构。

3）防潮层的质量控制

① 保冷层表面应干净，保持干燥，并平整均匀，无突角和凹坑现象。

② 沥青玻璃布防潮分三层，第一层为石油沥青胶层，厚度3mm，第二层为中碱粗格平纹玻璃布，厚度0.1～0.2mm，第三层为石油沥青胶层，厚度3mm。

③ 沥青胶的配制符合设计要求，玻璃布随沥青边涂边贴，其环向、纵向搭接不小于50mm，搭接处粘贴紧密。

④ 立式设备或垂直管道的玻璃布环向接缝应为上搭下，卧式设备或水平管道纵向接缝位置在两侧搭接，缝朝下。

4）保护壳的质量控制

① 保护壳宜用镀锌铁皮、铝皮、不锈钢薄板、彩钢薄板等金属材料制成。

② 设备直径大于1m时，宜采用波形板，1m以下的采用平板。

③ 卧式设备或水平管道的顶部，严禁有接缝，接缝应设在水平中心线上方与水平中心线成30°的范围内。

（八）通风空调系统的测定与调整

本节介绍了通风系统、空气调节系统调试，通过学习应掌握通风系统、空气调节调系统的测定与调整。

通风空调系统测定与调整的目的，是通过系统运转的调试以检查和发现系统在设计、设备性能和施工质量等方面存在的问题，从而采取相应的改进措施确保使用要求。其内容是利用仪表测定通风系统中的风量、风压、含尘浓度、除尘器性能及空调系统中的风量、空气处理设备性能，测定室内空气参数、综合效能等是否符合给定参数的要求。现分别阐述如下。

1. 调试准备和设备单机试运行

（1）调试的准备工作

1）整理齐备全部设计图纸及有关技术资料，并熟悉有关设备的技术性能和系统中的主要技术参数，编制好调试方案。

2）试运转所需的水、电及压缩空气等能源供应均已能满足调试使用的条件。

3）通风空调系统所在场地的土建施工应完工，场地应清理干净。

4）按照试运转的项目、调试程序，准备好调试仪器、仪表及数据记录用的相应表格。

（2）选择通风空调系统测试的常用仪表

通风空调系统在调试前应对所有的仪表进行校核，其精度级别应高于被测对象的级别。常用的测量仪表如下所述。

1）测量温度的仪表：玻璃管温度计；热电偶温度计；电阻温度计；自动记录温度计等。

2）测量相对湿度的仪表：普通干湿球湿度计；通风干湿球湿度计；热电阻干湿球湿度计；毛发湿度计；电阻湿度计等。

3）测量风速的仪表：机械风速仪；热电风速仪；电子风速仪、叶轮风速仪、热球式风速仪等。

4) 测量风压的仪表：毕托管（测压管）；U 型压力计；杯形压力计（单位液柱压力计）；倾斜式微压计；补偿式微压计等。

5) 测量室内含尘浓度的仪表：尘埃粒子计数器；浮游细菌的测定仪器等。

6) 其他：数字闪电转速仪、声级计、钳形表、万用表、对讲机等。

（3）设备单机试运转的要求

通风与空调工程的系统调试包括设备单机试运转、调试及系统无生产负荷下的联合试运转、调试。系统调试前，施工单位应编制调试方案，报送专业监理工程师审批。调试结束后必须提供完整的调试资料和报告。试运转的具体要求如下：

1) 通风机、空调机组中的风机，叶轮旋转方向正确、运转平稳、无异常振动与声响，其电机运行功率应符合设备技术文件的要求。在额定转速下连续运转 2h 后，滑动轴承外壳最高温度不得超过 70℃，滚动轴承不得超过 80℃。

2) 水泵叶轮旋转方向正确，无异常振动和声响，紧固连接部位无松动，其电机运行功率值符合设备技术文件的要求。水泵连续运转 2h 后，滑动轴承外壳最高温度不得超过 70℃，滚动轴承不得超过 75℃。

3) 冷却塔本体应稳固、无异常振动，其噪声应符合设备技术文件的要求。风机试运转按 1) 的规定进行；冷却塔风机与冷却水系统循环试运行不少于 2h，运行应无异常情况。

4) 制冷机组、单元式空调机组的试运转，应符合设备技术文件和现行国家标准《制冷设备、空气分离设备安装工程施工及验收规范》GB 50274 的有关规定，正常运转不应少于 8h。

5) 电控防火、防排烟风阀（口）的手动、电动操作应灵活、可靠，信号输出正确。

6) 风机、空调机组、风冷热泵等设备运行时，产生的噪声不宜超过产品性能说明书的规定值。

7) 风机盘管机组的三速、温控开关的动作应正确，并与机组运行状态一一对应。

2. 通风与空调工程的无生产负荷下的联合试运转及调试

（1）空调系统无生产负荷的联合试运转及调试的要求

1) 系统总风量调试结果与设计风量的偏差不应大于 10%。

2) 空调冷热水、冷却水总流量测试结果与设计流量的偏差不应大于 10%。

3) 舒适空调的温度、相对湿度应符合设计的要求。恒温、恒湿房间室内空气温度、相对湿度及波动范围应符合设计要求。

4) 空调工程水系统应冲洗干净、不含杂物，并排除管道系统中的空气；系统连续运行应达到正常、平稳；水泵的压力和水泵电机的电流不应出现大幅波动。系统平衡调整后，各空调机组的水流量应符合设计要求，允许偏差为 20%。

5) 各种自动计量检测元件和执行机构的工作应正常，满足建筑设备自动化（BA、FA 等）系统对被测定参数进行检测和控制的要求。

6) 多台冷却塔并联运行时，各冷却塔的进、出水量应达到均衡一致。

7) 空调室内噪声应符合设计要求。

8）有压差要求的房间、厅堂与其他相邻房间之间的压差，舒适性空调正压为 0～25Pa。工艺性的空调应符合设计的要求。

9）有环境噪声要求的场所，制冷、空调机组应按现行国家标准《采暖通风与空气调节设备噪声声功率级的测定——工程法》GB 9068 的规定进行测定。洁净室内的噪声应符合设计的要求。

(2) 通风工程系统无生产负荷联动试运转及调试的要求

1）系统联动试运转中，设备及主要部件的联动必须符合设计要求，动作协调、正确，无异常现象。

2）系统经过平衡调整，各风口或吸风罩的风量与设计风量的允许偏差不应大于 15%。

3）湿式除尘器的供水与排水系统运行应正常。

4）系统调试试运行时间不得小于 2 小时。

(3) 净化空调系统的调试要求

1）净化空调系统运行前应在回风、新风的吸入口处和粗、中效过滤器前设置临时用过滤器（如无纺布等），实行对系统的保护。净化空调系统的检测和调整，应在系统进行全面清扫，且已运行 24h 及以上达到稳定后进行。

2）洁净室洁净度的检测，应在空态或静态下进行或按合同约定。室内洁净度检测时，人员不宜多于 3 人，均必须穿与洁净室洁净度等级相适应的洁净工作服。

3）单向流洁净室系统的系统总风量调试结果与设计风量的允许偏差为 0～20%，室内各风口风量与设计量的允许偏差为 15%，新风量与设计新风量的允许偏差为 10%。

4）单向流洁净室系统的室内截面平均风速的允许偏差为 0～20%，且截面风速不均匀度不应大于 0～25%。

5）相邻不同级别洁净室之间和洁净室与非洁净室之间的静压差不应小于 5Pa，洁净室与室外的静压差不应小于 10Pa。

6）室内空气洁净度等级必须符合设计要求的等级或在商定验收状态下的等级要求。高于等于 5 级的单向流洁净室，在门开启的状态下，测定距离门 0.6m 室内侧工作高度处空气的含尘浓度，亦不应超过室内洁净度等级上限的规定。

(4) 防排烟系统联合试运行与调试的结果（风量及正压），必须符合设计与消防的要求。防排烟系统正压送风的检测要求：防烟楼梯间为 40～50Pa；前室、合用前室、消防电梯前室、封闭避难层（间）为 25～30Pa。

(5) 通风与空调工程的控制和监测设备，应能与系统的检测元件和执行机构正常沟通，系统的状态参数应能正确显示，设备连锁、自动调节、自动保护应能正确动作。

3. 通风空调系统综合效果测定

(1) 通风空调系统综合效果测定是在各分项调试完成后，测定系统联动运行的综合指标。

(2) 根据室内设计参数，要求对室内速度分布、温度分布、相对湿度、室内噪声分别进行测定。

1）速度的测定：气流速度的测定采用热球式风速仪，测定时，将测头置于各测点测出气流速度的大小。

2）温度的测定：可用温度计主要测出工作区不同标高平面上的温度，绘出平面温差图，进而确定不同平面中区域温差值。

3）室内相对湿度测定：相对湿度测点的布置同速度分布。可用热电阻干球温度计或DHJ1自记毛发湿度计。

4）室内噪声的测定：用声级计测定，其测定点为房间中心离地面高度1.2m处。

(3) 通风系统测试后的调整

1）系统风量的调整：系统风量的平衡与调整关系到房间内能否获得预定的气象条件及通风系统能否实现经济运行，系统总风量的过大过小都要查明原因，采取相应措施加以解决。

2）近设计及验收规范要求和常用高速方法进行调整，对关风状态的调整；对室内空气状态的调整；对室内气流速度越过允许值的调整；噪声超过允许值的调整。

九、自动喷水灭火消防工程

本章以房屋建筑安装工程中的消防工程自动喷水灭火系统为主线,对与消防灭火有关的部分做简明的介绍。但依据《建筑工程施工质量验收统一标准》GB 50300 的规定,火灾自动报警系统及联动控制纳入建筑智能化工程,因而需在另一章中叙述。本章仅涉及自动喷水灭火系统、室外消火栓系统、防排烟通风系统三个部分。

(一)概 述

本节对消防工程中的自动喷水灭火系统、室外消火栓系统、防排烟通风系统的基本概念及组成做概貌性的介绍。

1. 工程的定义及组成

(1) 自动喷水灭火系统

1) 定义

自动喷水灭火系统就是装有喷头或喷嘴的管网系统。它利用火灾发生时产生的光、热及压力信号传感而自动启动,将水或以水为主的灭火剂喷向着火区域,扑灭火灾或控制火灾蔓延。自动喷水灭火系统是由加压送水设备、报警阀、管网、喷头及火灾探测系统等组成。

2) 系统的分类

目前国内外采用自动喷水灭火系统的类型较多。根据洒水喷头开、闭状态,可分为开式系统、闭式系统、雨淋系统和水幕系统。闭式系统又分为湿式系统、干式系统、预作用系统和重复启闭预作用系统。其中使用最多的是湿式灭火系统,占70%。下面简单介绍一下以上几种类型灭火系统的特性及使用范围。

① 湿式自动喷水灭火系统。该系统由湿式报警阀、闭式喷头和管网组成。在报警阀的上下管道中,经常充满有压水。湿式喷水灭火系统必须安装在全年不结冰及不会出现过热危险的房间(温度不低于 4℃和不高于 70℃的场所),该系统的灭火成功率比其他灭火系统高。湿式系统应用最为广泛,因此本教材主要讲述湿式系统。

② 干式自动喷水灭火系统。该系统由干式报警阀、闭式喷头、管道和充气设备组成。在报警阀的上部管道中充装有压气体。该系统适用于安装在有冰冻危险和由于过热致使管道中的水可能汽化的房间内(温度低于 4℃或高于 70℃的场所)。对于存有可燃物或燃烧速度比较快的建筑物,不宜采用该灭火系统。

③ 预作用喷水灭火系统。该系统由火灾探测系统和管网中充装有压或无压气体的闭式喷头组成的喷水灭火系统(管道内平时无水)。该系统在报警系统报警后(喷头还

未开启）管道充水，等喷头开启时已成湿式系统，不影响喷头开启后及时喷水。该系统一般用于不允许出现水渍的重要建筑物内。如宾馆、重要档案、资料、图书及珍贵文物贮藏室。

④ 雨淋灭火系统。该系统由火灾探测系统和管道平时不充水的开式喷头喷水灭火系统等组成。一般安装在发生火灾时火势猛、蔓延速度快的场所，如工业建筑、礼花厂、舞台等可燃物较多的场所。

⑤ 水幕系统。该系统由水幕喷头、管道和控制阀组成。这种系统宜与防火带、防火卷帘配合使用，起阻止火势蔓延的隔断作用；也可以单独安装使用，保护建筑物的门、窗、洞、口等部位。

3）自动喷水灭火系统特点

实践证明，自动喷水灭火系统与其他形式的灭火系统相比有许多优点：

① 随时警惕火灾，安全可靠，是体现"预防为主、防消结合"方针的最好措施。

② 水利用率高，水渍损失少。

③ 协调建筑工业化、现代化与建筑防火某些要求之间的矛盾。

④ 使建筑设计具有更大的自由度和灵活性。

⑤ 有利于人员和物资的疏散。

⑥ 经济效益高。

4）湿式自动喷水灭火系统简介

① 组成和工作原理

A. 组成：湿式系统由闭式洒水喷头、水流指示器、湿式报警阀组，以及管道和供水设施等组成，而且管道内始终充满水并保持一定的压力，如图9-1所示。

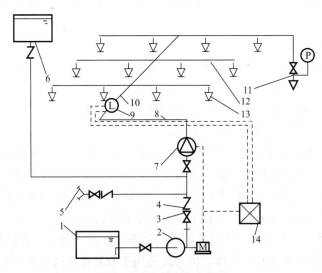

图 9-1 湿式系统示意图

1—水池；2—水泵；3—闸阀；4—止回阀；5—水泵接合器；6—消防水箱；7—湿式报警阀组；8—配水干管；9—水流指示器；10—配水管；11—末端试水装置；12—配水支管；13—闭式洒水喷头；14—报警控制器；P—压力表；M—驱动电机；L—水流指示器

B. 工作原理：发生火灾时，火焰产生的热与烟使喷头感温或感烟元件启动，喷头喷水灭火。同时，系统中的水流指示器向消控室报警，并显示失火地点。报警阀的压力开关也向消控室报警，并启动消防水泵。水力警铃也同时发出声音报警。

② 主要组件的用途见表 9-1。

湿式系统主要组件表　　　　　　　表 9-1

序号	名称	用途	序号	名称	用途
1	消防水池	储存消防用水	7	湿式报警阀	系统控制阀，输出报警水流
2	消防水泵	供应消防用水	8	配水管	输送水流
3	闸阀	总控制阀门	9	水流指示器	输出电信号，报告火灾区域
4	止回阀	防止水倒流	10	末端试水装置	试验系统功能
5	水泵接合器	消防车供水口	11	闭式洒水喷头	感知火灾，出水灭火
6	消防水箱	储存初期消防用水	12	报警控制器	感知火灾，自动报警

③ 湿式报警阀组的作用

湿式报警阀组主要由湿式报警阀、水力警铃、延迟器、压力开关、压力表、泄放试验阀、报警试验阀、平衡阀、过滤器等组成。

A. 湿式报警阀：湿式报警阀的构造如图 9-2 所示。湿式报警阀的整个阀体被阀瓣分成上、下两腔。上腔（系统侧）与系统管网相通，下腔（供水侧）则与水源端相连。在阀体中配有阀座，阀座上有多个小孔，平时这些小孔被阀瓣盖住密封。当下腔压力大于上腔压力且达到一定数值时，阀瓣迅速开启，当上下腔压力平衡时，阀瓣能自动复位。为了防

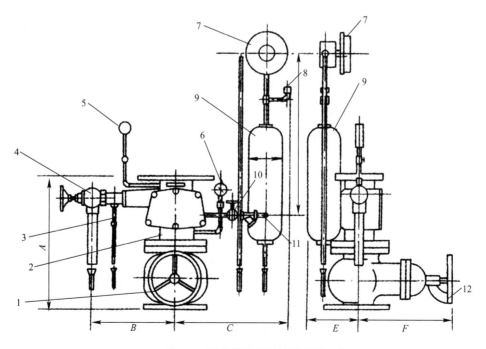

图 9-2　湿式报警阀结构示意图

1—控制阀；2—报警阀；3—试警铃阀；4—放水阀；5、6—压力表；7—水力警铃；
8—压力开关；9—延时器；10—警铃管阀门；11—滤网；12—软锁

止系统侧管路漏水（不大于15L/min）或供水压力波动使上下腔压力差过大，致使阀瓣有时开启而造成误报警，在该阀设有平衡管路。当发生这种现象时，平衡阀打开补水，平衡上下腔压力，从而避免了误报警。

B. 水力警铃：水力警铃是一种水力驱动机械装置，安装在湿式报警阀的报警管路上。当自动喷水灭火系统启动灭火时，消防用水的流量等于或大于一个喷头的流量时，压力水流沿报警支管进入水力警铃驱动叶轮，带动铃锤敲击铃盖，发出报警声响。

C. 延时器：延时器下端为进水口，与报警阀报警口连接相通。上端为出水口，接水力警铃。当湿式报警阀因水锤或水源压力波动其阀瓣被冲开时，水流会由报警支管进入延时器，但这样的波动由于时间短，进入延时器的水量少，压力水不会推动水力警铃的轮机或作用到压力开关上，因而能有效防止误报警的作用。报警阀报警口压力水从延时器进口流入至出口流出所需时间为延时时间，水流停止后，残留在延时器中的水由泄水接头排出。

D. 压力开关：当报警阀启动时，一部分压力水通过报警支管进入压力开关，当达到压力开关的额定工作压力后，压力开关内的机构动作，发出电信号至控制器，同时直接启动喷淋泵。压力开关安装在延时器的出口处。

E. 泄放试验阀：系统维护检修时，打开该阀可排空系统内积水或检验供水管网是否堵塞。

F. 报警试验阀：可用于检验湿式报警阀的开启是否正常，作为应急打开湿式报警阀的工具。

G. 压力表：系统侧压力表指示系统侧水压，供水侧压力表指示供水压力。在正常情况下，系统侧压力表读数稍大于供水侧压力表读数。

H. 水流指示器：是自动喷水灭火系统的一个组成部件，通常安装于管网配水干管或配水管的始端，用于显示火警发生区域。

I. 末端试水装置由试水阀、压力表以及试水接头组成，如图9-3所示。试水接头出水口的流量系数，应等同于同楼层或防火分区内的喷头最小流量系数。末端试水装置的出水，应采取孔口出流的方式排入排水管道。每个报警阀组控制的最不利点喷头处，应设末端试水装置，其他防火分区、楼层的最不利点喷头处，均应设直径为25mm的试水阀，用于动作试验。

(2) 室外消火栓系统

1) 定义

室外消火栓是城市管网向火场供水的主要设备，是城镇、街道、工矿企业、仓库、机关、学校医院等室外消防供水必备设备。室外消火栓有地上消火栓和地下消火栓。地上消火栓适用于气温较高的地方，地下消火栓适用于较寒冷地区。

2) 室外消火栓系统的布置

① 室外消防给水管道布置

A. 室外消防给水管网应布置成环状，但在建设初

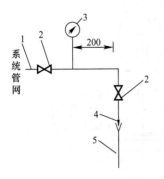

图 9-3　末端试水装置示意图
1—与系统连接管道；2—控制阀；3—压力表；4—标准放水口；5—排水管道

期或室外消防用水量不超过 15L/s 时，可布置成枝状。

B. 环状管网的输水干管及向环状管网输水的输水管均不应少于两条，当其中一条发生故障时，其余的干管应仍能通过消防用水。

C. 环状管道应用阀门分成若干独立段，段内消火栓数量不宜超过 5 个，阀门应设在三通、四通分水处，数量按（$n-1$）的原则确定（三通时 $n=3$，四通时 $n=4$）。

D. 设置消火栓的消防给水管道的直径不应小于 100mm。

② 室外消火栓布置

A. 室外消火栓应沿道路设置，或沿高层建筑均匀布置。道路宽度超过 60m 时，宜在道路两边设置，并宜靠近十字路口。消火栓距路边不应超过 2m，距房屋外墙不宜小于 5m，距高层建筑外墙不宜大于 40m。

B. 甲、乙、丙类液化储罐区和液化石油气储罐区的消火栓，应设在防火堤外。但距罐壁 15m 范围内的消火栓，不应计算在该罐可使用的数量内。

C. 室外消火栓的间距不应超过 120m。

D. 室外消火栓的保护半径不应超过 150m；在市政消火栓保护半径 150m 以内，如消防用水量不超过 15L/s 时，可不设室外消火栓。

E. 室外消火栓的数量应按消防用水量计算确定。每个室外消火栓的出水量应按 10～15L/s 计算。

F. 室外消火栓宜采用地上式。地上式消火栓应有一个直径为 150mm 或 100mm 和两个 65mm 的栓口。当采用地下式时，地下式消火栓应有直径为 100mm 和 65mm 的栓口，并有明显的标志。墙壁式室外消火栓应布置在外墙。

3）室外消火栓的构造

室外消火栓是市政给水管网的附属设施之一，按其安装形式分为地上式和地下式。一般由栓体、法兰接管、阀体和弯管底座或三通四部分组成。栓体与阀体之间可有法兰接管，以适应不同埋深的需要。阀体上设有排水口，可将消火栓体内存留水自动放空，以避免消火栓冻坏。

（3）建筑物防排烟系统

1）定义与作用

防排烟系统，实际上是特殊情况下，即当火灾发生时启动发生作用的专设通风系统。火灾烟气是对人的生命安全威胁最大的因素，因火灾而死亡的人中 80% 是由于吸入毒性气体而致死的。

建筑物设置防排烟系统的目的是对火灾产生的大量烟气进行有效的控制，阻止烟气的迅速蔓延，确保人员的安全疏散和改善扑救条件。

2）防排烟系统的设置场所

根据《高层民用建筑设计防火规范》的要求，对于新建、扩建、改建的高层民用建筑及其相连的附属建筑都要具有防火、防烟、排烟系统。具体的设置要求如下：

① 机械加压送风的防烟设施

A. 高层建筑的下列部位要求设置独立的机械加压送风的防烟设施，见表 9-2。

防烟部位的设置表　　　　　　　　　　　　　　　　　　　　表 9-2

组合关系	防烟部位
不具备自然排烟条件的楼梯间与其前室	楼梯间
采用自然排烟的前室或合用前室与不具备自然排烟条件的楼梯间	楼梯间
采用自然排烟的楼梯间与不具备自然排烟条件的前室或合用前室	前室或合用前室
不具备自然排烟条件的楼梯间与合用前室	楼梯间、合用前室
不具备自然排烟条件的消防电梯间前室	前室

B. 人防工程下列部位应设置机械加压送风防烟设施：防烟楼梯间及其前室或合用前室；避难走道的前室。

② 机械排烟设施

机械排烟方法是将起火建筑物内的烟气通过排风风机和管道抽送出建筑物外，以减少或消除建筑物内的烟气，阻止烟气蔓延。机械正压送风则是对建筑物内的防烟保护区（封闭空间），如安全疏散防烟楼梯间、避难间等，进行加压送风，使保护区的空气压力高于其他区域（有烟气的区域），形成一个正压差，以此抵御火灾烟气因热浮力特性产生的压力，使烟气不能流向保护区。

A. 一类高层建筑和建筑高度超过 32m 的二类高层建筑的下列部位，应设置机械排烟设施：

a. 无直接自然通风，且长度超过 20m 的内走道或虽有直接自然通风，但长度超过 60m 的内走道。

b. 面积超过 100m^2，且经常有人停留或可燃物较多的地上无窗房间或设固定窗的房间。

c. 不具备自然排烟条件或净空高度超过 12m 的中庭。

d. 除利用窗井等开窗进行自然排烟的房间外，各房间总面积超过 200m^2 或一个房间面积超过 50m^2，且经常有人停留或可燃物较多的地下室。

B. 人防工程下列部位应设置机械排烟设施：

a. 建筑面积大于 50m^2，且经常有人停留或可燃物较多的房间、大厅和丙、丁类生产车间。

b. 总长度大于 20m 的疏散走道。

c. 电影放映间、舞台等。

C. 设置在三层以上或地下室的歌舞、娱乐、放映、游艺场所，应设防烟、排烟设施。地下商店应有防烟、排烟设施。

3) 防排烟系统的组成

防排烟系统由风机、管道、阀门、送风口、排烟口以及风机、阀门与送风口或排烟口的联动装置等，其中风机是主要设备，其余称为附属设备或附件。隔烟装置是通风、排烟系统不可缺少的附件。

① 防火阀、排烟防火阀的设置

在通风空调系统管道上设防火阀，在排烟系统管道上设排烟防火阀，以防止火灾时有毒高温烟气传输，引起火灾蔓延扩大和毒性损失加重。

A. 在下列情况之一，通风、空调系统的风管应设防火阀，并且当管道中烟气温度达到70℃时，则自动关闭：

a. 管道穿越防火分区处。

b. 穿越通风、空气调节机房及重要的或火灾危险性大的房间隔墙和楼板处。

c. 垂直风管与每层水平风管交接处的水平管段上。

d. 穿越变形缝的两侧。

B. 排烟系统的分隔：

a. 在排烟机房的入口处，设置当烟气温度超过280℃时能自动关闭的排烟防火阀，排烟风机应保证在280℃时能连续工作30min。

b. 在排烟支管上设置当烟气温度超过280℃时能自行关闭的排烟防火阀。

c. 机械排烟系统与通风、空气调节系统宜分开设置。若合用时，必须采取可靠的防火安全措施，并应符合排烟系统的要求。主要的安全措施有：系统风量应满足排烟量；烟气不能通过其他设备（如过滤器、加热器等）；排烟口应设有自动防火阀（作用温度280℃）和遥控或自控切换的排烟阀；加厚钢质风管厚度，风管的保温材料必须用不燃材料。

② 送风口、排烟口设置

送风口、排烟口有常开和常闭两种方式，安装在有防火要求的电梯间、前室走道、侧墙或无窗房间的防排烟系统上。用作送风口时，平时呈常开状态；用作排烟口时，平时呈常闭状态。

A. 送风口

送风口安装在正压送风系统的支管末端，将系统分配的风量送到建筑物内的有关部位。防烟楼梯间的送风口应采用自垂式单层和多层；前室的送风口应采用多层。

B. 排烟口

排烟口设在机械排烟系统分支管路的端头，排烟系统排出的烟，首先由排烟口进入分支管，再汇入系统干管和主管，最后由风机排出室外。

排烟口平时呈常闭状态，火灾发生时，通过控制中心直接控制或联动控制，或手动操作使阀门打开排烟，阀门打开后输出开启动作信号，可连锁相关设备运行；当气流温度达到280℃时，阀门自动关闭达到阻隔烟火的作用。

2. 配合或全面安装的条件

（1）配合

1）自动喷水灭火消防工程与土建工程的施工配合基本与给水排水工程相同，但洒水喷头的定位要注意在平顶施工时与建筑物协调和谐，布置有序。

2）室外消火栓工程与土建工程的施工配合，主要是管网与消防水池等构筑物的管道接口留洞或预埋件的定位，确保正确性和防渗性能。

3）建筑物防排烟工程与土建工程的施工配合基本与通风空调工程相同，但要注意穿越建筑物的预埋套管的壁厚随着排烟温度的高低是有区别的。

（2）全面进入安装的条件和注意事项应该是与其他安装工程相似的，但室外消火栓工程需在建筑物室外工程如道路、绿化等施工时统筹安排，通常是安排在项目建设的后期。

3. 应用的施工规范

(1) 消防工程所用的产品有通用材料或成品，也有专用的消防产品，是要强制认证的，因而对消防专用产品需加深理解和阅读产品说明书，正确掌握安装要领，避免在施工中发生错误。

(2) 施工规范的名称

1) 参阅给水排水工程和通风与空调工程的相同部分，本节不再重复。

2)《自动喷水灭火系统施工及验收规范》GB 50261。

（二）工程图的绘制

本节介绍自动喷水灭火消防工程等工程图绘制的基本规定，与前面各章有雷同的仅作提示说明。

1. 提示

(1) 自动喷水灭火消防工程图的绘制与给水排水工程图绘制基本一样，仅有些特殊的专用图例，将在本节补充。

(2) 室外消火栓系统的工程图的绘制与给水排水工程图的绘制基本一样，但图上有少许表达混凝土制成的小型构筑物。

(3) 建筑物防排烟系统的工程图的绘制与通风与空调工程图的绘制一样，其特殊用途的部件图例已列入第八章。

2. 补充的常用图例

自动喷水灭火系统消防工程的专用图例见表 9-3。

自动喷水灭火工程常用图例　　　　　表 9-3

序号	名称	图例	备注
1	水幕灭火给水管	——— SM ———	—
2	水炮灭火给水管	——— SP ———	—
3	自动喷水灭火给水管	——— ZP ———	—
4	雨淋灭火给水管	——— YL ———	—
5	自动喷洒头（开式）	平面　系统	—
6	自动喷洒头（闭式）	平面　系统	下喷
7	自动喷洒头（闭式）	平面　系统	上喷

续表

序　号	名　称	图　例	备　注
8	自动喷洒头（闭式）	平面　系统	上下喷
9	侧墙式自动喷洒头	平面　系统	—
10	水喷雾喷头	平面　系统	—
11	直立型水幕喷头	平面　系统	—
12	下垂型水幕喷头	平面　系统	—
13	干式报警阀	平面　系统	—
14	湿式报警阀	平面　系统	—
15	预作用报警阀	平面　系统	—
16	雨淋阀	平面　系统	—
17	信号闸阀		—
18	信号蝶阀		—
19	消防炮	平面　系统	—

续表

序 号	名 称	图 例	备 注
20	水流指示器		—
21	水力警铃		—
22	末端试水装置	平面　系统	—
23	手提式灭火器		—
24	推车式灭火器		—

（三）常用的专用材料

本节仅对本章所述三类工程的专用材料做简明的介绍，通用材料不再叙述。由于技术进步，专用材料同样在规格、型号、性能等方面实现着持续更新和改进，望学习者加以注意。

1. 自动喷水灭火消防工程专用材料

（1）闭式洒水喷头

闭式洒水喷头根据其洒水形状及使用方法可分为普通型、下垂型、直立型和边墙型四种类型。喷头的主要技术参数见表9-4。

闭式喷头主要技术参数　　表9-4

型号	工作压力（MPa）	公称直径（mm）	流量系数 k	接口螺纹	额定动作温度（℃）	最高环境温度（℃）	玻璃球色标	玻璃球直径（mm）
ZSTP15	1.2	15	80±4	1/2吋	57	27	橙	Φ5
ZSTX15					68	38	红	
ZSTZ15					79	49	黄	
ZSTB15					93	63	绿	
ZSTB15					141	111	蓝	

1）ZSTP15 普通型洒水喷头，该型号喷头可以直立或下垂安装。

2）ZSTX15 下垂型洒水喷头，该型号喷头宜下垂安装。

3）ZSTZ15 直立型洒水喷头，该型号喷头宜直立安装。

4）ZSTB15 边墙型洒水喷头，该型号喷头可以直立或下垂安装，通常是靠墙安装。

（2）湿式报警阀 ZSFZ 的规格型号见表 9-5。

ZSFZ 型湿式报警阀规格型号（单位：mm） 表 9-5

型号	公称直径	阀门高度	法兰外径	法兰螺孔中径	螺孔数及直径	阀组外形尺寸长×宽×高
ZSFZ100	100	250	215	180	8×Φ18	650×320×490
ZSFZ150	150	288	280	240	8×Φ23	700×345×500

（3）水流指示器 ZSJZ 的规格见表 9-6。

ZSJZ 型水流指示器的主要技术参数 表 9-6

性能指标	技术参数
密封性能试验	2.4MPa
工作压力	0.14MPa～1.2MPa
灵敏度	15L/min～37.5L/min
延时时间	2s～90s
开关容量	AC220V/5A；DC24V/3A
触点输出	常开和常闭触点各一对

2. 室外消火栓的型号及规格（见表 9-7）

室外消火栓型号及规格 表 9-7

类别	型号（公称压力）	外形尺寸（mm）			进水口形式	出水口		
		长	宽	高		形式	口径（mm）	数量
地上式	SS100/65-1.6	360	350	1425	法兰	内扣	65	2
						外螺纹	100	1
	SS100/65-1.0	360	350	1425	承插	内扣	65	2
						外螺纹	100	1
	SS150/80-1.6	470	430	1570	法兰	内扣	80	2
						外螺纹	150	1
	SS150/80-1.0	470	430	1570	承插	内扣	80	2
						外螺纹	150	1
地下式	SA100/65-1.6	480	350	1050	法兰	内扣	65	1
						外螺纹	100	1
	SA100/65-1.0	480	350	1040	承插	内扣	65	1
						外螺纹	100	1
	SA65-1.0	475	350	1040	承插	内扣	65	2
	SA65-1.6	475	350	1050	法兰	内扣	65	2

3. 常用防火阀、排烟防火阀、送风、排烟口的规格型号（见表 9-8）

常用防火阀、排烟防火阀、送风、排烟口的规格型号　　　　表 9-8

名称	型号	功能代号	特性	适用范围
防火阀	FFH	FD	70℃自动关闭，可手动关闭、复位，输出电信号	火灾时需隔断火源的通风管上
防火调节阀	FFH	FVD	70℃自动关闭，可手动关闭、复位，0～90°五档风量调节，输出电信号	火灾时需隔断火源的通风管上
防烟防火调节阀	FFH	SFVD	70℃自动关闭，可手动关闭、复位，0～90°五档风量调节，输出电信号	火灾时需隔断火源的通风管上
远控防烟防火调节阀	FFH	BSVFD	远距离手动关闭，70℃自动关闭，手动复位，0～90°五档风量调节，输出两路电信号	火灾时需隔断火源的通风管上
排烟防火阀	FPY	SFD	电信号 DC24V 开启，手动开启，280℃重新关闭，手动复位，输出开启电信号	各排烟分区、排烟支管、排烟风机入口处
远控排烟防火阀	FPY	BSFD	电信号 DC24V 开启，远距离手动开启和复位，280℃重新关闭，输出开启电信号	同上
板式排烟口	PYK	BSD	电信号 DC24V 开启，远距离手动开启，远距离手动复位，输出开启电信号	排烟吸入口
多叶排烟口	PYK	SD	电信号 DC24V 开启，手动开启，手动复位，输出开启电信号	同上
远控多叶排烟口	PYK	BSD	电信号 DC24V 开启，远距离手动开启，手动复位，输出开启电信号	同上
远控多叶防火排烟口	PYK	BSFD	电信号 DC24V 开启，远距离手动开启和复位，280℃重新关闭，输出开启电信号	同上
多叶防火排烟口	PYK	SFD	电信号 DC24V 开启，手动开启和复位，280℃重新关闭，输出开启电信号	同上

（四）自动喷水灭火和防排烟设施安装

本节仅对自动喷水灭火消防工程和建筑物防排烟通风系统特有的安装工艺和质量要求作出介绍，以前有关章节已叙述过的通用工艺可参照阅读，通过学习希望能了解消防工程施工的要领。

1. 湿式自动喷水灭火系统的安装

(1) 管网安装

自动喷水灭火系统管网安装与室内消火栓系统基本相同,同时还要满足以下要求:

1) 管道的安装位置应符合设计要求。当设计无要求时,管道的中心线与梁、柱、楼板等的最小距离应符合表9-9的规定。

管道中心线与梁、柱、楼板的最小距离(单位:mm) 表9-9

公称直径	25	32	40	50	70	80	100	125	150	200
距离	40	40	50	60	70	80	100	125	150	200

2) 管道支、吊架的安装应符合以下要求:

① 管道应固定牢固,管道支、吊架的间距不应大于表9-10的规定。

管道支架或吊架之间的距离(单位:mm) 表9-10

公称直径	25	32	40	50	70	80	100	125	150	200	250	300
距离	3.5	4.0	4.5	5.0	6.0	6.0	6.5	7.0	8.0	9.5	11.0	12.0

② 管道支、吊架防晃支架的形式、材质和加工尺寸及焊接质量等应符合设计及规范要求。

③ 支吊架位置不应妨碍喷头的喷水效果,其与喷头之间距离不小于0.3m,与末端喷头之间的距离不大于0.75m。

④ 配水支管上每一直管段、相邻两喷头之间的管段设置的吊架均不宜少于1个;当喷头之间的距离小于1.8m时,可隔段设置吊架,但吊架的间距不大于3.6m。

3) 管道穿过建筑物的变形缝处,留洞的上部应有不小于100mm的间隙量,并设置用不燃材料制成的柔性短管,两端装设阀门。

4) 管道穿过墙体或楼板时应加设套管。穿墙套管两端应与墙的净面平;穿楼板套管下端应与楼板底面平,上端应高出楼板或地面的净面50mm;管道焊缝及接口不得位于套管内。套管与管道的单面间隙不小于10mm,其间隙应采用不燃柔性材料(如石棉绳)填塞密实。

5) 水平管段的安装坡度为0.002~0.005,坡向排水管;当喷头数量不大于5只时,可在管道低凹处加设堵头;当喷头数量大于5只时,宜装设带阀门的排水管。

6) 管道变径宜采用异径接头,弯头处不得采用补芯,三通上可用1个,四通上不得多于2个,直径50mm以上的不宜用活接头。

7) 管道在安装中断时应及时封口。

8) 配水干管、配水管应做红色或红色环圈标志。$DN<150mm$,色环宽30mm,间距1.5~2m;$DN \geqslant 150mm$,色环宽50mm,间距2~2.5m。

(2) 系统试压和冲洗

1) 系统试压必须符合下列要求:

① 试压用的压力表不少于2只,精度不低于1.5级,量程应为试验压力值的1.5~2倍。

② 对不能参与试压的设备、仪表、阀门等附件应加以隔离或拆除。试压完成后应及时拆除隔离盲板。

③ 水压试验的环境温度不宜低于5℃,当低于5℃时应采取防冻措施。

④ 水压强度试验压力 P_s,当设计工作压力 $P \leqslant 1.0$MPa,$P_s=1.5P$,但不应低于1.4MPa;当设计工作压力 $P>1.0$MPa 时,$P_s=P+0.4$MPa。

⑤ 水压强度试验的测试点应在系统管网的最低点。对管网注水时,应将管网内的空气排净,并缓慢升压,达到 P_s 值时,稳压30min,目测管网无泄漏和无变形,且压力降不大于0.05MPa。

⑥ 水压严密性试验应在水压强度试验和管网冲洗合格后进行。试验压力为设计工作压力,稳压24h,应无泄漏。

⑦ 应及时填写试验记录。

2) 系统冲洗必须符合下列要求:

① 冲洗宜用生活清水进行。冲洗前应对系统的仪表采取保护措施,止回阀和报警阀等应拆除,冲洗结束后应及时复位。

② 冲洗前应对管道支、吊架进行检查,必要时采取加固措施。

③ 管网冲洗的排水管道应与排水系统可靠连接,其排放应畅通安全。排水管道截面不得小于被冲洗管道截面的60%。

④ 管网冲洗的水流流速、流量不应小于系统设计的水流流速、流量;管网冲洗宜分区、分段进行;水平管网冲洗时其排水管位置应低于配水支管。

⑤ 冲洗的水流方向应与灭火时管网的水流方向一致。

⑥ 冲洗直径大于100mm的管道时,应对其焊缝、死角和底部进行敲打,但不得损伤管道。

⑦ 管网冲洗应连续进行,当出口处的水色、透明度与入口处的基本一致时,冲洗方可结束,并将管网内的水排除干净。

⑧ 冲洗后及时填写冲洗记录。

(3) 喷头安装

1) 喷头应在现场进行检验,检验应符合下列要求:

① 型号、规格、公称动作温度应符合设计要求。

② 外观检查应无缺陷、损伤现象。

2) 喷头安装应在系统试压、冲洗合格后进行。

3) 与喷头的连接管件只能用大小头,不得用补芯。

4) 不得对喷头进行拆装、改动和附加任何装饰性涂层。

5) 喷头安装应使用专用扳手,严禁利用喷头的框架施拧;绝对禁止在扳手上加套管安装,否则可能使喷头变形,破坏喷头的密封性,从而产生泄漏。喷头的框架、溅水盘产生变形或释放原件损伤时,应采用规格、型号相同的喷头更换。

6) 当喷头的 $DN<10$mm 时,应在配水干管或配水管上安装过滤器。

7) 安装在易受机械损伤处的喷头,应加设喷头防护罩。

8) 喷头安装时,溅水盘与吊顶、门窗、洞口或墙面距离应符合设计要求。

9) 当喷头布置时,两喷头间距小于 2m 时,应在中间位置设置 200mm×150mm 金属挡水板。

10) 当喷头溅水盘高于附近梁底或高于宽度小于 1.2m 的通风管道腹面时,喷头溅水盘高于梁底、通风管道腹面的最大垂直距离应符合表 9-11 的规定。

喷头溅水盘高于梁底、通风管道腹面的最大垂直距离(单位:mm) 表 9-11

喷头与梁、通风管道的水平距离	喷头溅水盘高于梁底、通风管道腹面的最大垂直距离
300~600	25
600~750	75
750~900	75
900~1050	100
1050~1200	150
1200~1350	180
1350~1500	230
1500~1680	280
1680~1830	360

11) 边墙型喷头距吊顶、楼板距离为 0.1~0.15m,距边墙距离为 0.05~0.1m。

12) 当通风管道宽度>1.2m 时,喷头应安装在其腹面以下部位。

13) 喷头安装在走廊直通部位,应保持中心一致;在大堂、中厅等大面积部位,除了按规范要求的间距布置外,还要考虑到与风口、筒灯、烟感等布置的合理性及美观性。喷头的法兰罩不应嵌入装饰平顶,也不能与装饰平顶有明显的间隙。

14) 当喷头安装在不到顶的隔断附近时,喷头与隔断的水平距离和最小垂直距离应符合表 9-12 的规定。

喷头与隔断的水平距离和最小垂直距离(单位:mm) 表 9-12

水平距离	150	225	300	375	450	600	750	>900
最小垂直距离	75	100	150	200	236	313	336	450

(4) 报警阀组安装

1) 报警阀应逐个进行渗漏试验。试验压力为额定工作压力的 2 倍,保压时间为 5min,阀瓣处应无渗漏。

2) 报警阀组的顺序为先装水源控制阀、报警阀,然后再进行报警阀辅助管道的连接,阀组的连接应与水流方向一致。阀组应安装在便于操作的明显位置,距室内地面高度 1.2m,两侧离墙不应小于 0.5m,正面离墙不应小于 1.2m,安装报警阀组的室内地面应有排水设施。

3) 报警阀组压力表应安装在报警阀上便于观测的位置;排水管和试验阀应安装在便于操作的位置;水源控制阀安装应便于操作,且应有明显的开闭标志和可靠的锁定装置。

4) 报警阀安装,应在报警阀组系统一侧,安装系统调试、供水压力和供水流量检测用的仪表、管道及控制阀（简称检测试验装置）。管道过水能力应与系统过水能力一致；当供水压力和供水流量检测装置安装在水泵房时，干式报警阀组、雨淋报警阀组应在报警阀组系统一侧安装控制阀门。

5）报警阀前、后的管道中能顺利充满水；压力波动时，水力警铃不应发生误报警；过滤器应安装在延迟器之前，而且是便于排污操作的位置。

6）水力警铃应安装在公共通道或值班室附近的外墙上，且应安装检修、测试的阀门。连接管道应采用镀锌钢管，当镀锌钢管公称直径为20mm时，其长度不应大于20m；水力警铃的启动压力不应小于0.05MPa。水力警铃的铃锤应转动灵活，无阻滞现象。

(5) 湿式报警阀的调试

湿式报警阀调试时，在试水装置处放水，当湿式报警阀进口水压大于0.14MPa、放水流量大于1L/s时，报警阀应及时启动；带延迟器的水力警铃应在15～19s内发出报警铃声，不带延迟器的水力警铃应在15s内发出报警铃声；压力开关应及时动作，并反馈信号。

(6) 其他组件安装

1）水流指示器的安装应在管道试压和冲洗合格后进行；应垂直安装在水平管道的上侧，其动作方向应和水流方向一致，安装后的水流指示器桨片、膜片应动作灵活，不应与管壁发生碰擦。

2）信号阀应安装在水流指示器之前的管道上，与水流指示器的距离不宜小于300mm。

3）排气阀的安装应在系统管网试压和冲洗合格后进行，并应安装在配水干管的顶部、配水管的末端，且应确保无渗漏。

4）控制阀应有启闭标志，隐蔽处的控制阀应在明显处设有指示其位置的标志。

5）节流装置应安装在 $DN \geqslant 50mm$ 水平管段上。减压孔板安装在管道水流转弯处下游一侧直管上，且与转弯处距离不应小于管子公称直径的2倍。

6）压力开关应垂直装在通往水力警铃的管道上，且不应在安装中拆装改动。

7）末端试水装置应安装在系统管网末端或分区管网末端。

8）减压阀安装应符合下列要求：

① 减压阀安装应在管网试压、冲洗合格后进行。

② 减压阀安装前应检查其规格型号是否与设计相符，阀外控制管路及导向阀各连接件是否有松动，外观是否有机械损伤，并应清除阀内异物。

③ 减压阀水流方向应与供水管网水流方向一致。

④ 应在其进水侧安装过滤器，并宜在其前后安装控制阀，以便于维修和更换。

⑤ 可调式减压阀宜水平安装，阀盖向上；比例式减压阀宜垂直安装。

⑥ 当减压阀自身不带压力表时，应在其前后相邻部位安装压力表。

2. 防、排烟系统的安装

(1) 防火阀、排烟防火阀的安装要求

1）阀门应可靠地固定在规定的位置上，并应设单独支架，以防止风管变形影响防火阀关闭，同时防火阀能顺气流方向自行严密关闭。

2）阀门设置在吊顶或墙体内侧时，要在易于检修阀门开闭状态和进行手动复位的位置设置检查口。检查口设于顶棚或靠墙面时，每边长450mm以上，但阀体距墙应大于310mm。

3）风管穿越防火分区时应装防火阀。阀门与防火墙（或楼板）之间的风管应采用1.6mm以上的钢板制作，并应用钢丝网水泥砂浆或其他不燃材料保护。

（2）送风口、排烟口的安装要求

1）电气线路及控制缆绳应采用DN20的钢管作为保护套管。控制缆绳套管的弯曲半径不宜小于250mm，弯曲处一般不多于3处，缆绳长度一般不大于6m，若长度超过6m应在订货时说明。

2）多叶排烟口在安装时，先将铝合金风口拆下，将阀体砌入墙内，四周用水泥抹平，或者用螺栓固定在预埋钢件上再将铝合金风口安装上。请注意不要在阀体内留下杂物和不要将铝合金风口划伤。试验机构的性能，确认机构动作灵活可靠后，才算安装完毕。

3）排烟口应设置在近顶棚的墙面上。设在顶棚上的排烟口，距可燃物件或可燃物的距离不应小于1m。排烟口平时应关闭，并应设有手动和自动开启装置。

设在墙面上的排烟口，其顶标高距平顶以100～150mm为宜。

4）正压送风口宜安装在墙面的下部，其底标高距地坪250～400mm为宜。

5）排烟风口的入口处应设置当烟气温度超过280℃时能自动关闭的防烟防火阀，排烟风机应保证在280℃时能连续工作30min。

6）当任何一个排烟口或排烟阀开启时，排烟风机应能自动启动，同时应立即关闭着火区的通风空调系统。

7）排烟支管上应设有当烟气温度超过280℃时能自动关闭的防火阀。

（3）系统调试

防排烟系统安装完毕后，必须进行系统的调试。调试的项目有：设备单机试运转及调试；系统无生产负荷下的联合试运转及调试。系统无生产负荷下的联合试运转及调试应在设备单机试运转合格后进行。

1）调试前准备

① 人员组织。系统调试应由施工单位负责、监理单位监督，设计单位与建设单位参与和配合。系统调试的实施可以是施工企业本身或委托给具有调试资质和调试能力的其他单位。

② 编制调试方案。施工单位应在系统调试前编制调试方案，报送专业监理工程师审核批准。调试方案应包括调试程序、使用的方法与进度、调试应达到的技术要求。

③ 调试所使用的测试仪器和仪表。其性能应稳定可靠，精度等级及最小分度值应满足测定要求，经计量检定合格，且在有效期内。

2）设备单机试运转及调试

① 风机叶轮旋转方向正确、运转平稳、无异常振动与声响，其电机运行功率应符合设备技术文件的规定。在额定转速下连续运转2h后，滑动轴承外壳最高温度不得超过70℃，滚动轴承不得超过80℃。

② 防火阀、排烟防火阀、送风口、排烟口的手动、电动操作应灵活、可靠，信号输出正确。

③ 正压送风系统的压风入口与排烟系统的排烟口的设置符合规范要求，且两者之间留有必要的安全间距。

④ 风机选型、防火阀、排烟阀等设备安装、配电线路敷设符合规范要求。

3）防排烟系统联合试运行与调试

① 在风机室手动启动正压送风机，用微压仪测量正压送风系统余压值，楼梯间、前室、走道风压呈递减趋势明显，并应符合下列要求：防烟楼梯间为 40~50Pa；前室、合用前室、消防电梯前室、封闭避难层（间）为 25~30Pa。

② 在风机室手动启动排烟风机，用风速仪测量该防烟分区内的排烟口的风速，该值宜在 3~4m/s，但不大于 10m/s。

③ 消防控制室能直接启动正压送风机和排烟风机。

④ 风机启动信号输出正确。

⑤ 防排烟系统的联动关系。

A. 正压送风系统：

火灾探测器或手动报警信号报警→正压送风口打开→正压送风机启动。

信号返回要求：

消防控制室显示正压送风口开启状态和正压送风机运行状态。

B. 排烟系统：

防烟分区内的火灾探测器或手动报警信号报警→排烟口打开→排烟风机启动。

排烟风机入口处的排烟防火阀关闭→停止相应部位的排烟风机。

信号返回要求：

消防控制室显示排烟口开启状态、排烟风机运行状态和排烟防火阀关闭状态。

⑥ 调试记录。调试结束后，必须填写完整的调试记录。

十、建筑智能化工程

建筑智能化工程是新兴的安装工程,是在人们对办公条件和居住环境提出更高要求的期望中应运而生的,是以计算机技术、控制技术、通信技术、网络技术等与建筑技术和建筑设备技术有机结合而构成的,为高效、节能、环保、舒适且服务于建筑物预期功能创造了条件。本章仅简明扼要地介绍智能化工程的组成、施工中应注意事项、调试的步骤及要点。凡是与电气工程中配管配线、管道工程的配管等雷同之处,本章不再介绍。由于智能化工程施工实行从设计、采购、调试、升级采用集成化的专业公司实施,作为总包管理的各专业岗位人员应熟悉该工程的作业流程。

(一)概　　述

本节主要介绍建筑智能化工程的构成和实施程序,通过学习了解智能化工程各个系统的结构和施工的流程。

1. 工程的构成

整个建筑智能化工程,由各个不同功能系统和共同的能源供给系统以及工程的保护系统等组成。

(1) 建筑设备自动监控系统(BAS)

1) 对建筑群或建筑物内的空调与通风、变配电、照明、给水排水、热源及热交换、制冷及冷交换、电梯和自动扶梯等建筑设备的运行实施集中监视、控制和管理的综合系统。

2) 系统监控的目的是使被控对象运行安全可靠、经济有效、实现优化运行。

3) 系统由计算机、现场控制器(直接数字控制器DDC)、电量(电压、电流、频率和功率)传感器、非电量(温度、压力、液位、湿度、位移、转速、流量和风速等)传感器、执行器(电磁阀、电动调节阀、电动机构等)以及相关的信号和控制管线组成。

(2) 通信网络系统(CNS)

1) 是建筑物内或建筑群间语音、数据、图像传输的设施,也是与外部联络通信的重要手段。

2) 系统要确保信息畅通、资源共享。

3) 系统包括以下几个子系统:

① 电话通信子系统,由用户交换设备、通信线路和用户终端设备(电话机、传真机等)三部分构成。

② 有线电视子系统,由信号源装置、前端设备、干线传输通道和用户分配网络组成。

其中，信号源装置为共用电线、卫星电视接收天线和 DVD 录放设备等；前端设备为调制器、频道处理器、解调器、混合器等；干线传输通道为光缆、同轴电缆、放大器等组成；用户分配网络为同轴电缆、电视分支器、电视分配器、用户终端等组成。

③ 广播音响子系统，主要由音源设备、声处理设备、扩音设备和放音设备等构成。

（3）火灾自动报警及消防联动系统（FAS）

1）是应用综合性消防技术，实现火灾参数检测、火灾信息处理、进行自动报警，使消防设备联动与协调控制，由计算机实施消防系统的全面管理。

2）火灾自动报警及消防联动系统由火灾探测器、输入模块、报警控制器、联动控制器和控制模块等组成。

（4）安全防范系统（SAS）

1）是依据不同防范类型和防范风险，为保障人身和财产安全，运用计算机通信、电视监控及入侵报警等技术而形成的综合安全防范体系。

2）系统包括以下几个子系统：

① 门禁子系统，即出入口管理子系统，主要由对讲门机和电控锁组成。对讲门机有普通型和可视型两类，电控锁有钥匙电控锁、磁卡电控锁、IC 卡电控锁、密码电控锁和指纹电控锁等。

② 入侵报警子系统，包括周界防越报警子系统和防盗报警子系统，主要由入侵报警探测器、报警装置、中央报警控制器等组成，以防止非法入侵。

③ 电视监控子系统，由摄像、传输、显示装置组成，并可记录存贮，包括模拟式和数字式两类。

④ 巡更子系统，有采用模块化信息钮和信息采集棒的离线式巡更子系统，还有利用门禁系统、入侵报警系统的在线式巡更系统。

⑤ 停车场自动管理子系统，以计算机为核心，由感应器、读卡器、出票机、自动闸门机、控制器、收费机、显示器、车位计数器等组成，其模式可为全自动管理或有管理人参与的半自动式管理。

（5）办公自动化系统（OAS）

1）办公自动化主要表现在电子数据交换、电子商务、查询及引导、行政管理、宾馆酒店信息、综合业务处理、物业管理等方面。

2）系统由硬件（计算机、扫描机、打印机、绘图机等）和软件（系统软件、应用软件、测试软件等）两者所组成。

（6）住宅、小区智能化系统（CI）

1）在住宅、小区集成了建筑设备监控、安全防范、火灾自动报警、信息网络和物业管理等功能系统，目的是提供节能、高效、舒适、便利和安全的人居环境。

2）信息网络包括电话网、有线电视网、宽带接入网、家庭网、控制网等。

3）物业管理包括建筑设备监控、紧急广播和背景音乐、车辆出入管理、停车管理、自动抄表、建筑物和绿化修缮计划安排、物业费收支管理等。

4）安全防范包括周界防越报警、电视监控、电子巡更、访客对讲、电控锁、家庭安全防范、求助呼叫、消防报警等。

(7) 计算机网络系统（LAN）

1) 即建筑群或建筑物内的局域网，应用计算机技术、通信技术、多媒体技术、信息技术等先进技术构成计算机网络平台，使整个智能化综合集成成为可能。

2) 系统由服务器、集线器、路由器等设备和传输网络组成，是信息通道的关键。

(8) 综合布线系统

1) 综合布线是建筑群或建筑物内的传输网络，使其间的通信设备、信息交换设备、建筑设备、物业管理设备彼此相连，也能使内部通信网络与外部通信网络相连，达到传输语音、数据、图像以及各类控制信号的目的。

2) 综合布线系统由工作区子系统（信息插座）、水平布线子系统（三类或五类四对对绞线等）、设备间子系统（楼层配线架、集线器等）、垂直干线子系统（大对数线缆、多模光缆等）、管理间子系统（配线架、服务器、光纤连接器等）、建筑群子系统（线缆、光缆等）等组成。

(9) 智能化系统集成的模式

1) 建筑设备管理模式（BMS）

通过接口和协议把各子系统集成在 BMS 管理平台上，实现 BMS 信息管理和联动控制。也可以以 BMS 为基础，把消防、安防、停车管理等系统集成在 BMS 中进行管理。

2) 智能建筑综合管理模式（IBMS）

① 将建筑物各子系统在逻辑和功能上连接在一起，实现信息和资源共享，实现对各子系统的实时监控和实时管理。

② 智能建筑综合管理模式能实现两个共享和五个管理。

A. 两个共享：信息共享和设备资源共享。

B. 五个管理：集中监视、联动控制管理；信息采集、处理、查询和建立数据库的管理；决策管理；专网安全管理；系统运行、维护和流程自动化管理。

(10) 能源（电能）和接地

1) 能源（电能）供给

① 智能工程的专用机房设有 UPS 供配电系统、机房照明供电系统、辅助电源供变电系统和机房精密空调用供配电系统。

② 整个供配电系统要按负荷分类而供给，辅助电源是指对一类用电负荷供电的备用发电机组。

③ 一类负荷用电采用双路市电＋备用发电机组＋双路 UPS 方式供电。

④ 二类负荷采用双路市电供电。

2) 防雷与接地

① 机房接地采用联合接地体共同接地，接地电阻值小于 1Ω，用等电位接地法。

② 机房内吊顶、墙面、防静电地板组成六面屏蔽网，形成 LPZ2 防雷区。

③ 引入机房的各类线缆采用双层金属防护层的，其外层金属防护层在入口处外侧就近接地；若采用单层屏蔽电缆或屏蔽线缆的应穿金属导管或敷设在金属线槽内引入机房，金属导管、金属线槽两端就近接地。

2. 实施程序

（1）实施的准备

智能化工程的实施要从用户的需求调查开始，才能把建筑群或单个建筑物的智能化工程构思完整而符合工程设计的初衷，这一点是与其他工程的实施或施工有较大的差异。尤其是较大的办公用商品房的智能化工程，其客户有各种个性化的需要，除建筑设备的监控、火灾报警及联动控制有共性化的需要外，其他系统或其子系统的需求是随客户的不同类型而有差别的，所以对用户的调研十分必要，是工程建成后能否顺利、全面开通应用的关键。

（2）实施的流程

1) 对建筑物用途和用户需求两者调研。
2) 智能化系统方案设计提出并组织评审。
3) 完善系统方案，确定主要设备、器件的采购方向（品牌和质量及其服务）。
4) 制定设备器件的采购和工程承包商遴选的招标文件。
5) 通过招标、投标、评标确定设备、器件的供应商和各个工程承包商。
6) 工程施工图深化设计。
7) 工程施工及质量控制，必要时先做样板。
8) 智能化系统检测。
9) 对用户的系统管理人员进行培训交底。
10) 智能化工程验收开通。
11) 智能化工程有序投入运行。
12) 日常的检测和维护，依据合同升级换代。

3. 施工规范

（1）产品说明书的作用

建筑智能化工程系统多，涉及学科领域多，应用的设备、材料种类多，生产供应商多、品牌规格多，因而施工时特别要对设备材料的安装、调试和使用说明书认真阅读，并理解和掌握，在使用中正确作业，避免发生失误。

（2）施工规范

1)《建筑工程施工质量验收统一标准》GB 50300。
2)《智能建筑工程质量验收规范》GB 50339。

要求使用有效版本，注意规范标准的更新。

（二）工程图的绘制

本节对建筑智能化工程构图特点、常用图例和典型的工程图做出介绍，由于收集标准不够齐全，学习者要通过实践进行不断补充。

1. 简介

智能建筑问世迄今仅二十多年，我国于20世纪90年代才起步，2001年将其纳入国家

"十五"科技攻关重点项目计划。因而说建筑智能化工程是个新兴工程，也是发展趋势迅捷的工程，其与节能、降耗、生态绿色关系紧密，与提高人们生活质量，改善工作生活环境都有着不可或缺的联系。可以其施工图的组成尚未形成系列的规范标准，况且工程实体大量采用最新的电子产品和电子技术，使每幢建筑的智能化工程的图纸充分体现了设计者的个性和特色。

2. 施工图的特点

（1）构图原则

从系统分类可知，建筑智能化工程是以计算机、网络为核心的通信和控制系统，自动化程度高，元器件与线路均有一一对应关系，以微电流、微电压的传输为主，仅在电源和执行器的线路中使用220V电压或气动、液动的管路，因而其构图与其他建筑设备安装工程的施工图有区别。

（2）施工图的种类

1）以文字形式表达的有图纸目录、施工说明、各类计算书等。

2）以表格形式表达的有设备材料清单、检测点清单或仪表规格书、电缆表、信号接线表、检测点安装位置表等。

3）以图样形式表达的有系统图、结构框图、控制模块图、平面布置图、盘面布置图、线路布置图、安装详图、标准图集等，还有随设备器具提供的专用安装图。

但要注意，不同的设计单位提供的施工图的种类或名称也不尽相同。

3. 常用的图例

（1）常用的广播、电视图例符号如表10-1所示。

广播、电视图例符号　　　　　　　　　　　表 10-1

名　称	图例符号	名　称	图例符号
调频	FM	电视监视器	（图形）
天线	（图形）	监视墙屏	MS
放音机 唱机	（图形）	解码器	DEC
呼叫站	（图形）	调幅	AM
扬声器	（图形）	调幅调频 收音机	AM/FM
电视摄像机	（图形）	激光唱机	（图形）
带云台的球形摄像机	（图形）	吊顶内扬声器箱	（图形）

续表

名　称	图例符号	名　称	图例符号
火灾警报扬声器		彩色电视监视器	
带云台的电视摄像机		彩色电视接收机	
带云台的彩色摄像机		分路广播控制盘	RS

注：扬声器安装形式用文字标注如下。吸顶式安装型为 C；嵌入式安装型为 R；壁挂式安装型为 W。

（2）常用的综合布线图例符号如表 10-2 所示。

综合布线图例符号　　　　表 10-2

名　称	图例符号	名　称	图例符号
MDF	总配线架	nTO	信息插座（n 为信息孔数）
ODF	光纤配线架	nTO	信息插座（n 为信息孔数）
FD	楼层配线架	TP	电话出线口
FD	楼层配线架	TV	电视出线口
	楼层配线架（FD 或 FST）	PABX	程控用户交换机
	楼层配线架（FD 或 FST）	LANX	局域网交换机
BD	建筑物配线架（BD）		计算机主机
	建筑物配线架（BD）	HUB	集线器
CD	建筑群配线架（CD）		计算机
	建筑群配线架（CD）		电视机
ADO/DD	家居配线装置		电话机
CP	集合点		电话机（简化形）
DP	分界点		光纤或光缆的一般表示
TO	信息插座（一般表示）		整流器
	信息插座		

(3) 常用的消防系统图图例符号如表 10-3 所示。

消防系统图的图例符号 表 10-3

名称	图例符号	名称	图例符号	名称	图例符号
非消防电源	Fh	区域显示器	Fi	防火卷帘	FJ
控制模块	M	水流信号开关	SW	空调机	FK
主模块	MM	消防泵	XF		
输入模块	IM	喷淋泵	PL		

(4) 常用的消防工程平面图的图例符号如表 10-4 所示。

消防工程的图例符号表 表 10-4

图例符号	说明	图例符号	说明	图例符号	说明
	火灾报警装置 *包括： Ac—集中报警装置 Aa—区域报警装置 Fi—楼层显示装置		M—防火门闭门器 FR—中继器 Fd—送风风门出线口 FE—排烟风门出线口 Fc—控制接口 Fch—切换接口	L / U	液面报警器
					消火栓
					消火栓启泵按钮及信号灯
	感温探测器		火灾警铃	FW	水流指示器
S	感烟探测器		火灾报警发声器		消防泵
△	感光探测器		火灾报警扬声器	FM A/B	电控防火门
	气体探测器		火灾光信号装置	FL	电控防火卷帘门
	红外线光束感烟发射器			70℃	防火阀
	红外线光束感烟接收器			280℃	防火调节阀
F	报警电话插孔		非电量接点一般符号 *包括： SP—压力开关 压力报警开关 SU—速度开关 SL—液位开关 SB—浮球开关 SFW—水流开关		排烟阀
Y	手动报警装置				排烟防火阀
HI.HF	组合声光报警装置 包括：B—声信号 L—光信号 H—手动报警装置 F—电话插孔（专用）				风机
					建筑物标志灯
	压力报警阀		非消防电源		单面显示安全出口标志灯
	出线口与接口 *包括：		线性感温探测器		双面显示安全出口标志灯
			空气管感温探测器		火灾楼层显示灯

（5）常用的安全防范工程图例符号如表 10-5 所示。

安全防范工程图例 表 10-5

图例符号	名称	图例符号	名称
⊙	防盗探测器		双射式主动红外线探测器（发射部分）
⊙	防盗报警控制器		双射式主动红外线探测器（接收部分）
SP	超声波探测器	PIP	被动红外线探测器
MP	微波探测器		微波/被动红外线双鉴探测器
	玻璃破碎探测器		报警闪灯
	感烟探测器		巡更站
	门磁开关		保安控制器
	振动感应器	DMZH	对讲门口主机
	电控门锁	DMD	对讲门口子机
	电磁门锁	KVD	可视对讲口主机
	出门按钮		按键式自动电话机
	报警按钮	DZ	室内对讲机
	脚挑报警开关	KVDZ	室内可视对讲机
	磁卡读卡机	CPU	计算机
	指纹读入机	KY	操作键盘
	非接触式读卡机	CRT	显示器
	报警铃	PRT	打印机
	报警喇叭	ACI	报警通信接口

(6) 常用的建筑设备监控系统图例符号如表 10-6 所示。

建筑设备监控系统图例符号 表 10-6

名　称	图例符号	名　称	图例符号
温度传感元件	◇	液位传感元件	▽
流量传感元件	○	压力传感元件	▽
二氧化碳浓度测量元件	CO_2	温度变送器	TT
湿度变送器	MT	液位变送器	LT
流量变送器	FT	压力变送器	PT
电流变送器	IT	电压变送器	XT
电能变送器	ET	功率因数变送器	$\cos\varphi$
有功功率变送器	J	无功功率变送器	Q
水表	WM	燃气表	GM
模拟/数字变换器	A/D	模拟/数字变换器	D/A
气流控制	▫┣----	相对湿度控制	$\%H_2O$
液体流量开关	FS	气体流量开关	AFS
风机盘管	±	窗式空调器	⊠
建筑自动化控制器	BAC	数据传输线路	―T―

4. 典型施工图介绍

(1) 用三视图表达设备布置位置的阅图方法是与其他工程相同的。因建筑智能化工程与建筑物、建筑设备的依存关系更为紧密,所以有的还要用透视图表达。

(2) 建筑智能化工程是在单位建筑工程中最后一个完成的分部工程,有些工作如调试功能测定要在竣工后使用中进行,其检测元件的具体位置要依据系统图、结构框图等原理图的要求在现场确定,因而信号传输线路的路径亦要在现场作出较大的修正。故而介绍的重点是各类系统图或结构框图。

(3) 图10-1是一建筑群的公共广播及应急广播的系统图。设备、器件数量要查清单,线路电压在120V以下,敷设方法与电气线路基本一样,但不应与电气线路同管同槽。设备间、屋顶天线均另有平面布置图。

(4) 图10-2是消防报警和联动控制的系统图,采用总线方式联结。图中显示该大楼的两层接线。

该图表明火灾报警控制器共有6个输出回路,自左至右分别为第1条回路用双芯线将消火栓旁按钮并联起来,用以手动报警和启动消防水泵,按钮上接输入模块,按动按钮会同时发出报警信号并显示报警位置;第2条回路接各个火灾探测器和输入模块,向控制器输入报警信号并显示报警位置,各元件均与主模块接通;第3条回路接楼层区域显示器,以使每个楼层均能显示报警位置;第4条回路接各个控制模块,使被控制对象按控制信号要求进行动作;第5条回路是接控制模块,实行自动启、停消防泵或喷淋泵;第6条回路是手动启、停消防泵或喷淋泵。此外,对电源的供给在图上也进行了描述。

(5) 图10-3是安全防范工程的结构示意图,表明了整个安防系统的功能。

(6) 图10-4是综合布线工程系统图,为5层办公楼的系统布置。

图中表明1～5层(1F～5F)布置对称。接入信号以1层左侧为例,V46表示有46个语音出线口,D36表示有36个数据出线口,M2表示有2个视像监控口。FD表示楼层配线架,HUB表示电线集线器,LIU表示光纤配线架(可由光信号转成电信号),PABX表示用户交换机,另外B1、B2表示地下一层和二层。图中右侧LIU后写成交换机,实则是HUB集线器。

(7) 图10-5(一)为停车场收费管理系统流程示意图,图10-5(二)为硬币/代币进入停车场的管理透视图。前者的车辆出入检测可以是感应线圈或光电检测,车位的显示管理可以是记数或实测车位,计时收费可以有人或无人。后者由硬币/代币机、闸门机、感应器组,当收到有效硬币时,闸机自动开启,汽车经感应器后确认车辆已驶过,闸机自动关闭。

5. 深化设计的必要性

由于智能化工程的传感器、调节器、显视器和传输线路等元器件间逻辑关系严格,有一一对应关系,于是系统结构图是施工的主要依据。各元器件依附于建筑物的各个不同位置,加之产品种类多,安装固定方法相异,同时传感器等检测定位要依用户需求和建筑物具体情况在现场确定,因而施工前的设计图仅提供基本结构指导产品采购,所以在实施安装前要在掌握设备、器件和材料具体资料情况下,进行施工深化设计,以确保工程的使用性能。

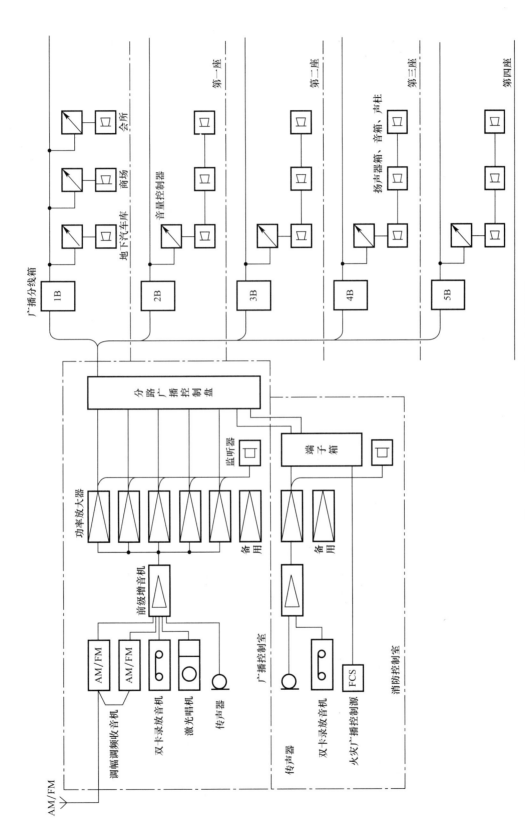

图10-1 某建筑群公共广播及应急广播系统图

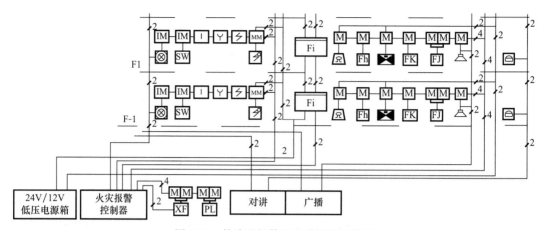

图 10-2 某消防报警和联动控制系统图

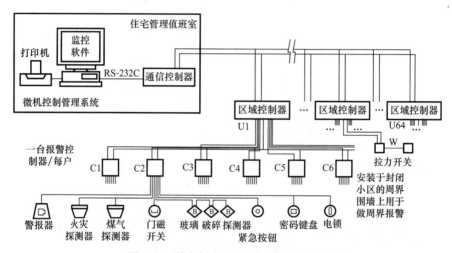

图 10-3 某安气防范工程的结构示意图

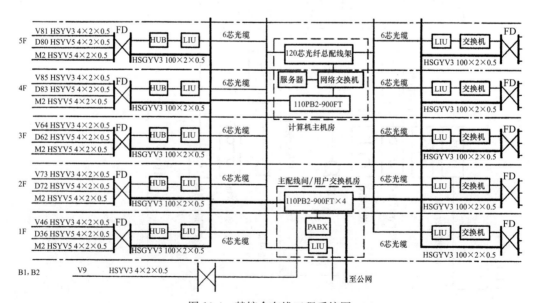

图 10-4 某综合布线工程系统图

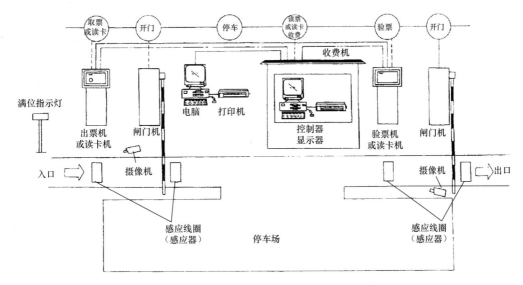

图 10-5（一） 停车场收费管理系统流程示意图

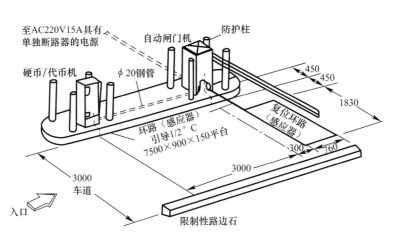

图 10-5（二） 硬币/代币进入停车场的管理透视图

（三）智能工程施工要点

本节对智能化工程施工与其他专业安装工程不同的部分做出介绍，通用的工艺部分不再进行叙述。

1. 智能化工程施工基本要求

（1）对设备、器件的采购合同中应明确智能化系统供应商供货的范围，即明确智能化工程的设备、器件与被监控的其他建筑设备、器件间的界面划分，使两者的接口能符合匹配的要求。

（2）如建筑物土建施工时的预埋、预留工作委托其他专业公司实施，则要提供详细正确的预留、预埋施工图，并派员实施指导或复核。

(3) 智能化工程施工前除做好专业的施工准备工作外,还要与建筑结构、装饰装修、给水排水、建筑电气、空调与采暖通风、电梯等工程有关联的部位和接口进行相互确认。

(4) 各被智能化工程监控的其他建筑设备应在本体试运行合格、符合要求后,才能投入被智能化工程监控的状态。

(5) 智能化工程内外接口都应采用标准化、规范化部件,有利于提高联通的可靠性,也有利于加快施工进度。

(6) 火灾报警及消防联动系统要由消防监管机构验收确认,安全防范系统要由公安监管机构验收确认,两者均是一个独立的系统,但可以通过接口和协议与外系统互相开放、交换数据。

(7) 由于技术进步,在智能化工程领域应用的设备、器件和材料更新换代迅速,因而施工中要认真阅读相关的设备、器件提供的技术说明文件,把握施工安装的要求,以免作业失误。

2. 智能化工程施工注意事项

(1) 施工作业的条件

1) 施工方案、作业指导书等技术文件已批准,并向相关作业队组做了交底。

2) 进场的设备、器件和材料已进行验收,符合工程设计要求。检查的重点是安全性、可靠性和电磁兼容性等项目。

3) 与智能化工程施工相关的土建和装饰工程已完成,机房的门窗齐全、锁匙完好,有防偷盗丢失措施。

4) 各类探测器、传感器的安装位置已与相关方协调定位。

5) 被监控建筑设备运行参数已明确,且有书面确认证明。

6) 施工机具、人员组织已确定并有分工,设备器件材料等物资进场能符合施工进度计划要求,可维持正常的持续施工。

(2) 机房、电源及接地施工要点

1) 机房铺设的架空防静电地板下部的空间高度应能满足铺设底下管线的需要。

2) 机房的高度要有足够的配线空间,方便配线架的设置。

3) 供电电源至少应为两路,并可在末端自动切换,重要的设备配不间断电源 UPS 供电,UPS 配置的方式可采取随设备分散供电或 UPS 集中供电。

4) 系统接地采用等电位联结,引至专用的线缆竖井应有单独的接地干线。所有设备的接地支线与接地干线相连,不串联连接。

5) 机房防静电地板内线槽敷设如图 10-6 所示。

(3) 设备、器件安装要点

1) 现场控制器箱、柜安装位置要方便巡视、维护和检修,箱、柜门的正面要留有足够的空间,以利检修人员的作业。

2) 各类传感器的安装位置应使其能正确反映所测的参数并实时转换,即减少时延的影响。直接插入管道、容器等的传感器如压力、温度等传感器,其连接件(凸台)应在管道或容器压力试验、清洗、防腐、保温前开孔焊接好。

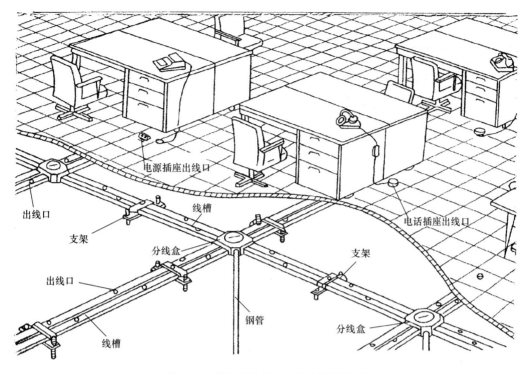

图 10-6 某机房防静电地板内线槽敷设

3）各类探测器应按产品说明及保护警戒范围的要求进行安装。

4）设备、器件的安装应位置正确、整齐平整、固定可靠、方便维护管理、确保发挥正常的使用性能。

① 工程中扬声器安装方法如图 10-7、图 10-8 所示。

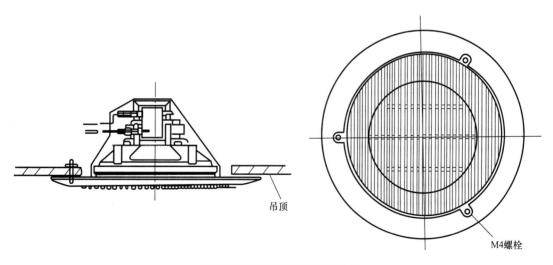

图 10-7 扬声口腔吸顶安装方法

② 工程中摄像机安装方法如图 10-9～图 10-14 所示。

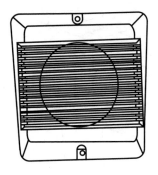 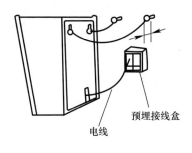

图 10-8　扬声器壁装方法

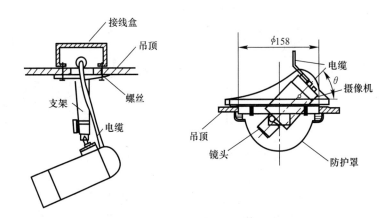

图 10-9　室内固定摄像机吊装方法

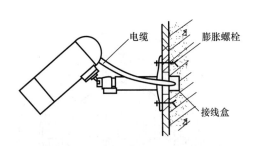 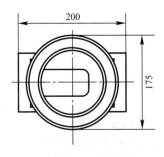

图 10-10　室内固定摄像机壁装方法　　图 10-11　半球形摄像机在吊顶上嵌入安装方法

③ 工程中可视对讲机安装方法如图 10-15、图 10-16 所示。
④ 工程中监视器安装方法如图 10-17、图 10-18 所示。
⑤ 工程中磁卡门禁系统布置和安装方法如图 10-19 所示。
⑥ 工程中感烟、感温探测器的安装方法如图 10-20 所示。
⑦ 工程中声光报警器安装方法如图 10-21 所示。

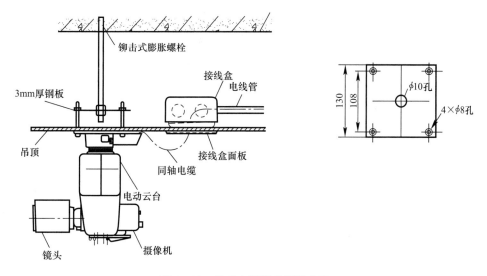

图 10-12 带云台摄像机吊装方法

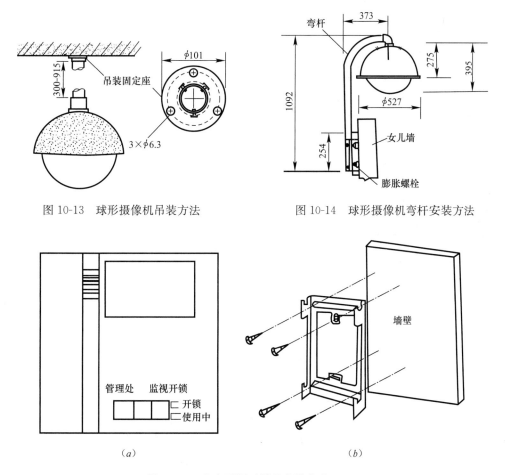

图 10-13 球形摄像机吊装方法　　图 10-14 球形摄像机弯杆安装方法

图 10-15 室内可视对讲机安装方法（一）
(a) 室内可视对讲机；(b) 固定铁架

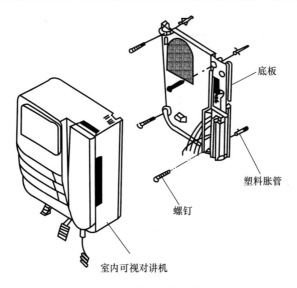

图 10-16　室内可视对讲机安装方法（二）

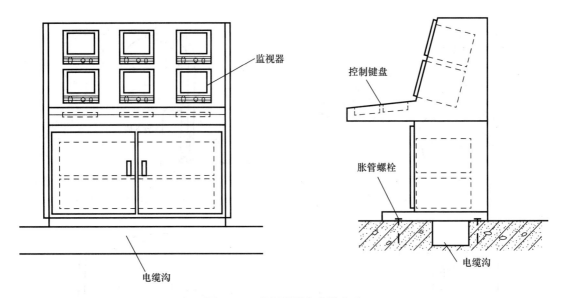

图 10-17　监视器操作安装方法

⑧ 工程中共用电线安装方法如图 10-22 所示。

（4）线缆、光缆施工要点

1）线缆、光缆的型号规格要符合设计要求。

2）综合布线系统选用的线缆、连接件、跳接等类别要匹配一致。

3）多模光缆和单模光缆到施工现场时要测试光纤衰减常数和长度。

4）综合布线的对绞线缆端接时，应尽量保持扭绞状态，非扭绞长度要小于规范规定的长度。

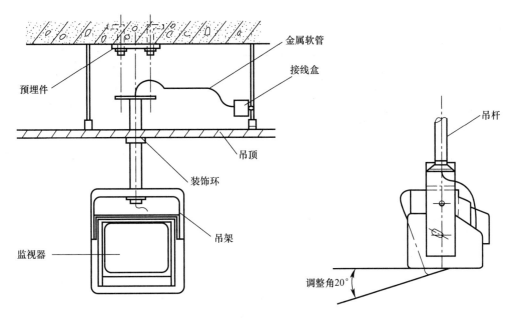

图 10-18 监视器吊装方法

5）在敷设时注意与其他管线间的距离要符合设计要求。

6）线缆敷设的弯曲半径不能小于产品允许的弯曲半径。

7）需屏蔽接地的应可靠接地。

8）光纤、绞线芯线连接的工具应与线缆规格型号适配。

3. 智能化工程系统检测要求

（1）智能化工程安装完成后，经初步调试，投入规定时间的试运行后要进行系统检测，以判断系统是否合格，是否需要整改。

（2）检测机构要有相应的资质，实施检测应有检测方案，明确检测项目、检测数量和检测方法，该方案符合技术合同和设计文件要求，方案需经检测机构批准。

（3）火灾自动报警及消防联动系统与其他系统具备联动关系时，其检测要依据合同文件和相关规范规定执行，并体现在检测方案中。

（4）建筑设备监控系统安装完成后，应对传感器、执行器、控制器及其功能在现场进行单体和系统测试。

（5）综合布线中光纤应全部测试，对绞线抽测 10%，抽测点包括最远的布线点。

（6）通信系统的测试包括初验测试和试运行验收测试，其测试方案要与生产厂商协商确定。

（7）安全防范系统要判断有无防范盲区，各子系统间报警联动是否可靠，监控图像的记录和保存时间是否符合设计要求。

（8）计算机网络系统的检测包括连通性检测、路由检测、容错功能检测、网络功能管理检测。

（9）系统集成检测包括接口、通信协议、传输信息等的检测。

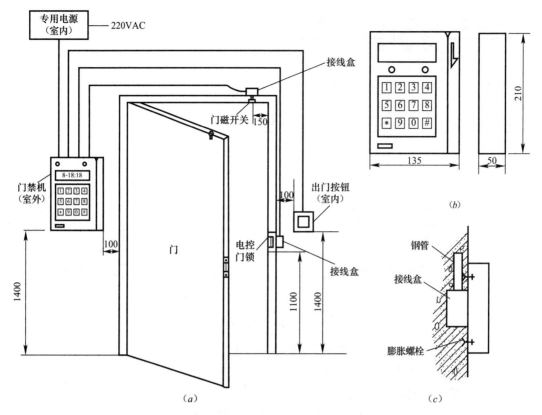

图 10-19 磁卡门禁系统布置和安装方法

(a) 磁卡门禁系统设备布置图；(b) 磁卡门禁机规格尺寸；(c) 磁卡门禁机安装方法

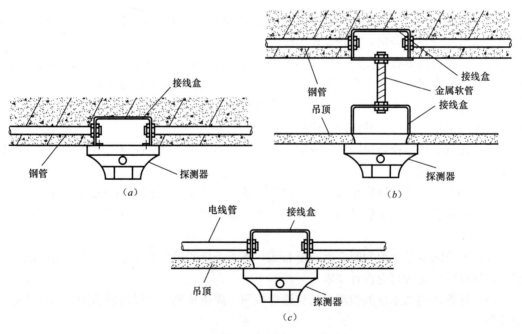

图 10-20 感烟、感温探测器安装方法

(a) 探测器在混凝土板上安装方法；(b) 探测器在吊顶上安装方法（一）；(c) 探测器在吊顶上安装方法（二）

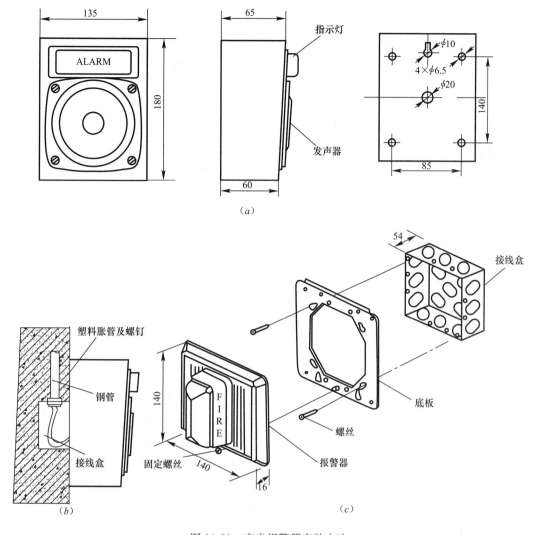

图 10-21 声光报警器安装方法
(a) 声光报警器规格尺寸；(b) 声光报警器安装方法；(c) 声光报警器安装示意图

4. 智能化工程的验收要点

(1) 验收条件：
1) 按工程承包合同约定完成工程的内容。
2) 系统检测调试完成，并经规定时间的试运行。
3) 有相应的技术文件和工程实施记录及质量控制记录。
(2) 验收的步骤：先产品、后系统；先各系统、后系统集成。
(3) 验收方式：有分项、分部验收，有交付、竣工验收。
(4) 竣工验收的资料包括：
1) 工程合同技术文件。
2) 竣工图。

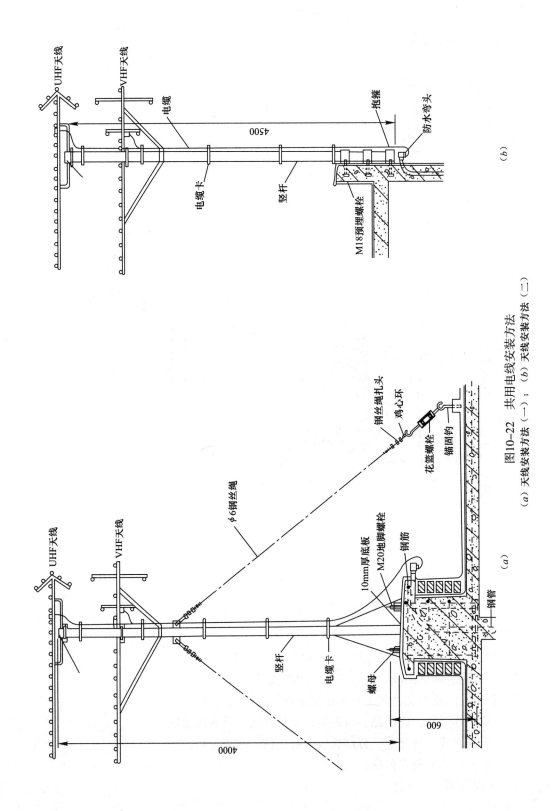

图10-22 共用电线安装方法
(a) 天线安装方法(一); (b) 天线安装方法(二)

3）设备、器件、材料等产品说明书。
4）系统技术、操作和维护手册。
5）设备及系统测试记录。
6）工程实施记录、质量控制记录。
7）其他（合同约定的承包商提供的其他资料）。

下篇 基础知识

十一、力学基本知识

本章对房屋建筑设备安装工程中经常应用的静力学、材料力学和流体力学等的基本知识作简明的介绍,重点在于阐明物理概念,仅少许的作必要的理论推导,以求加深理解,供施工中参考应用。

(一) 静力学和材料力学基本知识

本节以静力学的平面力系为主介绍力的基本性质,以及对力矩、力偶的定义和平衡等的条件进行阐述;同时对材料力学中杆件的变形和强度等物理概念给予解释,以在工程施工中掌握应用,防止发生材料或零件在安装中有损毁现象。

1. 平面力系

(1) 力的概念

1) 力的本质

力是物体之间相互的机械作用,这种作用使物体的运动状态发生改变。例如自由下落的物体,其速度之所以愈来愈快,是由于受到地球吸引力的缘故;平地上滑动的物体,其速度之所以逐渐减慢,是由于有空气和地面阻力的缘故等。

力的概念是力学中最基本的概念之一。由于力是物体之间相互的机械作用,故理解力的概念时应特别注意:力不能脱离物体而单独存在;有力存在,就必定有施力物体和受力物体。物体之间机械作用的方式有两种:一种是通过物体之间的直接接触发生作用,如人用手去推车、两车发生碰撞等;另一种是通过场的形式发生作用,如地球以重力场使物体受到重力作用、电场对电荷的引力或斥力作用等。

2) 力的三要素

① 实践表明,力对物体的作用效果决定于它的三个要素(通常称它们为力的三要素)即:力的大小(即力的强度)、力的方向和力的作用点。

② 力是具有大小和方向的量,所以是矢量。力常用一条带箭头的线段来表示,如图 11-1 所示。线段的长短表示力的大小(可用力比例尺度量),箭头的指向表示力的方向,线段的起点(或终点)表示力的作用点。通过力的作用点沿力的方向的直线,叫做力的作用线。上方带箭头的字母表示力的矢量,如 $\vec{F}$;不带箭头的字母 F 仅表示力的大小。

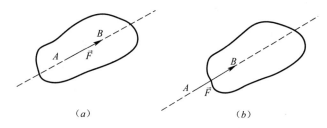

图 11-1 力的表示法

(a) 线段的起点表示作用点；(b) 线段的终点表示作用点

3) 力的合成（平行四边形法则）

作用在物体上同一点的两个力，可以合成为一个合力。合力的作用点也在该点；合力的大小和方向，由以这两个力为邻边构成的平行四边形的对角线确定。

如图 11-2 所示，以 $\vec{R}$ 表示 $\vec{F}_1$ 与 $\vec{F}_2$ 的合力，则本公理可记作：

$$\vec{R} = \vec{F}_1 + \vec{F}_2 \tag{11-1}$$

这个平行四边形法则是简化复杂力系的基础。

4) 力的平衡

① 平衡的概念

静力学中所指的平衡，是指物体相对于地面保持静止或作匀速直线运动。例如建筑物、机器的机座相对于地面是静止的，输煤皮带上的煤块相对于地面是作匀速直线运动的，人们称上述两种情况的物体都是处于平衡状态。

② 二力平衡条件

作用在同一物体上的两个力，要使物体处于平衡的必要和充分条件是：这两个力的大小相等，方向相反，且在同一直线上。

如图 11-3 所示，表明了一个物体受两个力作用而平衡时，这两个力所应满足的条件；也说明了这两个力如果满足了上述条件，则该物体一定处于平衡。

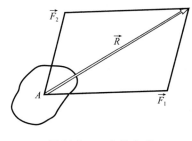

图 11-2 二力的合成

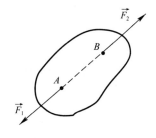

图 11-3 二力的平衡

③ 三力平衡汇交

如果作用于同一平面的三个互不平行的力组成平衡力系，则此三个力的作用线必定汇交于一点。

5) 作用力与反作用力

作用力与反作用力总是同时存在，两力的大小相等、方向相反，沿着同一直线分别作

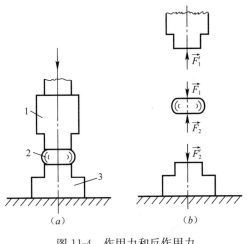

图 11-4 作用力和反作用力
1—锤头；2—工件；3—砧座

用在两个相互作用的物体上。如图 11-4 所示，锤头锻打工件时，工件受到锤头的打击力 $\vec{F}_1$，同时锤头也受到工件的反作用力 $\vec{F}_1'$，$\vec{F}_1$ 与 $\vec{F}_1'$ 是等值、反向、共线的。同样，工件给砧座施加作用力 $\vec{F}_2'$，砧座也给工件以反作用力 $\vec{F}_2$，$\vec{F}_2'$ 与 $\vec{F}_2$ 也是等值、反向、共线的。其中 $\vec{F}_1$ 与 $\vec{F}_1'$、$\vec{F}_2$ 与 $\vec{F}_2'$ 是分别作用在两个不同的物体上，是作用力和反作用力的关系。而 $\vec{F}_1$ 与 $\vec{F}_2$ 则是作用在同一物体上的两个力，如果忽略工件的自重，则工件在 $\vec{F}_1$ 和 $\vec{F}_2$ 的作用下组成平衡力系。

作用力和反作用力通常用同一字母表示，但其中之一，须在其右上角加一"撇"，如 $\vec{F}$ 与 $\vec{F}'$。

这概括了自然界的物体相互作用的定量关系，表明作用力与反作用力总是成对出现的。这是研究由多个物体组成的物体系统的平衡问题的基础。

必须指出：不应把作用和反作用与二力平衡混淆起来。前者是二力分别作用在两个不同的物体上，而后者是二力作用于同一物体上。

（2）力矩、力偶的概念

1) 力矩

① 力矩的概念

用扳手拧螺母时，力 $\vec{F}$ 将使扳手和螺母绕点 O 转动（见图 11-5）。从经验知道，拧动螺母的作用效果，不仅与力 $\vec{F}$ 的大小有关，而且还与点 O 到力的作用线的垂直距离 h 有关。如用同样大小的力 $\vec{F}$，当 h 愈长时，螺母将被拧得愈紧，如图 11-5（b）所示；相反地，如果 h 较短，就得用较大的力才能拧紧螺母，如图 11-5（a）所示。

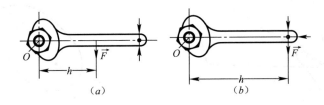

图 11-5 力对点 O 之矩

转动中心 O 到力 $\vec{F}$ 的作用线的垂直距离 h 称为力臂。转动中心 O 称为力矩中心，简称矩心。力 $\vec{F}$ 的大小与力臂 h 的乘积称为力对点 O 之矩，简称力矩，并用它来度量力 $\vec{F}$ 对扳手的作用效果。此外，力 $\vec{F}$ 使扳手绕点 O 转动的方向不同，作用效果也不同。

由此可见，力 $\vec{F}$ 使物体绕点 O 的转动效果，完全由下列两个因素决定：

A. 力的大小与力臂的乘积 Fh；

B. 力使物体绕点 O 转动的方向。

力对点的矩是一个代数量，力矩大小等于力的大小与力臂的乘积。力矩的正负作如下规定：力使物体绕矩心逆时针转动时取正，反之为负。

若力的单位以牛顿计，力臂的长度以米计，则力矩的单位在我国法定计量单位中为牛顿米（N·m）或千牛顿米（kN·m）。

② 力矩的平衡

凡是在力的作用下，能够绕某一固定点（支点）转动的物体，称为杠杆。在日常生活和生产实践中，经常碰到许多杠杆平衡问题，可用力矩平衡的道理去分析。以秤杆的平衡为例，如图 11-6 所示，重物的重力 $\vec{G}$ 对支点 O 的力矩大小为 Gh_1，逆时针转向；秤砣的重力 $\vec{W}$ 对点 O 的力矩大小为 Wh_2，顺时针转向。当 $Gh_1 = Wh_2$ 时，即绕着支点 O 逆时针转动和顺时针转动的力矩的代数和为零时，秤杆就平衡了。

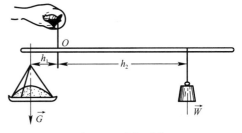

图 11-6　力矩平衡

实际上，秤杆的平衡反映了力矩平衡的一般规律：对于绕定点转动的物体来说，如果作用在该物体上逆时针转动的力矩之和与顺时针转动的力矩之和在数值上正好相等，此时物体处于平衡状态。也就是说，转动物体的平衡条件为：作用在该物体上的各力对物体上任一点力矩的代数和为零。

2）力偶

① 力偶的概念

在生产实践中，经常会遇到两个大小相等、方向相反的平行力，例如钳工用丝锥攻螺纹（见图 11-7）等。实践证明，等值反向的平行力能使物体发生转动。这种由两个大小相等，方向相反的平行力组成的力系，称为力偶。

② 力偶矩

力对物体的转动效果，要用力矩来度量。既然力偶能使物体转动，那么力偶对物体的作用效果就应该用力偶中两个力对转动中心的合力矩来度量。在图 11-8 中，由力 $\vec{F}$ 和 $\vec{F'}$ 所组成的力偶对转动中心 O 的合力矩为：

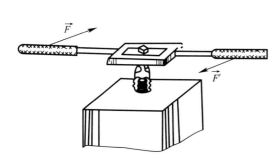

图 11-7　丝锥攻螺纹

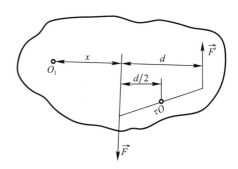

图 11-8　力偶矩的大小与矩心位置无关

$$\Sigma m_{\text{o}}(\vec{F}) = F \times \frac{d}{2} + F' \times \frac{d}{2} = Fd \tag{11-2}$$

若转动中心由 O 移动到 O_1 时，力偶对 O_1 的合力矩为：

$$\Sigma m_{\text{o}_1}(\vec{F}) = F' \times (d+x) - Fx = Fd \tag{11-3}$$

由式（11-2）、(11-3) 表明，力偶对物体的转动作用决定于力偶中力的大小和两个力之间的距离 d，d 称为力偶臂，而与转动中心的位置无关。力偶中力的大小与力偶臂的乘积称为力偶矩，其单位与力矩相同，其正负符号的规定也与力矩相同。

③ 力偶的特性

A. 力偶中的两个力对其作用面内任一点之矩的代数和恒等于其力偶矩。

B. 力偶对物体不产生移动效果，不能用一个力来平衡，只能用一力偶来平衡。

C. 力偶可以在其作用面任意移动或转动而不改变对物体的作用。

D. 力偶无合力。

(3) 平面力系的平衡

1) 平面力系的简化

物体受一个平面任意力系的作用，可以用力的平移定理，将诸力依次平移到平面内任取的简化中心 O 点，这样可以得到同样作用的力和相应的附加力偶，通过合力及其附加力偶判定为零则力系为平衡力系。

2) 力的平移定理

设物体的 A 点，作用一力 $\vec{F}_A$，在物体任取一点 O，加一对与力 $\vec{F}_A$ 平行的平衡力 $\vec{F}_O$ 和 $\vec{F}'_O$。且使 $F_A = F_O = F'_O$，如图 11-9 所示，这三个力对物体的作用与原来一个一个力 $\vec{F}_A$ 对物体的作用效果不变。可见，力 $\vec{F}_O$ 与原力 $\vec{F}_A$ 大小相等方向相同，所以可视作 $\vec{F}_O$ 是将 $\vec{F}_A$ 平移到了点 O，而 $\vec{F}'_O$ 和 $\vec{F}_A$ 组成了一个力偶，其转向与 $\vec{F}_A$ 对点 O 的力矩的转向相同。该力偶可看作为力 $\vec{F}_A$ 平移后附加的力偶 m_A。

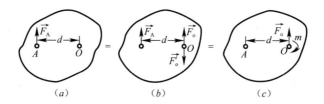

图 11-9 力的平移定理

由此可得力的平移定理：若将作用于物体上一个力，平移到物体上的任意一点而不改变原力对物体的作用效果，则必须附加一个力偶，其力偶矩等于原力对该点的矩。

显然附加力偶矩的大小和转向，与所选取的点的位置有关。

3) 平衡的条件

平面力系通过平移，可以得到一个平面汇交力系和一个平面力偶系，如为平衡力系则条件是：

$$\Sigma F_x = 0 \tag{11-4}$$

$$\Sigma F_Y = 0 \tag{11-5}$$

$$\Sigma m(\vec{F}) = 0 \tag{11-6}$$

2. 杆件的强度、刚度和稳定性

(1) 杆件变形的基本形式

物体在外力作用下产生的变形有两种：弹性变形和塑性变形（残余变形），前者是指卸去外力后能完全消失的变形，后者是指卸去外力后不能消失而保留下来的变形。工程上使用的多数构件在正常使用条件下只允许产生弹性变形。

材料力学研究的构件主要是杆件。所谓杆件是指纵向尺寸比横向尺寸大得多的构件，如连杆、横梁、轴等，都是常见的杆件。杆件沿垂直于长度方向的截面称为横截面，杆件各横截面形心的连线称为轴线。

材料力学研究的杆件大多是等截面直杆，简称等直杆。

在不同形式的外力作用下，杆件的变形形式各不相同，但都不外是表 11-1 所列的几种基本变形形式之一，或者是它们的组合。

杆件基本变形形式　　　　　　　　　　表 11-1

基本变形	工程实例	受力简图
拉伸		
压缩		
剪切		
扭转		
弯曲		

(2) 应力、应变的概念

1) 内力的概念

物体在外力作用下将发生变形，即外力迫使物体内各质点间的相对位置发生改变。伴随着变形，物体内各质点间将产生抵抗变形、力图恢复原状的相互作用力。这种由于外力作用而在物体内部产生的抵抗力称为内力。例如用手拉弹簧的时候，就会感到弹簧也在拉手，手上用的力愈大，弹簧拉得愈长，弹簧所产生的内力也愈大。但是，对任一个具体杆件来说，内力的大小是有限度的，超过了此限度，杆件就要被破坏。所以在研究强度问题时必须先求出内力。

① 求取内力的方法

截面法是材料力学中研究内力的一个基本方法。图 11-10（a）所示直杆受一对 P 力作用处于平衡状态。若要计算 $m-m$ 截面的内力，可在此截面处假想将杆件切成两部分，留下一部分、移去另一部分来计算。如图 11-10（b）所示，将杆件切成两部分后留下左侧部分，移去右侧部分。移去部分对保留部分的作用用内力来代替，其合力为 N。由于直杆原来处于平衡状态，故切开后各部分仍应维持平衡状态。根据保留部件的平衡条件可得：

$$N - P = 0 \tag{11-7}$$
$$N = P \tag{11-8}$$

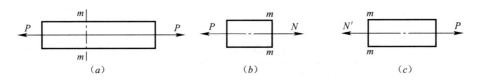

图 11-10　用截面法求内力

如果将杆件切成两部分后移去左侧部分，留下右侧部分，如图 11-10（c）所示，这时 N' 代表左侧部分对右侧部分的作用力（它与 N 是作用力与反作用力的关系），同样可根据平衡条件得：

$$N' = P \tag{11-9}$$

② 杆件运用截面法求内力的步骤可归纳如下：

A. 截开。在需求内力的截面位置，假想将杆件切开分成两部分。

B. 替代。选取其中一部分留下作为研究对象（以受力较简单的为好），并以内力代替去掉部分对留下部分的作用。

C. 平衡。根据留下部分的平衡条件求出该截面的内力。

杆件受轴向拉伸或轴向压缩时，力 P 是通过杆轴线的，因此内力的合力 N 或 N' 的作用线也必然与杆轴线相重合，故称之为轴力。为了在计算上区别拉伸和压缩两种变形，对轴力的符号作如下规定：轴力背离截面（拉力）为正；轴力指向截面（压力）为负。

2）应力的概念

① 定义与单位

只知道杆件内力的大小，一般还不能判断杆件是否会被破坏。由经验可知：材料相同、横截面面积不同的两个直杆，在所受轴向拉力相等时，截面积小的容易断裂。这说明拉（压）杆的强度不仅与内力的大小有关，还与杆件受力的截面面积有关。因此，研究杆件的强度问题还必须进一步分析内力在截面上的分布情况。工程上采用截面单位面积上的内力来分析构件的强度，称为应力。应力为矢量，应力矢量的方向不受限制。

应力在我国法定计量单位中为帕斯卡，简称帕，符号为 Pa。

$$1 帕 = 1 牛顿/平方米 \quad (N/m^2)$$

由于此单位较小，材料力学上常使用兆帕（MPa）或吉帕（GPa），它们与帕的换算关系为：

$$1MPa = 10^6 Pa; \quad 1GPa = 10^9 Pa。$$

② 拉（压）杆横截面上的应力

应用截面法只能求得截面上内力的合力，要想进一步确定截面上任意一点的应力，必须了解内力在截面上的分布情况。因为应力的分布规律与杆件的变形有关，因此首先要研究杆件的变形。

图 11-11（a）所示为一等直杆在受轴向力拉伸时的变形情况。杆件沿轴向伸长而横向收缩；受力前与轴线垂直的两条横向线 ab 与 cd 平移到 a_1b_1 与 c_1d_1；受力前与轴线平行的两条纵向线 qr 与 st 平移到 q_1r_1 与 s_1t_1。可以看出，杆件受力变形后横向线仍为垂直于杆轴的直线，而纵向线伸长了，且伸长量相等。

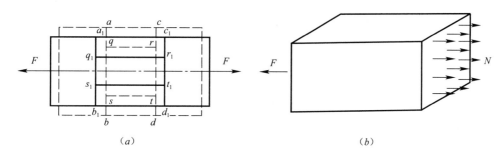

图 11-11　直杆受轴向拉伸

根据杆件以上的表面变形现象，可以对其内部变形提出如下的平面假设：原为平面的横截面在杆件变形后仍为平面。

设想杆件是由无数均匀连续的纵向纤维组成的，根据平面假设可知，每条纤维在杆件受拉伸时，其伸长量是相等的。由此可推断每条纤维上的内力也相等，即内力在横截面上均匀分布，也就是说横截面上各点的应力相等。这种垂直于横截面的应力称为正应力，如图 11-11（b）所示。即：

$$\sigma = \frac{N}{A} \tag{11-10}$$

式中　σ——横截面上的正应力；

N——横截面上的内力（轴力）；

A——横截面的面积。

3）应变的概念

直杆在轴向拉（压）力作用下，将产生轴向伸长（缩短）。实验表明：当杆伸长时，其横向尺寸略有缩小；当杆缩短时，其横向尺寸稍有增大。

① 纵向变形

杆件在拉伸或压缩时，长度将发生改变。杆件长度的改变量称为绝对变形，以 Δl 表示，若杆件变形前原长为 l_0，变形后长度为 l，则：

$$\Delta l = l - l_0 \tag{11-11}$$

拉伸时绝对变形为正，压缩时绝对变形为负，单位为 mm。

由于绝对变形的大小与杆件的原长有关，为了便于比较杆件变形的程度，常引用相对变形这一概念，相对变形即单位长度的变形，也称线应变，用 ε 表示：

$$\varepsilon = \frac{\Delta l}{l_0} \tag{11-12}$$

相对变形是无因次的量，其正负规定与绝对变形相同。

② 横向变形

杆件在受拉伸或压缩时，不但发生纵向变形，同时沿杆件横向也发生变形。

横向绝对变形为： $\Delta d = d - d_0$

横向相对变形或横向线应变为： $\varepsilon_1 = \frac{\Delta d}{d_0}$ (11-13)

拉伸时横向缩小，ε_1 为负值；压缩时横向扩大，ε_1 为正值。实验表明，在弹性范围内，同种材料 ε_1 与 ε 之比的绝对值是一常数，用 μ 表示这一比值，即：

$$\mu = \left| \frac{\varepsilon_1}{\varepsilon} \right| \tag{11-14}$$

μ 称为泊松比，它也是无因次的量。工程中常用材料的泊松比如表 11-2 所示。

弹性模量 E 和泊松比 μ 值　　　　　　　　表 11-2

材料名称	E（GPa）	μ
低碳钢	196～216	0.24～0.28
合金钢	186～216	0.25～0.30
灰铸铁	113～157	0.23～0.27
铜及其合金	73～128	0.31～0.42
铝及硬铝	70	0.32～0.42
橡胶	0.00785	0.47
混凝土	10～30	0.08～0.18
木材	10	——

4）虎克定律

试验表明：受到拉（压）的杆件，在弹性范围内，变形与载荷 P、杆件原长 l_0 成正比，而与杆件横截面面积 A 成反比。即：

$$\Delta l \propto \frac{P l_0}{A} \tag{11-15}$$

考虑到变形还与杆的材料性能有关，引进比例系数 E；又因试验时载荷与内力相等，故上式可改写为：

$$\Delta l = \frac{N l_0}{EA} \tag{11-16}$$

式中，比例系数 E 称为弹性模量。工程中常用材料的弹性模量见表 11-2。

将 $\frac{N}{A} = \sigma$ 和 $\frac{\Delta l}{l_0} = \varepsilon$ 代入式（11-16），得：

$$\sigma = E\varepsilon \qquad (11\text{-}17)$$

式（11-16）和式（11-17）即为虎克定律的两种表达式。虎克定律的适用条件为：

① 应力未超过材料的比例极限，即材料处于弹性范围；

② 在计算 Δl 的长度内，N、E、A 均应为常数。

由式（11-17）可知，弹性模量愈大，相对变形（线应变）愈小，所以 E 表示材料抵抗拉伸（压缩）变形的能力。由于 ε 是无因次的量，所以 E 与 σ 的单位相同。

5）高温对材料力学性能的影响

① 蠕变

在高温下静载荷长期作用也将影响材料的力学性能。试验指出，如低于一定温度，虽载荷长期作用，对材料的力学性能并无明显的影响。但如高于一定温度，对于碳钢在 300℃～350℃ 以上，对于合金钢在 350℃～400℃ 以上，材料在某一固定应力和不变温度下，随着时间的增长，塑性变形将缓慢增大，这种现象称为蠕变。

蠕变现象造成材料的塑性变形，可以看作是材料在缓慢的屈服。温度愈高、应力愈大、时间愈长，蠕变愈严重。蠕变对长期处于高温状态下的构件具有很大的危险性。如锅炉本体的水冷壁管长期在高温高压下运行，当炉内因某种原因超温或水冷壁管用错材料时，其塑性变形量将增大，即产生严重蠕变，由此产生事故隐患，进而导致爆管的严重事故。

② 应力松弛

松弛现象也是由于蠕变而引起的，现以汽轮机汽缸盖上的螺栓为例来说明这一现象。为了使上、下汽缸压紧，必须拧紧螺母，使螺栓产生一定的弹性变形和应力。当螺栓长期在高温下工作时产生了随时间而增加的蠕变，这样螺栓总变形中的塑性变形部分不断增加，相应地弹性变形部分则不断减少，引起螺栓的应力不断下降，从而影响了连接的紧密程度，会出现漏汽现象。这种在总变形不变的条件下，由于温度影响而使应力随着时间逐渐降低的现象，称为应力松弛。高压蒸汽管道凸缘法兰的紧固螺栓也有类似的问题。因此，为了保证高温高压设备的连接紧密、防止漏汽，常需定期拧紧螺母。

6）应力集中

等截面直杆受轴向拉伸或压缩时，远离杆端的截面应力是均匀分布的。但由于结构或工作的需要，有些构件开有切口、切槽、油孔、螺纹、带有过渡圆角的轴肩等，构件的这些部位截面尺寸发生了突然改变，其应力的分布也会发生变化。如图 11-12（a）所示带有圆孔的板条上，表面画有许多细小方格，当加给板条上足够大的轴向拉力后，可以看到圆孔附近的方格比起离孔稍远的方格变形程度要严重得多，如图 11-12（b）所示。这表明孔边应力比同截面其他处的应力大得多，如图 11-12（c）所示。这种由于构件截面的突变而引起的突变部位应力急剧增大的现象，称为应力集中。

应力集中对于构件的正常工作是非常不利的。如电厂汽轮机叶片由于机械损伤出现小缺口，造成叶片应力集中而断裂；又如汽轮机主轴由于过渡圆角太小和加工表面比较粗糙，产生应力集中，造成主轴断裂。所以，工程上常采用一些措施来减小应力集中的影响，如图 11-13（a）所示的带尖角的槽或台阶处改做成如图 11-13（b）所示为圆角过渡，尽量使构件轮廓平缓光滑，或将孔、槽配置在低应力区域。

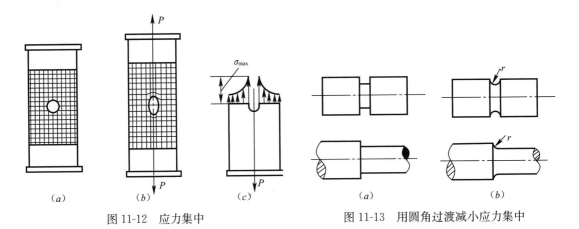

图 11-12 应力集中　　　　　　　　图 11-13 用圆角过渡减小应力集中

(3) 杆件强度的概念

1) 低碳钢的拉伸试验

Q235 钢是有代表性的低碳钢,它所表现出的力学性能也比较典型。

为了便于对不同材料的试验结果进行比较,按国家标准的规定,将低碳钢制成标准圆截面试件,如图 11-14 所示。试件中部等截面段的直径 d 为 10mm,试件中段用来测量变形的长度 l_0 称为标距,通常取 $l_0=10d$。

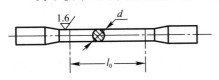

图 11-14 标准圆截面试件

拉伸试验一般在拉伸试验机上进行。用试验机的加力机构在试件两端加力,并均匀而缓慢地拉长试件。当载荷 P 逐渐增加时,试件在标距 l_0 长度内的变形 Δl 也相应增加。如以纵坐标代表所加载荷 P,横坐标代表变形 Δl,便可利用试验机上的自动绘图装置画出 $P-\Delta l$ 曲线(见图 11-15),称为拉伸图,它表示了试件在拉伸过程中受力与变形发展的全过程。

所得的拉伸图与试件的粗细长短有关。为了消除试件尺寸的影响,将纵坐标 P 除以试件横截面面积 A,将横坐标 Δl 除以试件的标距 l_0,就得到 $\sigma-\varepsilon$ 曲线,称为应力应变图。图 11-16 为低碳钢的应力应变图。

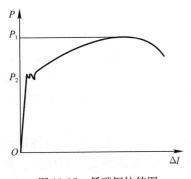
图 11-15 低碳钢拉伸图

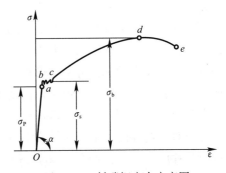
图 11-16 低碳钢应力应变图

以下是对应力应变图的简要分析:

① 弹性阶段(Ob 段)

在拉伸的开始阶段试件变形很小,此时若将拉力卸去,试件变形可完全消失并恢复原状,这表明试件在该阶段内只产生弹性变形。Ob 段由直线 Oa 和微弯的 ab 线组成。在 Oa 段应力与应变成正比关系,a 点应力称为比例极限,用 σ_P 表示。Q235 钢的比例极限为 $\sigma_P = 200\text{MPa}$,虎克定律只有在应力低于 σ_P 时才是适用的。

② 屈服阶段（bc 段）

过了 b 点,曲线变成接近水平的锯齿状,该阶段应力虽不增加,应变却继续增大,出现了较大的塑性变形,这种情况称为材料的屈服。在屈服阶段 bc 内,材料暂时失去了抵抗变形的能力,这种应力不增加而应变仍迅速增加时的最低应力,称为屈服极限 σ_s。当应力达到屈服极限时,由于产生了显著的塑性变形而不能满足使用要求,所以 σ_s 是衡量材料强度的重要指标。

③ 强化阶段（cd 段）

屈服现象结束后,材料又恢复了抵抗变形的能力,这时必须重新增加载荷,才能使试件继续变形,这种现象称为材料的强化。与强化阶段顶点 d 相对应的应力,称为强度极限,用 σ_b 表示。强度极限是材料抵抗断裂的最大应力,是衡量材料强度的又一重要指标。

④ 颈缩阶段（de 段）

过了 d 点后,变形集中在试件某一较弱的局部区域,该区域截面逐渐收缩,产生"颈缩"现象,随着收缩的进行,试件最终在 e 点被拉断。

低碳钢试件被拉断时有显著的塑性变形。工程上常用延伸率 δ 来衡量材料的塑性:

$$\delta = \frac{l - l_0}{l_0} \times 100\% \tag{11-18}$$

式中　l_0——试件标距原长;

　　　l——拉断后的标距长度（见图 11-17）。

延伸率 δ 是衡量材料塑性好坏的一个指标。它的数值愈大,表明材料的塑性愈好;它的数值愈小,表明材料的塑性愈差。一般把 δ 值大于 5% 的材料称为塑性材料,δ 值小于 5% 的材料称为脆性材料。

2) 拉（压）杆的强度

① 许用应力和安全系数

通过对材料力学性能的研究,人们知道:对于塑性材料构件,工作应力达到屈服极限时,将产生显著的塑

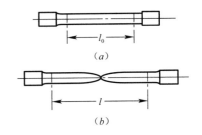

图 11-17　拉伸试件
(a) 试验前;(b) 拉断时

性变形而丧失工作能力;对于脆性材料构件,工作应力达到强度极限时,将引起断裂破坏。材料的这种丧失工作能力时的应力,称为极限应力或危险应力。因此,材料的屈服极限和强度极限分别是塑性材料和脆性材料的极限应力。

在设计构件时,有许多因素难以精确估计,而且还要考虑给构件以必要的强度储备。因此在设计时不仅不能让构件的工作应力达到极限应力,而且还应留有余地。工程上把极限应力除以一个大于 1 的系数,作为材料的许用应力 $[\sigma]$。常用材料的许用应力数值可从有关资料中查表得到。

对于塑性材料,屈服极限 σ_s 是极限应力,许用应力为:

$$[\sigma] = \frac{\sigma_s}{n_s} \tag{11-19}$$

对于脆性材料，强度极限 σ_b 是极限应力，许用应力为：

$$[\sigma] = \frac{\sigma_b}{n_b} \tag{11-20}$$

式中，n_s 称为屈服安全系数，n_b 称为断裂安全系数。安全系数取大了会浪费材料，且使构件笨重；安全系数取小了不安全。所以安全系数的确定是一个重要问题，也是一个十分复杂的问题。一般工作条件下的安全系数可从有关资料中查得。在常温、静荷载条件下，塑性材料安全系数常取 $n_s=1.2 \sim 1.5$，脆性材料安全系数常取 $n_b=2 \sim 3.5$。

② 杆件强度计算的三类方法

杆件是由各种材料制成的，而材料能承受的应力值是有限度的，如超过承载能力，杆件将不能正常工作。因此在设计规范和有关手册中，对各种材料在某种工作条件下，规定了保证不同材料安全工作的最大应力值，即许用应力。

为了保证拉（压）杆具有足够的强度，必须使其最大正应力（工作应力）不超过材料在拉伸或压缩时的许用应力 $[\sigma]$。即：

$$\sigma_{\max} = \frac{N}{A} \leqslant [\sigma] \tag{11-21}$$

式（11-21）为拉（压）杆的强度条件。式中的 N 和 A 分别为危险截面的内力和截面面积。对于等截面直杆，内力最大的横截面正应力最大，所以是危险截面。

利用上述强度条件可以解决强度计算的三类问题：

A. 强度校核

强度校核就是检查杆件的强度是否足够。此时杆件的横截面面积 A、材料的许用应力 $[\sigma]$ 以及载荷均为已知，比较杆件的工作应力和许用应力，如满足式（11-21），则杆件的强度是够的。否则，杆件有破坏的可能。

B. 设计截面

根据载荷计算出杆件内力，结合工程实际需要，选择材料及截面形状，用下式计算截面面积：

$$A \geqslant \frac{N}{[\sigma]} \tag{11-22}$$

C. 确定许可载荷

根据给定的杆件截面面积和材料的许用应力，用下式求出杆件的许可内力，然后根据许可内力确定许可载荷。

$$N = A[\sigma] \tag{11-23}$$

(4) 杆件刚度的概念

1) 刚度的定义

刚度是指构件在外力作用下抵抗弹性变形的能力。构件的刚度同样决定于形状尺寸和材料的机械性能，同时与构件受力状况有关。在工程上为保证机械或结构的正常工作，除了满足强度条件外，同时需将受力构件的变形限制在一定范围内，也就是保证构件要有必要的刚度，称为构件的刚度条件。以下仅介绍杆件的刚度条件。

2) 杆件的刚度条件

① 杆件受拉伸（压缩）的刚度条件为：

$$\delta L_{\max} \leqslant \delta L \tag{11-24}$$

式中，δL_{max} 为杆件轴向拉伸（压缩）产生的最大变形；$[\delta L]$ 为杆件轴向拉伸（压缩）许用变形。

② 杆件受平面弯曲的刚度条件为：

$$y_{max} \leqslant [y] \tag{11-25}$$
$$\theta_{max} \leqslant [\theta] \tag{11-26}$$

式中 y_{max} 为杆件受弯时最大挠度，$[y]$ 称为许用挠度；θ_{max} 为杆件受弯时横截面相对原位置所旋转的转角，$[\theta]$ 称为许用转角。

还有其他受力情况或综合受力情况的刚度条件，不再多述。所有许用值在相关手册中可以查得。

(5) 压杆稳定性的概念

1) 压杆受力实验

受压直杆的破坏，如仅认为取决于直杆的压缩强度，这个结论显然不全面，因为其对短压杆才是正确的。现在做如下实验：

取两根截面面积相同的短木块和长木条放在平台上，顺着它们的轴线施加压力 P（见图 11-18）。结果表明，不用很大的力，长木条就被压弯，再用力它就要折断。而用全身的力去压短木块，也无法将其折断。这说明，对压杆来说，短杆和长杆发生破坏的性质是不同的。细长压杆的失效并不是强度不够，而是它能否保持原有直线的平衡形式。这种失效现象称为压杆丧失了稳定性，简称失稳。

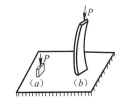

图 11-18 直杆受压实验

2) 失稳的简析

为了进一步分析压杆的稳定性问题，可通过如图 11-19 所示的简单试验来研究。图 11-19 (a) 所示，压杆受轴向载荷 P 的作用处于直线平衡状态。这时可对它作用一个微小的横向干扰力，使压杆偏离平衡位置而发生微小的弯曲，然后去掉干扰力，观察它在经过往复振动后能否恢复到原来的直线位置。当 P 小于某一载荷 P_{ij} 时，压杆能恢复到原来的直线位置，如图 11-19 (b) 所示。当 P 达到 P_{ij} 时，如不受干扰力作用，压杆仍能保持直线平衡状态，但若有轻微的干扰作用，则立即发生弯曲，这时即使除去干扰力，压杆再也不能恢复到原有的直线平衡状态，如图 11-19 (c) 所示，说明这时压杆的直线平衡形式是不稳定的。

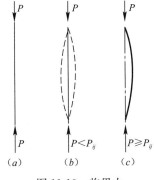

图 11-19 临界力

可见，细长压杆的直线平衡状态是否稳定，取决于压力 P 的大小。当压力达到 P_{ij} 时，压杆就处于由稳定的直线平衡状态过渡到不稳定的临界状态。对应于这种临界状态的压力值 P_{ij} 称为临界压力或临界力。它是压杆丧失工作能力的危险载荷。

由上可知，临界力 P_{ij} 是压杆保持稳定状态的极限载荷，研究压杆稳定性问题的关键在于确定其临界力。

俄国科学家欧拉通过一系列的实验后发现：细长压杆临界力的大小与它的刚度 EI 成正比，与它的长度的平方 L^2 成反比,并且与两端的支承情况有关。欧拉于 1744 年推导出了计算压杆临界力的公式,称为欧拉公式,应用欧拉公式在工程中计算压杆临界力可查阅有关的设计手册。

3) 提高压杆稳定性的措施

压杆的稳定性,决定于临界应力的大小。要提高压杆的承载能力,应从改善影响临界应力的几个因素着手。

① 合理选择材料

对于大柔度压杆,临界应力决定于弹性模量 E,但各种材料的 E 值相差不大,因此没有必要选用优质钢材。

对于中柔度压杆,临界应力决定于比例极限 σ_p 和屈服极限 σ_s,优质钢的 σ_p 和 σ_s 比一般碳钢为高,所以采用高强度钢制造,可以提高其稳定性。

② 采用合理的截面形状

截面惯性矩与压杆稳定性有关,因此应在截面面积一定的条件下设法增大截面惯性矩以降低柔度。如图 11-20 把实心截面作成空心截面;如图 11-21 采用组合型钢截面等。另外,压杆总是在截面最小惯性矩的方向失稳,因此应使各个方向的惯性矩值相同或相近。

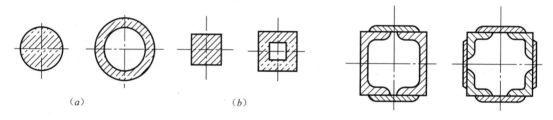

图 11-20　实心截面改空心　　　　　图 11-21　组合型钢截面

③ 减小压杆长度和改善支承情况

在可能的情况下,应尽量减小压杆的计算长度,以提高其稳定性。如工作条件不允许减小压杆的长度时,可以采用增加中间支承的办法。此外,压杆与其他构件连接时,应尽可能作成刚性连接。

上述提高压杆稳定性的措施,必须根据工程实际情况综合参考应用,才能对提高压杆稳定性和节省材料产生实际效果。

(二) 流体力学基础

本节自流体的物理性质开始介绍流体力学的基本概念,使学习者从物理概念方面了解流体静力学和流体动力学的基本知识,为在给水排水工程和通风与空调工程以及自动喷水灭火消防工程的安装施工中应用。

1. 流体的概念

(1) 流体的特征

物质通常有三种不同的状态,即固体、液体和气体,液体和气体状态的物质统称为流体。固体具有一定的形状和体积,可以承受一定量的压力、拉力和剪力等,不易变形;液体具有一定的体积但无一定的形状;气体既无一定的形状也无一定的体积,它们可以承受压力,但不能承受拉力和剪力,只有在特殊情况下液体可以承受微小拉力(表面张力)。液体和气体在任何微小剪力的作用下都将发生连续不断的变形,直至剪力消失。这一特性是液体和气体有别于固体的特征,称为流动性,因此满足这一特性的物质称为流体。

固体分子间相互作用力较强,不规则运动较弱,不易变形;气体分子间作用力较弱,不规则运动剧烈,易变形和压缩;而液体介于固体和气体之间,易变形不易压缩。因此与固体相比,流体的特点在于其具有易变形的特性,即易流动性。

(2) 流体的主要物理性质

1) 密度

流体和固体一样也具有质量,用 m 表示,单位是 kg。单位体积的流体所具有的质量称为流体的密度,用 ρ 来表示。

2) 容重(重度)

单位体积的流体所具有的重量称为流体的容重,用 γ 表示。容重与密度的关系为:

$$\gamma = \rho g \tag{11-27}$$

式中,g——重力加速度(m/s^2),一般取 $g=9.81\ m/s^2$。

由此可知,流体的重度 γ 与重力加速度有关,它将随流体所处的海平面相对位置的变化而变化(在一般过程中这种变化是很小的)。

3) 比容

单位质量的流体所占有的体积称为比容,用 υ 来表示,单位是 m^3/kg。

密度与比容互为倒数,即 $\upsilon = 1/\rho$。 (11-28)

4) 黏性

当流体中发生了层与层之间的相对运动时,速度快的层对速度慢的层产生了一种拖力使它加速,而速度慢的流体层对速度快的流体层就有了一个阻止它向前运动的阻力,拖力和阻力是大小相等方向相反的一对力,分别作用在两个相邻的但速度不同的流层的表面上,把这一对力称为内摩擦力或黏滞力。

流体的黏性用动力黏滞系数或动力黏度(简称黏度)μ 来确定,其单位是帕·秒(Pa·s),μ 值越大,流体的黏性也越大。由此可知,流体的黏性是流体运动时表现的物理性质。

温度对流体的黏滞系数影响很大。温度升高时液体的黏滞系数降低,流动性增加。气体则相反,温度升高时,它的黏滞系数增大。这是因为液体的黏性主要是由分子间的内聚力造成的。温度升高时,分子的内聚力减小,μ 值就要降低。造成气体黏性的主要原因则是气体内部的分子运动,它使得速度不同的相邻气体层之间发生质量和动量的变换。当温度升高时,气体分子运动的速度加大,速度不同的相邻气体层之间的质量和动量交换随之加剧,所以气体的黏性将增大。

一般情况下,只要压力不是特别高时,压力对动力黏度的影响很小。

5) 压缩性

流体占有的体积将随作用在流体上的压力和温度而变化。压力增大时流体的体积将减小,这种特性称为流体的压缩性,通常用体积压缩系数 β_p 来表示,β_p 是指在温度不变时,每增加一个单位压力时单位体积流体产生的体积变化量。

6) 膨胀性

当温度 T 变化时，流体的体积 V 也随之变化，温度升高、体积膨胀，这种特性称为流体的膨胀性，用温度膨胀系数 β_t 来表示。β_t 是指当压强保持不变，温度升高 1K 时单位体积流体的体积增加量。

水的压缩系数和膨胀系数都很小，其他的液体也有类似的特性。所以，工程上一般不考虑它们的压缩性或膨胀性。但当压力、温度的变化比较大时（如在高压锅炉中），就必须考虑液体的压缩性和膨胀性。

气体不同于液体，压力和温度的改变对气体的密度或重度的变化影响很大。

需要指出，在一般情况下流体的压缩系数和膨胀系数都很小。对于能够忽略其压缩性的流体称为不可压缩流体。不可压缩流体的密度、容重均可看作常数。反之，对于压缩系数和膨胀系数比较大，不能被忽略，或密度和重度不能看成常数的流体称为可压缩流体。

但是，可压缩流体与不可压缩流体的划分并不是绝对的。例如，通常可把气体看成可压缩流体。但当气体的压力和温度在整个流动过程中变化很小时（如通风系统），它的密度的变化也很小，可近似地看为常数。再如，当气体对于固体的相对速度，比在这种气体中的当时温度下的音速小得多时，气体密度的变化也可以被忽略。对于能把气体的密度看成常数的情况，可按不可压缩流体来处理。

7) 表面张力

在液体的自由表面上能够承受极其微小的拉力，这种拉力称为表面张力。这种张力不仅产生在液体与气体接触的周界面上，而且产生在与固体接触的表面上，或一种液体与另一种液体的接触面上。流体的这种承受拉力的性能是由作用在表面边界的分子间相互吸引的合力不等于零而形成的。表面张力的大小可用表面张力系数 σ 表示，单位为 N/m。

表面张力的影响在一般工程实际中是被忽略的。但在水滴和气泡的形成。液体的雾化，气液两相流的传热与传质的研究中，将是重要的不可忽略的因素。

8) 汽化压强

在液体中，液体逸出液面向空间扩散的汽化过程和其逆过程——凝结，将同时存在。当这两个过程达到动态平衡时，宏观的汽化现象停止，此时液体的压强称为饱和蒸汽压或汽化压强。液体的汽化压强与温度有关。

当水流某处的压强低于汽化压强时，在该处发生汽化，形成空化现象，对水流和相邻固体物发生不良影响，产生气蚀。

(3) 作用在流体上的力

造成流体机械运动的原因是力的作用，因此还必须分析作用在流体上的力。作用在流体上的力，按作用方式的不同，可分为下述两类，即表面力及质量力。

1) 表面力

表面力是通过直接接触施加在接触表面上的力，用应力来表示。

应力的单位是帕斯卡，简称帕，以符号 Pa 表示，$1Pa = 1N/m^2$。

2) 质量力

质量力是在隔离体内施加在每个质点上的力。重力是最常见的质量力。除此之外，若取坐标系为非惯性系，建立力的平衡方程时，出现的惯性力如离心力、科里奥利（Coriolis）

力也属于质量力。质量力的单位为 m/s²，与加速度单位相同。

2. 流体静力学基本概念

(1) 流体静压强及其特性

流体在静止状态下不存在黏滞力，只存在压应力，简称压强，因此流体静力学以压强为中心，阐述静压强的特性及其分布规律，以能运用这些规律来解决有关工程问题。

1) 流体的静压强

如图 11-22 所示，在一个无底容器下端蒙上一张橡皮膜，上端插一个带有导管的木塞。沿导管向容器里充入空气，空气越多，膜凸出得越厉害。这说明容器底部受到的空气压强越大。

如图 11-23 中的容器侧壁上开一孔，把带有橡皮膜的漏斗插进孔里，将水缓缓倒入瓶内。就看到橡皮膜渐渐地凸起，水加得越满，膜凸出得越厉害。如果抽去容器中的空气和水，橡皮膜又恢复原样。从橡皮膜受压力作用的事实表明，无论是空气还是水，在静止状态下都要对容器壁产生压强。

图 11-22　气体的静压强

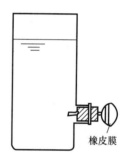

图 11-23　液体的静压强

空气、水等流体作用在任意面积 A 上的总压力称为流体总压力，用符号 P 表示。单位面积上所承受的静压力称为流体的平均静压强，用符号 p 表示，即：

$$p = \frac{P}{A} \tag{11-29}$$

式中　P——作用面上流体的总静压力（N）；

p——作用面上流体的平均静压强（N/m²）；

A——作用面上的受压面积（m²）。

2) 静压强的特性

现在我们用实验来说明流体内部的压强情况。图 11-24 中的 U 形玻璃管是最简单的压强计。在管中装入红颜色的水，在玻璃管的一端套上橡皮管，在橡皮管的另一端接上一只带有橡皮膜的漏斗，当漏斗未放入水中时，测压计两根玻璃管中的水表面都受大气压作用，所以其高度在同一水平面上。如果用手指轻压一下橡皮膜，就会看到测压

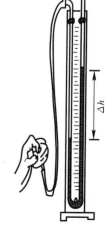

图 11-24　压强计

计中红水被压向开口的一方，U形管两端出现一个高差 Δh，按压橡皮膜的力越大，高差也越大。因此，根据两根玻璃管中液面的高差，可以测出橡皮膜上所受到的压强大小。

实验时，将压强计的漏斗部分放入盛液体的容器中，漏斗放得越深，两根玻璃管中液面的高度差越大，说明压强越大。因此，液体内部的压强随着液体深度的增加而增大。

然后将漏斗放在同一深度上沿不同方向转动，如图 11-25 所示，即将橡皮膜向上、向前、向左、向右或向下、向后或斜放，不管方向如何，两根玻璃管中液面的高度始终是相同，说明压强的大小没有变化。因此，在液体内部的同一深度上沿各个方向都有压强，并且大小相等。

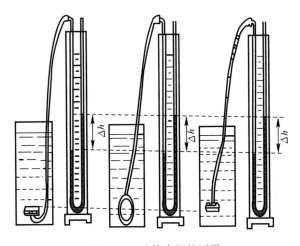

图 11-25 液体内部的压强

结论：液体内部向任何方向都有压强，在同一深度处，沿各个方向的压强均相等，随着深度增加，压强也增大。

液体压强具有下列两个重要特性：

① 流体静压强的方向与作用面垂直，并指向作用面。

② 静止流体中的任何一点压强，在各个面上都是相等的。

由流体静压强特性可知：流体内部的压强随着液体深度的增加而增大，河堤下部所受到水的压强比上部要大，所以堤坝必须越往下越厚，才能受得住水的越来越大压强的作用。

(2) 流体静压强的分布规律

1) 流体静压强的基本方程式

$$P = P_0 + \gamma h \tag{11-30}$$

式中　P——静止流体中任何一点的压强；

　　　P_0——静止流体自由表面上的压强；

　　　γh——静止流体中任何一点到自由表面的单位面积上垂直流体重量。

它表明静止流体的内部压强随深度按线性规律增加，且流体中任一点的压强等于自由表面上的压强 P_0 与该点到自由表面的单位面积上垂直流体重量 γh 之和。

在应用流体静力学基本方程时，应注意：

① 在静止的液体中，液体任一点的压强与该点的深度有关，深度越大，则该点的压

强越大。

② 当流体的表面压强 P_0 发生变化时，必将引起液体内部其他各点的压强的变化。

2）静压强的表示方法

在工程中，表示压强的方法通常采用以下几种：

① 表压力（相对压强）

从压力表上读得的压力值称为表压力，简称表压或称相对压强，用 P_x 表示。它是以大气压强 P_a 作为零点起算的压强值。在管道或设备上装了压力表，压力表上的读数不是管道或设备内流体的真实压强，而是管道或设备内流体真实压强与管道或设备外的大气压强之差。如果管道或设备的内外压强相等，则压力表的读数为零，即相对压强为零。如果压力表的读数为一个工程大气压即是 $98.1 kN/m^2$，管道外大气的压强为一个工程大气压，亦是 $98.1 kN/m^2$，那么管道内流体的真实压强是两个工程大气压即是 $196.2 kN/m^2$，在基本方程式中，假定自由表面压力 P_0 是大气压强 P_a，则表压力（或相对压强）为：

$$P_x = \gamma h \tag{11-31}$$

表压力的单位可用 N/m^2，kN/m^2 表示，一般用 kPa 或 MPa 表示。

② 绝对压强

管道或设备内的真实压强称为绝对压强，用 P_j 表示。它是以没有气体存在的完全真空为零点起算的压强值，即绝对压强等于大气压强与表压力之和，可表示为：

$$P_j = P_a + P_x = P_a + \gamma h \tag{11-32}$$

式中　P_a——大气压强。

③ 真空压强

若管道或设备内的压力小于大气压时，可用真空表测量。由真空表上读到数据便是真空压强或称真空度，用 P_k 表示。即真空压强（真空度）等于大气压强与绝对压强之差，可表示为：

$$P_k = P_a - P_j \tag{11-33}$$

④ 压强的单位及其换算关系

在工程中，表示压强大小常用的单位有三种：

A. 从压强的基本定义出发，用单位面积上所受的压力表示。其单位有牛顿/平方米（N/m^2）或千牛/平方米（kN/m^2），也可用帕斯卡（国际单位代号为 Pa）或千帕斯卡（kPa）表示。

$$1Pa = 1N/m^2 \qquad 1kPa = 1000N/m^2 \qquad 1MPa = 10^6 \ N/m^2$$

经换算 $1MPa = 10.12 kgf/cm^2$。

B. 用液柱高度表示

用液体高度表示压强的方法在工程技术上，特别是在测量压力时，显得十分方便。一般用水柱或汞柱高度表示。如毫米水柱、米水柱（符号为 mmH_2O、mH_2O）、毫米汞柱（符号为 mmHg）。这种压力单位的含义是，流体的压强等于该液柱作用于其底部单位面积上的液体重力。根据液柱底部压强的计算，便知液柱高度单位与压强单位的换算关系。设压强为 P，液体的容重为 γ，液柱高度为 h，当液柱底面积为 A，作用于底面的液柱重力为 $G = \gamma h A$，那么压强为：

$$P = \frac{G}{A} = \frac{\gamma h A}{A} = \gamma h \tag{11-34}$$

$$h = \frac{P}{\gamma} \tag{11-35}$$

式中 γ——液体的容重（N/m^3）。

C. 用大气压的倍数表示

这种表示法分两种情况：一种是标准大气压，另一种是工程大气压。

整个地球被大约800km厚度的大气层包围着。因为空气有重量，所以它对地面和地面附近的一切物体都有压力，这种压力就是大气压力，简称大气压。由于各地区的大气压的大小并不是固定不变的，它随海拔高度和气候条件的变化而不同。国际上规定标准大气压（温度为0℃时海平面上的压强，即760mmHg）为101.325kPa，以符号atm表示，即：

$$1atm = 101.325kPa$$

工程上，为了计算方便，采用比标准大气压略小一点的工程大气压（相当于海拔200m处的正常大气压）为1个工程大气压，以符号"at"表示，即：

$$1at = 1kgf/cm^2 = 0.0981MPa$$

压强的三种量度单位关系是：

$$1at = 1kgf/cm^2 = 98.1kN/m^2 = 0.0981MPa = 10mH_2O = 736mmHg$$

在通风工程中遇到的压强较小，因此可用毫米水柱表示，根据$101326N/m^2 = 10.33mH_2O$的关系换算为：

$$1mmH_2O = 9.81N/m^2 = 9.81Pa$$

(3) 流体对容器的总静压力

在工程中常会碰到两类问题：一类是水箱、水池、闸门、防洪堤等结构设计，另一类是分析压力管道、锅炉汽包、各类水箱、油箱、气罐的受力情况，以判断管道及容器的强度是否足够。要解决这些问题，首先要确定整个受压面上作用的流体总静压力及压力的方向和作用点，以下仅讨论平面壁上的受力情况。

1) 受压面为水平面的情况

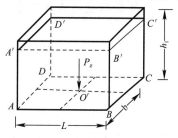

图 11-26 矩形水箱水的总静压力

如图 11-26 所示，矩形水箱的水平受压面积为 A，水平面上的静水总压力 P_z 是整个受压面上平均压力 P 与受压面积的乘积，即：

$$P_z = PA = \gamma h A \tag{11-36}$$

式中 h——受压平面的淹没深度（m）；
γ——液体的容重（N/m^3）；
A——受压水平面的面积（m^2）。

在受压面为水平面的情况下，压力均匀分布，总压力方向垂直指向水平面，作用点是受压面的形心。对于质量分布均匀，形状有规则的物体，形心位于它的几何中心处，即在长方形对角线的交点 O 处。

2) 受压面为垂直平面的情况

设在静水中的受压面是一个垂直的矩形平面，例如矩形平面闸门、水池侧壁等。

垂直矩形平面上所受的静水总压力的大小等于该平面形心点的压力与平面面积的乘积。

总静压力 P 的方向是垂直指向作用面的，其作用点为 D，在作用面对称轴上，它离液面的距离为 $2/3h$，h 是液面的高度，即：

$$h_D = 2/3h \tag{11-37}$$

3. 流体动力学的基本概念

（1）流体运动的基本概念

1）过流断面、流速、流量

① 过流断面

与流体运动方向垂直的横断面叫做过流断面。

② 流速、流量

流体在单位时间内所流动的距离称为流速，单位为 m/s。

由于流体具有黏滞性，所以在同一过流断面上的流速是不均匀的，紧贴管壁的流体质点，其流速接近于零，在管道中央的流体质点的流速最大。其流体质点在单位时间内所通过的距离称为点流速。在实际工程中常用平均流速，其定义为过流断面上各点流速的算术平均值，符号为 V，单位为 m/s。

流量是过流断面面积和平均流速的乘积，即：

$$Q = VA \tag{11-38}$$

式中　Q——流量（m^3/s）；

V——过流断面的平均流速（m/s）

A——过流断面面积（m^2）。

2）迹线、流线

① 迹线

跟踪每一个流体质点的运动轨迹，研究在运动过程中该质点运动要素随时间的变化情况，通常把流体质点的运动轨迹称为迹线，例如河中漂浮物随时间漂流的轨迹线，就是水面质点的迹线。在实际工程中通常没有必要了解流体每个质点运动的详细过程，所以在工程流体力学中研究迹线的方法很少采用。

② 流线

另一种描绘流体运动的方法是研究流体运动在其各空间位置点上质点运动要素的分布与变化情况。例如研究流体在管道中不同位置断面上水流的速度、压强的分布规律，以满足工程设计的需要。流线就是这种方法的主要概念，用流线来描述水流运动，其流动状态更为清晰、直观。

流线的特征：

A. 在流线上所有各质点在同一时刻的流速方向均与流线相切，并指向流动的方向，如图 11-27 所示，图中各点的流速方向就是流线上各点的切线方向。

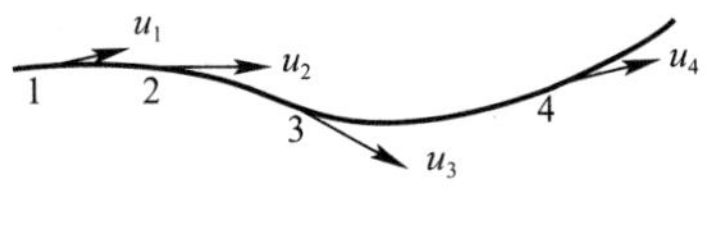

B. 流线是一条光滑的曲线而不可能是折线。

C. 在同一瞬间内，流线一般不能彼此相交。经过

图 11-27　流线

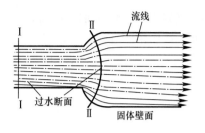

图 11-28 流线与过流断面

水流中的任何一点，在同一时刻，水流质点顺着流线运动。

"流线"表示同一时刻的许多质点的流动方向。根据流线的概念，可以进一步定义过流断面，当流线是互相平行的直线时，如图 11-28 中Ⅰ—Ⅰ断面所示，其过流断面是平面；当流线不平行时，如图 11-28 中Ⅱ—Ⅱ断面所示，其过流断面是曲面。

（2）流体运动的分类

1）按流体运动要素与时间的关系分类

① 稳定流：流体在运动时，任意空间点在不同时刻通过的流体质点的流速、压强等运动要素均不变的流动，称为稳定流。

② 非稳定流：流体在运动时，任意空间点在不同时刻通过的流体质点的流速、压强等运动要素是变化的流动，称为非稳定流。

如图 11-29（a）所示的水箱，进水管不断进水，多余水从溢流管排出，进出水流量基本相同，所以水箱中水位高度不变，这时在出水管任一断面处的流速、压力均不随时间而变化，这就是稳定流。而图 11-29（b）所示，水箱没有进水管，随着水从出水口不断流出，水位逐渐下降，引起水流速度变小，这就是非稳定流。

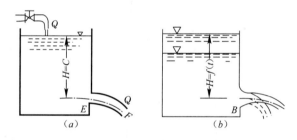

图 11-29 稳定流与非稳定流

在实际工程中，稳定流与非稳定流的划分不是绝对的。如水塔中的水位虽有变化起伏，但与整个压力水头相比却微不足道，这样就可将水塔出水管中的非稳定流看成稳定流。

在水暖和通风工程中，一般都将流体运动看作稳定流。例如在开动水泵或通风机的调节阀门时，在短时间内，管道中流体的流速随时间迅速变化，是属于非稳定流，但在阀门调节后，经过一段时间，流体的流速将不随时间变化，就可以认为是稳定流。

2）按流体运动的流速沿流程变化分类

① 均匀流：流体运动中，各过流断面上相应点的流速（大小和方向）沿程不变，这样的流体运动称为均匀流。其特点是流线为彼此平行的直线。例如流体在等径管道中的流动。

② 非均匀流：流体运动中各过流断面上相应点的流速不相等，流速沿流程变化，这样的流体运动称为非均匀流。其特点是流线为彼此不平行的直线和曲线。例如，流体在变径的管道中或弯管中的流动就是非均匀流。

在非均匀流中，根据流速沿流程变化的情况又可将流体运动分为：

A. 渐变流：流体运动时，流速沿流程变化缓慢，流线是彼此接近平行的直线，这样的流体运动称为渐变流。如图 11-30 中的 A、B、C 三区。

B. 急变流：流体运动时，流线彼此不平行或急剧弯曲，称为急变流，如图 11-30 中的 D、E 两区。

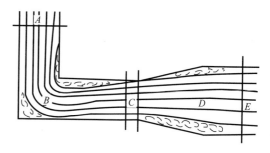

图 11-30　渐变流与急变流

3）按流体运动对接触周界情况分类

① 有压流：流体沿流程的各过流断面的整个周界都与固体表面接触而无自由表面的流动称为有压流。显然，有压流没有自由表面。供热、通风和给水管道中的流体流动均属有压流，如图 11-31（a）所示。

② 无压流：流体沿流程的各过流断面有部分周界与固体表面接触，其余部分周界与大气相接触，具有自由表面，这种流动称为无压流。例如：排水管道、天然河流、工业管道中的流槽等，如图 11-31（b）、（c）所示。

③ 射流：流体流动时，流体整个周界都不和固体周界接触，而是被四周的气体或液体所包围，这种流动称为射流。射流又可分为：

A. 自由射流：若整个液体（或气体）被包围在气体之中，这种射流被称为自由射流，如图 11-32（a）所示。

    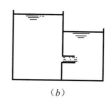

　　（a）　　　　　（b）　　　　　（c）　　　　　　　　（a）　　　　　（b）

图 11-31　有压流与无压流　　　　　　　　　　图 11-32　射流

B. 淹没射流：若整个液体（或气体）被包围在液体之中，称为淹没射流，如图 11-32（b）所示。

（3）稳定流的连续方程

稳定流连续方程式是研究在稳定流条件下各过流断面面积与断面平均流速沿程变化的规律。其实质是质量守恒定律在流体力学中的应用。在推导此方程时，需注意：

1）流体流动是稳定流；

2）流体是不可压缩的；

3）流体是连续介质；

4）流体不能从流段的侧面流入或流出。

如图 11-33 所示，在管道上任取两个过流断面 a-a、b-b，质量为 W_1 的液体，从 a-a 断面流入，质量为 W_2 的液体从断面 b-b 流出，在两过流断面上的横断面积分别为 A_1、

A_2，液体密度分别为 ρ_1、ρ_2，断面平均流速分别为 V_1、V_2，根据前述条件可知，$W_1 = W_2$，即：

$$A_1 V_1 \rho_1 = A_2 V_2 \rho_2 \tag{11-39}$$

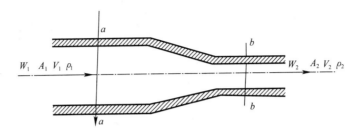

图 11-33 连续方程式的推导

对于不可压缩流体，$\rho_1 = \rho_2$，则：

$$A_1 V_1 = A_2 V_2 \tag{11-40}$$

即：
$$Q_1 = Q_2$$

这就是不可压缩流体作稳定流动时的连续方程式。它表明在稳定流的管路中，任一过流断面上的流体的流速与横断面积之积均相等。或者说流量 Q 沿程不变。公式又可写成：

$$\frac{A_1}{A_2} = \frac{V_2}{V_1} \tag{11-41}$$

上式表明，在稳定流时，流体的流速与横断面积成反比，对于圆形断面的管子，$A = \frac{\pi}{4} d^2$，所以又可写成：

$$\frac{V_1}{V_2} = \left(\frac{d_2}{d_1}\right)^2 \tag{11-42}$$

即：流速与直径的平方成反比。

例如，有一变断面的压力水管，如图 11-34 所示，断面 1-1 的直径 $d = 0.2$m，平均流速是 $V_1 = 1.0$m/s，断面 2-2 的直径 $d_2 = 0.1$m，那么求断面 2-2 的平均流速 V_2 为多少？

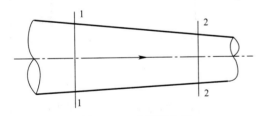

图 11-34 变断面水管

根据公式 $\frac{V_1}{V_2} = \left(\frac{d_2}{d_1}\right)^2$ 那么 $V_2 = V_1 \left(\frac{d_1}{d_2}\right)^2 = 1.0 \times \left(\frac{0.2}{0.1}\right)^2 = 4.0$m/s

（4）稳定流的能量方程

在流体静力学中，已经知道流体中某点的静压强仅与该点所处的位置有关。而流体流动时的压强即动压强，不仅与该点所处位置有关，还与流体的运动状态有关。

本部分重点介绍过流断面的压强分布和流速测定及稳定流能量方程等的相关内容。

1) 过流断面的压强分布和流速测定

① 渐变流过流断面上的压力分布规律

流体运动时的压强，它不仅与该点所处的位置有关还与流体的运动状态有关。

为使渐变流断面上的动压强分布规律能应用在稳定流的能量方程中，需介绍"理想流体"的概念。由于流动的流体具有一定的黏滞性，因此在同一过流断面上，流体各处的速度并不相同。例如河水流动时，河面中心处速度大，靠近河岸和河底处水的速度很小。这种客观存在的流体称为实际流体。但是，为了使研究的问题简化，先不考虑流体的黏滞性，同时又认为流体是不可压缩的（气体虽容易被压缩，但气体的黏滞性很小，如果有很小的压力差，就能使气体流动，所以将气体也看成不可压缩的）。这种假想的没有黏滞性和不可压缩的流体，称为理想流体。在研究问题时，先将实际流体按理想流体分析，得出结果后，再考虑黏滞性的因素，加以修正，结论就可以应用到实际流体中去。

② 流速的测定

流速是流体的重要运动要素，其大小可以从公式 $V=Q/A$ 求得，也可以通过实测获得。

介绍测速法，目的是建立流速水头概念，为能量方程打个基础。

毕托管就是测速管，最简单的就是将玻璃管下端弯成 $90°$，管前处开一小孔 A，如图 11-35（a）所示。它可以直接测得明渠（无压流）中任何一点的流速。如果测有压管路中流速时还需要一根测压管和毕托管配合使用，如图 11-35（b）所示，两根管子的水面差 h 就是所测流速的大小。在实际中常将测速管和测压管组合在一起，用金属材料制成流速测量仪，并将测速管和测压管置于同一断面内。

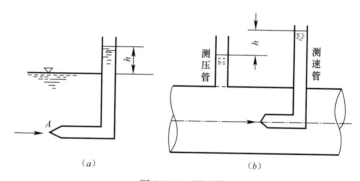

图 11-35 测速管

只要知道测速管与测压管液面高差 h，就可算出该点的流速 V，高差 $h=V^2/2g$，称为流速水头，$\alpha V^2/2g$ 称为过流断面平均流速水头，α 为动能修正系数，一般取 α 为 1.0。

2）流动流体的机械能及其转化

水从高处流向低处时，高度降低后速度增加了；沿着水平方向流动的水遇到阻碍时，速度减小，压强会增大。在流体流动的过程中，高度、压强和速度三个量常常互相转化。研究气体运动时，高度改变不起重要作用，只有压强和速度互相转化。现以图 11-36 为例来说明流体运动时机械能转化的情况。

设水箱水位保持不变，使流体作稳定流动，在管段 A、B 两处各接测压管，C 处装阀门一只，当阀门关闭时，水不流动，A、B 两测压管中水面相平，打开阀门，水流动，两测压管中水面不同，顺着水流动方向，管道的断面由大变小，根据连续性方程，可知流速由小变大，因而

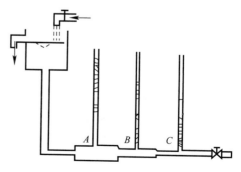

图 11-36 稳定流能量变化

断面 B 的水流平均动能大于断面 A 处水流平均动能，动能的增加是由势能（即 A 处的压强势能）减少而来的。

3）能量方程式

为了简化能量方程式的推导，首先以理想流体为研究对象，然后考虑实际流体具体条件，得出实际流体的能量方程式。

① 理想流体的能量方程式

如图 11-37 所示，设不可压缩流体作稳定流动，在符合渐变流段上任取两个过流断面 1-1，2-2，并取基准面 0-0。若两个过流断面的平均流速分别为 V_1、V_2，横断面积分别为 A_1、A_2，作用在其上的压强分别为 P_1、P_2，那么，总压力 $P_{1z}=P_1 A_1$ 与 V_1 同向，$P_{2z}=P_2 A_2$，与 V_2 反向，两断面距基准面高度分别为 Z_1、Z_2。

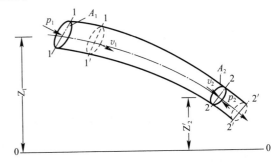

图 11-37　能量方程式推导

流段 1-2 在很短时间 Δt 内，从位置 1-2 移到 $1'$-$2'$，由于所取的时间 Δt 很短，可以认为这两处断面的面积、压强、流速和位置高度分别与原来相同。在这段时间内，外力对流体所做的功为该流体动能的增量。

这些外力包括流体的重力、压力和黏滞力。流体的动能增量就等于流段 1-$1'$ 与 2-$2'$ 的动能差。通过以上分析并根据动能原理，外力对流体所作的功的代数和应等于流体动能的增量。

经整理后得不可压缩流体的能量方程为：

$$Z_1 + \frac{P_1}{\gamma} + \frac{V_1^2}{2g} = Z_2 + \frac{P_2}{\gamma} + \frac{V_2^2}{2g} \tag{11-43}$$

② 实际液体的能量方程

实际液体在运动时，由于黏滞性而产生阻力，必须考虑产生的各种阻力。阻力所做的功是负功，它阻碍液体流动，所以要损失一部分能量，单位重量的液体所损失的能量用 h_w 表示。另一方面，由于黏滞性，断面上流速分布是不均匀的，而根据平均流速 V 计算总动能与实际总动能有出入，需要进行修正，在上式中，应加动能修正系数 α，一般取 $\alpha=1.05\sim1.1$，考虑到以上两种因素后，实际液体的能量方程为：

$$Z_1 + \frac{P_1}{\gamma} + \frac{\alpha_1 V_1^2}{2g} = Z_2 + \frac{P_2}{\gamma} + \frac{\alpha_2 V_2^2}{2g} + h_w \tag{11-44}$$

这就是不可压缩液体的稳定流能量方程式，是流体力学中最重要的基本方程式之一，它给出了液体中流速、动压强以及位置高度三者之间的关系。将这个方程与连续性方程式联合起来，可以解决有关液体运动的许多实际问题。此式又称为伯努利方程式。

③ 实际气体的能量方程

前面推导出实际液体的能量方程式，同样适用于未压缩的气体。但因气体容重很小，其中有关重力做功的第一项可以忽略不计，于是可以成为：

$$\frac{P_1}{\gamma} + \frac{\alpha_1 V_1^2}{2g} = \frac{P_2}{\gamma} + \frac{\alpha_2 V_2^2}{2g} + h_w \tag{11-45}$$

由于一般通风管道中过流断面上空气流速分布均匀，所以动能修正系数 $α=1.0$。气流的水头概念，不如液体那样明确具体，因此上式各项乘以气体容重 $γ$ 后，就成了用压强来表达的形式：

$$P_1 + \frac{V_1^2 γ}{2g} = P_2 + \frac{V_2^2 γ}{2g} + h_w γ \tag{11-46}$$

（5）稳定流的动量方程

前面讲述了流体动力学的连续性方程和能量方程，现在讨论流体动力学第三个基本方程——稳定流的动量方程。这对研究流体与外部边界的相互作用是很有用的。在实际工作中常会遇到这类问题，如流体在流动或喷射时，对丝口、焊口或法兰螺丝的拉力有多大？在给水管路中大口径水管转弯处，需设置钢筋混凝土支墩，这是由于水流在转向时对弯管产生了一个不同于重力的作用力，这个力是作用在弯管上的推力。因此，只有在弯管处装设支墩，才能顶住这推力，以避免弯管受力时产生位移或承插口被拉开而造成严重渗漏。要知道拉力和推力的数值只有借助流体的动量方程进行计算。

由物理学知道，物体的质量 m 和速度 v 的乘积 mv 称为物体的动量。作用于物体所有外力的合力 ΣF 和作用时间 Δt 的乘积 $\Sigma F \Delta t$ 称为冲量。动量定律指出，作用于物体的冲量，等于物体的动量增量，即 $\Sigma \overrightarrow{F \Delta t} = \overrightarrow{mv}$ (11-47)

动量定律是向量方程，符号→表示向量。

4. 孔板流量计、减压阀的基本工作原理

（1）孔板流量计

孔板流量计是按照孔口出流原理制成的，用于测量流体的流量。如图 11-38 所示，在管道中设置一块金属平板，平板中央开有一孔，在孔板两侧连接测压管，只要知道两根测压管的液面高差，就可以根据公式 $Q = μA\sqrt{2gH_0}$ 算出通过孔板的流量。计算时 $μ$ 取 $0.6 \sim 0.75$，H_0 就是孔板前后的测压管（计）液面高度差，A 为孔的面积。

（2）减压阀

流体力学的连续方程告诉我们，流体在断面缩小的地方流速大，此处的动能也大，在过流断面上会产生压差。

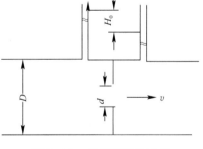

图 11-38　孔板流量计原理

减压阀的工作原理就是使流体通过缩小的过流断面而产生节流，节流损失使流体压力降低，从而成为所需要的低压流体。无论减压阀是什么形式，甚至是减压圈，它们的基本原理都是相同的。

5. 流体流动阻力及其分类

单位重量流体在流动过程中所损耗的机械能称为能量损失。流体机械能消耗后，将转化为热能散失到流体中。产生这种损失的根本原因是流体在运动中受到了阻力，流体克服阻力作功而引起了能量的消耗。一方面是流体本身有黏滞性，另一方面是管内壁的粗糙对

流体存在阻滞作用和扰动作用。此外，在管道系统中还包括流体通过各种设备等处的阻力，也都要产生能量损失。因此，一般可将流体阻力及能量损失分为两种形式。

(1) 沿程阻力和沿程能量损失

流体在全部流程中，受到固体边壁的阻滞作用和流体内部存在的摩擦阻力，称为沿程阻力。单位重量流体为了克服沿程阻力而消耗的机械能，称为沿程能量损失，以符号 h_f 表示。在管径不变的直管中，沿程能量损失的大小与管线长度成正比；在渐变流中沿程能量损失占主要部分。

(2) 局部阻力和局部能量损失

流体的边界在局部地区发生急剧变化，迫使流速的大小和方向发生相应改变，主流脱离边壁而形成旋涡，流体的质点发生剧烈碰撞、摩擦，这种对流体运动所形成的阻力，称为局部阻力。例如流体通过管道中的弯头、三通、阀门等都会出现局部阻力。单位重量流体为了克服局部阻力作功而消耗的机械能，称为局部能量损失，常以符号 h_j 表示。在急变流中局部损失占主要部分，其大小与边界条件的局部变化情况有关。

在管径不变的直管段上，流速不变，测压管水头线和总水头线都是直线，沿程水头损失 h_f 与流程的长度成正比。在弯头、突然扩大、突然缩小、闸门等边界改变处产生局部水头损失 h_j，其值与边界情况变化有关。整个管路的总水头损失 h_w 等于各管段沿程水头损失 h_f 与各局部水头损失 h_j 分别迭加之和，即：

$$h_w = \Sigma h_f + \Sigma h_j \tag{11-48}$$

式中　Σh_f——各直管段沿程水头损失之和（m）；

Σh_j——各弯头、突然扩大或突然缩小及闸门等局部处的局部水头损失之和（m）；

Σh_w——整个管路总水头损失（m）。

工程上常用的水头损失的计算公式是：

沿程水头损失：$h_f = \lambda \dfrac{L}{d} \dfrac{v^2}{2g}$ \hfill (11-49)

局部水头损失：$h_j = \zeta \dfrac{v^2}{2g}$ \hfill (11-50)

在采暖、通风工程中，对于气体，热水管路以及流体的密度、容重沿程发生改变的管路，其能量损失用压强表示，称为压头损失。整个管路的总压头损失的计算公式为：

$$p_w = \Sigma p_f + \Sigma p_j \tag{11-51}$$

式中 p_f 为沿程压头损失，公式为：

$$p_f = \lambda \frac{L}{d} \frac{v^2}{2g} \gamma \tag{11-52}$$

p_j 为局部压头损失，公式为：

$$p_j = \zeta \frac{v^2}{2g} \gamma \tag{11-53}$$

式中　L——管长（m）；

d——管径（m）；

v——断面平均流速（m/s）；

g——重力加速度（m/s²）；

λ——沿程阻力系数；

γ——流体容重（N/m³）；

ζ——局部阻力系数。

从上述公式可以知道能量损失和阻力系数是成正比关系。

十二、电工学基础

本章研究电路功能及电磁现象的基本规律与分析方法,是学习电工专业知识必要的理论基础。通过学习,要掌握直流电路、交流电路的基本概念、基本规律和基本分析方法,了解变压器三相异步电动机等的基本结构、工作原理、特性以及三相交流异步电机拖动的基本理论,了解二极和三极晶体管的基本结构及应用,为进一步提高专业知识打下必要的基础,并在房屋建筑电气安装工程和智能化工程中应用。

(一) 直 流 电 路

本节介绍直流电路的构成和电路计算的基本方法。

1. 电路及其构成

凡是用电工部件(元件)的任何方式连接成的总体都称为电路,电路是提供电流流通的路径。

电路的结构形式是各种各样的,如图 12-1 (a) 所示,它的作用是实现电能的传输和转换。电路由电源、负载和中间环节组成。

(1) 电源是电路中将其他形式的能转换成电能的设备,如发电机、蓄电池等都是电源。

(2) 负载是将电能转换成其他形式能的装置,如电动机、电灯等都是负载。

(3) 中间环节是用来连接电源和负载,起到能量传输和控制及保护电路的作用,如导线、开关及保护设备等。

凡电路中的电流,电压大小和方向不随时间的变化而变化的称稳恒电流,简称直流电,用 DC 表示。

为便于分析和研究电路中各物理量的关系,用规定的图形符号把一些实际设备抽象成一些理想的模型图,称电路图,如图 12-1 (b) 所示。

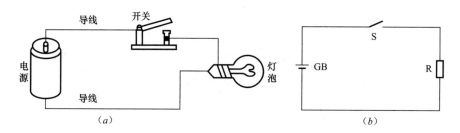

图 12-1 电路的结构形式

2. 电路的工作状态

(1) 通路

通路就是电源与负载接成闭合回路，这时电路中有电流流过。通路又可分为轻载、满载和超载。其中一般情况下满载是最佳工作状态。

(2) 开路

开路就是电源与负载接成的电路中没有电流流过。在实际电路中，开路有正常开路和事故开路。开路又称断路。

(3) 短路

短路就是电源未经负载直接由导线构成通路。短路是一种事故，发生短路后，电路中的电流比正常工作时大得多，可能烧坏电源和电路中的设备，所以应严防电路发生短路事故。

3. 电阻、电容、电感元件在直流电压作用下的定性分析

(1) 电阻元件是体现电能转化为其他能量的二端元件，简称电阻，用 R 表示，其单位是欧姆，用 Ω 表示。也可用千欧（$1k\Omega=10^3\Omega$），兆欧（$1M\Omega=10^6\Omega$）等表示。

在直流电电路中，当电阻元件的端电压 U 和通过它的电流 I 的方向选取一致时，U 和 I 的关系就是欧姆定律：

$$I = U/R \tag{12-1}$$

即电阻中流过的电流值与电阻两端的电压值成正比，与电阻值成反比。电阻元件的电阻值不随电流 I 或电压 U 的数值大小而发生变化，称线性电阻，反之称非线性电阻。

根据焦耳—楞次定律和欧姆定律，电阻元件上消耗的功率为：

$$P = UI = I^2R = U^2/R \tag{12-2}$$

(2) 电容元件是体现电场能量的二端元件，简称电容，用 C 表示，其单位是法拉，用 F 表示，由于法拉的单位太大，工程上多采用微法（μF）或皮法（pF）表示。$1\mu F=10^{-6}F$，$1pF=10^{-12}F$。

电容元件是储能元件，任一电工部件只要具有必须考虑电场储能的过程，就可以抽象出一个电容元件。

当电容元件上电荷（量）或电压 U_c 发生变化时，则电路中引起的电流变化为：

$$i = \frac{dq}{dt} = \frac{d(Cu_c)}{dt} = C\frac{du_c}{dt} \tag{12-3}$$

当电容元件两端加恒定电压时，其中电流 i 为零，故电容元件可视为开路，也就是平常所说的电容具有隔直流作用。

(3) 电感元件是体现磁场能量的二端元件，简称电感，用 L 表示，其单位是亨利，用 H 表示，也可用毫亨 mH，（$1H=10^3mH$），微亨 μH（$1H=10^6\mu H$）等表示。

电感元件也是储能元件，任一电工部件只要有必须考虑的磁场储能过程，就可以抽象出一个电感元件。

电感上的感应电压等于磁通量的变化率，当电压和电流选取同方向时则有：

$$U_L = \frac{d\varphi}{dt} = \frac{d(Li)}{dt} = L\frac{di}{dt} \tag{12-4}$$

在稳恒电流下，电流的变化率为零，所以感应电压 U_L 也为零，即对稳恒电流来说，电感元件可视为短路。

4. 基尔霍夫定律

分析与计算电路的基本定律，除欧姆定律外，还有基尔霍夫电流定律和电压定律。基尔霍夫电流定律应用于节点，电压定律应用于回路。

电路中每一分支称为支路，一条支路流过一个电流，称为支路电流。

电路中三条或三条以上的支路相连接的点称为节点。

回路是由一条或多条支路所组成的闭合电路。

(1) 基尔霍夫第一定律

基尔霍夫第一定律也称节点电流定律（KCL），表达为：电路中任意一个节点的电流的代数和恒等于零。即：

$$\Sigma I = 0 \tag{12-5}$$

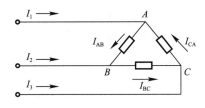

图 12-2

基尔霍夫电流定律通常应用于节点，也可以把它推广应用于包围部分电路的任一假设的闭合面，即流入流出闭合面的电流的代数和为零，如图 12-2 所示。

电路 $I_1 + I_2 + I_3 = 0$ 或 $\Sigma I = 0$

(2) 基尔霍夫第二定律

基尔霍夫第二定律也称回路电压定律（KVL），表达为：对于电路中任一回路，沿回路绕行方向的各段电压代数和等于零。即：

$$\Sigma U = 0 \tag{12-6}$$

如图 12-3 所示，回路 $abcde$ 表示电路中的某一回路（其余回路未画出），各支路电流的参考方向如图所示，当回路沿顺时针绕行时，根据 KVL 定律，可列方程如下：

$$I_3 R_3 - E_2 - I_2 R_2 + I_1 R_1 + E_1 = 0$$

基尔霍夫电压定律不仅应用于闭合回路，也可以把它推广应用于回路的部分电路，例如图 12-4 所示电路，同样也可应用基尔霍夫定律得到关系式。

$$-U + IR + E = 0 \quad 即 \quad I = \frac{U - E}{R}$$

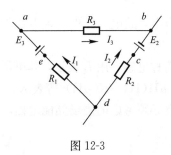

图 12-3

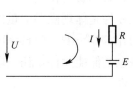

图 12-4

（二）单相交流电路

本节介绍单相正弦交流电路的基本概念及负载性质对电路的影响。

1. 交流电的概念

大小和方向随时间作周期性变化的电压和电流称为周期性交流电，简称交流电。其中随时间按正弦规律变化的交流电称正弦交流电，如图 12-5 所示。正弦电动势、正弦电压、正弦电流表达式为：

$$\begin{cases} e = E_{\mathrm{m}}\sin(\omega t + \varphi) \\ u = U_{\mathrm{m}}\sin(\omega t + \varphi) \\ i = I_{\mathrm{m}}\sin(\omega t + \varphi) \end{cases} \quad (12\text{-}7)$$

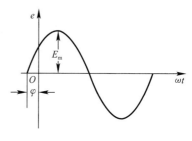

图 12-5 正弦交流电

2. 正弦交流电的三要素

（1）周期与频率

1）周期：交流电完成一次周期性变化所需的时间称为交流电的周期，用 T 表示，单位是秒（s），如图 12-6 所示。

2）频率：交流电在 1s 内完成周期性变化的次数称交流电的频率，用 f 表示，单位是赫兹（Hz），较大的为千赫兹（kHz）和兆赫兹（MHz）。

由定义可得：

$$f = \frac{1}{T} \text{ 或 } T = \frac{1}{f} \quad (12\text{-}8)$$

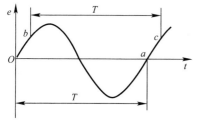

图 12-6 交流电的周期

我国电力系统中，动力和照明用电的频率为 50Hz，称工频，其周期为 0.02s。

频率和周期都是反映正弦交流电变化快慢的物理量，如果周期越长（频率越低），那么交流电变化就越慢。

3）角频率：交流电每秒所变化的角度称角频率，用 ω 表示，单位是 rad/s。根据定义，周期、频率和角频率的关系为：

$$\omega = \frac{2\pi}{T} = 2\pi f \quad (12\text{-}9)$$

频率与磁极对数的关系：在有 P 对磁极的发电机中，电枢每转一圈，电动势就完成 P 次周期变化。如果电枢每分钟旋转 n 圈，则其频率为：

$$f = \frac{Pn}{60} \quad (12\text{-}10)$$

（2）瞬时值与最大值

1）瞬时值：交流电在某一时刻的值称为在这一时刻交流电的瞬时值，用小写字母来表示，如电动势、电压、电流的瞬时值分别用 e、u、i 表示。

2）最大值：最大的瞬时值称最大值，也称峰值，一个周期内正弦交流电最大值出现两次，用带下标 m 的大写字母表示，如电动势、电压、电流的最大值分别用 E_m、U_m、I_m 表示。

（3）相位与相位差

1) 相位：t 时刻交流发电机线圈平面与中性面的夹角 $(\omega t+\varphi)$ 叫做该正弦交流电的相位。φ 是 $t=0$ 时刻的相位，称初相位，简称初相。初相反映了正弦交流电起始时刻的状态。

2) 相位差：两个同频率交流电的相位之差称相位差，因频率相同，所以相位差也即是初相位差。根据相位差可以确定两个交流电的相位关系。

设：$U_1=U_{m1}\sin(\omega t+\varphi_1)$，$U_2=U_{m2}\sin(\omega t+\varphi_2)$，

如 $\Delta\varphi=\varphi_1-\varphi_2>0$，则 U_1 超前 U_2，或者 U_2 滞后 U_1；

如 $\Delta\varphi=\varphi_1-\varphi_2=0$，则称 U_1 和 U_2 同相位；

如 $\Delta\varphi=\varphi_1-\varphi_2=90°$ 则称 U_1 和 U_2 正交；

如 $\Delta\varphi=\varphi_1-\varphi_2=180°$ 则称 U_1 和 U_2 反相。

从上面讨论可知：最大值、频率和初相是表征正弦交流电的三个物理量，称正弦交流电三要素。

3. 正弦交流电的有效值

为了方便计算正弦交流电作的功，引入有效值这个量值。交流电的有效值是根据电流的热效应来规定的，定义如下：如果一个交流电流通过一个电阻，在一个周期时间内所产生的热量和某一直流电流通过同一电阻在相同的时间内所产生的热量相等，那么这个直流电流的量值就称为交流电流的有效值。电动势、电压、电流的有效值分别用 E、U、I 表示。经计算，正弦交流电的最大值和有效值关系如下：

$$\begin{cases} E_m=\sqrt{2}E \\ u_m=\sqrt{2}U \\ I_m=\sqrt{2}I \end{cases} \tag{12-11}$$

4. R、L、C 单一负载交流电路特点

（1）负载为电阻元件

1) 电压与电流的关系

如图 12-7 (a) 所示电路，设加在电阻两端的正弦电压为：$u_R=U_{Rm}\sin\omega t$

实验证明，交流电流与电压的瞬时值，仍符合欧姆定律，即：

$$I=\frac{U_R}{R}=\frac{U_{Rm}}{R}\sin\omega t=I_m\sin\omega t \tag{12-12}$$

可见在电阻元件电路中，电流 i 与电压 u_R 是同频率、同相位的正弦量，如图 12-7 (b) 所示。用有效值表示，则有：

$$I=\frac{U_R}{R} \text{ 或 } U_R=IR \tag{12-13}$$

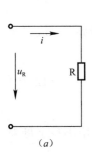

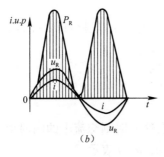

图 12-7

2)电路的功率

在交流电路中,电压和电流是不断变化的,我们把电压瞬时值 u 和电流瞬时值 i 的乘积称为瞬时功率,用 P 表示,即:

$$P = u_R i = U_R I - U_R I \cos 2\omega t$$

瞬时功率的变化曲线如图 12-7(b) 所示,由于电流与电压同相位,所以瞬时功率总是正值(或为零),表明电阻总是在消耗功率。为反映电阻所消耗功率的大小,用平均功率来表示瞬时功率在一个周期内的平均值,称有功功率,用 P 表示。

$$P = \frac{1}{T}\int_0^T p\,dt = UI = I^2 R = U^2/R \tag{12-14}$$

(2)负载为电感元件

1)电压与电流的关系

如图 12-8(a) 所示电路,设电流 i 与电感元件两端感应电压 u_L 参考方向一致,且设 $i = \sqrt{2} I \sin\omega t$,则根据式(12-4)得:

$$u_L = L\frac{di}{dt} = \sqrt{2}I\omega L \cos\omega t = \sqrt{2}I\omega L \cos(\omega t + \frac{\pi}{2}) \tag{12-15}$$

u_L 和 i 是同频率的正弦函数,两者互相正交,且 u_L 超前 i 90°,如图 12-8(b) 所示。

可以证明,电感元件中电流与电压有效值之间的关系为:

$$U_L = \omega L I \text{ 或 } I = \frac{U_L}{\omega L} \tag{12-16}$$

其中 ωL 称感抗,单位是欧姆。用 X_L 表示。

$$X_L = \omega L = 2\pi f L \tag{12-17}$$

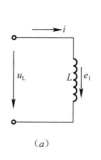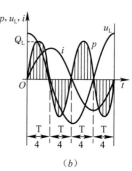

图 12-8

所以电感元件中电流、电压有效值关系可写成:

$$I = \frac{U_L}{X_L} \tag{12-18}$$

由式(12-17)、(12-18)可以看出,当电流的频率越高,感抗越大,其对电流的阻碍作用也越强,所以高频电流不易通过电感元件,但对直流电,$X_L = 0$,电感元件相当于短路,可见电感元件有"通直阻交"的性质,在电工和电子技术中有广泛应用。例如高频扼流圈就是利用感抗随频率增高而增大的特性制成的,被用在整流后的滤波器上。

2)电路的功率

$$P_L = u_L i = 2U_L I \sin(\omega t + \frac{\pi}{2})\sin\omega t = U_L I \sin 2\omega t \tag{12-19}$$

则在一个周期内的平均功率为:

$$P_L = \frac{1}{T}\int_0^T p\,dt = \frac{1}{T}\int_0^T U_L I \sin 2\omega t\,dt = 0 \tag{12-20}$$

即平均功率等于零。但瞬时功率并不恒等于零,而是时正时负,如图 12-8(b) 所示,说明电感元件本身并不消耗电能，而是与电源之间进行能量交换。为了反映交换规模的大小，把瞬时功率的最大值称为无功功率，单位是乏尔 var，用符号 Q 表示，电感元件无功功率表达式为：

$$Q_L = U_L I = I^2 X_L = \frac{U_L^2}{X_L} \tag{12-21}$$

(3) 负载为电容元件

1) 电压与电流的关系

如图 12-9 (a) 所示，设 $U_C = \sqrt{2} U_C \sin\omega t$，且取电容元件电流 i 与电压 U_C 的参考方向一致，则根据式 (12-3) 得：

$$i = C\frac{du_C}{dt} = \sqrt{2}\omega C U_C \sin(\omega t + \frac{\pi}{2}) \tag{12-22}$$

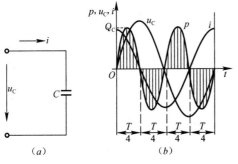

图 12-9

i 和 U_C 是同频率的正弦函数，两者互相正交，且 i 超前 U_C 90°，如图 12-9 (b) 所示。可以证明，电容元件电流与电压有效值的关系为：

$$I = \omega C U_C = \frac{U_C}{\frac{1}{\omega C}} \text{ 或 } U_C = \frac{I}{\omega C} \tag{12-23}$$

其中 $\frac{1}{\omega C}$ 称容抗，用 X_C 表示，单位是欧姆。

$$X_C = \frac{1}{\omega C} = \frac{1}{2\pi f C} \tag{12-24}$$

则：

$$I = \frac{U_C}{X_C} \tag{12-25}$$

从式 (2-22)、(2-23) 可以看出，当 $\omega = 0$ 时，$X_C \to \infty$，即对直流稳态来说电容元件相当于开路。当 $\omega \to \infty$ 时，$X_C \to 0$，即对于极高频率的电路来说，电容元件相当于短路，因此在电子线路中常用电容 C 来隔离直流或作高频旁通电路。

2) 电路的功率

$$P_C = U_C i = I\sin\omega t \cdot \sin(\omega t + \frac{\pi}{2}) = U_C I \sin 2\omega t \tag{12-26}$$

则在一个周期内的平均功率为：

$$P_C = \frac{1}{T}\int_0^T p_C dt = 0$$

即电容元件和电感元件一样，本身并不消耗电能，只与电源间进行能量交换，其无功功率表达式为：

$$Q_C = U_C I = I^2 X_C = \frac{U_C^2}{X_C} \tag{12-27}$$

5. RLC 组成的交流电路及功率因数的概念

(1) 电阻与电感串联的正弦交流电路

图 12-10 (a) 是一个 RL 串联电路。变压器、电动机等负载都可以看成是电阻与电感

串联的电路。

1) 电流与电压的关系

设电流为参考量 $i=\sqrt{2}I\sin\omega t$，则有：

$$u_R = \sqrt{2}U_R\sin\omega t$$
$$u_L = \sqrt{2}U_L\sin(\omega t + \frac{\pi}{2})$$

(12-28)

根据 $\dot{U}=\dot{U}_R+\dot{U}_L$，三个相量构成一个电压相量三角形，如图 12-10（b）所示，根据勾股定理，可求得总电压的有效值为

$$U = \sqrt{U_R^2 + U_L^2} = I\sqrt{R^2 + X_L^2}$$

(12-29)

令 $Z=\sqrt{R^2+X_L^2}$，Z 称为电路的阻抗，单位是欧姆，则得：

$$I = \frac{U}{Z}$$

(12-30)

从相量图可以看出，总电压在相位上，比电流超前 φ 角度，则：

$$\varphi = \arctan\frac{U_L}{U_R} = \arctan\frac{X_L}{R}$$

(12-31)

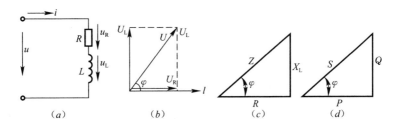

图 12-10 RL 串联电路分析

我们将图 12-10（b）中的相量分别用式（12-13）、（12-18）代入可得一个 R、L、Z 组成的阻抗三角形，如图 12-10（c）所示。阻抗三角形与电压三角形相似，但阻抗三角形不是相量三角形，不能用相量表示。

2) 电路的功率

RL 串联电路中，因电阻 R 是耗能元件，电感 L 是储能元件，所以既有有功功率，又有无功功率。

有功功率：整个电路消耗的有功功率等于电阻消耗的有功功率，即

$$P = U_R I = UI\cos\varphi$$

(12-32)

无功功率：整个电路的无功功率就是电感的无功功率，即

$$Q = U_L I = UI\sin\varphi$$

(12-33)

视在功率：电源输出的总电流与总电压的有效值乘积，称为电路的视在功率，用 S 表示，单位是伏安 VA，即

$$S = UI$$

(12-34)

视在功率代表电源所能提供的容量，即在规定电压下，能供给的最大电流值是多少。

许多电气设备，例如变压器等都是按照一定的额定电压、电流设计使用的，所以通常用视在功率来表示它的额定容量。P、Q、S功率三角形如图12-10（d）所示。

（2）电阻与电容串联的正弦交流电路

在电子技术中，经常遇到电阻和电容串联电路，如阻容耦合放大器、晶闸管电路中的RC移相器、RC振荡器等。

1）电流与电压的关系

RC串联电路如图12-11（a）所示，设电流为参考量，$i=\sqrt{2}I\sin\omega t$，则有：

$$u_R = \sqrt{2}U_R \sin\omega t \tag{12-35}$$

$$u_c = \sqrt{2}U_C \sin(\omega t - \frac{\pi}{2}) \tag{12-36}$$

U、U_R、U_C构成一个电压三角形，如图12-11（b）所示，求得总电压的有效值为：

$$U = \sqrt{U_R^2 + U_C^2} = I\sqrt{R^2 + X_C^2} \tag{12-37}$$

令$Z=\sqrt{R^2+X_C^2}$，阻抗三角形如图12-11（c）所示，则上式可写成：

$$I = \frac{U}{Z} \tag{12-38}$$

从相量图上可以看出，总电压比总电流滞后φ角度：

$$\varphi = \arctan\frac{U_C}{U_R} = \arctan\frac{X_C}{R} \tag{12-39}$$

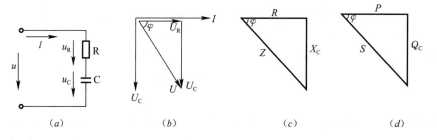

图12-11　RC电路分析

2）电路的功率

RC串联电路中既有有功功率又有无功功率，整个电路的有功功率等于电阻上消耗的有功功率。视在功率、有功功率、无功功率分别为：

$$S = UI \tag{12-40}$$

$$P = UI\cos\varphi \tag{12-41}$$

$$Q = UI\sin\varphi \tag{12-42}$$

RC电路的功率三角形如图12-11（d）所示。

（3）电阻、电感、电容三者串联的正弦交流电路

电阻、电感、电容组成的串联电路，如图12-12（a）所示。

1）电流与电压的关系

设电路中的电流为：
$$i=\sqrt{2}I\sin\omega t$$

则
$$u_R = \sqrt{2}IR\sin\omega t \tag{12-43}$$
$$U_L = \sqrt{2}IX_L\sin(\omega t + \frac{\pi}{2}) \tag{12-44}$$
$$u_C = \sqrt{2}IX_C\sin(\omega t - \frac{\pi}{2}) \tag{12-45}$$

可做出 U、U_R、U_L 和 U_C 的相量图，如图 12-12（b）所示，则：
$$U = \sqrt{U_R^2 + (U_L - U_C)^2} = I\sqrt{R^2 + (X_L - X_C)^2} \tag{12-46}$$

令 $Z = \sqrt{R^2 + (X_L - X_C)^2} = \sqrt{R^2 + X^2}$，其中 $X = X_L - X_C$ 称电路的电抗，单位为 Ω，则上式可写成：
$$I = \frac{U}{\sqrt{R^2 + X^2}} = \frac{U}{Z} \tag{12-47}$$

总电压与总电流相位差角 φ 为：
$$\varphi = \arctan = \frac{U_L - U_C}{R} = \arctan\frac{X_L - X_C}{R} = \arctan\frac{X}{R} \tag{12-48}$$

由式（12-48）可看出，当 $X_L > X_C$ 总电压超前电流，称为感性电路，如图 12-13（a）所示；当 $X_L < X_C$ 时，总电压滞后电流，称为容性电路，如图 12-13（b）所示；当 $X_L = X_C$ 时，总电压与总电流同相位，这时电路发生串联谐振，如图 12-13（c）所示。

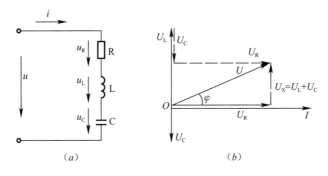

图 12-12 RLC 串联电路和相量图

2）电路的功率

在 RLC 串联电路中，电路的有功功率是电阻消耗的功率，电路的无功功率等于电感和电容上的无功功率之差，即

$$\text{有功功率}: P = U_R I = UI\cos\varphi \tag{12-49}$$
$$\text{无功功率}: Q = Q_L - Q_C = I^2(X_L - X_C) = UI\sin\varphi \tag{12-50}$$
$$\text{视在功率}: S = UI \tag{12-51}$$

RLC 串联电路中，有功功率、无功功率、视在功率的功率三角形如图 12-13（d）所示。

（4）功率因数的概念

1）定义

从前面分析可知，单相交流电路中，有功功率为：
$$P = UI\cos\varphi$$

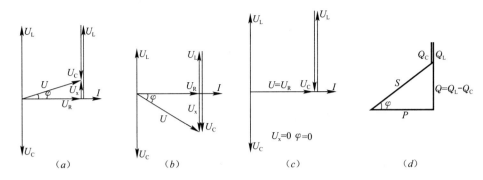

图 12-13　RLC 串联电路的几种情况图

式中的 $\cos\varphi$ 称电路的功率因数。功率因数是用电设备的一个重要技术指标。电路的功率因数是由负载中包含的电阻与电抗的相对大小所决定的。

2）作用

如一个交流电路的电压是确定的,这个电路能否作出有用功发挥生产效益,并不仅决定于电路中电流的大小,很大程度与电路的阻抗构成直接有关,不同的阻抗构成,使 $\cos\varphi$ 从 0 到 1 发生变化。提高供电设备负载的功率因数可以最大限度地发挥供电设备的供电能力和供电效益。

3）提高功率因数的基本方法

① 在感性负载两端并接电容器,以提高线路的功率因数,也称并联补偿。

② 提高用电设备本身功率因数（自然功率因数）,合理选择和使用电气设备,尽量使设备在满载情况下工作,避免"大马拉小车"的现象,以提高用电设备本身的功率因数,从而使电路功率因数提高。

③ 使用调相发电机提高整个电网的功率因数。

（三）三相交流电路

本节介绍三相正弦交流电路基本概念和（Y-Δ）变换的计算。

1. 三相电路的概念及表示方法

（1）三相电动势一般是由三相交流发电机产生。三相交流发电机中三个绕组在空间位置上彼此相隔 120°（发电机极对数为 1,如极对数为 2 则相隔 60°,余类推）,各绕组的始端分别用 U_1、V_1、W_1 表示,末端用 U_2、V_2、W_2 表示。当转子转动切割磁力线时,会产生频率相同,幅值相等的正弦电动势 e_u、e_v、e_w。参考方向为绕组的末端指向始端。这种最大值相等,频率相同,相位互差 120°的三个正弦电动势称三相对称电动势。

（2）如以 U 相为参考正弦量,则 U、V、W 三相解析表达式为：

$$e_u = E_m \sin\omega t$$
$$e_v = E_m \sin(\omega t - 120°)$$
$$e_w = E_m \sin(\omega t - 240°) = E_m \sin(\omega t + 120°)$$

(12-52)

其波形图和相量图如图 12-14（a）、（b）所示。

（3）三相交流电出现正幅值（或相应零值）的顺序称为相序。如达到最大值的相序为 U-V-W-U，则称为正序。若为 V-U-W-V，则称为负序。工程上通用的相序是正序。

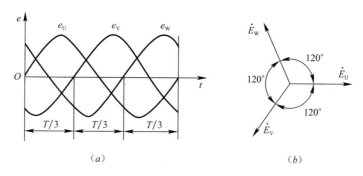

图 12-14　三相交流电的波形图、相量图

2. 三相电源绕组连接

（1）三相电源绕组的星形连接

将三相绕组的末端 U_2、V_2、W_2 连在一起，始端 U_1、V_1、W_1 引出三根相线，这种连接称为星形接法，用 Y 表示。如图 12-15 所示，引出的三根相线俗称火线，末端的一点称为中性点，简称中点，用 N 表示，从中点引出的输电线称为中性线，也称中线，在低压供电系统中由于中性点是直接接地，所以中性点也称零点。在工程上 U、V、W 三根相线分别用黄、绿、红颜色来区别。

没有引出中线的称三相三线制；有中线引出的称三相四线制；将中线分为工作零线和保护地线则形成三相五线制。

电源 Y 接法时，可以引出两种电压。相线与相线间电压称线电压，用 $U_{线}$ 表示，相线与中线间的电压称相电压，用 $U_{相}$ 表示，方向为始端指向末端。经分析计算，电源接成星形时，$U_{线}=\sqrt{3}U_{相}$。相位上线电压超前相电压 30°。

（2）三相电源绕组的三角形连接

将三相电源一相绕组的末端与另一相绕组的始端依次相连的连接方法，称为三角形连接，用 △ 表示，如图 12-16 所示。

从图中可以看出，三相电源绕组作三角形连接时，其 $U_{线}=U_{相}$。

若三相电动势为对称三相正弦电动势，则三角形闭合回路的电动势等于零，即 $\dot{E}=\dot{E}_u+\dot{E}_v+\dot{E}_w$，但当三相电动势不对称时，则会在回路中产生环流。所以当要求三相变压器绕组采用三角形接法时，在连接前必须检查三相绕组的对称性及接线顺序。

3. 三相负载的连接

各相负载相同（即阻抗大小相同、阻抗角相同、负载性质相同）的三相负载称三相对称负载，如果三相负载不同则称三相不对称负载。通常情况下，三相电源都是对称的，所

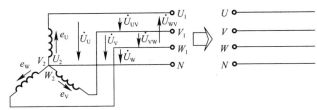
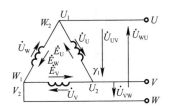

图 12-15　电源绕组的星形接法　　　　图 12-16　电源绕组的三角形连接

以把由对称三相负载组成的电路称三相对称电路。由不对称三相负载组成的电路称三相不对称电路。

三相负载也有星形连接（Y）与三角形连接（△）两种。

（1）三相负载星形连接

将三相负载分别接在三相电源的相线和中线之间的接法称星形连接，如图 12-17 所示。

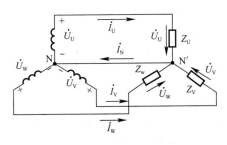

图 12-17　三相负载的星形连接

接上负载后，电路中有电流，为方便计算作如下规定：

1）每相负载两端的电压称为负载的相电压，流过每相负载的电流称为负载的相电流。

2）流过相线的电流称为线电流，相线与相线之间的电压称为线电压。

由图可知，如忽略输电线上的电压损失时，负载端的相电压就等于电源的相电压，负载端的线电压就等于电源的线电压，所以得 $U_{Y线}=\sqrt{3}U_{Y相}$，$I_{Y线}=I_{Y相}$。

（2）三相负载的三角形连接

把三相负载分别接在三相电源的每两根相线之间称三角形连接，如图 12-18 所示。

从图中可以看出，由于各相负载是接在两根相线之间，所以负载的相电压就是线电压，即：$U_{\triangle相}=U_{\triangle线}$。通过计算可得 $I_{\triangle线}=\sqrt{3}I_{\triangle相}$，线电流的相位滞后相电流 30°。

由以上讨论可得：三相负载接到三相电源中应做△形还是 Y 形连接，应根据三相负载的额定电压而定。

（3）Y 形连接的中性线电流

1）三相对称负载，中性线电流为三相电流之和，且等于零。

2）三相不对称负载，中性线电流为三相电流之和，且不等于零，所以在三相不对称电路中，中性线有着十分重要的作用，不能省略，更不能断开。在规程中规定，在中性线上不允许装设开关和熔丝，并要保证中性线有一定的机械强度，使三相不对称负载运行在额定电压情况下。

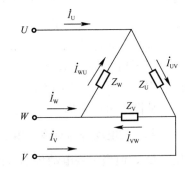

图 12-18　三相负载的三角形连接

（4）三相电路的功率

三相负载消耗的总有功功率等于每相负载接受的有功功率之和，即：$P=P_U+P_V+P_W$

$$P = U_U I_U \cos\varphi_U + U_V I_V \cos\varphi_V + U_W I_W \cos\varphi_W \tag{12-53}$$

在三相对称电路中：$P=3U_{相}I_{相}\cos\varphi=3P_{相}$，由前面的分析可得，无论负载作三角形还是星形连接，其总有功功率为：

$$P = \sqrt{3}U_{线}\,I_{线}\,\cos\varphi$$

同理可得：

$$Q = \sqrt{3}U_{线}\,I_{线}\,\sin\varphi$$

$$S = \sqrt{3}U_{线}\,I_{线} \tag{12-54}$$

注意：φ 仍是相电压与相电流的相位差角，经数学分析可得，对称三相电路的瞬时功率是一个不随时间变化的恒定值，且等于三相电路的有功功率。

（四）晶体管基本结构及应用

本节扼要介绍常见的晶体管基本结构及其特性，并对其应用场合作了描述。

1. 晶体二极管基本结构及应用

（1）PN 结的单向导电性

1）通过一定的工艺，使半导体单晶片中一部分为 P 型，另一部分为 N 型，P 型杂质原子电离为带正电的空穴和带负电的受主离子，N 型杂质原子电离为带负电的电子和带正电的施主离子。电子和空穴为自由电荷，由于两者在结的两边的浓度差，各自向对方区域扩散，带电的离子固定在晶格点上，不能移动，因而形成一个由 N 区指向 P 区的内建电场 U_D，该电场阻碍电子和空穴的进一步扩散，如图 12-19 所示。当扩散势和电场的漂移势相等时，载流子运动达到动态平衡，从而产生一定宽度的空间电荷区，其以外区域可以视为电中性区。因为该区域内自由载流子即电子和空穴的浓度很低，基本耗尽，故常称耗尽区。所谓 PN 结实际上就是指的该区域。

2）当在 PN 结上加正向电压，即电源正极接 P 区，负极接 N 区时，如图 12-20（a）所示，P 区的负载流子空穴和 N 区的多数载流子自由电子在电场作用下，通过 PN 结进入对方，两者形成较大的正向电流，此时 PN 结呈现低电阻，处于导通状态。

当 PN 结上加反向电压时，如图 12-20（b）所示，P 区和 N 区的多数载流子受阻，难于通过 PN 结。此时 PN 呈现高电阻，处于截止状态。

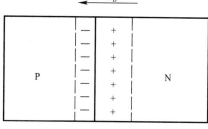

图 12-19

（2）二极管基本结构

将 PN 结加上相应的电极引线和管壳就称为二极管。按结构分，二极管有点接触型、面接触型和平面接触型三类。点接触型二极管如图 12-21（a）所示，它的 PN 结面积很小，因此不能通过较大电流，但其高频性能好，故一般适用于高频和小功率的工作，也用作数字电路中的开关元件。面接触型二极管如图 12-21（b）所示，它的 PN 结面积大，故可通过较大电流，但其工作频率较低，一般用作整流。平面型二极管如图 12-21（c）所示，可用作大功率整流管和数字电路中的开关管。图 12-21（d）所示是二极管的符号。

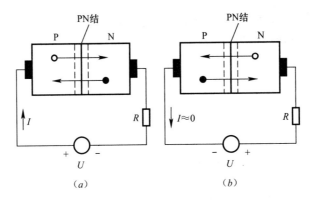

图 12-20 PN 结的单向导电性
(a) 加正向电压；(b) 加反向电压

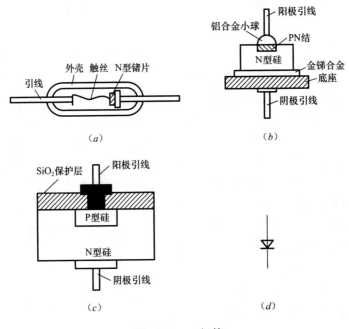

图 12-21 二极管
(a) 点接触型；(b) 面接触型；(c) 平面型；(d) 符号

(3) 伏安特性

二极管伏安特性构成如图 12-22 所示，当外加正向电压很低时，正向电流很小，几乎为零。当正向电压超过一定数值后，电流增长很快。这个一定数值的正向电压称为开启电压，其大小与材料及环境温度有关。通常硅管的开启电压约为 0.5V，锗管约为 0.1V。导通时的正向压降硅管为 0.6~0.8V，锗管为 0.2~0.3V。

在二极管加反向电压时，形成很小的反向电流。反向电流有两个特点：一是它随温度的上升增长很快；二是反向电压不超过某一范围时，反向电流的大小基本恒定，而与反向电压的高低无关，故通常称它为反向饱和电流。而当外加反向电压过高时，反向电流将突

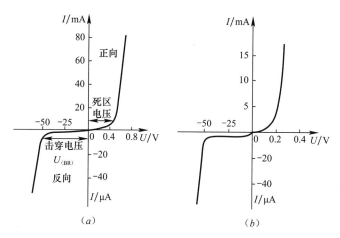

图 12-22 二极管的伏安特性曲线
(a) 硅二极管；(b) 锗二极管

然增大，二极管失去单向导电性，这种现象称为击穿。产生击穿时加在二极管上的反向电压称为反向击穿电压。

(4) 二极管的主要参数

1) 最大整流电流 I_{OM}

最大整流电流是指二极管长时间使用时，允许流过二极管的最大正向平均电流。

2) 反向工作峰值电压 U_{RWM}

它是保证二极管不被击穿而给出的反向峰值电压，一般是反向击穿电压的一半或三分之一。

3) 反向峰值电流 I_{RM}

它是指在二极管上加反向工作峰值电压时的反向电流值。

二极管的应用范围很广，主要是利用它的单向导电性。它可用于整流检波、限幅、元件保护以及在数字电路中作为开关元件等。

(5) 二极管在整流电路中的应用

1) 单相半波整流电路

图 12-23 所示是单相半波整流电路，它是最简单的整流电路，由整流变压器、整流元件（二极管）及负载组成。

由于二极管 D 是具有单相导电性，在负载 R_L 上得到的是半波整流电压 U_0，如图 12-24 所示。

2) 单相桥式整流电路

单相半波整流的缺点是利用了电源的半个周期，同时整流电压的脉冲较大。为了克服这些缺点，常采用全波段整流电路，其中最常用的是单相桥式电路，如图 12-25 所示。

负载电阻 R_L 的电压、电流波形如图 12-26 所示。

3) 三相桥式整流电路

单相整流电路，功率一般为几瓦到几百瓦，常用在电子仪器中，然而某些场合要求整流功率高达几千瓦以上，这时不便于采用单相整流电路了，因为它会造成三相电网负载不

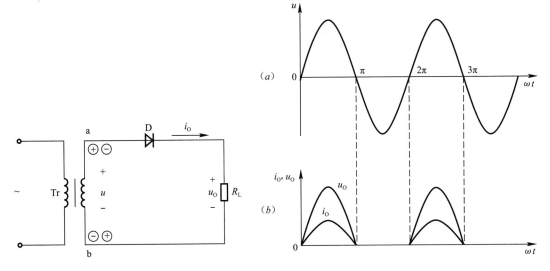

图 12-23　单相半波整流电路

图 12-24　单相半波整流电路的电压与电流的波形

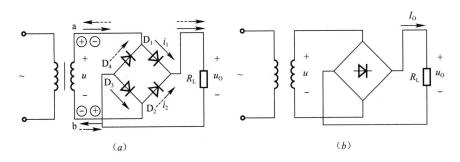

图 12-25　单相桥式整流电路

平衡，影响供电质量。为此常采用三相桥式整流电路，如图 12-27 所示。

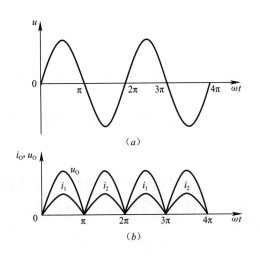

图 12-26　单相桥式整流电路的电压、电流波形

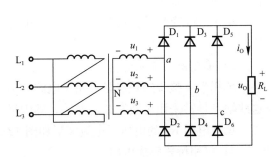

图 12-27　三相桥式整流电路

经整流后 U_0 的波形如图 12-28 所示。

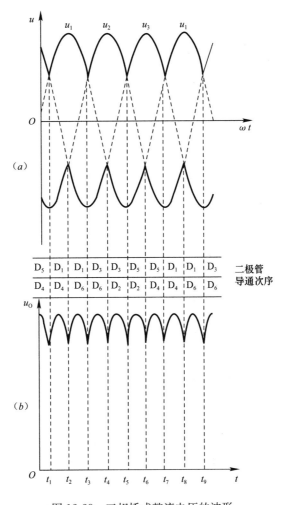

图 12-28 三相桥式整流电压的波形

2. 晶体三极管基本结构及应用

(1) 基本结构

三极晶体管的结构,目前常用的有平面型和合金型两类。不论平面型或合金型都分成 NPN 或 PNP 三层,因此又把晶体三极管分为 NPN 型和 PNP 型两类,其结构示意图和符号如图 12-29 所示。

(2) 特性曲线

三极晶体管的特性曲线是用来表示该晶体管各极电压和电流之间相互关系的,它反映晶体管的性能,是分析放大电路的重要依据。最常用的是共发射极接法时的输入特性曲线和输出特性曲线。

1) 输入特性曲线

输入特性曲线是指当集-射极电压 U_{CE} 为常数时,输入电路(基极电路)中基极电流 I_B 与基-射极电压 U_{BE} 之间的关系曲线 $I_B=f(U_{BE})$,如图 12-30 所示。

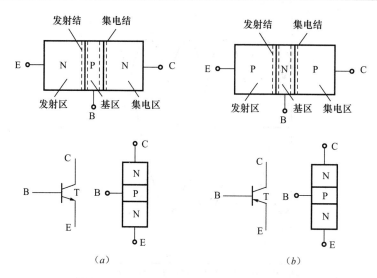

图 12-29 晶体管的结构示意图和符号
(a) NPN 型；(b) PNP 型

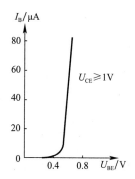

图 12-30 晶体管的输入特性曲线

2) 输出特性曲线

输出特性曲线是指基极电流 I_B 为常数时，输出电路（集电极电流）中集电极电流 I_C 与集-射极电压 U_{CE} 之间的关系曲线 $I_C = f(U_{CE})$。在不同的 I_B 下可得出不同的曲线，所以晶体管的输出特性曲线是一组曲线，如图 12-31 所示。

通常把晶体管的输出特性曲线区分为三个工作区，就是晶体三极管有三种工作状态。

① 放大区

输出特性曲线的近水平部分是放大区，在放大区 $I_C = \bar{\beta} I_B$。放大区也称为线性区，因为 I_C 和 I_B 成正比关系。

② 截止区

$I_B = 0$ 的曲线下的区域称为截止区。

③ 饱和区

当 $U_{CE} < U_{BE}$ 时，集电结处于正向偏置 ($U_{BC} > 0$)，晶体管处于饱和状态。在饱和区，I_B 的变化对 I_C 影响较小，两者不成正比。放大区 $\bar{\beta}$ 不能适用于饱和区。

(3) 主要参数

晶体管主要参数有下面几个：

1) 电流放大系数 $\bar{\beta}$、β

当晶体管接成共发射极电路，在静态（无输入信号）时集电极电流 I_C 与基极电流 I_B 的比值称为共发射极静态（直流）放大系

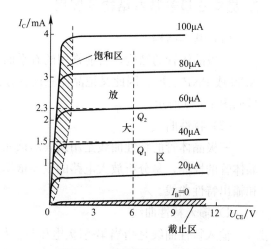

图 12-31 晶体管输出特性曲线

数，$\bar{\beta}=\dfrac{I_C}{I_B}$。

ΔI_C 与 ΔI_B 的比值称为动态电流（交流）放大系数，$\beta=\dfrac{\Delta I_C}{\Delta I_B}$。

2）集-基极反向截止电流 I_{CBO}。

3）集-射极反向截止电流 I_{CEO}。

4）集电极最大允许电流 I_{CM}。

5）集-射极反向击穿电压 V_{CEO}。

6）集电极最大允许耗散功率 P_{CM}。

(4) 三极晶体管的应用简介

晶体管的主要用途之一是利用其放大作用组成放大电路。在生产和科学实验中，往往要求用微弱的信号去控制较大功率的负载。例如，在自动控制机床上，需要反映加工要求的控制信号加以放大，得到一定输出功率以推动执行元件（电磁铁、电动机、液压机构等）。又例如在电动单元组合仪表中，首先将温度、压力、流量等通过传感器变换为微弱的电信号，经过放大以后，从显示仪表上读出非电量的大小，或者用来推动执行元件实现自动调节。可见放大电路的应用十分广泛，是电子设备中最普遍的一种基本单元。

（五）变压器和三相交流异步电动机

本节主要介绍变压器和三相交流异步电动机的基本结构及其工作原理，使学习者有一个概貌上的认识。

1. 变压器的工作原理及基本结构

(1) 工作原理

1）变压器主要由铁芯和套在铁芯上的两个或多个绕组所组成。如图 12-32 所示，如原边绕组 N_1 的线圈数多于副边绕组 N_2 的线圈数，则为降压变压器，反之则为升压变压器。原边绕组又称初级绕组，与电源相连，副边绕组又称次级绕组，与负载相连。

2）当原边绕组与电源接通后，在外施电压 U_1 作用下，原边绕组就会有交流电流流通，并在铁芯中产生交变磁通 ϕ，磁通的交变频率与外施电压 U_1 的频率相同。磁通 ϕ 同时与原、副边线圈相交，根据电磁感应原理，原、副边绕组中就会有感应电动势 e_1 和 e_2。若副边绕组与负载 ZL 接通，则在 e_2 的作用下，副边就有电流流通，向负载

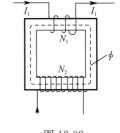

图 12-32

输出电功率。所以，变压器的工作原理就是：原边绕组从电源吸取电功率，借助磁场为媒介，根据电磁感应原理传递到副边绕组，然后再将电功率传送到负载。

① 电压变换

设变压器是理想的（其绕组没有电阻，励磁后没有漏磁，磁路不饱和而且铁芯中没有任何损耗），则原边电压 U_1 与副边电压 U_2 关系为：

$$\frac{U_1}{U_2} = \frac{N_1}{N_2} = K \tag{12-55}$$

式中 K 为变压器的变比，在实际变压器中，$\frac{U_1}{U_2} = K$ 是近似的。

② 电流变换

从上面的分析可知，变压器从电网吸收能量并通过电磁形成的能量转换，以另一个电压等级把电能输给用电设备或下一级变压器。根据能量守恒定律，在理想变压器状态下，变压器输出的功率 P_2 应与变压器从电网中吸收的功率 P_1 相等，即 $P_1 = P_2$，$I_1 U_1 = I_2 U_2$ 得

$$\frac{I_1}{I_2} = \frac{U_2}{U_1} = \frac{N_2}{N_1} = \frac{1}{K} \tag{12-56}$$

上式说明，变压器工作时其初、次级电流与初、次级电压或匝数成反比，而且初级的电流随着次级电流的变化而变化。

(2) 基本结构

房屋建筑安装工程中采用的变压器有两种类型，第一种为油浸式电力变压器，第二种为干式变压器。由于干式变压器有防火灾和易维护等特点，所以在房屋建筑的电气工程中被广泛采用。

1) 油浸变压器

油浸变压器的外形和内部主要构造如图 12-33 所示。

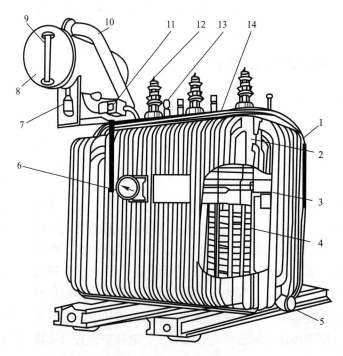

图 12-33 变压器外形

1—散热器；2—油箱；3—铁芯；4—线圈及绝缘；5—放油阀；6—温度计；7—吸湿器；8—贮油柜；
9—油面指示器；10—防爆管；11—气体继电器；12—高压套管；13—低压套管；14—分接开关

铁芯和线圈（绕组）的作用已作介绍；油箱是变压器外壳，充满了变压器油，铁芯和线圈浸在油内，变压器油起到绝缘和散热作用；装有油位计的油枕（贮油柜），用作油温度化时使油有膨胀或补充的余地；装有干燥剂的吸湿器，保持箱体内外压力平衡，干燥剂滤去空气中水分或尘埃，使油保持良好的绝缘性能；防爆管当变压器内部故障严重、压力骤增时，可冲破其顶部的薄膜或玻璃盖板，使油和气体向外泄放，防止油箱胀裂损坏；气体继电器可以发出油面降低和内部有气体产出的信号，使警报告诫或跳闸切断电源，故又称瓦斯保护继电器；绝缘套管是高低压侧绕组引入或引出导线的通路；分接开关起电压调节作用，有空载调压和有载调压两类；油箱上的翅片和管状散热器为增强油箱散热效果而装设；此外还有温度计、散热风扇等附件，是否所有器件都装设齐全，要视变压器的电压高低、容量大小，由产品设计而定。

2) 干式变压器

干式变压器的绕组和铁芯以及引出线套管的外形结构与油浸式变压器的区别不大，但无外壳，也不浸在任何绝缘液体内，直接裸露在空气中，以自然通风或强制通风使运行中的热量进行散热。但为了保证绕组有可靠的绝缘性能，所以变压器的绕组绝缘保护有以下三种形式：

① 浸渍式。绕组经浸渍处理，器身与外部大气相通的称开启式，器身与外部大气不相通的称密封式。

② 包封绕组式。绕组用固体绝缘包封，各个绕组可以分别装模后用环氧树脂浇筑，也可用浸树脂的玻璃纤维包绕来包封。其电压等级最高达 35kV。

③ 气体绝缘式。变压器的绕组和铁芯组成的器身置于密封的箱壳中，箱壳内充以六氟化硫气体，气体压力为 0.1~0.2MPa，箱壳外有散热器，这种结构形式可以制成高电压大容量的变压器。

(3) 变压器的铭牌

变压器的铭牌是安装变压器之前必须了解的内容，以取得基本信息，便于安装和投运中应用。其主要内容有：型号、额定容量、额定电压、额定电流、阻抗电压、线圈温升、油面温升、接线组别、冷却方式，有的还标有冷却油油号、油重和总重等数据。

2. 三相异步电动机工作原理及基本结构

(1) 工作原理

1) 图 12-34 为一台三相交流异步电动机的工作原理示意图。当定子三相对称绕组施以对称的三相电压，有对称的三相电流流过，会在电机的气隙中形成一个旋转的磁场，这个旋转磁场的转速 n_1，称为同步转速，它与电网频率 f_1 及电机的极对数 P 的关系如下：

$$n_1 = 60f_1/P \tag{12-57}$$

为了叙述方便，这个旋转的气隙磁场用磁极 N 和 S 来表示，且假设其转向为逆时针方向。旋转的气隙磁场切割转子导体，在转子导体中感应电动势 e_2，其大小为：$e_2 = B_1 L \Delta V$。

式中 B_1 为转子导体所处的气隙磁密度，L 为转子导体的有效长度，ΔV 为转子导体对气隙磁场的相对切割速度。

e_2 的方向可由右手定则决定，如图 12-34 所示，e_2 在闭合的转子绕组中产生电流 i_2，其有功分量与 e_2 同相，它与气隙磁场相互作用，使转子导体受到电磁力 f，f 的大小由式 $f=BL$ 决定，f 方向由左手定则确定，f 将产生力矩 $T_X = f\dfrac{D}{2}$（式中 D 为转子外径），而转子所有导体所产生的力矩总和即为转轴所受的电磁转矩 $T=\Sigma T_X$。T 的方向与旋转磁场的转向一致。

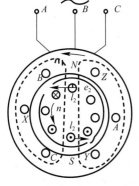

图 12-34 三相异步电动机工作原理图

2) 在电磁转矩 T 的驱动下，转子就会沿着气隙磁场的转向转起来。但是，即使轴上不带任何机械负载，转子的转速 n 也不可能加速到与 n_1 相等。这是因为当 $n=n_1$ 时，转子导体对气隙磁场的相对切割速度 $\Delta V=0$，使 $T=0$，转子就要减速，从而使 $n<n_1$。

如果轴负荷 T_Z 增加而使 $T_Z>T$ 时，转子就会减速，ΔV 增大，使 T 变大。当 n 降低到使 T 增至 $T=T_Z$ 达到新的平衡，转子以更低的转速而稳定运行。而且 T_Z 越大，n 越低。

综上所述，三相交流异步电机工作在电动机状态时，从电网输入电能转换成轴上机械能，带动生产机械以低于同步转速 n_1 的速度而旋转，其电磁转矩 T 是驱动转矩，其方向与转子转向一致。由于产生电磁转矩的转子电流是靠电磁感应作用产生的，所以称为感应电动机。其转子转速始终低于同步转速 n_1，即 n 与 n_1 之间必须存在着差异，因而又称作"异步"电动机。

转差（n_1-n）的存在是感应电机运行的条件，我们将转差（n_1-n）与同步转速 n_1 的比值称为转差率，用符号 S 表示，即：

$$S = \frac{n_1 - n}{n_1} \qquad (12\text{-}58)$$

转差率是三相交流异步电动机的一个基本参数，它对电动机的运行有极大的影响。感应电机工作于电动机状态时的转差率的范围为 $0<S<1$。

由上式还可得：

$$n = (1-S)n_1 \qquad (12\text{-}59)$$

这个原理对笼式或绕线式的三相异步电动机均适用。

（2）基本结构

图 12-35 所示是一台三相笼型异步电动机的结构图。

其主要部件有：

1) 定子

电动机的静止部分称定子，由定子铁芯、定子绕组、机座和端盖等组成。

① 定子铁芯的作用是作为电机主磁通磁路的一部分和安放定子绕组，用小于 0.5mm 厚相互绝缘的硅钢片叠压而成。为安放定子绕组，在定子铁芯内圆开槽，槽的形状有半闭口槽、半开口槽和开口槽等。

② 定子绕组的作用是通过电流建立磁场及感应电动势以实现机电能量的转换。定子绕组在槽内的布置可以是单层的，也可以是双层的。

③ 机座的作用是固定与支撑定子铁芯，所以要求它有足够的机械强度和刚度。

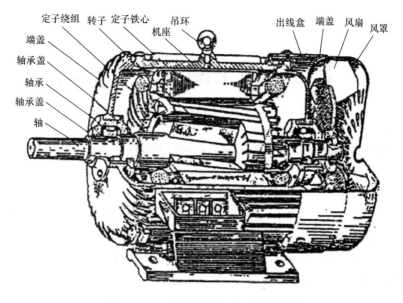

图 12-35　三相笼型感应电动机结构图

④ 端盖的作用是安装轴承来支撑转子，使定子、转子之间保证一定的同心度，还可保护定子、转子绕组，并作为通风的风路。

2）转子

转子是电动机的旋转部分，由转轴、转子铁芯和转子绕组等组成。

① 转子铁芯的作用也是组成电动机主磁路的一部分和安放转子绕组，是用小于0.5mm厚的冲有转子槽形的硅钢片叠压而成。中小型异步电动机的转子铁芯一般都直接固定在转轴上，而大型异步电动机的转子铁芯则套在转子支架上，然后让支架固定在转轴上。

② 转子绕组的作用是感应电动势、流动电流并产生电磁转矩。按其结构形式可分为绕线式转子和笼型转子两种。

(3) 铭牌数据

异步电动机的机座上有一个铭牌，铭牌上标注着额定数据。主要的额定数据为：

1）额定功率：指电动机在额定运行时输出的机械功率，单位为 kW。

2）额定电压：指额定运行状态下，电网加在定子绕组的线电压，单位为 V。

3）额定电流：指电机在额定电压下使用、输出额定功率时，定子绕组中的线电流，单位为 A。

4）额定频率：线圈规定标准工业用电频率。

5）额定转速：指电动机在额定电压、额定频率及额定功率下的转速，单位是 r/min。

此外，铭牌上还标明绕组的相数、接法、绝缘等级及允许温升等。

十三、施工测量基本知识

本章结合房屋建筑安装工程实际需要对常用的测量仪器及其应用做简明的介绍,使学习者有一个概念上的认识。

(一) 常用测量仪器及应用

本节对房屋建筑安装工程尤其是室外工程中经常应用的测量仪器及其基本应用方法作出介绍,给学习者一个方向上的认识。

1. 常用的测量仪器及应用

(1) 水准仪

1) 构造

水准仪的外形如图 13-1 所示,其固定在三脚架顶部的基座上。

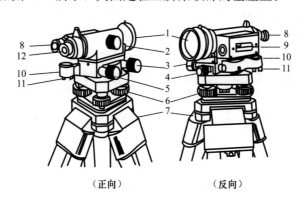

图 13-1　DS3 型水准仪的构造

1—物镜；2—物镜对光螺旋；3—微动螺旋；4—制动螺旋；5—微倾螺旋；
6—定平脚螺旋；7—三脚支架；8—符合气泡观察镜；9—管水准器；
10—圆水准器；11—校正螺钉；12—目镜

其测量的正确性和精度决定于带有目镜、物镜的望远镜光轴的水平度。望远镜的构造示意如图 13-2 所示。

为了使望远镜的光轴保持良好的水平度,在水准仪上装有管水准器和圆水准器两种水准器。圆水准器通过调节基座上的脚螺旋使圆水准器气泡居中,达到光轴初平的目的,如图 13-3 所示。测量时,调节水准仪上微倾螺旋,使管水准器的气泡镜像重合如图 13-4 所示。则表示水准仪的光轴已达到预期的水平状况,可以测量读数了,但必须注意每次测量前,均需对管水准器的状况检查一次。

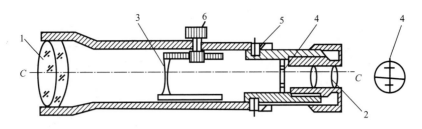

图 13-2 望远镜示意图

1—物镜；2—目镜；3—调焦透镜；4—十字丝分划板；5—连接螺钉；6—调焦螺旋

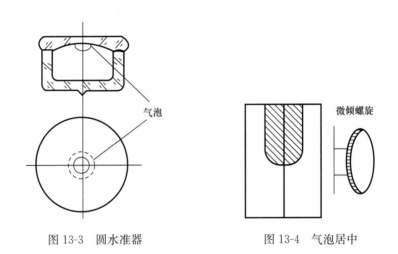

图 13-3　圆水准器　　　　图 13-4　气泡居中

这种 DS 型微倾螺旋水准仪有 $DS_{0.5}$、DS_1、DS_3、DS_{10} 四种，下标数字表示每公里往、返测高差中数的偶然误差值，分别不超过 0.5mm、1mm、3mm、10mm。安装工程中应用 DS_{10} 已能满足要求。

2）应用

① 房屋建筑安装工程中应用水准仪主要为了测量标高和找（划出）水平线。

② 使用步骤：安置仪器、初步整平、瞄准水准尺、精确整平、读数、记录、计算。

③ 注意事项：水准仪安置地应地势平坦、土质坚实，能通视到所测工程实体位置，安装工程所用的水准尺除塔尺外，大部分使用长度为 1m 的钢板尺，钢板尺的刻度应清晰，有时为了满足高度上的需要，将 1m 长的钢板尺固定在铝合金的型材上使用，固定应牢固，可用螺栓或铆钉进行紧固。

（2）经纬仪

1）构造

经纬仪固定在三脚架顶部的基座上，用来测量水平或垂直角度，因而其能在基座上做水平的旋转，同时望远镜可绕横轴作垂直面的旋转，如图 13-5 所示。

由于经纬仪能在三维方向转动，为了方便瞄准，提高瞄准效率，所以在垂直方向和水平方向都有控制精确度的制动螺旋和微动螺旋配合控制。同样有管水准器和圆水准器使经纬仪工作在正常状态。

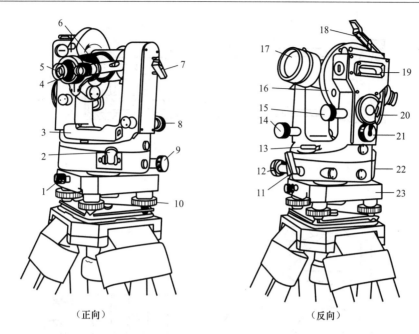

（正向）　　　　　　　　（反向）

图 13-5　DJ6 光学经纬仪构造

1—轴座固定螺旋；2—复测扳钮；3—照准部管水准器；4—读数显微镜；5—目镜；
6—对光螺旋；7—望远镜制动扳钮；8—望远镜微动螺旋；9—水平微动螺旋；
10—脚螺旋；11—水平制动扳钮；12—水平微动螺旋；13—圆水准器；
14—望远镜微动螺旋；15—竖直度盘管水准器微动螺旋；16—竖直度盘；
17—物镜；18、20—反光镜；19—竖直度盘管水准器；
21—测微轮；22—水平度盘；23—基座

2）应用

① 房屋建筑安装工程中使用经纬仪主要在室外工程的管沟或电缆沟的放线和垂直敷设的较高管道或风管的垂直度控制，而这些管子是不便于用线锤吊线检查的，尤其是室外的会受风力干扰。

② 室外管沟电缆沟的放线主要用于有特殊要求的转角确定，只要在经纬仪的水平度盘上读数就可确定。

③ 垂直又高的管道或风管安装前要在上、中、下的中分线处做好垂直度检测标记，用经纬仪望远镜在垂直方向转动观测，就可检查其安装垂直度是否符合要求。

2. 全站仪简介

图 13-6　全站仪

全站仪是全站型电子速测仪的简称，其由光电测距仪、电子经纬仪和数据处理系统组成，外形如图 13-6 所示。它是一种可以同时进行角度（水平角、竖直角）测量、距离（斜距、平距、高差）测量和数据处理的仪器，由机械、光学、电子三种元件组成。因为只需安置一次，仪器便可完成测站上的所有测量工作，所以称为全站仪。

通常其构造包括数字/字母键盘、有内存的程序模块、配套的镜、镍氢可充电电池。在良好的大气条件下的最大测量距离为 2.6km。全站仪基本操作步骤与经纬仪相同。

在房屋建筑安装工程中，全站仪基本无用武之地。而大型工业设备安装，如大型电站、大型炼化厂、大型钢铁厂，全站仪使用较多。

（二）常用测量方法简介

本节仅对房屋建筑安装工程中常用的距离测量和基础放线作出介绍。

1. 距离的测量

距离的测量有丈量法和视距法两种。

（1）丈量法

是至少由两人合作，用钢制盘尺（20m、30m、50m 等）及辅助工具（测钎、花杆、标桩、色笔等）沿着既定线路，循序前进，逐段测量长度，累加后得出距离的数值。通常要到终点后，应返测一次，将往返所测得的数值两者取平均值。因房屋建筑安装工程所需测距离的场所大都地势平坦，测量时能保持盘尺拉紧呈水平状态，其所测得数值是较正确可信的。

（2）视距法

视距法所用仪器主要为水准仪和经纬仪，要利用仪器望远镜内十字线分划面上的上、下两根短丝，它与横线平行且等距离，如图 13-7 所示。

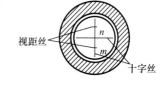

图 13-7 视距丝

只要用水准仪望远镜在站位处（甲）向塔尺站位处（乙）读取，视距丝 m、n 截取塔尺上的长度数值 l，根据光学原理，就可知甲、乙两点的水平距离 $L_{甲乙}=Kl$，K 通常为 100。

水准仪用于平整场所的视距法测量距离，坡度较大场所用经纬仪作视距法测量水平距离，其数值要据三角学、光学原理用另外的公式计算，且可计算出甲乙两点的高差。

2. 基础放线

（1）房屋建筑安装工程中设备基础的中心线放线，通常有单个设备基础放线和多个成排的并列基础放线两种情况。

（2）单个设备基础放线，由土建工程施工单位提供建筑物的纵横轴线及标高参考点，依据设备安装图示中心线位置，用钢盘尺和墨斗尺量弹线即可完成，再对基础标高进行复核。

（3）多个成排的并列基础（如水泵房的多台水泵基础），除依据土建施工单位提供的建筑物纵横轴线及标高的参考点决定设备基础中心线位置外，为了使多台设备排列整齐，观感质量满足要求，可以使用经纬仪或其他准直仪定位，使各个单体设备的横向中心线处在同一条直线上。

十四、抽样统计基本知识

本章简要介绍在施工质量管理中应用的抽样统计方法,用以分析查找产生质量问题的原因,以利提高工程质量,通过学习可以了解基本原理。

(一) 基本概念和术语

抽样统计是概率论与数理统计在工程中应用的具体方法,且是数学的一个分支。本节不作理论上的阐述,仅把基本概念和常用的术语作出介绍。

1. 基本概念

利用统计方法,对施工质量数据进行收集、整理和分析,以便查找发生质量问题的部位、原因、不合格品分布规律、不合格现象的比率等,便于质量管理人员明确需要改进的重点或安排改进的先后次序,这便是抽样统计工作在质量管理工作中应用的根本目的。

2. 抽样统计的几个术语

(1) 总体——把研究对象的全体称为总体(或母体),如要研究某分项工程管道焊口的质量,则该分项工程的全部焊口在抽样时便称为抽样的总体。

(2) 样本——在总体中随机抽取的部分个体称为总体的随机样本,简称样本(或子样)。样本中含有个体的数量称为样本的大小或容量,通常用百分比表示,比如在管道的 100 个焊口中抽检 5 个,则抽检比例为 5%。

(3) 抽样——在总体中按比例随机决定样本的活动称为抽样。

(4) 统计量——样本是随机变量,是进行统计判断的依据,它的函数也是随机变量,如 X_1、X_2……X_n 是来自总体 X 的一个样本,$g(X_1, X_2……X_n)$ 是 X_1、X_2……X_n 的函数,且 g 中不含任何未知参数,则称 $g(X_1, X_2……X_n)$ 是一个统计量。

(5) 数理统计方法——就是通过样本用概率理论来分析、了解和判断总体的统计特性的科学方法。

(二) 常用的统计方法

本节介绍安装工程中常用的质量分析统计四种方法,并举例说明,以利在实践中应用。

1. 统计调查表法

(1) 常用的统计调查表有分项工程质量通病分布部位表、施工质量不合格项目调查表、施工质量不合格原因调查表、质量缺陷分布表等，如表14-1为钢制水箱立焊缝焊接的缺陷分布调查表。

钢制水箱立焊缝（立缝）检查表　　　　　　表14-1

分项工程	屋顶钢制水箱	作业班组	
检查数量	总计20台	检查时间	年　月　日
检查方式	抽查16条立缝，占20%	检查员	
焊接缺陷性质		缺陷数量（处）	
焊瘤		18	
飞溅		25	
凹陷		0	
煤油渗透检漏		2	
合计		45	

（2）从表14-1可知水箱立焊缝的缺陷主要是焊瘤和飞溅，说明焊工对立焊角缝的焊接工艺掌握不好，可能焊接线能量太大，熔融金属流淌引起焊瘤过多，影响焊缝外观质量，同时还使局部有微小穿透孔，导致煤油渗漏检查不合格。因而质量员提出建议，要对焊工立焊缝焊接工艺进行培训，如时间紧，可以改善工装，将立焊缝改为平焊角缝，即用吊装翻转法改变焊接位置。

2. 分层法

（1）分层法是对同一批数据按不同的层次进行分层，从不同角度分析质量问题和影响因素。分层的对象可以按施工作业人员、作业班组、施工机械型号、施工方法、材料供应商、施工时间、检查手段等分层，表14-2为某一综合大楼电气工程KBG导管供应商供应的导管进场验收的质量分层表。

供应商供货质量分层表　　　　　　表14-2

供应商	供货量（t）	合格率	不合格率
A	50	80	20
B	15	91.7	8.3
C	35	85.5	14.5

（2）从表14-2可知，对KBG导管进场验收的合格率均不太理想，为此质量员建议对供应商要加强资质审核，其中供应商B虽然供货量不多，但合格率最高，因而要在资质审核中提醒供应商B，希望进一步改善货源的选择，可以作为择优选购的对象。

3. 排列图法

（1）排列图中每个直方形可以表示经抽样检查的质量问题或影响因素，影响的程度与直方图的高度成正比。经作曲线连成一频率曲线，曲线按频数划分为A、B、C三类，频数在0～80%对应的因素为主要因素，频数在80%～90%对应的因素为次要因素，频数为

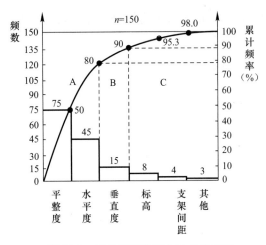

图 14-1　铜母线安装不合格点排列图

90%～100% 为一般因素，为了实行 ABC 分类管理，通过排列图法可以分清管理重点的次序为 A→B→C。

（2）图 14-2 为一大型变配电所铜母线安装质量检查结果的排列图，共有检查点 150 个，检查的内容为铜母线安装的平整度、水平度、垂直度、标高、支架间距及其他（油漆、搪锡）等 6 项内容。

从图 14-1 可知铜母线的不合格点主要集中在平整度和水平度两个方面，为此质量员建议要改善母线平整用的工装工具，提高水平度测量技能和方法，加强对作业人员的技能培训，以改进类似工程的外观质量。

4. 因果分析图法

常用的还有因果分析图法（俗称鱼刺图法），是对某个质量问题经抽样调查后，分析其产生的原因和各关联因素，据此而制订改进质量的对策表，从而改善同类型工程质量。图 14-2 为因果分析图的举例。

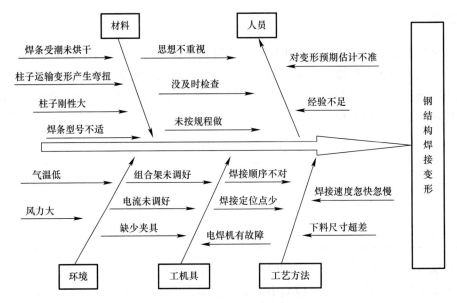

图 14-2　钢结构焊接变形因果分析图

如图 14-2 所示，质量员会从人员、工机具、材料、工艺方法、环境条件等五个方面具体提出对策，冀能实施后克服钢结构施工焊接中的变形现象或最大限度地减少变形量。

诚然，数理统计方法的应用除了四种简单直观的方法外，有的还要数学模型来表达，这正是要在工作实践中不断提高的方面。

参 考 文 献

[1] 柳湧. 建筑安装工程施工图集（第二版）. 北京：中国建筑工业出版社，2002.
[2] 王清训. 机电工程管理实务（一级第三版）. 北京：中国建筑工业出版社，2011.
[3] 王清训. 机电工程管理实务（二级第三版）. 北京：中国建筑工业出版社，2012.
[4] 闵德仁. 机电设备安装工程项目经理工作手册. 北京：机械工业出版社，2000.
[5] 陈廉清. 机械制图. 杭州：浙江大学出版社，2004.
[6] 徐第，孙俊英. 怎样识读建筑电气工程图. 北京：金盾出版社，2005.
[7] 赵毅山，程军. 流体力学. 上海：同济大学出版社，2004.
[8] 周传南. 流体力学基础. 北京：中国建筑工业出版社，1998.
[9] 刘立. 流体力学泵与风机. 北京：中国电力出版社，2007.
[10] 张鸿雁，张志政，王元. 流体力学. 北京：科学出版社，2004.
[11] 宋天明. 焊接残余应力的产生与消除. 北京：中国石化出版社，2005.
[12] 曾乐. 现代焊接技术手册. 上海：上海科学技术出版社，1993.
[13] 全国一级建造师考试用书编委会编. 建设工程项目管理（第二版）. 北京：中国建筑工业出版社，2007.
[14] 全国建筑业企业项目经理培训教材编写委员会编. 施工组织设计与进度管理. 北京：中国建筑工业出版社，2001.
[15] 姜乃昌. 泵与泵站. 北京：中国建筑工业出版社，2007.
[16] 何焯. 机械设备安装工程. 北京：机械工业出版社，2002.
[17] 张振迎. 建筑设备安装技术与实例. 北京：化工出版社，2009.
[18] 建筑专业《职业技能鉴定教材》编审委员会编. 安装起重工（高级、中级、初级）北京：中国劳动社会保障出版社，2002.
[19] 建设部人事教育司编. 安装起重工. 北京：中国建筑工业出版社，2005.
[20] 何焯. 设备起重吊装工程（便携手册）. 北京：机械工业出版社，2003.
[21] 杨文柱. 重型设备吊装工艺与计算. 重庆：重庆建筑大学出版社，1978.
[22] 傅慈英. 安装工程施工工艺标准（上、下册）. 杭州：浙江大学出版社，2008.
[23] 赵淑敏. 工业通风空气调节. 北京：中国电力工业出版社，2004.
[24] 郜风涛，赵晨. 建设工程质量管理条例释义. 北京：中国城市出版社，2000.
[25] 全国建筑施工企业项目经理培训教材编写委员会编. 工程项目质量与安全管理. 北京：中国建筑工业出版社，2001.
[26] 李慎安. 法定计量单位速查手册. 北京：中国计量出版社，2001.
[27] 马福军，胡力勤. 安全防范系统工程施工. 北京：机械工业出版社，2012.
[28] 常玉奎，金荣耀. 建筑工程测量. 北京：清华大学出版社，2012.
[29] 秦柏，刘安业. 建筑工程测量实例教程. 北京：机械工业出版社，2012.
[30] 住房和城乡建设部工程质量安全监管司组织编写. 施工升降机司机. 北京：中国建筑工业出版社，2010.
[31] 住房和城乡建设部工程质量安全监管司组织编写. 施工升降机安装拆卸工. 北京：中国建筑工业出版社，2010.
[32] 国家质量监督检验检疫总局颁. 锅炉压力容器压力管道焊工考试与管理规则，2002.